中 国 国 家 标 准 汇 编

2012 年修订-22

中国标准出版社　编

中国标准出版社

北　京

图书在版编目(CIP)数据

中国国家标准汇编:2012 年修订.22/中国标准出版社编.—北京:中国标准出版社,2013.11
ISBN 978-7-5066-7254-2

Ⅰ.①中… Ⅱ.①中… Ⅲ.①国家标准-汇编-中国-2012 Ⅳ.①T-652.1

中国版本图书馆 CIP 数据核字(2013)第 186509 号

中国标准出版社出版发行
北京市朝阳区和平里西街甲 2 号(100013)
北京市西城区三里河北街 16 号(100045)

网址 www.spc.net.cn
总编室:(010)64275323 发行中心:(010)51780235
读者服务部:(010)68523946

中国标准出版社秦皇岛印刷厂印刷
各地新华书店经销

*

开本 880×1230 1/16 印张 36 插页 1 字数 1 090 千字
2013 年 11 月第一版 2013 年 11 月第一次印刷

*

定价 220.00 元

如有印装差错 由本社发行中心调换

出 版 说 明

1.《中国国家标准汇编》是一部大型综合性国家标准全集。自1983年起，按国家标准顺序号以精装本、平装本两种装帧形式陆续分册汇编出版。它在一定程度上反映了我国建国以来标准化事业发展的基本情况和主要成就，是各级标准化管理机构，工矿企事业单位，农林牧副渔系统，科研、设计、教学等部门必不可少的工具书。

2.《中国国家标准汇编》收入我国每年正式发布的全部国家标准，分为"制定"卷和"修订"卷两种编辑版本。

"制定"卷收入上一年度我国发布的、新制定的国家标准，顺延前年度标准编号分成若干分册，封面和书脊上注明"20××年制定"字样及分册号，分册号一直连续。各分册中的标准是按照标准编号顺序连续排列的，如有标准顺序号缺号的，除特殊情况注明外，暂为空号。

"修订"卷收入上一年度我国发布的、被修订的国家标准，视篇幅分设若干分册，但与"制定"卷分册号无关联，仅在封面和书脊上注明"20××年修订-1，-2，-3，……"字样。"修订"卷各分册中的标准，仍按标准编号顺序排列(但不连续)；如有遗漏的，均在当年最后一分册中补齐。需提请读者注意的是，个别非顺延前年度标准编号的新制定的国家标准没有收入在"制定"卷中，而是收入在"修订"卷中。

读者配套购买《中国国家标准汇编》"制定"卷和"修订"卷则可收齐由我社出版的上一年度我国制定和修订的全部国家标准。

3. 由于读者需求的变化，自1996年起，《中国国家标准汇编》仅出版精装本。

4. 2012年我国制修订国家标准共2 101项。本分册为"2012年修订-22"，收入新制修订的国家标准29项。

中国标准出版社
2013年7月

目　　录

ICS 43.040.01
T 35

中华人民共和国国家标准

GB/T 19056—2012
代替 GB/T 19056—2003

汽车行驶记录仪

Vehicle travelling data recorder

2012-06-29 发布　　2012-09-01 实施

中华人民共和国国家质量监督检验检疫总局
中国国家标准化管理委员会　发布

前　言

本标准按照 GB/T 1.1—2009 给出的规则起草。

本标准代替 GB/T 19056—2003《汽车行驶记录仪》，与 GB/T 19056—2003 相比，除编辑性修改外主要技术变化如下：

——修改了引言(见引言，2003 版的引言)；

——修改了范围(见第 1 章，2003 版的第 1 章)；

——修改了汽车行驶记录仪、连续驾驶时间的定义(见 3.1、3.5，2003 年版的 3.1、3.3)；

——删除了车辆特征系数、上载、下传的定义(见 2003 年版的 3.2、3.5、3.6)；

——增加了脉冲系数、行驶开始时间、行驶结束时间、连续驾驶开始时间、连续驾驶结束时间、超时驾驶、最近 2 个日历天、定位模块、定位精度、位置信息的定义(见 3.2、3.3、3.4、3.6、3.7、3.8、3.10、3.11、3.12、3.13)；

——修改了一般要求，提出了一体式结构、前面板尺寸等要求(见 4.1，2003 年版的 4.1)；

——修改了电气部件，提出了对连接导线、插接器、熔断器等电气部件的性能要求(见 4.2，2003 年版的 4.2)；

——修改了功能要求，增加了行驶记录功能、定位功能，在行驶记录功能中增加了安全警示功能(见 4.4.1、4.4.2、4.4.1.4)；

——修改了数据记录功能，其中增加了行驶速度记录、位置信息记录、安装参数记录、日志记录等要求，修改了事故疑点记录、驾驶人身份记录、里程记录的要求(见 4.4.1.2，2003 年版的 4.4.3、4.4.5)；

——修改了数据通信功能，增加了驾驶人身份识别通信的要求，修改了数据通信接口、RS232 串行通信和 USB 通信的要求(见 4.4.1.3，2003 年版的 4.4.8)；

——修改了显示功能，对显示器、显示内容和操作按键等提出统一要求(见 4.4.1.5，2003 年版的 4.4.6)；

——修改了打印输出功能，修改了打印输出方式、打印数据格式(见 4.4.1.6，2003 年版的 4.4.7)；

——增加了性能要求，其中增加了行驶记录性能、定位性能，将原标准中的时间记录误差、速度记录误差、里程记录误差列入行驶记录性能的要求(见 4.5.1、4.5.2，2003 年版的 4.4.3、4.4.4、5.5.3)；

——修改了数据分析软件中对图表的要求(见 4.6，2003 年版的 4.5)；

——修改了气候环境适应性试验中低温试验的温度指标(见 5.8.3，2003 年版的 5.12.3)；

——修改了静电放电抗扰度(见 4.12、5.12，2003 年版的 4.11、5.16)；

——删除了射频电磁场辐射抗扰度(2003 年版的 4.12、5.17)；

——增加了瞬态抗扰性(见 4.13、5.13)；

——修改了检验规则(见第 6 章，2003 年版的第 6 章)；

——增加了安装位置、接线要求(见 7.3、7.4)；

——修改了附录 A　RS232 串行数据通信协议(见附录 A，2003 年版的附录 A)；

——增加了附录 B　USB(通用串行总线)数据存储格式(见附录 B)；

——增加了附录 C　驾驶人身份识别 IC 卡数据存储格式(见附录 C)；

——修改了附录 D　事故疑点数据曲线(见附录 D，2003 年版的附录 B)；

——修改了参考文献(见参考文献，2003 版的参考文献)。

本标准由中华人民共和国公安部提出。

本标准由公安部道路交通管理标准化技术委员会归口。

本标准负责起草单位:公安部交通管理科学研究所。

本标准参加起草单位:中国汽车技术研究中心、中国公路学会客车分会、上海市公安局交通警察总队、常州公路运输集团有限公司、航天科技控股集团股份有限公司、杭州中导科技开发有限公司、上海本安仪表系统有限公司。

本标准主要起草人:张军、潘汉中、王学平、王金铭、龚标、侯心一、黄细富、祝文甫、黄迎胜、沈磊。

本标准所代替标准的历次版本发布情况为:

——GB/T 19056—2003。

引　言

汽车行驶记录仪的使用，对遏止疲劳驾驶、车辆超速等交通违法行为，保障车辆行驶安全以及道路交通事故的分析鉴定具有重要的作用。欧盟、日本等国家和地区早在20世纪70年代就开始以立法形式在部分客运车辆及货车上强制安装使用汽车行驶记录仪。国内外的使用情况表明，汽车行驶记录仪为国家行政管理部门提供了有效的执法工具、为道路运输企业提供了管理工具、为驾驶人提供了其驾驶活动的反馈信息，其使用对保障道路交通安全起到了直接作用。

我国自20世纪80年代后期开始研制使用汽车行驶记录仪，2003年9月1日开始实施推荐性国家标准《汽车行驶记录仪》(GB/T 19056—2003)；2004年5月1日，国务院颁布了《中华人民共和国道路交通安全法实施条例》，对汽车行驶记录仪使用范围及超时驾驶的限值作了规定；2005年5月1日，根据《交通安全法实施条例》规定，颁布了GB/T 19056—2003《汽车行驶记录仪》的第1号修改单，将超时驾驶的限值修改为4 h；2004年7月起，汽车行驶记录仪开始在全国营运客车等车辆上逐步开始应用。

为了加强汽车行驶记录仪的管理和使用，2009年7月1日全国道路交通安全部际联席会议《关于进一步加强道路交通安全工作的意见》明确提出“加强对重点车辆的动态安全监管。工信部门要会同公安、交通运输、安全监管、质检等部门研究提出推广汽车行驶记录仪(含卫星定位功能)的实施步骤和方案，并联合制定和出台汽车行驶记录仪安装使用管理规定；2009年，要率先在大型营运客车、危险化学品运输车、校车上强制安装使用汽车行驶记录仪，并建立动态监控信息平台，实现部门间数据共享，强化动态安全监管”。为配合部际联席会议要求的实施，从技术上更好地规范汽车行驶记录仪，2009年7月23日，国家标准化管理委员会下达了《汽车行驶记录仪》标准修订任务。

标准工作组在技术、管理等多方面调研的基础上，确定了本次标准修订的原则：一是完善通信协议、统一产品形式；二是适当拓展基本功能和提高产品技术等级。

本次修订中对汽车行驶记录仪的功能要求、技术指标、测试方法等内容参考了国外的先进标准，产品各项技术指标及试验方法继续与国外相关标准的规定尽可能保持一致。同时，本标准内容的规定也充分考虑了我国的道路交通管理、道路运输和汽车行驶记录仪产品技术水平的实际情况。

汽车行驶记录仪

1 范围

本标准规定了汽车行驶记录仪的术语和定义、要求、试验方法、检验规则、安装、标志、标签和包装等内容。

本标准适用于汽车行驶记录仪的设计、制造、检验及使用。

2 规范性引用文件

下列文件对于本文件的应用是必不可少的。凡是注日期的引用文件，仅注日期的版本适用于本文件。凡是不注日期的引用文件，其最新版本(包括所有的修改单)适用于本文件。

GB 2312 信息交换用汉字编码字符集 基本集

GB/T 2423.1 电工电子产品环境试验 第2部分:试验方法 A:低温

GB/T 2423.2 电工电子产品环境试验 第2部分:试验方法 B:高温

GB/T 2423.3 电工电子产品环境试验 第2部分:试验方法 试验Cab:恒定湿热试验

GB/T 2423.5 电工电子产品环境试验 第2部分:试验方法 试验Ea和导则:冲击

GB/T 2423.10 电工电子产品环境试验 第2部分:试验方法 试验Fc和导则:振动(正弦)

GB 4094 汽车操纵件、指示器及信号装置的标志

GB 4208 外壳防护等级(IP代码)

GB/T 12534 汽车道路试验方法通则

GB/T 16649.1 识别卡 带触点的集成电路卡 第1部分:物理特性

GB/T 16649.2 识别卡 带触点的集成电路卡 第2部分:触点的尺寸和位置

GB 16735—2004 道路车辆 车辆识别代号(VIN)

GB/T 19951—2005 道路车辆 静电放电产生的电骚扰试验方法

GB/T 21437.2—2008 道路车辆 由传导和耦合引起的电骚扰 第2部分:沿电源线的电瞬态传导

GA 36 中华人民共和国机动车号牌

JT/T 794—2011 道路运输车辆卫星定位系统车载终端技术要求

3 术语和定义

下列术语和定义适用于本文件。

3.1

汽车行驶记录仪 vehicle travelling data recorder

对车辆行驶速度、时间、里程、位置以及有关车辆行驶的其他状态信息进行记录、存储并可通过数据通信实现数据输出的数字式电子记录装置。

3.2

脉冲系数 impulse ratio

车速传感器在车辆行驶1 km距离过程中产生的脉冲信号个数。

3.3

行驶开始时间　start time of travelling

车辆从静止状态转变为行驶状态(速度大于 0 km/h 且持续 10 s 以上)的时间。

3.4

行驶结束时间　end time of travelling

车辆从行驶状态转变为静止状态(速度等于 0 km/h 且持续 10 s 以上)的时间。

3.5

连续驾驶时间　continuous driving time

同一驾驶人在相邻的且时间不少于 20 min 的两个停车休息时段之间的驾驶时间。

注：少于 20 min 的停车休息时间计入连续驾驶时间。

3.6

连续驾驶开始时间　start time of continuous driving

时间不少于 20 min 的停车休息时段之后的第一个行驶开始时间。

3.7

连续驾驶结束时间　end time of continuous driving

同一驾驶人驾驶车辆,在连续驾驶开始时间后的下一个时间不少于 20 min 的停车休息时段之前的最后一个行驶结束时间。

3.8

超时驾驶　overtime driving

连续驾驶时间超过 4 h。

3.9

日历天　calendar day

北京时间 00:00 到 24:00,共 24 h。

3.10

最近 2 个日历天　current two calendar days

车辆最近一次行驶结束时间所在的日历天及前一个日历天。

3.11

定位模块　positioning module

融合不同传感器的输出信息,自动确定车辆位置的功能模块。

3.12

定位精度　positioning accuracy

定位模块所确定的地理位置与实际位置的偏差(2D RMS 量度)。

3.13

位置信息　position information

定位模块所在地理位置的经度、纬度和海拔高度等信息。

4　要求

4.1　一般要求

4.1.1　组成

汽车行驶记录仪(以下简称记录仪)主要由如下几部分组成：

a)　主机:包括电源、控制、存储、通信、定位、显示、打印或输出、时钟、驾驶人身份识别等模块；

b)　速度传感器；

c) 数据分析软件；

d) 驾驶人身份识别卡、导线、熔断器、定位天线等其他部件。

4.1.2 外观结构

记录仪主机应采用一体式标准 DIN 结构，各组成模块均应位于主机本体。采用 1DIN 结构的，主机前面板尺寸应符合(188 mm±2 mm)×(60 mm±2 mm)的要求，采用车辆仪表台嵌入式安装方式的记录仪主机开孔尺寸应不大于 $182^{+0.8}_{0}$ mm×$53^{+0.5}_{0}$ mm；采用 2DIN 结构的，主机前面板尺寸应符合(188 mm±2 mm)×(112 mm±2 mm)的要求，采用车辆仪表台嵌入式安装方式的记录仪主机开孔尺寸应不大于 $178^{+0.8}_{0}$ mm×$100^{+0.5}_{0}$ mm。

记录仪各部件外表面应光洁、平整，不应有凹痕、划伤、裂缝、变形等缺陷。金属机壳表面应有防锈、防腐蚀涂层，金属零件不应有锈蚀。显示屏显示应清晰、完整，不得有缺损现象。如采用铅封装置，铅封应完好。

4.1.3 文字、图形、标志

记录仪上使用的文字、图形、标志应符合如下要求：

a) 耐久、醒目、规范；

b) 用以表示车辆行驶工况的图形标志应符合 GB 4094 的规定；

c) 显示器、操作说明、铭牌、标志中的文字应使用中文，根据需要也可以同时使用其他文字。

4.1.4 铭牌

记录仪应有铭牌，铭牌应符合如下规定：

a) 铭牌应安装在记录仪主机表面的醒目位置，铭牌应安装牢靠；

b) 铭牌上应标出制造商信息、产品中文名称、规格型号、记录仪主机唯一性编号等内容。

4.2 电气部件

4.2.1 电源

记录仪的供电电源应为车辆电源。

4.2.2 连接导线

记录仪连接导线应使用温度特性等级不低于－40 ℃～105 ℃的阻燃低压电线。

记录仪基本连接导线的线色应符合表 1 的要求。

表 1 记录仪连接导线线色

接口定义	颜色定义	说　明
电源正极	红	
点火开关	橙	ON 状态
电源负极	黑	
制动信号	黄	
车速信号输入	蓝	
车速传感器电源正极	棕	
车速传感器电源负极	黑	

4.2.3 插接器

插接器应位于主机后部。使用插接器时，插头两端的线色应相同。若有两个以上插头，插头间应不能互换。

在接插完毕后，插头和插座的连接应牢固可靠，不应有松动、接触不良现象。

4.2.4 熔断器

记录仪如使用熔断器，应在使用熔断器处清晰地标出熔断器的额定电流值。

熔断器的安装、更换应方便。

4.3 电气性能

4.3.1 电源电压适应性

在按表 2 给出的电源电压波动范围进行电压适应性试验时，试验后记录仪数据记录、显示、打印输出、数据通信等各项功能均应正常。

表 2 电气性能试验参数

标称电源电压 V	电源电压波动范围 V	极性反接试验电压 V	过电压 V
12	9～16	14±0.1	24
24	18～32	28±0.2	36
36	27～48	42±0.2	54

4.3.2 耐电源极性反接性能

在表 2 规定的标称电源电压极性反接试验下，记录仪应能承受 1 min 的极性反接试验，除熔断器外(允许更换烧坏的熔断器)不应有其他电气故障。

试验后记录仪的数据记录、显示、打印输出、数据通信等各项功能均应正常。

4.3.3 耐电源过电压性能

在表 2 规定的过电压下，记录仪应能承受 1 min 的电源过电压试验。

试验后记录仪的数据记录、显示、打印输出、数据通信等各项功能均应正常。

4.3.4 断电保护性能

当记录仪断电，应自动进入保护状态，断电前存储的数据应不丢失。记录仪的实时时间在断电后应正常保持 15 个日历天以上。

4.4 功能要求

4.4.1 行驶记录功能

4.4.1.1 自检功能

记录仪在通电开始工作时，应首先进行自检，自检正常后应以绿闪信号或显示屏显示方式指示工作正常，如有故障则应以红闪信号或显示屏显示方式指示故障信息。

4.4.1.2 数据记录功能

4.4.1.2.1 行驶速度记录

记录仪应能以1 s的时间间隔持续记录并存储车辆行驶状态数据。该行驶状态数据为：车辆在行驶过程中的实时时间、每秒钟间隔内对应的平均速度以及对应时间的状态信号。有效数据记录应不少于最近48个单位小时。

速度记录单位为千米每小时(km/h)，测量范围至少为0 km/h～220 km/h，分辨率等于或优于1 km/h。

4.4.1.2.2 事故疑点记录

记录仪应能以0.2 s的时间间隔持续记录并存储行驶结束前20 s实时时间对应的行驶状态数据，该行驶状态数据为：车辆行驶速度、制动等状态信号和行驶结束时的位置信息。

在车辆行驶状态下记录仪外部供电断开时，记录仪应能以0.2 s的时间间隔持续记录并存储前20 s内的车辆行驶状态数据，该行驶状态数据为：车辆行驶速度、车辆制动等状态信号及最后时刻的位置信息。

在车辆处于行驶状态且有效位置信息10 s内无变化时，记录仪应能以0.2 s的时间间隔持续记录并存储断电前20 s内的车辆行驶状态数据，该行驶状态数据为：车辆行驶速度、车辆制动等状态信号及断电时的位置信息。

速度记录单位为千米每小时(km/h)，测量范围至少为0 km/h～220 km/h，分辨率等于或优于1 km/h。

事故疑点记录次数应不少于最近100条。

4.4.1.2.3 超时驾驶记录

记录仪应能记录驾驶人超时驾驶的数据，数据内容包括：机动车驾驶证号码、连续驾驶开始时间及所在位置信息、连续驾驶结束时间及所在位置信息，记录次数应不少于最近100条。

4.4.1.2.4 位置信息记录

记录仪应能以1 min的时间间隔持续记录并存储车辆位置数据，数据内容包括：车辆在行驶过程中的实时时间、位置信息以及平均速度。有效数据记录应不少于最近360个单位小时。

4.4.1.2.5 驾驶人身份记录

记录仪应能记录每个驾驶人登录和退出情况，记录内容为登录或退出时驾驶人的机动车驾驶证号码和发生时间，记录次数应不少于最近200条。

4.4.1.2.6 里程记录

记录仪应能持续记录车辆从初次安装时间开始的累计行驶里程。车辆行驶里程记录单位为千米(km)，行驶里程的测量范围为0 km～999 999.9 km，分辨率应等于或优于0.1 km。

4.4.1.2.7 安装参数记录

记录仪应能记录安装时相关参数信息，具体参数包括：机动车号牌号码、机动车号牌分类、车辆识别代码、脉冲系数、记录仪初次安装时间和初始里程。

4.4.1.2.8 日志记录

记录仪应能记录相关运行日志，具体日志包括：

a) 记录仪外部供电记录，记录内容为电源通断电类型及发生时间，记录数量应不少于最近100条；

b) 参数修改记录，当安装参数、时间等发生修改时记录，记录内容为参数修改类型及发生时间，记录数量应不少于最近100条；

c) 速度状态日志，记录内容为速度状态(异常或正常)、速度状态判定的开始时间及结束时间、从开始时间起连续60 s每秒钟的记录速度和参考速度。记录数量应不少于最近10条。

注：在定位模块工作正常，记录仪的参考速度(基于卫星定位信号的速度)连续大于40 km/h的5 min时间内：当记录速度(基于速度传感器信号的速度)与参考速度的差值率(记录速度与参考速度之差除以参考速度)均超过±11%时，判定速度状态为异常；当记录速度与参考速度的差值率均在±11%范围内时，判定速度状态为正常。每个日历天记录仪判定速度状态1次，速度状态判定时，同时存储速度状态日志。

4.4.1.3 数据通信功能

4.4.1.3.1 数据通信接口

记录仪应至少同时配置RS232串行接口、USB(通用串行总线)接口、驾驶人身份识别接口、定位通信天线接口。

RS232串行接口、USB接口和驾驶人身份识别接口应位于主机前部。各通信接口间应不能互换，在非使用状态下应配置有效的保护装置。

4.4.1.3.2 RS232串行通信

RS232串行接口应为DB9孔式通信接口。

记录仪正常工作时，在无按键或其他外设触发的情况下，RS232串行接口应能自动识别数据通信协议所定义的通信命令。

RS232串行数据通信协议应符合附录A的规定。

4.4.1.3.3 USB(通用串行总线)通信

USB接口连接件应为USB A型。

USB接口应支持USB2.0标准的主机模式(Host)，记录仪应能通过USB接口向USB存储设备写入数据记录文件，写入文件的数据存储格式应符合附录B的规定。

4.4.1.3.4 驾驶人身份识别通信

记录仪应能通过集成电路卡(IC卡)实现驾驶人身份记录功能。驾驶人应在驾驶前、后通过IC卡方式进行身份登录和退出，登录和退出应在行驶结束状态下进行。

驾驶人身份识别卡可采用接触式或非接触式IC卡，IC卡应能记录机动车驾驶证号码等驾驶人信息，数据存储格式应符合附录C的规定。

采用接触式IC卡的应满足以下条件：物理特性应符合GB/T 16649.1的要求，触点的尺寸和位置应符合GB/T 16649.2的要求。记录仪主机前部应设有匹配IC卡的读卡装置，读卡装置应设有防尘保护装置，并至少能读取24C0X系列和4442系列IC卡的数据。

4.4.1.4 安全警示功能

记录仪应能通过语音方式提示驾驶人规范驾驶行为，提示频率为每 5 min 提示 1 组，每组连续提示 3 次。提示类型包括：

a) 在超时驾驶发生前及发生后的 30 min 内，提示驾驶人停车休息，显示器同时显示连续驾驶时间等提示信息；

b) 在驾驶人未登录情况下驾驶车辆时，在前 30 min 内提示驾驶人登录身份，显示器同时显示登录提示信息；

c) 在车辆行驶速度大于记录仪设定的速度限值、或与速度限值的速度差在 0 km/h～5 km/h 范围内时，提示驾驶人控制行驶速度；

d) 在记录仪的速度状态判定为异常时，提示速度状态异常，提示时间为 5 min。

4.4.1.5 显示功能

4.4.1.5.1 显示器

显示器应符合如下要求：

a) 显示屏应位于记录仪主机前部，显示屏应能显示可编辑的汉字、字母和数字；

b) 显示字符应笔划完整、清晰规范，在使用中不依靠环境光源也能正确读数；

c) 显示数据参数的同时应以汉字标识显示内容的定义，显示字符高度不小于 3 mm；

d) 显示器在车辆点火开关通电后应处于工作状态；

e) 在恒定的速度下，车速显示值的变化范围不得超过 1 km/h。

4.4.1.5.2 显示内容

当无按键操作或在行驶状态时，默认显示界面至少应显示实时时间、车辆的实时行驶速度、定位模块工作状态；当在警示状态时，显示界面应显示超时驾驶、驾驶人身份登录、速度状态等提示信息。

通过操作按键应能实现对其他信息的查询，查询应通过菜单方式进行，查询内容至少应包括：

a) 车辆及驾驶人信息，其中：车辆信息应至少包括机动车号牌号码、机动车号牌分类、脉冲系数及当前状态信号值，驾驶人信息应至少包括当前登录驾驶人的机动车驾驶证号码；

b) 超时驾驶记录：最近 2 个日历天内的超时驾驶记录，记录应按发生时间倒序显示，每条超时驾驶记录内容应包括：机动车驾驶证号码、连续驾驶开始时间、连续驾驶结束时间。

4.4.1.5.3 操作按键

操作按键应位于记录仪主机前部，按键应至少包括“菜单”、“▲”、“▼”、“确定”四个操作按键。

a) 操作按键应在对应的位置标明按键名称；

b) 仅使用操作按键应不能对时间、脉冲系数等参数进行修改操作；

c) 通过操作按键应不能对记录仪记录的速度、超时驾驶记录等数据记录进行删除操作；

d) 按键定义如下：

“菜单”——默认显示界面和菜单界面的切换，子目录向根目录的返回；

“▲” ——上翻选择，完成功能或数据列项的选择；

“▼” ——下翻选择，完成功能或数据列项的选择；

“确定”——功能或数据列项的确定，在默认显示界面持续按键 3 s 触发打印功能。

4.4.1.6 打印输出功能

4.4.1.6.1 一般要求

a) 数据打印只能在车辆静止状态下进行；

b) 打印字符字迹应清晰、规范；

c) 打印字符的高度应不小于 2.0 mm，宽应不小于 1.2 mm；

d) 打印纸上应留有足够的空白位置供驾驶人或其他人员签名及简单备注之用；

e) 未配置打印机的记录仪应能通过 RS232 串行接口和 USB 接口向其他打印设备输出打印数据。

4.4.1.6.2 打印数据格式

记录仪打印内容至少应包括：机动车号牌号码、机动车号牌分类、当前登录驾驶人的机动车驾驶证号码、速度状态、打印时间、最近 2 个日历天内的超时驾驶记录。

打印数据格式见示例 1。

示例 1：打印数据格式示例

机动车号牌号码：×××××××

机动车号牌分类：××××

机动车驾驶证号码：

××××××××××××××××××

速度状态：××

打印时间：

yy-mm-dd hh:mm:ss

2 个日历天内超时驾驶记录：

记录 1：

机动车驾驶证号码：

××××××××××××××××××

连续驾驶开始时间：

yyyy-mm-dd hh:mm:ss

连续驾驶结束时间：

yyyy-mm-dd hh:mm:ss

记录 2：

机动车驾驶证号码：

××××××××××××××××××

连续驾驶开始时间：

yyyy-mm-dd hh:mm:ss

连续驾驶结束时间：

yyyy-mm-dd hh:mm:ss

……

签名：____________________

4.4.2 定位功能

记录仪应具有卫星定位功能，定位通信方式优先支持北斗卫星定位系统，定位数据的输出格式应符合附录 A 中表 A.20 的规定。

用于营业性道路运输车辆的记录仪的定位功能应符合 JT/T 794—2011 中 5.2.1 的要求。

4.5 性能要求

4.5.1 行驶记录性能

4.5.1.1 时间记录误差

记录仪连续记录 24 h 数据，记录时间允许误差应在±5 s 以内。

4.5.1.2 速度记录误差

4.5.1.2.1 模拟速度记录误差

分别输出相当于 20 km/h、65 km/h、100 km/h、145 km/h 的模拟速度信号对记录仪进行测试时，其速度记录允许误差为±1 km/h。

4.5.1.2.2 实车速度记录误差

记录仪安装在测试用车上进行实车路试，在行驶速度恒定在 40 km/h±1 km/h 和行驶速度在 40 km/h～60 km/h 变化情况下分别进行测试时，其速度记录允许误差为±2 km/h。

4.5.1.3 里程记录误差

型式检验时，记录仪安装在测试用车上进行实车行驶里程误差测试，当测试距离为 5 km 时，行驶里程允许误差为±0.1 km 以内。

4.5.2 定位性能

记录仪定位模块所确定的位置与实际位置的偏差不大于 15 m。

用于营业性道路运输车辆的记录仪的定位性能应符合 JT/T 794—2011 中 5.2.2 的要求。

4.6 数据分析软件

记录仪的数据分析软件应兼容本标准规定的数据通信协议，应使用中文界面，能在通用的中文操作系统中安装使用。数据分析软件应能连接记录仪数据管理平台，并对外传输指定的数据记录。

数据分析软件应具有原始数据读取、查询、统计、图表生成、参数设置、操作权限管理等功能。

在采集原始数据后，数据分析软件应能生成至少如下图表：

a) 行驶速度记录曲线图。内容及记录格式应符合 4.4.1.2.1 的要求，其横坐标为实时时间、纵坐标为与实时时间对应的车辆行驶速度值、状态信号和客户所要求的其他信号，曲线图上同时还应包含机动车号牌号码、机动车号牌分类、机动车驾驶证号码等内容。其中，机动车驾驶证号码信息可随不同驾驶人的登录时间而变化；
b) 事故疑点数据曲线图。内容及记录格式应符合 4.4.1.2.2 的要求，曲线图例见附录 D，其横坐标为实时时间，纵坐标为与实时时间对应的车辆行驶速度值和制动等状态信号，曲线图上同时还应包含机动车号牌号码、机动车号牌分类、机动车驾驶证号码等内容；
c) 数据列表。根据 4.4.1.2 规定的各项数据记录的内容，列出指定时间范围内的指定数据记录。

4.7 数据安全性

记录仪应防止数据被更改或删除，应从记录仪硬件和数据分析软件系统来实现：

a) 硬件上，应在记录仪主机上或其他适当的地方采取可靠安全措施（如铅封）防止数据储存器等重要器件被更换；

b) 记录仪主机内车辆行驶速度、里程、驾驶时间等原始数据不能通过外部设备进行任何改写或删除操作；

c) 分析软件对车辆识别代号、机动车号牌号码、机动车号牌分类、脉冲系数、机动车驾驶证号码等重要参数不能更改或删除。在记录仪初始化调试、校准、维修或其他特殊情况下需对上述重要参数进行设置操作时，需经操作授权。

4.8 气候环境适应性

记录仪在承受各项气候环境试验后，应无任何电气故障，机壳、插接器等不应有严重变形；其数据记录功能、显示功能、打印输出功能应保持正常；试验前存储的数据不应丢失。

4.9 机械环境适应性

记录仪在承受各项机械环境试验后，应无永久性结构变形；零部件应无损坏；应无电气故障，紧固部件应无松脱现象，插头、通信接口等接插件不应有脱落或接触不良现象；其数据记录功能、显示功能、打印输出功能应保持正常；试验前存储的数据不应丢失。

4.10 外壳防护等级

记录仪主机的外壳防护等级应符合 GB 4208 中 IP43 的要求。

试验后记录仪数据通信功能应正常，试验前存储的数据不应丢失。

4.11 抗汽车电点火干扰

记录仪在进行汽车电点火干扰时，不应出现异常现象，数据记录功能、显示功能、打印输出功能应正常。

4.12 静电放电抗扰度

试验中及试验后不应出现电气故障，数据记录功能应正常，试验前存储的数据不应丢失；在试验中允许显示和打印输出功能出现异常现象，但在试验结束后功能应恢复正常。

4.13 瞬态抗扰性

试验中及试验后不应出现电气故障，数据记录功能应正常，试验前存储的数据不应丢失；在试验中允许显示和打印输出功能出现异常现象，但在试验结束后功能应恢复正常。

5 试验方法

5.1 一般要求检查

5.1.1 组成检查

目视检查记录仪的结构组成。

5.1.2 外观结构检查

在环境照度 300 lx 条件下，目距 300 mm～500 mm 情况下检查记录仪的外观及结构，测量记录仪尺寸。

5.1.3 文字、图形、标志、铭牌检查

目视检查记录仪的铭牌及其文字、图形和标志；

用蘸有汽油(90 号以上)的干净棉布连续擦拭其文字、图形、标志符号 15 s，试验后目视检查。

5.2 电气部件检查

5.2.1 电源检查

目视检查记录仪的电源供电方式。

5.2.2 连接导线检查

目视检查记录仪连接导线的规格和线色。

5.2.3 插接器检查

目视检查插接器位置、两端线色和插头规格。

5.2.4 熔断器检查

目视检查熔断器是否标明额定电流值，检查熔断器的安装、更换方式。

5.3 电气性能测试

5.3.1 电源电压适应性试验

对车辆标称电源电压不同，分别按以下方法进行试验：

a) 记录仪标称电源电压为 12 V 时，将供电电压调至 9 V 和 16 V，分别连续工作 1 h，其间输入模拟信号，检查记录仪的功能；
b) 记录仪标称电源电压为 24 V 时，将供电电压调至 18 V 和 32 V，分别连续工作 1 h，其间输入模拟信号，检查记录仪的功能；
c) 记录仪标称电源电压为 36 V 时，将供电电压调至 27 V 和 48 V，分别连续工作 1 h，其间输入模拟信号，检查记录仪的功能。

5.3.2 耐电源极性反接试验

对记录仪的电源线施加与标称电源电压极性相反的试验电压，标称电源电压为 12 V 时，施加 14 V±0.1 V 的反向电压；标称电源电压为 24 V 时，施加 28 V±0.2 V 的反向电压；标称电源电压为 36 V 时，施加 42 V±0.2 V 的反向电压，以上试验持续时间均为 1 min。试验后检查记录仪的功能。

5.3.3 耐电源过电压试验

记录仪标称电源电压为 12 V 时，对其施加 24 V 的工作电压；标称电源电压为 24 V 时，对其施加 36 V 的工作电压；标称电源电压为 36 V 时，对其施加 54 V 的工作电压，以上试验持续时间均为 1 min。试验后检查记录仪的功能。

5.3.4 断电保护试验

将存有数据的记录仪接标称电源电压正常工作，连续断电 15 天后，检查记录仪记录的实时时间及其存储的数据信息。

5.4 功能检查

5.4.1 行驶记录功能检查

5.4.1.1 自检功能检查

接通记录仪电源，目视检查记录仪自检方式及自检过程。

5.4.1.2 数据记录功能检查

5.4.1.2.1 行驶速度记录检查

记录仪接通标称电源，接入速度信号和状态信号，速度信号应从0 km/h到220 km/h断续变化，连续记录48个单位小时，试验后检查行驶速度记录。

5.4.1.2.2 事故疑点记录检查

记录仪接通标称电源，接入速度信号、状态信号和位置信号，模拟符合事故疑点记录条件的情况，试验后检查事故疑点记录。

5.4.1.2.3 超时驾驶记录检查

记录仪接通标称电源，接入速度信号和位置信号，模拟车辆行驶过程中驾驶人停车休息和超时驾驶的情况，试验后检查超时驾驶记录。

5.4.1.2.4 位置信息记录检查

记录仪接通标称电源，接入位置信号和速度信号，连续记录360个单位小时，试验后检查位置信息记录。

5.4.1.2.5 驾驶人身份记录检查

记录仪接通标称电源，模拟驾驶人登录和退出操作，试验后检查驾驶人身份记录。

5.4.1.2.6 里程记录检查

记录仪接通标称电源，接入速度信号，试验后检查里程信息记录。

5.4.1.2.7 安装参数记录检查

记录仪接通标称电源，对记录仪设置相关安装参数，试验后检查安装参数记录。

5.4.1.2.8 日志记录检查

模拟记录仪外部电源接通和切断情况，检查外部供电记录；

设置记录仪安装参数和时间，检查参数修改记录；

分别模拟速度状态异常和正常两种情况，检查速度状态日志。

5.4.1.3 数据通信功能检查

5.4.1.3.1 数据通信接口检查

目视检查记录仪的通信接口形式、位置及接口保护装置。

5.4.1.3.2 RS232串行通信检查

目视检查记录仪RS232串行通信接口形式，使用测试软件通过RS232串行接口对记录仪进行数据采集和参数设置操作，检查RS232数据通信协议。

5.4.1.3.3 **USB(通用串行总线)通信检查**

目视检查记录仪 USB 接口形式,使用 USB 存储设备采集记录仪的数据记录,使用测试软件分析数据记录,检查 USB 数据存储格式。

5.4.1.3.4 **驾驶人身份识别通信检查**

对记录仪进行驾驶人身份识别通信测试,在行驶状态下检查记录仪是否能进行驾驶人身份登录和退出操作。接触式 IC 卡使用 IC 卡测试装置和专用测试卡分别检查接触式 IC 卡的数据存储格式和读卡装置的通用性。

5.4.1.4 **安全警示功能检查**

分别模拟超时驾驶、未登录驾驶人身份驾驶、超速度限值行驶、速度状态异常和正常四种情况,检查记录仪的提示方式、提示频率和提示内容。

5.4.1.5 **显示功能检查**

5.4.1.5.1 **显示器检查**

目视检查记录仪显示器的位置、字符高度、工作状态等内容。

5.4.1.5.2 **显示内容检查**

通过按键操作分别检查默认显示界面、警示状态、驾驶人身份识别状态下的显示内容。

5.4.1.5.3 **操作按键检查**

目视检查按键位置和按键名称,通过按键操作检查按键定义和是否能对相关参数、记录等进行删除操作。

5.4.1.6 **打印输出功能检查**

5.4.1.6.1 **一般要求检查**

在行驶状态下,检查记录仪是否能进行打印操作。

在行驶结束状态下,对记录仪进行打印或输出操作,检查打印结果。

5.4.1.6.2 **打印格式检查**

目视检查打印内容及格式。

5.4.2 **定位功能检查**

记录仪接通标称电源,接入卫星定位信号,检查记录仪定位功能和定位数据输出格式。

5.5 **性能测试**

5.5.1 **行驶记录性能测试**

5.5.1.1 **时间记录误差测试**

用标准计时装置对记录仪时间进行校准之后,连续记录 360 h 的实时时间,计算每 24 h 的时间记录误差。

5.5.1.2 速度记录误差测试

5.5.1.2.1 模拟速度记录误差测试

记录仪通电正常工作，分别接入相当于20 km/h、65 km/h、100 km/h、145 km/h的模拟速度信号，每个速度点输入信号时间为1 min，模拟速度信号的精度应等于或优于0.5%，测试记录仪在接入模拟速度信号情况下的最大速度记录误差。

5.5.1.2.2 实车速度记录误差测试

试验条件和试验车辆的准备工作应符合GB/T 12534的要求。

试验设备：车辆运动测试装置的时钟分辨率应优于或等于0.01 s，速度测量分辨率应优于或等于0.1 km/h，应能连续测量与实时时间相对应的车辆瞬时和平均运动速度，其测速量程至少为0.5 km/h～300 km/h。

将记录仪和车辆运动测试装置同时安装在试验用车上，分别在以下两种情况下测试速度记录误差：

a) 40 km/h±1 km/h的恒定车速行驶，同时使用车辆运动测试装置测量与实时时间对应的车辆运动速度，试验时间为1 min；

b) 车速在40 km/h～60 km/h间变化时，同时使用车辆运动测试装置测量与实时时间对应的车辆运动速度，试验时间为5 min。

5.5.1.2.3 里程记录误差测试

试验条件和试验车辆的准备工作应符合GB/T 12534的要求。

将记录仪安装在试验用车上，测试行驶距离为5 km。测试中同时使用车辆运动测试装置测量与实时时间对应的行驶里程，测试结束后检查记录仪的里程测量值，计算里程记录误差。

5.5.2 定位性能测试

试验条件和试验车辆的准备工作应符合GB/T 12534的要求。

定位精度测试设备的RTK平面定位精度应不低于：加常数为1 cm，乘常数为基准站与流动站距离的百万分之一。

将记录仪按使用状态安装在试验车辆上，在完成定位和置信区间不小于95%条件下，通过载波相位差分(RTK)方式，测试记录仪的最大定位误差，测试时试验车辆以不低于20 km/h的速度行驶，连续测试时间不小于1 h，测试路段无连续弯道，无明显影响连续定位的屏蔽或干扰。

5.6 数据分析软件检查

对记录仪产品配套的数据分析软件进行安装、运行，并测试分析软件的数据采集、查询、统计、图表生成、操作权限管理等各项功能，查看各种图表曲线、数据列表的格式及内容。

5.7 数据安全性检查

从硬件和软件两个方面检查记录仪的原始数据安全性。

目视(必要时使用工具)检查记录仪的主机及数据存储器等重要器件的有无采取可靠防护措施。

将记录仪分析软件安装在通用中文操作系统中，并将测试计算机按使用要求通过通讯接口与记录仪连接，对记录仪进行各种数据读取、查询、统计、参数设置、操作权限设置等功能操作测试。

5.8 气候环境适应性试验

试验参数设置见表3。

表 3　气候环境试验项目表

试验名称	试验参数	试验条件	工作状态
高温试验	温度	70 ℃	接入 1.25 倍的标称电源电压正常工作，1 h 通电，1 h 断电
	持续时间	72 h	
高温放置试验	温度	85 ℃	试验中不通电，试验后检查功能
	持续时间	8 h	
低温试验	温度	−30 ℃	接入 0.75 倍的标称电源电压正常工作，1 h 通电，1 h 断电
	持续时间	72 h	
低温放置试验	温度	−40 ℃	试验中不通电，试验后检查功能
	持续时间	8 h	
恒定湿热试验	温度	40 ℃±2 ℃	24 h 不通电，24 h 接通标称电压通电工作
	持续时间	48 h	
	相对湿度	90%～95%	

5.8.1　高温试验

5.8.1.1　试验设备

试验设备应符合 GB/T 2423.2 的要求。

5.8.1.2　试验方法

预处理：记录仪按正常工作方式接入信号，接入 1.25 倍的标称电源电压正常工作。

将连接完毕的记录仪整机放入高温试验箱，在 70 ℃±2 ℃的温度下连续放置 72 h，其间记录仪 1 h 接通电源，1 h 断开电源，连续通、断电循环直至试验结束。试验中及试验后检查记录仪外观结构、主要功能和数据记录。

5.8.2　高温放置试验

5.8.2.1　试验设备

试验设备应符合 GB/T 2423.2 中的要求。

5.8.2.2　试验方法

将连接完毕的记录仪整机放入高温试验箱，在 85 ℃±2 ℃的温度下放置 8 h。试验后恢复至室温接通标称电源电压、接入信号正常工作。试验后检查记录仪外观结构、主要功能和数据记录。

5.8.3　低温试验

5.8.3.1　试验设备

试验装置应符合 GB/T 2423.1 的要求。

5.8.3.2 试验方法

预处理:记录仪按正常工作方式接入信号,接入 0.75 倍的标称电源电压正常工作。

将连接完毕的记录仪整机放入低温试验箱,在—30 ℃±2 ℃的温度下放置 72 h,其间记录仪 1 h 接通电源,1 h 断开电源,连续通、断电循环直至试验结束。试验中及试验后检查记录仪外观结构、主要功能和数据记录。

5.8.4 低温放置试验

5.8.4.1 试验设备

试验装置应符合 GB/T 2423.1 的要求。

5.8.4.2 试验方法

将连接完毕的记录仪整机放入低温试验箱,在—40 ℃±2 ℃的温度下放置 8 h。试验结束恢复至室温后接通标称电源电压、接入信号正常工作。试验后检查记录仪外观结构、主要功能和数据记录。

5.8.5 恒定湿热试验

5.8.5.1 试验设备

试验装置应符合 GB/T 2423.3 的要求。

5.8.5.2 试验方法

预处理:记录仪按正常工作方式接入信号。

将连接完毕并处于不通电状态的记录仪主机(不含显示、打印部分)放入试验箱。记录仪在干球温度为 40 ℃±2 ℃,相对湿度为 90%~95%环境中保持 24 h 后,接通记录仪标称电源电压,在正常工作状态再保持 24 h。试验中及试验后检查记录仪外观结构、主要功能和数据记录。

5.9 机械环境试验

试验参数设置见表 4。

表 4 机械环境试验项目表

试验名称	试验参数		工作状态
振动试验	扫频范围	5 Hz~300 Hz	不通电 正常安装状态
	扫频速度	1 oct/min	
	扫频时间	每个方向 8 h	
	振幅	5 Hz~11 Hz 时 10 mm(峰值)	
	加速度	11 Hz~300 Hz 时 50 m/s^2	
	振动方向	X、Y、Z 三方向	
冲击试验	冲击次数	X、Y、Z 每方向各 3 次	不通电 正常安装状态
	峰值加速度	490 m/s^2	
	脉冲持续时间	11 ms	
	方向	X、Y、Z 三方向	

5.9.1 振动试验

5.9.1.1 试验设备

试验装置应符合 GB/T 2423.10 的要求。

5.9.1.2 试验方法

预处理:记录仪按正常工作方式接入信号。

将连接完毕处于工作状态的记录仪整机安装在振动试验台上,在上下方向上进行扫频振动试验,扫频速度为 1 oct/min,频率为 5 Hz～300 Hz,其中 5 Hz～11 Hz 频段范围内,振幅为 10 mm;11 Hz～300 Hz 频段范围内时,振动加速度值为 50 m/s^2,X、Y、Z 每个方向试验 8 h。试验后检查记录仪外观结构、主要功能和数据记录。

5.9.2 冲击试验

5.9.2.1 试验设备

试验设备应符合 GB/T 2423.5 的要求。

5.9.2.2 试验方法

预处理:记录仪按正常工作方式接入信号。

将连接完毕并处于工作状态的记录仪整机安装在试验台上,在 X、Y、Z 三方向分别进行峰值加速度为 490 m/s^2,脉冲持续时间为 11 ms 的半正弦波脉冲击 3 次。试验后检查记录仪外观结构、主要功能和数据记录。

5.10 外壳防护等级试验

按 GB 4208 规定的方法进行,试验时记录仪不通电,试验后检查记录仪的数据记录和通信功能。

5.11 抗汽车电点火干扰试验

5.11.1 试验设备

试验设备应符合如下要求:

a) 放电电极间距为 1 cm～1.5 cm;

b) 放电频率为 12 次/s～200 次/s;

c) 放电电压为 10 kV～20 kV。

5.11.2 试验方法

记录仪与试验设备共电源连接,在工作状态置于以放电电极为中心 20 cm 半径的平面范围内,且放电电极距记录仪底面 5 cm～10 cm 时,以 12 次/s～200 次/s 的放电频率扫频,若有异常,在异常频率点持续试验 5 min;若无异常则在 60 次/s 的放电频率上持续试验 10 min。试验中检查记录仪的主要功能。

5.12 静电放电抗扰度试验

5.12.1 试验装置

试验用静电放电发生器应符合 GB/T 19951—2005 中第 4 章的要求。

5.12.2 试验方法

试验时记录仪处于工作状态，机壳按使用要求接地。按 GB/T 19951—2005 中第 5 章规定的方法，对记录仪进行直接接触放电和空气放电试验，试验等级为Ⅱ级。试验中及试验后检查记录仪的主要功能和数据记录。

5.13 瞬态抗扰性试验

5.13.1 试验装置

试验用设备应符合 GB/T 21437.2—2008 中第 5 章的要求。

5.13.2 试验方法

试验时记录仪处于工作状态。试验按 GB/T 21437.2—2008 中第 4 章规定的方法进行，试验脉冲选择 1、2a、3a、3b，试验等级为Ⅳ级，其中试验幅度选取Ⅳ级最高值，试验脉冲 1、2a 各进行 5 000 个脉冲，试验脉冲 3a、3b 试验时间各为 1 h。试验中及试验后检查记录仪的主要功能和数据记录。

6 检验规则

6.1 型式检验

6.1.1 如有下列情况之一时，应进行型式检验：

a) 产品新设计试生产或产品定型鉴定时；

b) 转产或转厂；

c) 停产后复产；

d) 结构、材料或工艺有重大改变，可能影响产品性能时；

e) 结果与上次型式检验结果有明显差异时。

按表 5 的规定进行型式检验，如果有一项试验不符合要求，则判定该型号记录仪型式检验不合格。

表 5 型式检验项目表

序号	检验项目		要求条款	试验方法条款	型式检验[a]			
					1 号样品	2 号样品	3 号样品	4 号样品
1	一般要求		4.1	5.1	√	√	√	√
2	电气部件		4.2	5.2	√	√	√	√
3	电气性能	电源电压适应性	4.3.1	5.3.1				√
		耐电源极性反接性能	4.3.2	5.3.2				√
		耐电源过电压性能	4.3.3	5.3.3				√
		断电保护性能	4.3.4	5.3.4				√
4	自检功能		4.4.1.1	5.4.1.1	√			

表 5（续）

序号	检验项目		要求条款	试验方法条款	型式检验[a]			
					1 号样品	2 号样品	3 号样品	4 号样品
5	数据记录功能	行驶速度记录	4.4.1.2.1	5.4.1.2.1	√			
		事故疑点记录	4.4.1.2.2	5.4.1.2.2	√			
		超时驾驶记录	4.4.1.2.3	5.4.1.2.3	√			
		位置信息记录	4.4.1.2.4	5.4.1.2.4	√			
		驾驶人身份记录	4.4.1.2.5	5.4.1.2.5	√			
		里程记录	4.4.1.2.6	5.4.1.2.6	√			
		安装参数记录	4.4.1.2.7	5.4.1.2.7	√			
		日志记录	4.4.1.2.8	5.4.1.2.8	√			
6	数据通信功能		4.4.1.3	5.4.1.3	√			
7	安全警示功能		4.4.1.4	5.4.1.4	√			
8	显示功能		4.4.1.5	5.4.1.5	√			
9	打印输出功能		4.4.1.6	5.4.1.6	√			
10	定位功能		4.4.2	5.4.2				√
11	行驶记录性能	时间记录误差	4.5.1.1	5.5.1.1				√
		速度记录误差	4.5.1.2	5.5.1.2				√
		里程记录误差	4.5.1.3	5.5.1.3				√
12	定位性能		4.5.2	5.5.2				√
13	数据分析软件		4.6	5.6	√			
14	数据安全性		4.7	5.7		√		
15	气候环境适应性	高温试验	4.8	5.8.1		√		
		高温放置试验	4.8	5.8.2		√		
		低温试验	4.8	5.8.3			√	
		低温放置试验	4.8	5.8.4			√	
		恒定湿热试验	4.8	5.8.5		√		
16	机械环境适应性	振动试验	4.9	5.9.1			√	
		冲击试验	4.9	5.9.2			√	
17	外壳防护等级		4.10	5.10		√		
18	抗汽车电点火干扰		4.11	5.11				√
19	静电放电抗扰度		4.12	5.12				√
20	瞬态抗扰性		4.13	5.13				√

[a] 型式检验时，检验者应提供检验用记录仪 4 套。

6.2 出厂检验

出厂检验由制造商按表5选择，至少选择6、7、8、9、18项进行。

7 安装

7.1 新车

对于新出厂的汽车，记录仪的安装由汽车制造商负责设计、安装、调试。

7.2 在用汽车

对于在用汽车，由记录仪制造商与用户共同设计、决定记录仪安装方式，应不影响汽车的结构强度、电气安全性能。

7.3 安装位置

记录仪安装位置应远离碰撞、过热、阳光直射、废气、水、油和灰尘的位置，应避开安全气囊、ABS系统和其他敏感电子设备的位置。安装位置应便于驾驶人身份登录、按键和数据采集等操作(如车辆仪表中控台)。

7.4 接线要求

记录仪的车速信号输入应取自车速传感器脉冲信号，制动信号输入应取自制动开关量信号。所有导线均应有适当保护，以保证这些导线不会接触到可能会引起导线绝缘损伤的部件。当导线需穿越金属孔时，应装有衬套。金属穿线孔应进行倒角，不得有锋利的边缘。接线要整齐布置，并使用线夹、电缆套、电缆卷固定，线束内的导线要有序编扎。

8 标志、标签和包装

8.1 标志、标签

产品的外包装应包括如下内容：

a) 产品中文名称、规格型号、标称电源电压、结构尺寸等；

b) 制造商名称、详细地址、邮编、电话、产品商标、制造日期、制造地；

c) 产品所执行的标准编号及标准名称。

8.2 产品合格证

每台出厂的记录仪应有产品检验合格证，检验合格证应有如下内容：

a) 出厂检验结论、检验日期；

b) 检验员标识。

8.3 包装

包装箱应符合防潮、防尘、防震、运输的要求。

单个包装箱内应有使用说明书、保修卡、产品合格证或检验标志及附件清单。

附 录 A
（规范性附录）
RS232 串行数据通信协议

A.1 通信传输约定

A.1.1 通信方式

记录仪 RS232 接口的数据传输采用异步串行方式，通信速率为 115 200 bps，以字节为单位，含有 1 个起始位，8 个数据位，1 个停止位，奇校验。

A.1.2 传输约定

记录仪 RS232 数据通信应遵循以下传输约定：

a) 本协议中的数据采用十六进制编码、8421BCD 码、ASCⅡ 字符码及 GB2312 字符集（采用 EUC-CN 表示方法）；
b) 通讯机（计算机或数据采集仪）与记录仪的通讯由通讯机发起，通讯机发送一个命令数据帧（以下简称命令帧），记录仪对应返回约定的应答数据帧（以下简称应答帧）；
c) 命令帧有两类：第一类为采集数据命令帧，第二类为设置参数命令帧；
d) 应答帧的数据块长度应不大于 1 000 个字节，较大数据块的采集通过多次发送命令帧来实现。

A.1.3 命令帧数据格式

命令帧由通讯机发送给记录仪，2 个字节的起始字头，1 个字节的命令字，2 个字节的数据块长度，1 个字节的保留（备用）字，若干字节的数据块及 1 个字节的校验字。数据格式见表 A.1。

表 A.1 命令帧数据格式

名　　称	数据格式及范围	说　　明
起始字头	AAH	数据帧标识位
起始字头	75H	数据帧标识位
命令字	00～FFH	
数据块长度	00～FFH（高字节）	可表示数据长度为 0 k～64 k。数据块长度为 0，表示本帧数据块或参数为空
数据块长度	00～FFH（低字节）	
保留（备用）字		默认为 00H
数据块	命令字对应的数据或参数	与命令字相关的参数或数据，数据长度由数据块长度决定
校验字	00～FFH	校验字节之前的所有字节的异或值

A.1.4 应答帧数据格式

A.1.4.1 接收正确时的应答帧数据格式

当记录仪接收到正确的命令帧时，回复的应答帧数据格式见表 A.2。

表 A.2 接收正确时应答帧数据格式

名　称	数据格式及范围	说　明
起始字头	55H	数据帧标识位
起始字头	7AH	数据帧标识位
命令字	00～FFH	与命令帧的命令字相同
数据块长度	00～FFH(高字节)	可表示数据长度为 0 k～64 k。数据块长度为 0,表示本帧数据块数据或参数为空
数据块长度	00～FFH(低字节)	
保留(备用)字		默认为 00H
数据块	命令字对应的数据或参数	数据长度由数据块长度决定
校验字	00～FFH	校验字节之前的所有字节的异或值

A.1.4.2 接收错误时的应答帧数据格式数据

采集数据命令帧接收出错时,记录仪的应答帧格式见表 A.3;设置参数命令帧接收出错时,记录仪的应答帧数据格式见表 A.4。

表 A.3 采集数据命令帧接收出错时应答帧格式

起始字头(55H)
起始字头(7AH)
出错标志字(FAH)
保留(备用)字
校验字节(异或值)

表 A.4 设置参数命令帧接收出错时应答帧格式

起始字头(55H)
起始字头(7AH)
出错标志字(FBH)
保留(备用)字
校验字节(异或值)

A.2 采集数据命令字及数据块格式

A.2.1 采集数据命令字列表

采集数据命令字列表见表 A.5。

表 A.5 采集数据命令字列表

命令字	功　能	记录仪回送的数据块数据
00H	采集记录仪执行标准版本	记录仪执行标准的年号及修改单号
01H	采集当前驾驶人信息	当前驾驶人的机动车驾驶证号码
02H	采集记录仪实时时间	实时时间
03H	采集累计行驶里程	实时时间、安装时的初始里程及安装后的累计行驶里程
04H	采集记录仪脉冲系数	实时时间及设定的脉冲系数
05H	采集车辆信息	车辆识别代号、机动车号牌号码和机动车号牌分类
06H	采集记录仪状态信号配置信息	状态信号配置信息
07H	采集记录仪唯一性编号	唯一性编号及初次安装日期
08H	采集指定的行驶速度记录	符合条件的行驶速度记录
09H	采集指定的位置信息记录	符合条件的位置信息记录
10H	采集指定的事故疑点记录	符合条件的事故疑点记录
11H	采集指定的超时驾驶记录	符合条件的超时驾驶记录
12H	采集指定的驾驶人身份记录	符合条件的驾驶人登录退出记录
13H	采集指定的外部供电记录	符合条件的供电记录
14H	采集指定的参数修改记录	符合条件的参数修改记录
15H	采集指定的速度状态日志	符合条件的速度状态日志
16H～1FH	预留	预留

A.2.2 采集记录仪执行标准版本(00H)

命令帧数据块数据为空，应答帧数据块格式见表 A.6。

表 A.6 记录仪执行标准版本数据块格式

字节序号	数据范围及格式		数据内容	说　明
1	00～99	BCD 码	记录仪执行标准年号后 2 位	无应答则默认为 03
2	00～FFH		修改单号	无修改单或无应答则默认为 00H

A.2.3 采集当前驾驶人信息(01H)

命令帧数据块数据为空，应答帧数据块格式见表 A.7。

表 A.7 当前驾驶人信息数据块格式

字节序号	数据范围及格式	数据内容	说　明
1～18	ASCⅡ码	机动车驾驶证号码	机动车驾驶证号码为 15 位时，后 3 位以 00H 补齐。驾驶人身份未知时以 00H 表示

A.2.4 采集记录仪的实时时间(02H)

命令帧数据块数据为空,应答帧数据块格式见表 A.8。

表 A.8 记录仪实时时间数据块格式

字节序号	数据范围及格式		数据内容	说明
1	00～99	BCD 码	时间——年	表示范围为 2000 年 1 月 1 日 0 时 0 分 0 秒～2099 年 12 月 31 日 23 时 59 分 59 秒
2	01～12		时间——月	
3	01～31		时间——日	
4	00～23		时间——时	
5	00～59		时间——分	
6	00～59		时间——秒	

A.2.5 采集累计行驶里程(03H)

命令帧数据块数据为空,应答帧数据块格式见表 A.9。

表 A.9 累计行驶里程数据块格式

字节序号	数据范围及格式		数据内容	说明
1～6	见表 A.8		记录仪实时时间	
7～12	见表 A.8		记录仪初次安装时间	
13～16	00～99 999 999	BCD 码	初始里程	表示单位为 0.1 千米每比特
17～20	00～99 999 999	BCD 码	累计行驶里程	

A.2.6 采集记录仪脉冲系数(04H)

命令帧数据块数据为空,应答帧数据块格式见表 A.10。

表 A.10 记录仪脉冲系数数据块格式

字节序号	数据范围及格式	数据内容	说明
1～6	见表 A.8	记录仪当前时间	
7	00～FFH	记录仪脉冲系数高字节	
8	00～FFH	记录仪脉冲系数低字节	

A.2.7 采集车辆信息(05H)

命令帧数据块数据为空,应答帧数据块格式见表 A.11。

a) 车辆识别代号使用的字符应符合 GB16735—2004 中 4.5 的规定,其构成如下:
车辆识别代号由 17 位代码构成,仅能采用下列阿拉伯数字和大写的罗马字母:
1 2 3 4 5 6 7 8 9 0
A B C D E F G H J K L M N P R S T U V W X Y Z(字母 I、O、Q 不能使用);

b) 机动车号牌号码使用的字符集应符合 GA 36 的规定；

c) 机动车号牌分类应符合 GA 36 的规定。

表 A.11 车辆信息数据块格式

字节序号	数据范围及格式	数据内容	说　明
1～17	符合 GB 16735—2004 规定字符(ASCⅡ码)	车辆识别代号	
18～29	符合 GA 36 规定的汉字(GB 2312 字符集)和字符(ASCⅡ码)	机动车号牌号码	后 3 个字节为备用字
30～41	符合 GA 36 规定的汉字(GB 2312 字符集)	机动车号牌分类	后 4 个字节为备用字

A.2.8 采集记录仪状态信号配置信息(06H)

命令帧数据块数据为空，应答帧数据块格式见表 A.12，单位字节状态信号配置数据块格式定义见表 A.13。

表 A.12 状态信号配置信息数据块格式

字节序号	数据范围及格式	数据内容	说　明
1～6	见表 A.8	记录仪实时时间	
7	01～FFH	状态信号字节个数 N	单位字节的 D7～D0(由高到低)分别对应 8 个状态信号，1 表示有操作，0 表示无操作
8～87	GB 2312 字符集，ASCⅡ码	第 1 字节状态信号配置	第 1 字节的 D7 表示制动，D6 表示左转向，D5 表示右转向，D4 表示远光，D3 表示近光，D2～D0 由用户自定义
…	…	…	

表 A.13 单位字节状态信号配置数据块格式

字节序号	数据范围及格式	数据内容	说　明
1～10	GB 2312 字符集，ASCⅡ码	D0 的状态信号名称	用 10 个字节(5 个汉字或 10 个 ASCⅡ字符)表示状态信号名称，不足部分或未使用以 00H 补齐
11～20	GB 2312 字符集，ASCⅡ码	D1 的状态信号名称	
21～30	GB 2312 字符集，ASCⅡ码	D2 的状态信号名称	
31～40	GB 2312 字符集，ASCⅡ码	D3 的状态信号名称	
41～50	GB 2312 字符集，ASCⅡ码	D4 的状态信号名称	
51～60	GB 2312 字符集，ASCⅡ码	D5 的状态信号名称	
61～70	GB 2312 字符集，ASCⅡ码	D6 的状态信号名称	
71～80	GB 2312 字符集，ASCⅡ码	D7 的状态信号名称	

A.2.9 采集记录仪唯一性编号(07H)

命令帧数据块数据为空，应答帧数据块格式见表A.14。

表A.14 记录仪唯一性编号数据格式

<table>
<tr><th>字节序号</th><th colspan="2">数据范围及格式</th><th>数据内容</th><th>说　明</th></tr>
<tr><td>1～7</td><td colspan="2">ASCⅡ码</td><td>生产厂CCC认证代码</td><td></td></tr>
<tr><td>8～23</td><td colspan="2">ASCⅡ码</td><td>认证产品型号</td><td></td></tr>
<tr><td>24</td><td>00～99</td><td rowspan="3">BCD码</td><td>记录仪的生产日期——年</td><td></td></tr>
<tr><td>25</td><td>01～12</td><td>记录仪的生产日期——月</td><td></td></tr>
<tr><td>26</td><td>01～31</td><td>记录仪的生产日期——日</td><td></td></tr>
<tr><td>27～30</td><td colspan="2">0～FFFFFFFFH</td><td>产品生产流水号</td><td></td></tr>
<tr><td>31～35</td><td colspan="2"></td><td>备用</td><td></td></tr>
</table>

A.2.10 采集指定的行驶速度记录(08H)

命令帧数据块格式见表A.15，应答帧数据块格式定义见表A.16，单位分钟行驶速度记录数据块格式定义见表A.17。速度范围为0 km/h～220 km/h。

表A.15 采集指定的数据记录命令帧数据块格式

<table>
<tr><th>字节序号</th><th>数据范围及格式</th><th>数据内容</th><th>说　明</th></tr>
<tr><td>1～6</td><td>见表A.8</td><td>开始时间</td><td rowspan="4">请求发送指定的时间范围内N个单位数据块的数据($N \geq 1$)</td></tr>
<tr><td>7～12</td><td>见表A.8</td><td>结束时间</td></tr>
<tr><td rowspan="2">13～14</td><td>00～FFH</td><td>最大单位数据块个数N(高字节)</td></tr>
<tr><td>00～FFH</td><td>最大单位数据块个数N(低字节)</td></tr>
</table>

表A.16 指定的行驶速度记录数据块格式

<table>
<tr><th>字节序号</th><th>数据范围及格式</th><th>数据内容</th><th>说　明</th></tr>
<tr><td>1～126</td><td>见表A.17</td><td>指定的结束时间之前最近的第1分钟的行驶速度记录</td><td rowspan="3">如在指定的时间范围内无数据记录，则本数据块数据为空</td></tr>
<tr><td>127～252</td><td>见表A.17</td><td>指定的时间段结束时间之前最近的第2分钟的行驶速度记录</td></tr>
<tr><td>…</td><td>…</td><td>…</td></tr>
</table>

表 A.17 单位分钟行驶速度记录数据块格式

字节序号	数据范围及格式	数据内容	说　明
1～6	见表 A.8 (其中时间——秒为 0)	开始时间	1. 本数据块总长度为 126 个字节，不足部分以 FFH 补齐； 2. 如单位分钟内无数据记录，则本数据块无效，数据长度为 0，数据为空
7	00～FAH、FFH	开始时间之后第 1 秒钟的平均速度	
8	00～FFH	开始时间之后第 1 秒钟的状态信号(第 1 字节)	
9	00～FAH、FFH	开始时间之后第 2 秒钟的平均速度	
10	00～FFH	开始时间之后第 2 秒钟的状态信号(第 1 字节)	
…	…	…	
125	00～FAH、FFH	开始时间之后第 60 秒钟的平均速度	
126	00～FFH	起始时间之后第 60 秒钟的状态信号(第 1 字节)	

A.2.11 采集指定的位置信息记录(09H)

命令帧数据块格式见表 A.15，应答帧位置信息数据块格式见表 A.18，单位小时每分钟位置信息数据块格式定义见表 A.19，单位位置信息数据块格式定义见表 A.20。

表 A.18 指定的位置信息记录数据块格式

序　号	数据范围及格式	数据内容	说　明
1～666	见表 A.19	指定的结束时间之前最近的第 1 小时的位置信息记录	指定的时间范围内无数据记录，则本数据块数据为空
667～1 332	见表 A.19	指定的结束时间之前最近的第 2 小时的位置信息记录	
…	…	…	

表 A.19 单位小时位置信息数据块格式

字节序号	数据范围及格式	数据内容	说　明
1～6	见表 A.8	开始时间	时间——分为 0，时间——秒为 0
7～16	见表 A.20	开始时间之后第 1 分钟的位置信息	1. 本数据块总长度为 666 个字节，不足部分以 FFH 补齐；

表 A.19（续）

字节序号	数据范围及格式	数据内容	说　明
17	00～FAH、FFH	开始时间之后第 1 分钟的平均速度	2. 单位分钟位置信息取该分钟范围内首个有效的位置信息，如该分钟范围内无有效的位置信息，则该分钟位置信息为 7FFFFFFFH； 3. 如单位小时内无数据记录，则本数据块长度为 0，数据块数据为空
18～27	见表 A.20	开始时间之后第 2 分钟的位置信息	
28	00～FAH、FFH	开始时间之后第 2 分钟的平均速度	
…	…	…	
656～665	见表 A.20	开始时间之后第 60 分钟的位置信息	
666	00～FAH、FFH	开始时间之后第 60 分钟的平均速度	

表 A.20　位置信息数据块格式

字节序号	数据范围及格式	数据内容	说　明
1～4	00～FFH	经度高高字节	1. 经度、纬度分别为 4 个字节组成一个 32 位的有符号数，表示经度或纬度，单位为 0.000 1 分每比特； 2. 经度的有效数值范围为－180°～180°（>0 表示东经，<0 表示西经）； 3. 纬度的有效数值范围为－90°～90°（>0 表示北纬，<0 表示南纬）
	00～FFH	经度高字节	
	00～FFH	经度低字节	
	00～FFH	经度低低字节	
5～8	00～FFH	纬度高高字节	
	00～FFH	纬度高字节	
	00～FFH	纬度低字节	
	00～FFH	纬度低低字节	
9～10	00～FFH	海拔高度高字节	海拔高度由 2 个字节组成一个 16 位有符号数，单位为 1 米每比特。有效数值范围为－32 767 m～32 767 m
	00～FFH	海拔高度低字节	

A.2.12　采集指定的事故疑点记录（10H）

命令帧数据块格式见表 A.15，应答帧数据格式定义见表 A.21，单位事故疑点数据块格式定义见表 A.22。速度范围为 0 km/h～220 km/h。

表 A.21 指定的事故疑点数据块格式

字节序号	数据范围及格式	数据内容	说　明
1～234	见表 A.22	指定的结束时间之前最近的第1条事故疑点记录	指定的时间范围内无记录，则本数据块数据为空
235～468	见表 A.22	指定的结束时间之前最近的第2条事故疑点记录	
…	…	…	

表 A.22 单位事故疑点数据块格式

字节序号	数据范围及格式	数据内容	说　明
1～6	见表 A.8	行驶结束时间	本数据块总长度为234个字节，表示行驶结束时间之前20 s内，每0.2 s间隔采集1次，共100组20 s的事故疑点记录，按时间倒序排列
7～24	ASCⅡ码字符	机动车驾驶证号码	
25～26	00～FAH	行驶结束时的速度	
	00～FFH	行驶结束时的状态信号(第1字节)	
27～28	00～FAH	行驶结束时间前0.2 s时的速度	
	00～FFH	行驶结束时间前0.2 s时的状态信号(第1字节)	
…	…	…	
223～224	00～FAH	行驶结束时间前19.8 s时的速度	
	00～FFH	行驶结束时间前19.8 s时的状态信号(第1字节)	
225～234	见表 A.20	行驶结束时间前的最近一次有效位置信息	

A.2.13 采集指定的超时驾驶记录(11H)

命令帧数据块格式见表 A.15，应答帧数据块格式定义见表 A.23，单位超时驾驶记录数据块定义格式见表 A.24。

表 A.23 指定的超时驾驶记录数据块格式

字节序号	数据范围及格式	数据内容	说　明
1～50	见表 A.24	指定的结束时间前最近的第1条超时驾驶记录	如在指定时间范围内无超时驾驶记录，则本数据块数据为空
51～100	见表 A.24	指定的结束时间前最近的第2条超时驾驶记录	
…	…	…	

表 A.24 单位超时驾驶记录数据块格式

字节序号	数据范围及格式	数据内容	说　明
1～18	ASCⅡ码	机动车驾驶证号码	
19～24	见表 A.8	连续驾驶开始时间	
25～30	见表 A.8	连续驾驶结束时间	
31～40	见表 A.20	连续驾驶开始时间所在的最近一次有效位置信息	
41～50	见表 A.20	连续驾驶结束时间所在的最近一次有效位置信息	

A.2.14 采集指定的驾驶人身份记录(12H)

命令帧数据块格式见表 A.15,应答帧数据块格式见表 A.25,单位驾驶人身份记录数据块格式定义见表 A.26。

表 A.25 指定的驾驶人身份记录数据块格式

字节序号	数据范围及格式	数据内容	说　明
1～25	见表 A.26	指定的结束时间之前最近的第1条驾驶人登录退出记录	如在指定的时间范围内无驾驶人登录退出记录,则本数据块数据为空
26～50	见表 A.26	指定的结束时间之前最近的第2条驾驶人登录退出记录	
…	…	…	

表 A.26 单位驾驶人身份记录数据块格式

字节序号	数据范围及格式	数据内容	说　明
1～6	见表 A.8	事件发生时间	事件类型:01H:登录,02H:退出,其他预留
7～24	ASCⅡ码	机动车驾驶证号码	
25	00～FFH	事件类型	

A.2.15 采集指定的记录仪外部供电记录(13H)

命令帧数据块格式见表 A.15,应答帧数据块格式见表 A.27,单位记录仪外部供电记录数据块格式定义见表 A.28。

表 A.27　记录仪外部供电记录数据块格式

序　号	数据范围及格式	数据内容	说　　明
1～7	见表 A.28	从指定的结束时间之前最近的第1条外部电源记录	如在指定的时间范围内无外部供电记录，则本数据块为空
8～14	见表 A.28	从指定的结束时间之前最近的第2条外部电源记录	
…	…	…	

表 A.28　单位记录仪外部供电记录数据块格式

字节序号	数据范围及格式	数据内容	说　　明
1～6	见表 A.8	事件发生时间	
7	01～02H	事件类型	事件类型定义:01H 表示通电，02H 表示断电

A.2.16　采集指定的记录仪参数修改记录(14H)

命令帧数据块格式见表 A.15，应答帧数据块格式见表 A.29，单位参数修改记录数据块格式定义见表 A.30。

表 A.29　参数修改记录数据块格式

字节序号	数据范围及格式	数据内容	说　　明
1～7	见表 A.30	指定的结束时间之前最近的第1条参数修改记录	如在指定的时间范围内无参数修改记录，则本数据块为空
8～14	见表 A.30	指定的结束时间之前最近的第2条参数修改记录	
…	…	…	

表 A.30　单位参数修改记录数据块格式

字节序号	数据范围及格式	数据内容	说　　明
1～6	见表 A.8	事件发生时间	
7	00～FFH	事件类型	事件类型为设置参数命令字

A.2.17　采集指定的速度状态日志(15H)

命令帧数据块格式见表 A.15，应答帧数据块格式见表 A.31，单位速度状态日志数据块格式定义见表 A.32。

表 A.31 速度状态日志数据块格式

字节序号	数据范围及格式	数据内容	说明
1～133	见表 A.32	指定的结束时间之前最近的第 1 条速度状态日志	如在指定的时间范围内无速度状态日志，则本数据块为空
134～266	见表 A.32	指定的结束时间之前最近的第 2 条速度状态日志	
…	…	…	

表 A.32 单位速度状态日志数据块格式

字节序号	数据范围及格式	数据内容	说明
1	01H、02H	记录仪的速度状态	01H 表示正常，02H 表示异常
2～7	见表 A.8	速度状态判定的开始时间	
8～13	见表 A.8	速度状态判定的结束时间	
14	00～FAH	开始时间对应的记录速度	
15	00～FAH	开始时间对应的参考速度	
16	00～FAH	开始时间后第 1 s 对应的记录速度	
17	00～FAH	开始时间后第 1 s 对应的参考速度	
…	…	…	
132	00～FAH	开始时间后第 59 s 对应的记录速度	
133	00～FAH	开始时间后第 59 s 对应的参考速度	

A.3 设置参数命令字及数据块格式

A.3.1 设置参数命令字列表

设置参数命令字列表见表 A.33。

表 A.33 设置参数命令字列表

命令字	功能	通讯机发送的数据块数据
82H	设置车辆信息	车辆信息
83H	设置记录仪初次安装日期	初次安装日期
84H	设置状态量配置信息	状态量配置信息
C2H	设置记录仪时间	北京时间的日期、时钟
C3H	设置记录仪脉冲系数	记录仪脉冲系数
C4H	设置初始里程	记录仪初次安装时车辆已行驶的总里程
C5H～CFH	预留	预留

A.3.2 设置车辆信息(82H)

命令帧数据块格式同采集车辆信息应答帧数据块格式,见表A.11。应答帧数据块数据为空。

A.3.3 设置初次安装日期(83H)

命令帧数据块格式同采集记录仪的实时时间应答帧数据块格式,见表A.8。应答帧数据块数据为空。

A.3.4 设置状态量配置信息(84H)

命令帧数据块格式同采集记录仪状态量配置信息应答帧数据块格式,见表A.13。应答帧数据块数据为空。

A.3.5 设置记录仪时间(C2H)

命令帧数据块格式同采集记录仪的实时时间应答帧数据块格式,见表A.8。应答帧数据块数据为空。

A.3.6 设置记录仪脉冲系数(C3H)

命令帧数据块格式同采集脉冲系数的应答帧数据块格式,见表A.10。应答帧数据块数据为空。

A.3.7 设置起始里程(C4H)

命令帧数据块格式见采集累计行驶里程的应答帧中数据块格式中的起始里程,见表A.9。应答帧数据块数据为空。

A.4 检定命令字及数据块格式

A.4.1 检定命令字列表

检定命令字列表见表A.34。

表A.34 检定命令字列表

命令字	功　能	工作状态
E0H	进入或保持检定状态	进入或保持检定状态
E1H	进入里程误差测量	通过DB9的7脚接收标准速度脉冲测量信号(TTL电平)
E2H	进入脉冲系数误差测量	通过DB9的7脚输出车速传感器信号(TTL电平)
E3H	进入实时时间误差测量	通过DB9的7脚输出实时时钟的秒脉冲信号(TTL电平)
E4H	返回正常工作状态	返回正常工作状态
E5H～EFH	预留	预留

A.4.2 进入或保持检定状态(E0H)

命令帧数据块数据为空,应答帧数据块数据为空。

在检定状态下,检定装置以不大于2 s的时间间隔发送包含本命令字的命令帧,记录仪在6 s内未收到该命令帧,则自动返回正常工作状态。

A.4.3 里程误差测量(E1H)

命令帧数据块数据为空,应答帧数据块格式见表 A.35。

在该状态下,记录仪接收 DB9 的 7 脚输入的标准速度脉冲测量信号,并以 1 s 的间隔连续发送应答帧,直到接收到下一个检定命令为止。

表 A.35 里程误差测量数据块格式

序 号	数据范围及格式	数据内容	说 明
1~35	ASCⅡ码	记录仪唯一性编号	
36	00~FFH	脉冲系数高字节	记录仪脉冲系数
37	00~FFH	脉冲系数低字节	
38	00~FFH	当前速度值高字节	单位为 0.1 千米每小时每比特
39	00~FFH	当前速度值低字节	
40	00~FFH	当前检定的累计里程高高字节	共 4 个字节组成一个 32 位的数据表示累计里程,单位为米
41	00~FFH	当前检定的累计里程高字节	
42	00~FFH	当前检定的累计里程低字节	
43	00~FFH	当前检定的累计里程低低字节	
44	00~FFH	状态信号(第 1 字节)	

A.4.4 脉冲系数误差测量(E2H)

命令帧数据块数据为空,应答帧数据块数据为空。

在该状态下,记录仪通过 DB9 的 7 脚输出车速传感器信号,直到接收到下一个检定命令为止。

A.4.5 实时时间误差测量(E3H)

命令帧数据块数据为空,应答帧数据块数据为空。

在该状态下,记录仪通过 DB9 的 7 脚输出实时时钟的秒脉冲信号,直到接收到下一个检定命令为止。

A.4.6 返回正常工作状态(E4H)

命令帧数据块数据为空,应答帧数据块数据为空。

附 录 B
（规范性附录）
USB（通用串行总线）数据存储格式

B.1 文件命名规范

写入USB设备的文件命名格式为“DXXXXXX_XXXX_XXXXXXXX.VDR”，共分5段，具体含义如下：

a) 第一段D，用1位英文字母D表示数据文件；
b) 第二段XXXXXX，用6位数字表示采集数据时记录仪的年月日，采用8421BCD码；
c) 第三段XXXX，用4位数字表示采集数据时记录仪的时分，采用8421BCD码；
d) 第四段XXXXXXXX，用1个汉字和6个字母或数字表示记录仪中设置的车牌号码，车牌号码使用的字符集应符合GA 36的规定。如果车牌号无效，则用“未知车牌”填充；
e) 第五段用3个字符VDR表示数据文件后缀。

B.2 数据存储约定

记录仪数据写入USB设备时，应符合以下存储约定：

a) 本附录中的数据分别采用十六进制编码、8421BCD码、ASCⅡ字符码及GB 2312字符集（采用EUC-CN表示方法）；
b) 校验的作用范围为校验字节之前的所有字节，其值为这些字节的异或结果；
c) 本附录要求的USB设备存储空间应不小于1 M字节；
d) 写入USB设备的文件中应至少包含表B.3中指定数据块的数据内容。

B.3 存储格式

记录仪写入USB设备的文件存储格式见表B.1，其中数据块个数是指文件中不同类型数据块的个数，以2个字节表示，高位在前，低位在后。

表B.1中数据块的格式定义见表B.2，其中数据代码是指数据块的表示代码，以1个字节表示。数据记录长度是指该数据块所包含的数据记录的长度，以4个字节数表示，高位在前，低位在后。

表B.2中数据代码、数据名和数据记录的定义见表B.3，其中数据名是指数据块的名称。

表B.1 USB文件存储格式

数据块个数（2个字节）
数据块1
数据块2
……
数据块 n
校验值（1个字节）

表 B.2 数据块格式定义

数据代码(1个字节)
数据名称(18个字节)
数据长度(4个字节)
数据记录(字节数根据数据长度确定)

表 B.3 指定数据块的数据代码、数据名和记录格式

数据代码	数据名称	记录格式	说明
00H	执行标准版本年号	见表 A.6	
01H	当前驾驶人信息	见表 A.7	
02H	实时时间	见表 A.8	
03H	累计行驶里程	见表 A.9	
04H	脉冲系数	见表 A.10	
05H	车辆信息	见表 A.11	
06H	状态信号配置信息	见表 A.12	
07H	记录仪唯一性编号	见表 A.14	
08H	行驶速度记录	见表 A.16	全部记录
09H	位置信息记录	见表 A.18	全部记录
10H	事故疑点记录	见表 A.21	全部记录
11H	超时驾驶记录	见表 A.23	全部记录
12H	驾驶人身份记录	见表 A.25	全部记录
13H	外部供电记录	见表 A.26	全部记录
14H	参数修改记录	见表 A.29	全部记录
15H	速度状态日志	见表 A.31	全部记录

附 录 C
（规范性附录）
驾驶人身份识别 IC 卡数据存储格式

C.1 数据存储约定

本附录中的数据分别采用十六进制编码、8421BCD 码、ASCⅡ字符码。

校验的作用范围为校验字节之前的所有字节，其值为这些字节的异或结果。

本附录要求的 IC 卡存储空间应不小于 128 个字节。

C.2 存储格式

IC 卡数据存储格式应符合表 C.1 要求。

表 C.1 IC 卡信息存储格式定义

逻辑地址	数据范围及格式	数据内容	说 明
0～31		预留	32 个字节，芯片厂商固化信息或用户自定义信息
32～49	ASCⅡ码	机动车驾驶证号码	18 个字节，机动车驾驶证号码为 15 位时后 3 位以 00H 补齐。驾驶人身份未知时以 00H 补齐
50	00～99(BCD 码)	驾驶证有效期-年	3 个字节，使用前写入
51	01～12(BCD 码)	驾驶证有效期-月	
52	01～31(BCD 码)	驾驶证有效期-日	
53～70	ASCⅡ码	从业资格证号	18 个字节，不用时以 00H 补齐
71～126		标准扩展预留	56 个字节，不用时以 00H 补齐
127		校验字	异或校验
…	…	…	…

附　录　D
（资料性附录）
事故疑点数据曲线

记录仪事故疑点曲线图例见图 D.1。

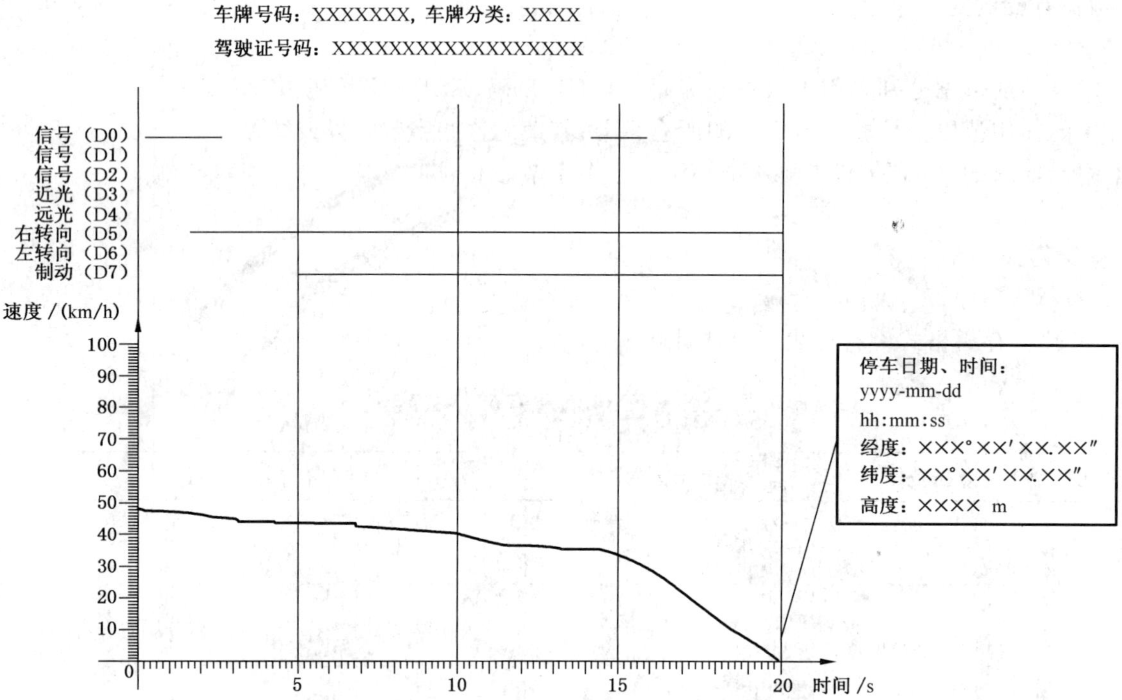

图 D.1　记录仪事故疑点曲线图例

参 考 文 献

［1］ GB/T 19392—2003 汽车GPS导航系统通用规范
［2］ CJ 5024—1997 电子式出租汽车计价器
［3］ JJG 517—2009 出租汽车计价器国家计量检定规程
［4］ QC/T 730—2005 汽车用薄壁绝缘低压电线
［5］ 中华人民共和国道路交通安全法实施条例

ICS 59.080.40
G 42

中华人民共和国国家标准

GB/T 19089—2012/ISO 5470-2:2003
代替 GB/T 19089—2003

橡胶或塑料涂覆织物　耐磨性的测定 马丁代尔法

Rubber-or plastics-coated fabrics—Determination of abrasion resistance—Martindale method

(ISO 5470-2:2003, Rubber-or plastics-coated fabrics—Determination of abrasion resistance—Part 2: Martindale abrader, IDT)

2012-06-29 发布　　2012-12-01 实施

中华人民共和国国家质量监督检验检疫总局
中国国家标准化管理委员会　发布

前　言

本标准按照 GB/T 1.1—2009 给出的规则起草。

本标准代替 GB/T 19089—2003《橡胶或塑料涂覆织物　耐磨性能的测定　马丁代尔法》，与 GB/T 19089—2003 相比主要技术变化如下：

——删除了国际标准的前言；

——规范性引用文件中引用文件有更改(见第 2 章，2003 年版第 2 章)；

——将 2003 年版中 4.1.6、4.1.7 内容合并到 4.1.4(见 4.1.4)；

——将 2003 年版中 4.2 内容改为标题，原来的内容放在 4.2.1(见 4.2)；

——删除了 2003 年版 5.1.2 取样要求，将其内容加入 5.1.1(见 5.1.1)；

——增加了 5.2.2 和 5.2.3 试样要求(见 5.2.2 和 5.2.3)；

——将 2003 年版 7.2.5 条第二段内容移至第 8 章表 4 后(见第 8 章)；

——删除了 2003 年版的附录 A；

——增加了参考文献。

本标准使用翻译法等同采用 ISO 5470-2:2003《橡胶或塑料涂覆织物—耐磨性能的测定—第 2 部分:马丁代尔磨耗机》。

本标准做了下列编辑性修改：

——标准名称仍沿用 2003 年版标准名称，没有使用国际标准名称；

——因第 2 章引用的 ISO 12947-2:1998、ISO 12947-3:1998 和 ISO 12947-4:1998 为非规范性引用，所以将它们列入参考文献并用对应的我国标准代替；

——删除表 1 中“最低单位面积质量”中“最低”，因为表示方法有误。

请注意本文件的某些内容可能涉及专利。本文件的发布机构不承担识别这些专利的责任。

本标准由中国石油和化学工业联合会提出。

本标准由全国橡胶与橡胶制品标准化技术委员会涂覆制品分技术委员会(SAC/TC 35/SC 10)归口。

本标准起草单位：国家军需产品质量监督检验中心、中国人民解放军总后勤部油料研究所、沈阳橡胶研究设计院。

本标准主要起草人：王瑞忠、刘冰、张惠、田国力、杨建雄、李飒。

本标准于 2003 年 4 月 24 日首次发布，本次为第一次修订。

橡胶或塑料涂覆织物　耐磨性的测定
马丁代尔法

警告：使用本标准的人员应熟悉正规实验室操作规程。本标准无意涉及因使用本标准可能出现的所有安全问题。制定相应的安全和健康制度并确保符合国家法规是使用者的责任。

1　范围

本标准规定了两种独立的测定材料耐湿、干磨耗性能的方法。

本标准适用于涂覆织物的涂覆表面。如果要测定涂覆织物未涂覆表面的磨耗性能，使用GB/T 21196.2～21196.4中针对未涂覆织物的各种测试方法。

2　规范性引用文件

下列文件对于本文件的应用是必不可少的。凡是注日期的引用文件，仅注日期的版本适用于本文件。凡是不注日期的引用文件，其最新版本（包括所有的修改单）适用于本文件。

GB/T 24133—2009　橡胶或塑料涂覆织物　调节和试验的标准环境(ISO 2231:1989,IDT)

HG/T 3050.1—2001　橡胶或塑料涂覆织物　整卷特性的测定　第一部分：测定长度、宽度和净质量的方法(ISO 2286-1:1998,IDT)

3　原理

本标准详述了两种不同的方法。在方法1中，将试样夹持于试样夹持器上，使用所选定的磨料在恒定压力下磨擦试样。本方法的一个派生法是用湿磨料。方法2则是使磨料和试样的位置相反。在两种情况下，磨料与试样之间的相对运动都形成一个复合的在各方向都产生磨擦的循环图案(Lissajous图)(见图1)。试验在达到预定循环次数(评估了试样的损坏程度)或者在试样达到预定的磨损程度(记录了循环次数)时停止。

4　设备和材料

4.1　磨耗机

磨耗机应有一个或多个试验台，每个试验台带有4.1.1～4.1.6规定的部件。

4.1.1　圆形试样夹持器，带有环形试样夹，沿试样边缘将其夹住，露出面积为$(645\pm5)\text{mm}^2$凸起的圆形平坦部位。

4.1.2　水平磨台，其大小足以形成一个边长为88 mm的正方形中心试验区。通常磨台是圆形的，最小直径为125 mm。

4.1.3　保持试样夹持器(4.1.1)凸起的圆形平坦部位与磨台(4.1.2)相接触的装置，同时使试样夹持器能在磨台平面内自由旋转。

4.1.4　在试样夹持器(4.1.1)与磨台(4.1.2)之间产生相对运动的装置，其形成占用面积为$(60\pm1)\text{mm}\times(60\pm1)\text{mm}$的Lissajous图(见图1)。每个Lissajous图需要试样夹持器的16次椭圆运动(转)，并且试验机的运行速度应为(48±4)r/min。

在每个 Lissajous 图中,圆形试样夹持器(4.1.1)与磨台(4.1.2)之间的平行度应保持±0.05 mm之内。位于圆形试样夹持器上安装的测微仪能用于验证磨台平行度。

与磨台相接触的夹持器(4.1.1)的圆周平行度应好于±0.05 mm。这可以通过在磨头平坦面的边缘插入厚度小于 0.05 mm 的滑规来验证。

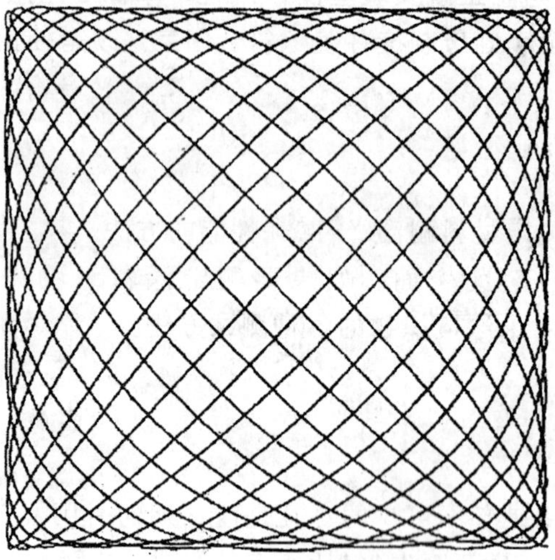

图 1 Lissajous 图

4.1.5 在试样夹持器(4.1.1)与磨台(4.1.2)之间保持(12±0.2)kPa 恒定压力的装置,要求磨头和相联部件的质量为(795±5)g。

4.1.6 记录耐磨循环次数的计数装置,以转数表示(每个循环 16 转)。

4.2 标准磨料

4.2.1 通则

除各方另有协议外,应为羊毛磨料织物或碳化硅布。用不同磨料进行的试验所得结果不具有可比性。当根据各方协议使用非标准磨料进行试验时,报告中应包括对于该磨料的详细描述。

4.2.2 羊毛磨料织物

羊毛磨料织物的性能应符合表 1 的要求。

表 1 羊毛磨料织物的性能

项目	经纱	纬纱
纱线线密度/tex	R63±4/2	R74±4/2
根数/mm	1.7±0.1	1.3±0.1
单纱"Z"捻度/(捻/m)	540±20	500±20
双线"S"捻度/(捻/m)	450±20	350±20
纤维直径/μm	27.5±2	29±2
单位面积质量/(g/m^2)	195±5	

羊毛磨料织物的两个面不必具有相同的磨损特性，通常采用织物稍微光滑的面。当从供应商采购羊毛磨料时，应注明哪一面是供应商推荐使用的，贮存织物中应加以控制，确保在试验中仅使用这一面。

4.2.3 碳化硅布

碳化硅布的性能应符合表2的要求。

表2 碳化硅布的性能

磨料	熔融碳化硅，无外来杂质
背衬	最低断裂强度经向为961 N/50 mm、纬向为392 N/50 mm的棉布
规格	P180

4.3 压重平板

压重平板应具有适当的尺寸，能放在磨台的整个表面上，以确保被夹持的磨料保持平整，压重平板应施加(2±0.2)kPa的压力。

4.4 裁切装置

冲压裁刀，具有适当的尺寸应保证制备的试样能牢固地夹持于试样夹持器(4.1.1)中。该装置的准确尺寸取决于试样夹持器夹持系统的设计。

4.5 毛毡

四片羊毛毡，单位面积质量为575 g/m^2～800 g/m^2，厚度为2.0 mm～3.5 mm。毛毡的两个面都可以使用。用于干法试验中的毛毡可以反复使用直到两面都变色或厚度降低到2 mm以下，但用于湿法试验的毛毡不应反复使用。

4.6 聚氨酯泡沫

聚氨酯泡沫的厚度为(3±1)mm，密度为(30±2)kg/m^3，压痕硬度为(5.8±0.8)kPa。

4.7 喷水管

喷水管为一端受控制，另一端连接在冷水龙头上，并适合总管道水压的橡胶管。

5 试样

5.1 方法1 夹持在夹持器上的试样

5.1.1 用裁切装置(4.4)，在整卷样品的可用宽度内非邻近部位(按HG/T 3050.1—2001规定)裁取至少4片适当尺寸的试样，能牢固地夹持于试样夹持器(4.1.1)上。对于双面涂覆的织物，如果两面都需要进行试验，应再选一组至少4片试样。

5.1.2 在试样有不规则的轧花花纹或不规则的印花花纹(斑纹)的情况下，选取的试样应使花纹的每一部分都被试验到。这意味着需要多于4个试样。

5.1.3 如果相关产品规范要求试验结果以质量损失表示，则应测定每个试样的质量。

5.2 方法2 磨台上的试样

5.2.1 在整卷的可用宽度内非邻近部位(按HG/T 3050.1—2001规定)裁取至少4片试样，每片125 mm×125 mm。

5.2.2 在试样有不规则的轧花花纹或不规则的印花花纹(斑纹)的情况下,选取的试样应使花纹的每一部分都被试验到。这意味着需要多于4个试样。

5.2.3 如果相关产品规范要求试验结果以质量损失表示,则应测定每个试样的质量。

6 试样的调节及磨料的润湿

6.1 对于干法试验,试验前将试样置于GB/T 24133—2009规定的调节环境中至少16 h,并在该环境中进行试验。湿法试验所用的试样试验前不需要调节。

6.2 对于湿法试验,直接用喷水管(4.7)向磨料织物(4.2)和毛毡(4.5)(方法1)或装在磨台上的试样(方法2)表面上来回喷水,直到看见其颜色均匀变暗即为完全饱和。

7 程序

7.1 方法1

7.1.1 将试样需要磨擦的表面向外放置于试样夹持器(4.1.1)中,该表面不应是基布的面。

7.1.2 如果试验的材料单位面积质量低于500 g/m²,应在每个试样夹持器中放入一片尺寸相同的聚氨酯泡沫(4.6),作为试样的背衬。

7.1.3 检查放入试样夹持器中的试样,不应有任何方式的松懈、皱折或扭曲。

7.1.4 根据所使用的干或湿的试验条件,将一片干或湿的毛毡(4.5)放在磨台上。

7.1.5 把相对应的干或湿的磨料织物(4.2)放在每片毛毡的上方,试验面向外。

7.1.6 把压重平板(4.3)放在磨料织物的上面,将磨料织物夹住并使之不出皱折,这一要求达到后,移去压重平板。

7.1.7 对于其他试验台重复7.1.1~7.1.6的程序。

7.1.8 将装有试样的试样夹持器装配到磨耗机上,使试样放在磨料上。

7.1.9 向每个试样夹持器施加一个垂直向下的负荷,以提供试样和磨料之间所需的压力(通常为12 kPa±0.2 kPa)。

7.1.10 启动磨耗机(4.1)。

7.1.11 达到表3所示转数时,从试样夹持器上取下试样。在明亮的非直接照射光线条件下检查试样是否有损坏迹象。如果可能,用一片未经磨擦的相同材料比较每一个试样,并按第8章评定所观察到的变化级别。

如果损坏被评为"完全",停止试验。如果达到了预定的转数,记录损坏的级别,并停止试验。如果损坏达到了预定的限度,记录完成的转数,停止试验。否则,记录转数和所观察到的损坏级别。

表3 建议的检查和磨料重新润湿阶段

转数	检查试样	重新润湿磨料或试样
1 600	是	否
3 200	是	否
6 400	是	是
12 800	是	是
25 600	是	是
38 400	否	是
51 200	是	否

7.1.12 将每个试样返回原来的试样夹持器/磨台，重新启动试验机。

7.1.13 在每个检查点停机器，重复7.1.11中的操作。

7.1.14 如果适用，在表3所示各点重新润湿每个湿法的磨料织物、毛毡或试样。当织物和毛毡仍夹持于磨台上方时，逐渐倾注最多30 g水到其表面上，同时用手指在水中轻轻摩擦。在其停止吸水或看到过量的水积在表面上时，停止注水。将压重平板(4.3)放到每个磨料顶部(10±2)s，然后取下。

7.2 方法2

7.2.1 将双面胶粘带粘于试样的背面，将试样固定在磨台(4.1.2)上，同时确保试样无折皱和折叠。对其余试样进行相同的操作。

7.2.2 向每一个试样夹持器中夹入一片磨料织物(4.2)，其尺寸足以使其牢固地夹持于试样夹持器中。

7.2.3 用一片尺寸相同的聚氨酯泡沫(4.6)作磨料的背衬。

7.2.4 确保磨料和泡沫无任何形式的松懈、皱折或扭曲。将该组合件牢固地夹持在其位置上。

7.2.5 按7.1.10～7.1.14描述的相同的程序，评估磨台上试样的损坏级别。

8 损坏的评价——方法1和方法2

试样的损坏程度评价按表4规定。

表4 试样损坏级别

0	无	无变化。
1	非常轻微	亮度稍变，印花花纹(若有)未磨损，表面涂层无损坏。
2	轻微	亮度改变，印花花纹(若有)部分或全部磨损。表面涂层无损坏或非常轻微的损坏。
3	中等	表面涂层损坏。
4	严重	表面涂层磨透，中间层或泡沫层损坏。
5	完全	露出基布。

如果试验要求评价预定循环次数后的试样质量损失，应在试验前对试样进行调节，调节后记录每个试样的质量，完成要求的循环次数后，再以与试验前相同的时间调节试样，然后再称重。

9 试验报告

试验报告应包括下列内容：

a) 本标准的编号，所用的操作方法(即方法1或方法2，湿法或干法)；

b) 试验材料的描述；

c) 对于双面涂覆织物，应注明试验面；

d) 所用磨料的描述；

e) 产品规范所要求的涂覆织物的性能变化描述；

f) 偏离标准试验方法的描述；

g) 所施加的压力；

h) 根据第8章观察到的损坏级别和每一个试样相应的转数；

i) 指明是否由于提早完全磨损或因达到了规定的转数或规定的磨损而停止了试验。

参 考 文 献

[1] GB/T 21196.2～21196.4—2007 纺织品 马丁代尔法织物耐磨性的测定(ISO 12947-2～12947-4:1998,MOD)

ICS 25.040.40
L 67

中华人民共和国国家标准

GB/T 19114.44—2012/ISO 15531-44:2010

工业自动化系统与集成 工业制造管理数据 第44部分:车间级数据采集的信息建模

**Industrial automation systems and integration—
Industrial manufacturing management data—
Part 44: Information modelling for shop floor data acquisition**

(ISO 15531-44:2010,IDT)

2012-11-05 发布　　　　2013-02-15 实施

中华人民共和国国家质量监督检验检疫总局
中国国家标准化管理委员会　发布

前　言

GB/T 19114《工业自动化系统与集成　工业制造管理数据》由下列部分组成：

——第1部分：工业制造管理数据：综述；

——第21部分：规范外部交换产品数据的表达；

——第31到33部分：制造资源应用管理数据的表达；

——第41到44部分：制造流程管理数据的表达。

其中第1、31、32、42、43部分已经转化为我国国家标准。

本部分是GB/T 19114的第44部分。

本部分按照GB/T 1.1—2009给出的规则起草。

本部分使用翻译法等同采用ISO 15531-44:2010《工业自动化系统与集成　工业制造管理数据　第44部分：车间级数据采集的信息建模》，在技术内容和结构方面与ISO 15531-44:2010一致。

与本部分中规范性引用的国际文件有一致性对应关系的我国文件如下：

——GB/T 16656.11—2010　工业自动化系统与集成　产品数据表达与交换　第11部分：描述方法：EXPRESS语言参考手册(ISO 10303-11:2004,IDT)；

——GB/T 17645.1—2008　工业自动化系统与集成　零件库　第1部分：综述与基本原理(ISO 13584-1:2001,NEQ)；

——GB/T 17645.24—2003　工业自动化系统与集成　零件库　第24部分：逻辑资源：供应商库的逻辑模型(ISO 13584-24:2002,IDT)；

——GB/T 19114.1—2003　工业自动化系统与集成　工业制造管理数据　第1部分：综述(ISO 15531-1:2002,IDT)；

——GB/T 19114.31—2008　工业自动化系统与集成　工业制造管理数据　第31部分：资源信息模型(ISO 15531-31:2004,IDT)；

——GB/T 19114.32—2008　工业自动化系统与集成　工业制造管理数据　第32部分：资源应用管理数据的概念模型(ISO 15531-32:2005,IDT)；

——GB/T 19114.42—2008　工业自动化系统与集成　工业制造管理数据　第42部分：时间模型(ISO 15531-42:2005,IDT)；

——GB/T 19114.43—2010　工业自动化系统与集成　工业制造管理数据　第43部分：制造流管理数据：数据流监测和制造数据交换的数据模型(ISO 15531-43:2006,IDT)。

本部分由中国机械工业联合会提出。

本部分由全国自动化系统与集成标准化技术委员会(SAC/TC 159)归口。

本部分起草单位：中国标准化研究院。

本部分主要起草人：洪岩、詹俊峰、杨青海、王志强、刘守华。

引　言

GB/T 19114 是用于生产制造管理活动中的数据建模国家标准(不包括采用 ISO 10303 和 ISO 13584 标准建模的产品和零部件数据以及产品目录或零件库数据)。其中第 31 部分和第 32 部分规范了制造资源应用管理数据的建模;第 43 部分规范了制造管理数据的建模;第 42 部分给出了时间模型。

制造管理中使用的其他数据包括在制造控制层采集并在管理层存储和使用的部分数据,这些数据用于制造质量、维护、调度的管理或任何其他制造管理活动。

这些数据的采集由于受到设备和工艺的约束,经常采用各种不同的格式。与采集数据相关的时间戳和时间度量、以及与采集过程相关的批次和资源都需要以有效的方式用于管理制造活动中。存在的每个时间度量和时间戳都针对具体的资源,其测量结果进一步与唯一的时间模型和时间基准关联。

在进行多次转换操作和处理后,这些从第 2 层(制造控制层)采集到的原始数据就成为第 3 层(管理层)的数据。这些数据被存入数据库,数据库采集并按预先定义的可重用的第 3 层模型组织管理所有采集到的数据。尽管几种来源的信息可能会出现多次,但随后在各种制造管理软件中对这些数据的使用,意味着相应的数据模型对于给定的信息而言已经定义完备且唯一。

注:这里使用的功能层定义来自 IEC 62264-1,为了帮助理解在本部分第 4 章中重新描述。物理设备的监测和监控属于第 2 层,而制造活动过程的管理属于第 3 层。本部分规范了第 3 层数据的建模,这些数据是从第 2 层采集整理的原始数据并对之进行转换和处理后的数据。对数据的转换和处理不属于本部分的内容。

本部分的目的是提供便于管理和改进制造活动而共享这些数据的模型。

工业自动化系统与集成 工业制造管理数据 第44部分:车间级数据采集的信息建模

1 范围

GB/T 19114的本部分规定了对数据采集系统在控制层采集的数据的建模,这些数据被存储在制造管理层,以便在制造管理层对数据进行进一步的处理。

以下内容属于本部分的范围:

——数据采集系统在控制层或管理层采集的定量或定性数据,这些数据被存储在管理层并用于后续的制造管理;

——为了控制和管理数据由数据采集系统给出的时间戳与时间度量。

以下内容不属于本部分的范围:

——任何仅与远程及实时测量和管理有关的数据;

——按ISO 10303给出的方法对产品定义数据建模;

——按ISO 13584和ISO 15926给出的方法分类和库数据建模;

——仅在控制层使用的控制数据以及制造管理活动中不使用的数据。

2 规范性引用文件

下列文件对于本文件的应用是必不可少的。凡是注日期的引用文件,仅注日期的版本适用于本文件。凡是不注日期的引用文件,其最新版本(包括所有的修改单)适用于本文件。

ISO 10303-11 工业自动化系统与集成 产品数据表达与交换 第11部分:描述方法:EXPRESS语言参考手册(Industrial automation systems and integration—Product data representation and exchange—Part 11:Description methods:The EXPRESS language reference manual)

ISO 13584-1 工业自动化系统与集成 零件库 第1部分:概述和基本原理(Industrial automation systems and integration—Parts library—Part 1:Overview and fundamental principles)

ISO 13584-24 工业自动化系统与集成 零件库 第24部分:逻辑资源:供应商库的逻辑模型(Industrial automation systems and integration—Parts library—Part 24:Logical resource:Logical model of supplier library)

ISO 15531-1 工业自动化系统与集成 工业制造管理数据 第1部分:综述(Industrial automation systems and integration—Industrial manufacturing management data—Part 1:General overview)

ISO 15531-31 工业自动化系统与集成 工业制造管理数据 第31部分:资源信息模型(Industrial automation systems and integration—Industrial manufacturing management data—Part 31:Resource information model)

ISO 15531-32 工业自动化系统与集成 工业制造管理数据 第32部分:资源应用管理数据的概念模型(Industrial automation systems and integration—Industrial manufacturing management data:Resources usage management—Part 32:Conceptual model for resources usage management data)

ISO 15531-42 工业自动化系统与集成 工业制造管理数据 第42部分:时间模型(Industrial automation systems and integration—Industrial manufacturing management data—Part 42:Time Model)

ISO 15531-43 工业自动化系统与集成 工业制造管理数据 第43部分:制造流管理数据:数据流监测和制造数据交换的数据模型(Industrial automation systems and integration—Industrial manufacturing management data—Part 43:Manufacturing flow management data:Data model for flow monitoring and manufacturing data exchange)

3 术语、定义和缩略语

3.1 术语和定义

下列术语和定义适用于本文件。

3.1.1

起始日期 beginning date

时间点的实例,它标识一个可察觉的、有一定持续时间的发生事件的起始点。

注:时间点在ISO 15531-42中定义。

示例:数据采集事件、一项任务、一个测量或一个状态改变的起始日期。

3.1.2

联系 connection

把一个标识符与另一个与装配操作有关的标识符连接。

示例:把零件批号和一个子集相连接。

注:当联系是一种语义关系时,关联没有特性或属性。

3.1.3

结束日期 ending date

时间点的实例,它标识一个可察觉的、有一定持续时间的发生事件的结束点。

注:时间点在ISO 15531-42中定义。

示例:一项活动或数据采集活动的结束点。

3.1.4

事件 event

在一个特定的时间和地点发生或可能发生的事情。

示例:一个特定活动的开始、其他事件的纪念日、机器故障的结束。

3.1.5

系谱 genealogy

把多个唯一标识符关联的联系。

示例:把一个序列号和另一个序列号相连接。

注:系谱不是语义关系。例如没有特性或属性与示例的两个序列号的连接关联。

3.1.6

异常事件 hazard event

在一个制造过程中出现的可察觉的故障。

注:故障应该明显到能够在数据库中记录下来的程度。异常事件可能是由事件发生的资源造成的,或者由前一个事件造成的。

3.1.7

制造 manufacturing

将材料从原材料或半成品状态转换成进一步完成状态的功能或活动。

[ISO 15531-1:2004,定义 3.6.22]

3.1.8

制造指令　manufacturing order

用来传达制造一定数量的指定零件或产品的授权文件、文件组或进度表。

注1：一个制造指令由一系列的预定工作步骤组成，例如，它包括参考文件、数量和交付时间。制造指令是触发一个制造操作的事件。

注2：引自 APICS 字典。

3.1.9

制造过程　manufacturing process

将材料从原材料或半成品状态转换成进一步完成状态的一组活动或操作的结构化集合。

注：制造过程可以按如下方式组织：按工艺布局，按产品布局，按单元布局，按固定位置布局。根据库存的使用策略和安排，通过对制造过程的安排，可以支持按订单生产，按库存生产，按订单装配等。

[ISO 15531-1:2004,定义 3.6.25]

3.1.10

操作模式　operation mode

在一个特定的应用中根据资源而选择的一种操作方式。

注1：每一台机器都有一个或多个操作模式(例如自动、步进、手动)，这是由机器的类型和它的应用所决定的。

注2：操作模式应该从可选的备选方式中选择。

注3：模型中的操作模式是借助实体 mode 表达的(见 6.7.2)。

3.1.11

过程　process

为特定目的设计和组织的包括不同企业实体活动的结构化集合。

注：这里所提供的定义和 ISO 10303-49 的定义非常接近。然而 ISO 15531 需要一套结构化行为的观念，对于时间和步骤没有任何预先确定。另外，从流程管理的观点来看，同步需要一些空过程，尽管实际上它们不做任何事情。

[ISO 15531-1:2004,定义 3.6.29]

3.1.12

产品缺陷　product defect

在一个控制过程中，在不合格的制造产品上确认的异常。

3.1.13

资源　resource

在企业生产产品或提供服务的过程中配置的人员、设备、工具和手段。

注1：在 ISO 15531 中定义的资源不包括原料、产品和零部件。因为从系统理论的观点来看，原料、产品和零部件被认为是系统环境的一部分而不属于系统本身。此外，这部分对资源的定义包括 ISO 10303-49 对资源的定义，但这部分的定义被包含在 ISO 18629-14、ISO 18629-44 和 ISO 18629-13 对资源的定义中，其中 ISO 18629-44 中定义的资源还包括了原料和消耗品。

注2：这里定义的资源包含具有素质和能力的人力资源。通过分配任务这些人力资源能参与制造过程。不包括对个人的任何建模或人力资源的一般行为，只包含人力资源在制造过程中完成一个特定任务的能力(例如：转换原料或零部件的能力，提供物流服务的能力)。这就意味着人力资源，就像其他的资源一样，只从它们的功能、能力和状态(例如：闲、忙)角度考虑。这就排除了对个人或公共“社会”行为的任何方面的任何建模或表达。

注3：采用 ISO 15531-1:2004，定义 3.6.43。

3.1.14

状态　state

产品在生命周期中的条件或状况，在此期间它满足某个条件、执行某个活动或者等待某个事件。

[ISO 15745.1—2003,定义 3.31]

注：此处状态的含义与“状态自动机”中的状态的含义相近。

3.1.15

工作指令　work order

分派给资源的排产工作单元，它用于在制造过程的特定阶段。

注：一个工作指令可能发送给一个物理设备或一个人（或一个团队），物理设备和人是实体资源的两个子类。工作指令由更低层次的单元组成，是制造指令的一个组成部分。

3.2　缩略语

下列缩略语适用于本文件：

KPI：关键性能指标（Key Performance Indicator）

LAN：局域网（Local Area Network）

PLC：可编程逻辑控制器（Programmable Logic Controller）

PLIB：零件库（Part Libraries，ISO 13584）

MANDATE：制造数据交换（Manufacturing Data Exchange，GB/T 19114）

STEP：产品数据的表达与交换（STandard for the Exchange of Product model data，ISO 10303）

4　GB/T 19114 的目的和范围

GB/T 19114 也通称为工业制造数据（MANDATE），规定了整个工业过程中制造管理信息表达的特征。它提供必要的机制和定义，使得制造管理数据在工厂内部或与其他工厂或企业进行共享和交换。

交换贯穿于不同的计算机系统以及和整个工业过程相关的环境中。虽然本部分重点关注离散制造业，但并不仅限于此。本部分还适用于任何其他与本部分基本原则一致的非离散制造过程。

以下内容属于 GB/T 19114 的范围：

——生产和资源信息的表达，包括：能力、监控、维护的约束和控制；

注 1：按其对流程控制的影响，维护的约束以及维护的管理的相关数据也是本部分要考虑的内容。

——生产和资源信息的共享与交换，包括：存储、传送、访问和存档。

以下内容不属于 GB/T 19114 的范围：

——企业建模；

注 2：企业总体建模的工具、体系结构和方法学不属于 GB/T 19114 的范围。

——产品数据（产品信息的表达与交换）；

——零部件数据（零件库：计算机可解释的零部件库信息的表达与交换）；

——刀具（用于交换的刀具数据的计算机表达）；

——技术维护信息（如设备的修理、操作和维护手册等技术信息）。

IEC 62264-1 把和制造操作有关的功能分成了如下 5 层：

——第 0 层论述了实际的物理过程；

——第 1 层论述了检测和执行物理过程的功能；

——第 2 层论述了监控和控制物理过程中的功能；

——第 3 层论述了管理生产预期最终产品的工作流的功能；

——第 4 层论述了管理制造组织业务相关活动的功能。

图 1 展示了各个功能层的层次结构。

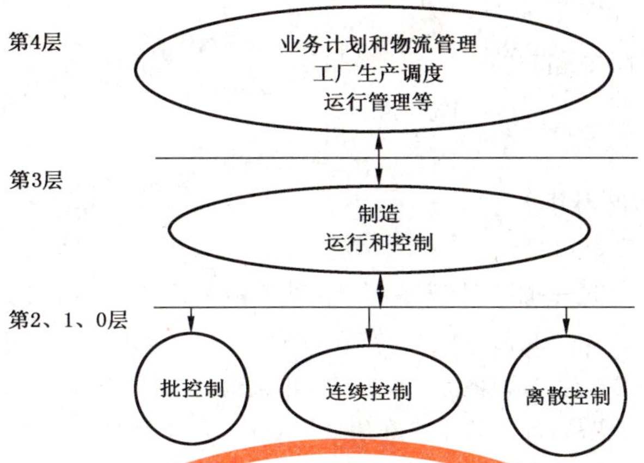

图 1　功能层(引自 IEC 62264-1)

GB/T 19114 论述了适用于管理制造操作的任何数据(产品数据除外)的建模。尽管 GB/T 19114 只论述了第 3 层和第 4 层的功能,但它适合任何与制造操作有关的管理数据的建模,包括在其他层采集的数据。

5　本部分的目的、原则与结构

5.1　本部分的目的

车间级的数据采集过程在功能结构的第 2 层(车间层)收集数据,在数据被提交给功能结构的第 3 层(制造管理层)之前,给出了数据的标识和内容。这些制造数据可能涉及设备、制造批次、产品或员工。这些数据既可用于 KPI 计算、制造和质量监控、改进制造过程,又可用于验证车间级模型和排产方案。

采用统一的模型使得收集、组织和处理第 3 层(制造管理层)建立的数据库中的数据更便捷,建立数据库的目的是保存历史记录和对之进行管理,以及建立车间级监控系统和它们之间的互操作。

5.2　基本原则与主要实体的概述

由于模型应尽可能通用并且容易具体化,因此模型中描述的实体尽量通用。如果需要,它们的具体化可通过使用 PLIB 库而获得(见 ISO 13584-1 和 ISO 13584-24),因此在本部分中对这个具体化过程只进行大致描述。

虽然这个模型主要描述制造过程事件、活动和状态变化之间的关系,但是它仍能对第 2 层采集到的用于第 3 层制造管理和改进的数据进行建模。

这个模型中定义或使用的主要实体如下:

——Duration_reference(持续时间基准);

——Equipment(设备);

——Equipment_header(设备信息);

——Hazard_event(异常事件);

——Manufacturing_batch(制造批次);

——Manufacturing_order(制造指令);

——Manufacturing_order_header(制造指令信息);

——Manufactured_product(成品);

——Material_consumption(材料消耗);

——Measurement_result(测量结果);

——Mode(模式)；
——Product_defect(产品缺陷)；
——State(状态)；
——Stock(库存)；
——Time_reference(时间基准)；
——Work_order(工作指令)。

实体 batch 描述计划生产的一批产品或零部件，或者由多道工序生产的一批产品或零部件。

注 1：从其他实体和/或服务实体引用的一些实体仅在第 6 章中进行描述和规范，这里既没有列出也没有描述。

注 2：对离散生产的产品或零部件，通常将批量规划成标准批量，但在生产过程中，标准批量可能又被分成较小批量；对于非离散生产的产品，批量则是指在给定时段内，以某配方来生产给定数量成品的计划生产数量(APICS字典)。

注 3：由于本部分主要用于离散零件的制造，所以仅根据离散制造的现实以 batch 实体的具体化形式描述和使用 manufacture_batch 实体。假如用户要用于非离散产品，应结合非离散产品的要求修改 manufacture_batch 实体或增加父实体(batch)或增加论述其他非离散产品关于 batch 的具体化内容。

实体 duration_reference 规定了一个具体的持续时间，采集活动的所有持续时间都必须参照或关联到这个时间，以保证采集活动的持续时间的一致性。

实体 equipment 描述制造过程中使用到的物理设备，制造过程是原材料或零部件转换成进一步完成状态的零部件或产品的过程。设备是资源的子类。实体资源的其他具体化是人，本部分不使用也不对人进行建模。

实体 equipment_header 包括所有预先规定且关联到设备的必要信息，这类信息独立于该设备操作的模式、状态和工作指令。

实体 hazard_event 规定了制造过程中发生的没有料想到的可察觉的故障。

示例 1：某个资源(设备、人员)上的故障是一个 hazard_event，这个故障应该是足够重要并要被记录。

实体 manufacturing_batch 是产品制造批次的具体表达，说明了生产产品的批量或在同一组操作中生产的产品批量。

示例 2：将采用相同的工作指令生产的一组产品。

实体 manufacturing_order 表示与计划生产的大量零部件或产品相关的文件或一组文件。

实体 manufacturing_order_header 包括所有预先定义的必要信息，这些信息在实际制造过程中不能被修改。

实体 manufactured_product 是指位于制造生命周期任一时间点的在制品。

注 4：manufactured_product 是 ISO 10303 product 实体的具体化表达(见 ISO 10303-1 和 ISO 10303-43 第 3 版)。

实体 material_consumption 描述制造过程和执行工作指令的相应阶段中使用和消耗的原材料、零件的体积、数量和供应商批号等可追溯信息。

实体 measurement_result 表达一个控制的结果。measurement_result 是 ISO 10303-41 中 measure 实体的具体化表达。

实体 mode 反映操作模式，这个操作模式是一个资源所预期的，并且在一个给定的应用中使用的操作方式。

示例 3：一台机器的操作 mode 可能是：正常、降级使用、停用。

实体 product_defect 是在一个产品、半成品或子装配体上检测到的一个缺陷的描述。这个缺陷可能导致该产品报废。

实体 resource 包括两个子类：实体 equipment(设备)和 human(人)。需要特别注意的是避免该模型用于对员工个人的监测和处罚。不可能通过这个模型识别员工的身份。因此本部分中不描述和使用 human 实体。如果定义了这样一个实体，则它应仅是一组人的模型和/或人力资源的通用类型。

注 5：人力资源可能是"操作员"或"技术员"，当设备资源被标识成资源的特定实例时，它不可能是个人。

实体 state 说明设备满足某些条件、完成某些活动或等待某事件的条件或状况。

示例 4：设备的 state 可能是自动化生产、调试、维护。

注 6：实体 state 和 mode 与 IEC 62264 和 ISO 12100(见 ISO 12100-1 和 ISO 12100-2)的定义一致。

实体 stock 表示不在生产线上的产品、零部件或原料。

实体 time_reference 参照特定时间点以便建立不同系统采集数据的各种时间点间的关系。

实体 work_order 表示调度工作单元，针对制造过程的特定阶段可给一个资源发送 work_order。

5.3 车间级数据采集系统的结构

车间级数据采集系统的结构如图 2 所示。

——数据采集基本上是由两个部分组成：负责与制造单元通讯的系统和能够基于周期或事件采集车间数据的监测系统。数据采集可以由过程自动执行或通过人机专用接口手动执行。

——转换程序采用通常的格式和方法实时地把采集的原始数据(几种标准数据，可能是重叠的、近似的或以设备特有单位描述的)转换成熟知格式和有含义的标准数据。

——记录软件负责建立、更新历史数据库和事件日志。记录软件还负责检查事件的一致性，通过汇集开始点和结束点或经传输软件提供的事件，将记录存放到历史数据库中。这里将遇到规模和规模评估的许多问题。

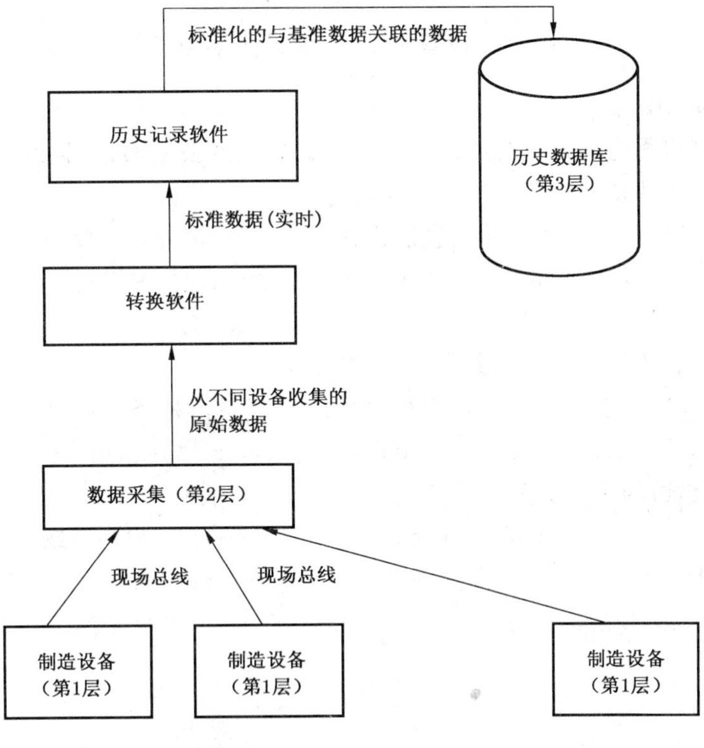

图 2　车间级数据采集的模式和第 3 层记录过程

5.4 采集的数据及其组织

根据主要的用途可对车间采集的数据进行分类。对于所有活动，首先需要论述的是制造指令。对其他数据的组织如图 3 所示。

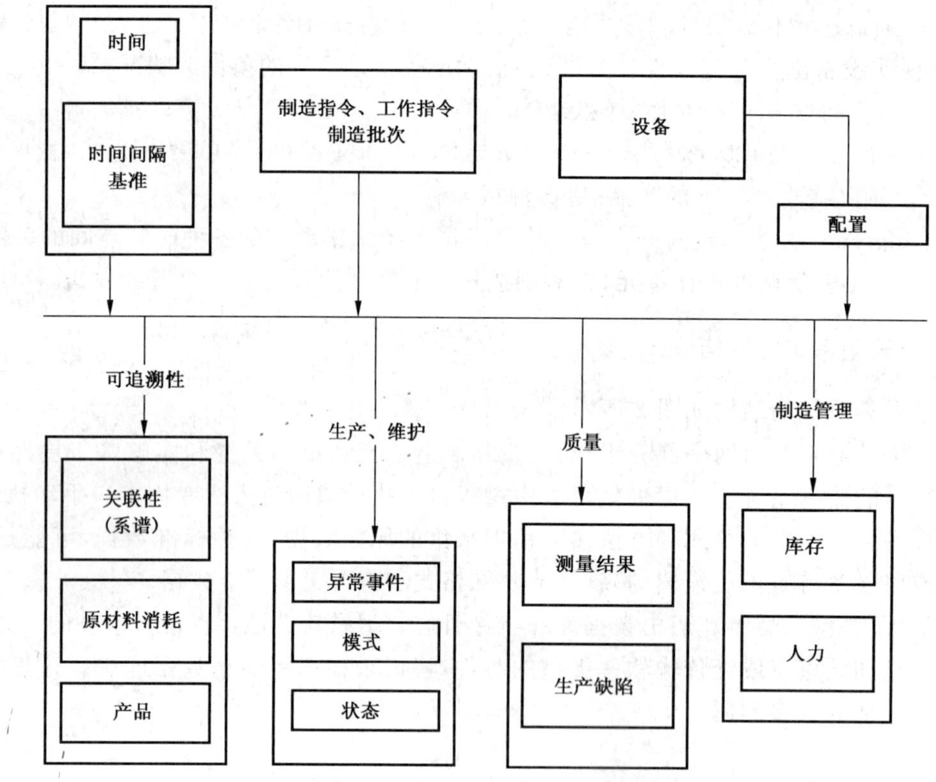

图 3 组织模型：采集的主要数据

图 3 表示的逻辑关系如下。

横线以上的框图表示与时间、工作指令、设备和配置有关的公共实体，横线以下的框图表示与制造过程有关的特定实体。这些特定实体分为以下 4 类：

——第 1 组包括与追溯性有关的实体(包括关联性、原材料消耗和产品)；

——第 2 组包括与生产和维护有关的实体(包括异常事件、模式和状态)；

——第 3 组包括与质量有关的实体(包括测量结果、产品缺陷)；

——第 4 组包括与制造管理有关的实体(包括库存和人)。

在本部分的相关语境中，没有实体与系谱概念相对应。系谱是指从产品的序列号(manufactured_product_id)检索到成品的零部件或组件(manufactured_product)的能力。这项功能仅适用于系列化生产的产品，但不适用于普通的生产情况。

该功能是必需的。由于一个 manufactured_product 实体可以由一个或多个其他 manufactured_product 实体构成(关联关系)，因此在本部分中，manufactured_product 实体具有递归特性。

示例：系谱的一种用法是对缺陷零部件批次的标识或追溯；另一种用法是检索磁热电路断路器(“父”元素)的发热零件(“子”元素)的调整值。

5.4.1 制造管理数据

——库存监测；

——员工管理。

5.4.2 质量管理

——子零部件或最终产品的测量；

——检查造成子零部件或产品不合格的缺陷。

5.4.3 生产与维护数据

——后续的设备风险(缺陷);
——后续的 MODE 变化(见 EN292-2、IEC 60204、ISO 12100);
——后续的 STATUS 变化(见 IEC 60204 和 ISO 12100)。

5.4.4 可追溯性

——子零部件的关联性(系谱);
——原材料消耗;
——产品溯源的唯一性。

5.5 时间

5.5.1 时间戳与时间度量

在采集过程的任何阶段都可给事件加盖时间戳,且应满足以下约束:

——越早加盖时间戳越精确。因为即使数据采集系统是一个实时的系统,它也会引入某些可变的延迟。在数据采集链中,缓冲、重试过程、检查周期都会降低精度(它们增加了系统的熵)。因此应尽量避免由于检查、通过 LAN 进行信息传输及数据处理而产生的延迟。可以用分辨率为 10 ms 的 PLC 对数据源头加盖时间戳。如果由转换器加盖时间戳分辨率可大于 1 秒。

——当处理中出现延迟时,各种事件和车间各环节间的加盖时间戳具有同质性。这样就能建立只有时间因素约束的数据间的关系和关联。

注:将数百个 PLC 的时间戳精确为同一时间是不现实的。时间戳中若出现一小时的偏差就会干扰正常连接的事件间的关系标识。

由一个交叉数据处理系统加盖的时间戳可改善因精度误差所产生的一致性。

在时间戳中同时采集起始日期、持续时间以及结束日期似乎显得冗余。事实上起始日期和结束日期与事件相关,而持续时间与活动、转换(即使是空的操作)、制造过程阶段相关联。只有当起始日期表示事件"活动的开始"和结束日期表示事件"活动的完成"时,这些数据间才可能会出现冗余。即使是这样,这种"冗余"也可改善不同数据采集系统采集的不同数据集之间的同步精度。"冗余"还能够用于发生累积异常事件时的数据恢复。

通过 RFID 标签采集的制造过程阶段或活动的起始日期、结束日期和持续时间与通过不同的 LAN 采集的数据相互关联,也有助于实现更好地同步。

示例 1:一个异常事件发生。然后系统每分钟更新记录。一旦连接失败造成结束日期丢失,能够通过起始日期和连接持续时间近似地恢复。

记录起始日期、结束日期和持续时间的另一个好处是这些记录与几乎所有请求软件中使用的技术和操作有关。

示例 2:一个基于"WHERE"的请求将使用起始日期和结束日期,而基于"SUM 选择"的请求使用持续时间。

在加盖事件时间戳之前的观察周期对时间戳的准确性以及可能观察到的最短发生事件有明显的影响。当给事件加盖了时间戳,相关的数据可能会排队或者经过中间步骤进行存储。为了节省网络带宽,依据相关设备的需求可能要定制不同的观察周期。

5.6 数据量大小优化

历史数据库中的存储是车间中整个数据采集过程的瓶颈。因此必须尽可能地减少被记录数据的容量。

一种解决方法是将相似的信息(相同种类的信息)进行聚合。这意味着仅保留一个能够概括整个观察周期事件的记录。当然在这期间关于事件的精确过程记录丢失了。

示例 1:可以通过仅存储平均数、标准偏差和测量次数来替代记录一天中制造的 1 000 件产品的所有测量数据。

示例 2:可以通过记录事故类别或持续时间来概括每台机器或者一组机器的事故次数来代替记录一天中每台机器的事故信息。

显然,高度概括意味着用相同的速率进行进一步分析的可能性减少了。此外也大大地减少了与其他事件相关的可能性。

示例 3:一旦机器出故障,不可能用聚集的方法判断是否是相关制造单元引起的机器故障,这时还需用设备风险和制造指令的关联性进行判断。

6 车间级采集数据的 EXPRESS 模式定义

6.1 车间级采集数据的模式定义

shopfloor_captured_data_schema(车间级采集数据模式)以下列 EXPRESS 声明开始并标识必要的外部引用。有关 EXPRESS 的规定见 ISO 10303-11。

EXPRESS 描述:

```
*)
SCHEMA shopfloor_captured_data_schema;
REFERENCE FROM support_resource_schema
(identifier,
label,
text);                          --ISO 10303-41
(*

*)
REFERENCE FROM product_definition_schema
(product);                                          --ISO 10303-41
(*

*)
REFERENCE FROM measure_schema
(measure_with_unit,
context_dependent_unit,
unit);                                              --ISO 10303-41
(*

*)
REFERENCE FROM resource_usage_management_schema
(resource);                                         --ISO 15531-32
(*

*)
REFERENCE FROM time_domain_schema
```

```
(interval_of_time,
point_in_time);                                  --ISO 15531-42
(*
```

6.2 类型 Shopfloor_captured_data 定义

6.2.1 类型 type_of_movement

type_of_movement(移动类型)是一个字母数字字符串,表示库存设备可提供的不同移动方式。

EXPRESS 描述:

```
*)
TYPE type_of_movement = SELECT
     (stock_in,stock_out,stock_taking);
END_TYPE; -- type_of_movement
(*
```

6.2.2 类型 stock_in

移动库存的三种类型之一。

EXPRESS 描述:

```
*)
     ENTITY stock_in;
     END_ENTITY;
(*
```

注:表示产品入库。

6.2.3 类型 stock_out

移动库存的三种类型之一。

EXPRESS 描述:

```
*)
     ENTITY stock_out;
     END_ENTITY;
(*
```

注:表示产品出库。

6.2.4 类型 stock_taking

移动库存的三种类型之一。

EXPRESS 描述:

```
*)
     ENTITY stock_taking;
     END_ENTITY;
(*
```

注:用于计算库存中成品的数量。

6.3 车间级采集数据的实体定义

6.3.1 制造管理

6.3.1.1 实体 stock

stock(库存)由不在生产线上的产品、零部件和原料构成。

EXPRESS 描述：

```
*)
ENTITY stock;
    contains:manufactured_product;
    refers_to:OPTIONAL manufacturing_batch;
    stored_on:equipment;
    quantity:OPTIONAL measure_with_unit;
    move:type_of_movement;
    date_of_movement:point_in_time;
END_ENTITY;
*)
```

属性定义：

contains:规定存储在库存中的 manufactured_product(成品)。

refers_to:规定这个 stock 所属的 manufacturing_batch(制造批次)。

stored_on:标识库存所存放的 equipment(设备)。

quantity:库存的数量。

move:标识实体 type_of_movement 中定义的三种类型中的一种。

date_of_movement:该 point_in_time(时间点)表示移动库存的日期。

6.4 实体 manufactured_product

manufactured_product(成品)是 ISO 10303 中定义的实体 product 的规范化表达，是指制造过程生产的物品，它可以是成品或半成品。manufactured_product 不是制造过程中正在加工的产品。manufactured_product 是所有生产的物品的“产品模型”。

示例：manufactured_product 可以是接触器的模型，也可以是同一 manufacturing_batch 制造的接触器或库存的接触器的模型。

EXPRESS 描述：

```
*)
ENTITY manufactured_product;
    manufactured_product_id:identifier;
    is_made_of:SET [0:?] OF manufactured_product;
    related_to:product;
    belongs_to:OPTIONAL manufacturing_batch;
UNIQUE
    UR1:manufactured_product_id;
END_ENTITY;
(*
```

属性定义：

manufactured_product_id：给 manufactured_product 的标识。
is_made_of：规定在装配中使用的 manufactured_product。
related_to：规定与 manufactured_product 关联的 product。
belongs_to：可选项。表示 manufactured_product 属于的 manufactured_batch。

6.5 指令

6.5.1 实体 Manufacturing_order

Manufacturing_order(制造指令)的定义见 3.1.8。一条制造指令由用于制造该成品的所有的工作指令组成。

EXPRESS 描述：

```
*)
ENTITY manufacturing_order;
    is_composed_of:SET [0:?] OF work_order;
    header:manufacturing_order_header;
    duration:interval_of_time;
    ending_date:point_in_time;
    beginning_date:point_in_time;
END_ENTITY;
(*
```

属性定义：
is_composed_of：属于 manufacturing_order 的 work_order 列表。
header：标识 manufacturing_order_header，manufacturing_order_header 包括为 manufacturing_order 而预定义的所有属性。
duration：活动和阶段使用 manufacturing_order 进行加工所持续的 interval_of_time(时间间隔)。
ending_date：一个事件的 point_in_time(时间点)。它标记活动使用 manufacturing_order 进行加工的实际结束时间(不是计划结束时间)。
beginning_date：一个事件的 point_in_time。它标记活动使用 manufacturing_order 进行加工的实际开始时间(不是计划开始时间)。

6.5.2 实体 manufacturing_order_header

定义的 manufacturing_order_header(制造指令信息)包括所有为 manufacturing_order 而预定义的并且在加工过程中不变更的信息。

EXPRESS 描述：

```
*)
ENTITY manufacturing_order_header;
    manufacturing_order_id:identifier;
    customer_order:OPTIONAL label;
    manufacturing_order_label:OPTIONAL label;
    symbol:string;
    quantity:context_dependent_unit;
    measure:unit;
```

```
    due_date:point_in_time;
    beginning_scheduled_date:point_in_time;
UNIQUE
    UR1:manufacturing_order_id;
END_ENTITY;
(*
```

属性定义：

manufacturing_order_id:标识 manufacturing_order_header 所涉及的 manufacturing_order。

customer_order:可选项,标识 manufacturing_order 所引用的客户指令。

manufacturing_order_label:可选项,记录特定信息。

symbol:规定要制造 product 的参照符号。

quantity:使用这个制造指令要制造的 product 的数量。数量可能没有单位。

measure:用于核对数量的 unit。

due_date:标识制造应完成的日期。

beginning_scheduled_date:标识排产的 beginning_date。

6.5.3 实体 manufacturing batch

manufacturing_batch(制造批次)是使用同一个工作指令制造的一批成品。

注 1:一个批次既可以由成品、半成品组成,又可以由其装配件组成,但不能由原材料组成。

注 2:针对离散零件生产,实体 manufacturing_batch 被设计成实体 batch(不在本部分描述)的专门化。实体 manufacturing_batch 也可用于非离散产品。如果需要,manufacturing_batch 使用户能够对实体 batch 增加非离散产品生产需要的通用属性的其他专门化内容。

EXPRESS 描述：

```
*)
ENTITY manufacturing_batch;
    is_made_of:LIST [0:?] OF manufactured_product;
    is_managed_by :manufacturing_order;
    batch_id :string;
    size :context_dependent_unit;
    duration :interval_of_time;
    ending_date :point_in_time;
    beginning_date :point_in_time;
END_ENTITY;
(*
```

属性定义：

is_made_of:说明属于这个批次的 manufactured_product。

is_managed_by:由 manufacturing_order 提供的这个批次的生产进展。

batch_id:对一个批次进行标识。

size:表示在这个批次中 manufactured_product 的数量。

duration:活动和阶段使用 work_order 进行加工所持续的 interval_of_time(时间间隔)。

ending_date:一个事件的 point_in_time(时间点)。它标记活动使用 work_order 进行加工的实际结束时间(不是计划结束时间)。

beginning_date:一个事件的 point_in_time(时间点)。它标记活动使用 work_order 进行加工的实际开始时间(不是计划开始时间)。

6.5.4 实体 work_order

工作指令表示执行工作范围内的特定加工阶段。

work_order(工作指令)与给定设备和 manufacturing_order 关联,manufacturing_order 与给定的 manufacturing_batch 关联。

示例:当制造指令针对生产线上一批产品的生产时,则工作指令针对生产线上加工零部件的某个设备的加工过程和 manufacturing_batch。

EXPRESS 描述:

```
*)
ENTITY work_order;
    work_order_id:identifier;
    is_part_of:manufacturing_order;
    is_performed_on:equipment;
    duration:interval_of_time;
    ending_date:point_in_time;
    beginning_date:point_in_time;
    processed_quantity:context_dependent_unit;
    produced_quantity_OK:context_dependent_unit;
    produced_quantity_NOK:context_dependent_unit;
    previous_work_order:OPTIONAL work_order;
    UNIQUE
        UR1:work_order_id;
END_ENTITY;
(*
```

属性定义:

work_order_id:给 work_order 的唯一标识。

is_part_of:标识 work_order 属于哪个 manufacturing_order。

is_performed_on:标识使用 work_order 在哪个 equipment 上加工。

duration:活动和阶段使用 work_order 进行加工的 interval_of_time。

ending_date:一个事件的 point_in_time。它标记活动使用 work_order 进行加工的实际结束时间(不是计划结束时间)。

beginning_date:一个事件的 point_in_time。它标记活动使用 work_order 进行加工的实际开始时间(不是计划开始时间)。

processed_quantity:在一台 equipment 上生产的 product 的数量。

produced_quantity_OK:在一台 equipment 上生产的合格产品的数量。

produced_quantity_NOK:在一个 equipment 上生产的不合格产品的数量。

previous_work_order:可选项,当有值时标识刚执行完的 work_order。

6.6 可追溯性

6.6.1 实体 material_consumption

在制造过程中对应于工作指令的给定阶段中使用和消耗的各种原材料及零件的体积、数量和供应商批次号。

EXPRESS 描述:

```
*)
ENTITY material_consumption;
    supplier_batch_number:string;
    quantity:OPTIONAL measure_with_unit;
    internal_reference:string;
    used_for:manufactured_product;
    corresponds_to:OPTIONAL work_order;
    date_of_consumption:point_in_time;
    used_equipment:equipment;
END_ENTITY;
(*
```

属性定义:

supplier_batch_number:由零部件供应商提供的使用或消耗的零件的批次号。

quantity:提供装配过程中使用或消耗的材料或零件的数量。

internal_reference:公司内使用的材料或零件的名称。

used_for:使用本材料或零件的产品或子装配。

corresponds_to:work_order 执行中使用或消耗的材料或零件。

date_of_consumption:使用材料或零件的 point_in_time。

used_equipment:使用材料或零件的 equipment。

注:工作指令阶段的信息不是强制的。

6.7 生产与维护

6.7.1 实体 harzard_event

harzard_event(异常事件)是在工作过程中出现的不可预料且有害的事故。

EXPRESS 描述:

```
*)
ENTITY hazard_event;
    hazard_event_id:identifier;
    hazard_event_type:string;
    hazard_event_gravity:string;
    hazard_event_location:equipment;
    relates_to:OPTIONAL work_order;
    beginning_date:point_in_time;
    ending_date:point_in_time;
    duration:interval_of_time;
    UNIQUE
```

UR1:hazard_event_id;
UR2 :relates_to;
END_ENTITY;
(*
属性定义:
hazard_event_id:给异常事件(hazard_event)的唯一标识。
hazard_event_type:对一个 hazard_event 归类。
hazard_event_gravity:确定一个异常事件的严重性(hazard_event_gravity)。
harzard_event_location:把 hazard_event 和一个 work_order 关联。
relates_to:可选项。提供与 hazard_event 关联的 work_order 的制造编号。

注:这里所指的 work_order 是当异常事件发生时正在执行的 work_order。

beginning_date:事件的 point_in_time。它标记 hazard_event 故障的实际开始时间。
ending_date:事件的 point_in_time。它标记 hazard_event 故障的实际结束时间。
duration:故障持续的 interval_of_time。

6.7.2 实体 mode

实体 mode(模式)标识执行 work_order 的加工过程中,加工设备和/或工作单元的操作模式。它是一个与零件库中设备或工作单元有关的选择列表值(见 ISO 13584-1 和 ISO 13584-24)。它标识了设备的不同工作状况。

EXPRESS 描述:
*)
ENTITY mode;
mode_id:identifier;
name:label;
description:text;
beginning_date:point_in_time;
ending_date:point_in_time;
duration:interval_of_time;
occurred_on:equipment;
UNIQUE;
UR1:mode_id;
END_ENTITY;
(*
属性定义:
mode_id :标识 equipment 当前能够使用的模式。
name:mode 的简易标识。
description:描述并说明 mode 的文字。
beginning_date:表示当前 mode 的实际开始时间的 point_in_time。
ending_date:表示当前 mode 的实际结束时间的 point_in_time。
duration:当前正在执行 mode 的 interval_of_time。
occurred_on:当前正在执行 mode 的设备。

6.7.3 实体 state

实体 state(状态)描述了执行 work_order 的设备的特定条件或状况。

EXPRESS 描述：
*)
ENTITY state;
    state_id:identifier;
    name:label;
    description:text;
    beginning_date:point_in_time;
    ending_date:point_in_time;
    duration:interval_of_time;
    occurred_on:equipment;
    UNIQUE
    UR1:state_id;
    END_ENTITY;
END_ENTITY;
(*
属性定义：
state_id :标识当前 equipment 能使用的状态。
name:state 的简易标识。
description:描述并说明 state 的文字。
beginning_date:表示设备处于当前 state 的实际开始时间的 point_in_time。
ending_date:表示设备处于当前 state 的实际结束时间的 point_in_time。
duration:设备处于当前 state 的 interval_of_time。
occurred_on:处于当前这个 state 的 equipment。

6.8 质量

6.8.1 测量结果

为了检验而对制造产品或生产线实施的定性或定量的控制。

示例:实施此项控制可用于验证被制造的产品是否受到产品缺陷的影响或有受到产品缺陷影响的风险。

注：ISO 10303-41(STEP)中的实体 measure 表示通过对 manufactured_product 的测量结果来判定是否存在 product_defect。本部分中的 measurement_result 并没有强制要求与产品缺陷关联，作为示例它与制造效率关联，这不同于 STEP 中给出的定义。

EXPRESS 描述：
*)
ENTITY measurement_result;
    name:label;
    description:text;
    applies_to:OPTIONAL manufactured_product;
    occurred_on:equipment;
    shows:product_defect;
    date_of_measurement:point_in_time;
    measure_unit:OPTIONAL unit;
    measure:OPTIONAL measure_with_unit;
END_ENTITY;

(*
属性定义：
name：标识产生测量结果的 measure 的名称。
description：文字描述所做的 measure。
applies_to：对 manufactured_product 所做的 measure。
occurred_on：实施 measure 的 equipment。
shows：暴露 product_defect 的 measure。
date_of_measurement：实施 measure 的 point_in_time。
measure_unit：可选项。定义用来解释 measurement_result 的 unit。
measure：可选项。标识是否需要用 mesure_unit 来解释 measurement_result。

6.8.2 产品缺陷

product_defect(产品缺陷)是揭示产品质量达不到质量标准的测量报告。每类报告含报告名称、问题描述。
EXPRESS 描述：
*)
```
ENTITY product_defect;
    defect_id:identifier;
    relates_to:OPTIONAL product;
    is_shown_by:OPTIONAL measurement_result;
    defect_date:point_in_time;
    defect_type:label;
END_ENTITY;
```
(*
属性定义：
defect_id：给 product_defect 的标识。
relates_to：可选项。标识与 product_defect 关联的 product。
is_shown_by：采用 ISO 10303-41(STEP)中定义的 measure 揭示的缺陷。
defect_date：事件的 point_in_time。它标记检测到 product_defect 的时间。
defect_type：描述被检测到的缺陷种类。

6.9 资源

6.9.1 实体 equipment

equipment(设备)是一种物理装置，在制造过程中用来把原材料或零部件加工成产品。设备是资源的子类，在使用时被 work_order 引用。
EXPRESS 描述：
*)
```
ENTITY equipment;
    allows_the_execution:work_order;
    is_made_of:SET [0:?] OF equipment;
    informs_person:resource;
    header:equipment_header;
```

```
    equipment_mode:label;
    equipment_state:label;
END_ENTITY;
(*
```

属性定义：

allows_the_execution：当 equipment 准备完毕，标识能在该设备上执行的 work_order。

is_made_of：标识组成这个 equipment 的所有 equipment。

informs_person：通知在这个 equipment 上使用这个 work_order 进行加工的人力资源的类型。

header：equipment_header 包括这个 equipment 预定义的所有属性。

equipment_mode：标识执行这个 work_order 的 equipment 的工作 mode。

equipment_state：标识 equipment 所处的 state。

6.9.2 实体 equipment_header

equipment_header（设备信息）包括 equipment 必备的所有预定义信息，这些信息不受制造过程的变更而改变。例如，它可能包括配置信息。有些信息是公司和相关语境特有的。

EXPRESS 描述：

```
*)
ENTITY equipment_order_header;
    equipment_id:identifier;
    equipment_label:OPTIONAL label;
    UNIQUE
        UR1:equipment_order_id;
END_ENTITY;
(*
```

属性定义：

equipment_id：标识参照 equipment_header 的 equipment。

equipment_label：可选项。记录 equipment 的必要的信息（例如配置信息）。

6.10 时间戳与时间基准

6.10.1 实体 time_reference

实体 time_reference（时间基准）是特定的 point_in_time，它用来建立由不同系统在本地采集的各种 point_in_time 间的关系。

EXPRESS 描述：

```
*)
ENTITY time_reference;
    reference_date:point_in_time;
END_ENTITY;
(*
```

属性定义：

reference_date：标识通过特定关系，采集的不同 point_in_time 应该参照的 point_in_time。

6.10.2 实体 duration_reference

实体 duration_reference（时间间隔基准）是所有采集的时间间隔必须参照的特定时间间隔。

EXPRESS 描述：

```
*)
ENTITY duration_reference;
  reference_duration:interval_of_time;
END_ENTITY;
(*
```

属性定义：

reference_duration:标识通过特定关系，所采集的持续时间应该遵照的 interval_of_time。

```
END_SCHEMA;
```

附 录 A
（规范性附录）
信息对象的注册标识

为了在开放系统中给信息对象提供无二义性的标识，将对象标识符

iso standard 15531 part 44 version 1

分配给本部分。该值的含义在 ISO/IEC 8824-1 中定义。

附 录 B
(资料性附录)
EXPRESS 列表

本附录提供本部分规定的 EXPRESS 列表。不包括文本和解释。

本附录仅以计算机可理解的格式给出，见 ISO TC 184/SC 4/JWG 8 N 570。

```
(*
TC 184/SC 4/JWG 8 N 570 2010-05-05
EXPRESS DECLARATIONS FOR ISO 15531-44
*)
SCHEMA shopfloor_captured_data_schema;
REFERENCE FROM support_resource_schema
    (identifier,label,text);                  --ISO 10303-41
REFERENCE FROM product_definition_schema
    (product);                                             --ISO 10303-41
REFERENCE FROM measure_schema
(measure_with_unit,context_dependent_unit,unit);--ISO 10303-41
REFERENCE FROM resource_usage_management_schema
    (resource);                                            --ISO 15531-32
REFERENCE FROM time_domain_schema
(interval_of_time,point_in_time);              --ISO 15531-42
TYPE type_of_movement=SELECT
(stock_in,stock_out,stock_taking);
END_TYPE;                                                  -- type of movement
ENTITY stock_in;
END_ENTITY;

ENTITY stock_out;
END_ENTITY;

ENTITY stock_taking;
END_ENTITY;

ENTITY stock;
contains:manufactured_product;
    refers_to:OPTIONAL manufacturing_batch;
    stored_on:equipment;
    quantity:OPTIONAL measure_with_unit;
    move:type_of_movement;
    date_of_movement:point_in_time;
END_ENTITY;
```

```
ENTITY manufactured_product;
    manufactured_product_id:identifier;
    is_made_of:SET [0:?] OF manufactured_product;
    relates_to:product;
    belongs_to:OPTIONAL manufacturing_batch;
UNIQUE
    UR1:manufactured_product_id;
END_ENTITY;

ENTITY manufacturing_order;
    is_composed_of:SET [0:?] OF work_order;
    header:manufacturing_order_header;
    duration:interval_of_time;
    ending_date:point_in_time;
    beginning_date:point_in_time;
END_ENTITY;

ENTITY manufacturing_order_header;
    manufacturing_order_id:identifier;
    customer_order:OPTIONAL label;
    manufacturing_order_label:OPTIONAL label;
    symbol :string;
    quantity:context_dependent_unit;
    measure:unit;
    due_date:point_in_time;
    beginning_scheduled_date:point_in_time;
UNIQUE
    UR1:manufacturing_order_id;
END_ENTITY;

ENTITY manufacturing_batch;
    is_made_of :SET [0:?] OF manufactured_product;
    is_managed_by :manufacturing_order;
    batch_id :string;
    size :context_dependent_unit;
    duration :interval_of_time;
    ending_date :point_in_time;
    beginning_date :point_in_time;
END_ENTITY;

ENTITY work_order;
    work_order_id:identifier;
    is_part_of:manufacturing_order;
```

```
    is_performed_on:equipment;
    duration:interval_of_time;
    ending_date:point_in_time;
    beginning_date:point_in_time;
    processed_quantity:context_dependent_unit;
    produced_quantity_OK:context_dependent_unit;
    produced_quantity_NOK:context_dependent_unit;
    previous_work_order:OPTIONAL work_order;
UNIQUE
    UR1:work_order_id;
END_ENTITY;

ENTITY material_consumption;
    supplier_batch_number:string;
    quantity:OPTIONAL measure_with_unit;
    internal_reference:string;
    used_for:manufactured_product;
    corresponds_to:OPTIONAL work_order;
    date_of_consumption:point_in_time;
    used_equipment:equipment;

END_ENTITY;

ENTITY hazard_event;
    hazard_event_id:identifier;
    hazard_event_type:string;
    hazard_event_gravity:string;
    hazard_event_location:equipment;
    relates_to:OPTIONAL work_order;
    beginning_date:point_in_time;
    ending_date:point_in_time;
    duration:interval_of_time;
UNIQUE
    UR1:hazard_event_id;
    UR2:relates_to;
END_ENTITY;

ENTITY mode;
    mode_id:identifier;
    name: label;
    description:text;
    beginning_date:point_in_time;
    ending_date:point_in_time;
```

```
    duration:interval_of_time;
    occurred_on:equipment;
UNIQUE
    UR1:mode_id;
END_ENTITY;

ENTITY state;
    state_id:identifier;
    name:label;
    description:text;
    beginning_date:point_in_time;
    ending_date:point_in_time;
    duration:interval_of_time;
    occurred_on:equipment;
UNIQUE
    UR1:state_id;
END_ENTITY;

ENTITY measurement_result;
    name:label;
    description:text;
    applies_to:OPTIONAL manufactured_product;
    occurred_on:equipment;
    shows:product_defect;
    date_of_measurement:point_in_time;
    measure_unit:OPTIONAL unit;
    measure:OPTIONAL measure_with_unit;
END_ENTITY;

ENTITY product_defect;
    defect_id:identifier;
    relates_to:OPTIONAL product;
    is_shown_by:OPTIONAL measurement_result;
    defect_date:point_in_time;
    defect_type:label;
END_ENTITY;

ENTITY equipment;
    allows_the_execution:work_order;
    is_made_of:SET [0:?] OF equipment;
    informs_person:resource;
    header:equipment_header;
    equipment_mode:label;
```

```
    equipment_state:label;
END_ENTITY;

ENTITY equipment_header;
    equipment_id:identifier;
    equipment_label:OPTIONAL label;
UNIQUE
    UR1:equipment_id;
END_ENTITY;

ENTITY time_reference;
    reference_date:point_in_time;
END_ENTITY;

ENTITY duration_reference;
    reference_duration:interval_of_time;
END_ENTITY;

END_SCHEMA;
```

附 录 C

（资料性附录）

EXPRESS-G 图

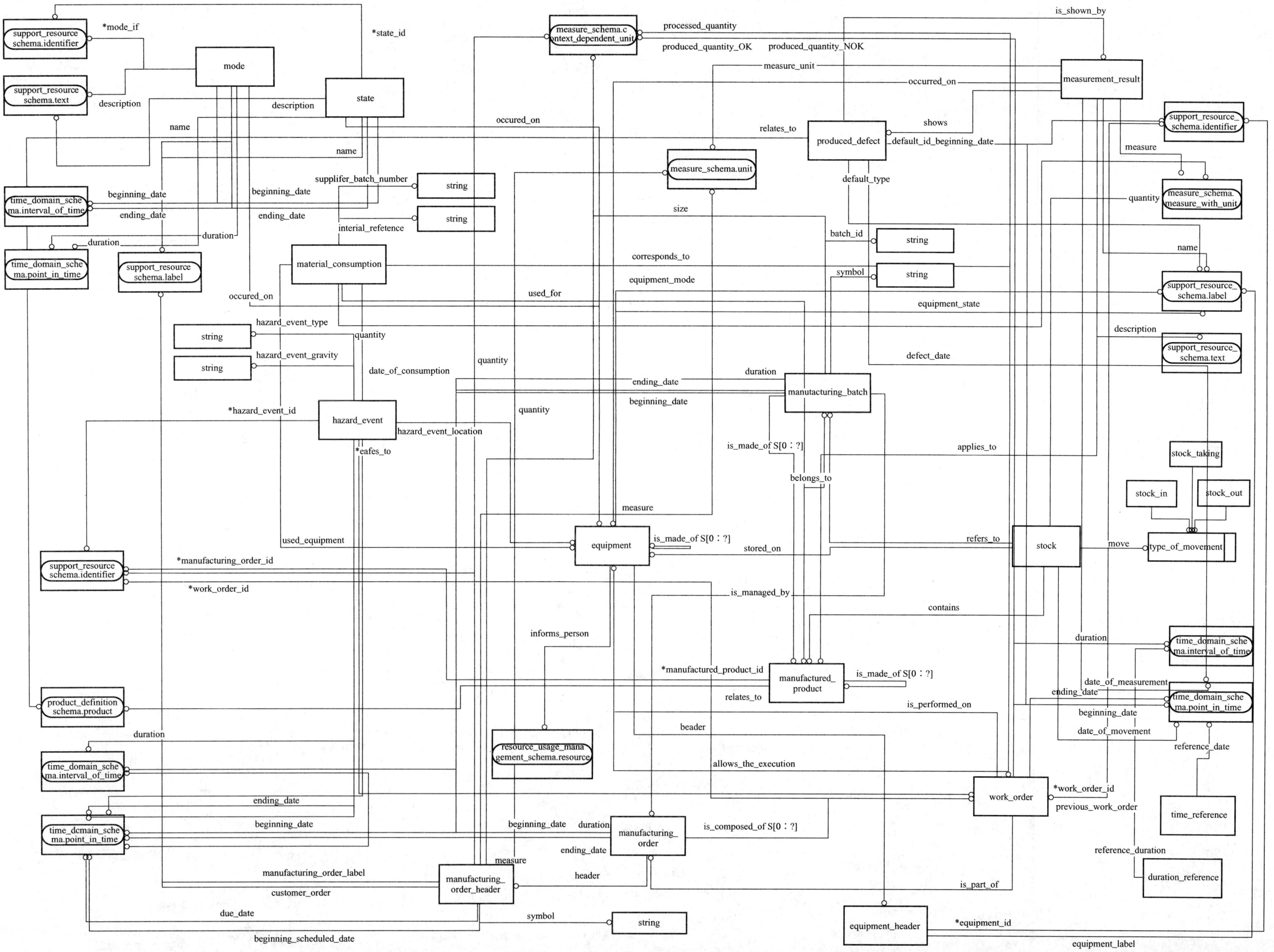

参 考 文 献

[1] ISO 10303-1 Industrial automation systems and integration—Product data representation and exchange—Part 1:Overview and fundamental principles

[2] ISO 10303-41 Industrial automation systems and integration—Product data representation and exchange—Part 41:Integrated generic resource:Fundamentals of product description and support

[3] ISO 10303-49 Industrial automation systems and integration—Product data representation and exchange—Part 49:Integrated generic resources:Process structure and properties

[4] ISO 12100 Safety of machinery—General principles for design—Risk assessment and risk reduction

[5] ISO 15531-1:2004 Industrial automation systems and integration—Industrial manufacturing management data—Part 1:General overview

[6] ISO 15745-1:2003 Industrial automation systems and integration—Open systems application integration framework—Part 1:Generic reference description

[7] ISO 15926 (all parts) Industrial automation systems and integration—Integration of life-cycle data for process plants including oil and gas production facilities

[8] ISO 18629-13 Industrial automation systems and integration—Process specification language—Part 13:Duration and ordering theories

[9] ISO 18629-14 Industrial automation systems and integration—Process specification language—Part 14:Resource theories

[10] ISO 18629-44 Industrial automation systems and integration—Process specification language—Part 44:Definitional extension:Resource extensions

[11] ISO/IEC 8824-1 Information technology—Abstract Syntax Notation One (ASN. 1)—Part 1:Specification of basic notation

[12] IEC 60204-1 Safety of machinery—Electrical equipment of machines—Part 1:General requirements

[13] IEC 62264-1 Enterprise-control system integration—Part 1:Models and terminology

[14] EN 292-2 Safety of machinery—Basic concepts,general principles for design—Technical principles and specifications

[15] APICS dictionary,available at:http://www.apics.org

ICS 75.020
E 13

中华人民共和国国家标准

GB/T 19139—2012
代替 GB/T 19139—2003

油井水泥试验方法

Testing of well cements

(ISO 10426-2:2003, Petroleum and natural gas industries—
Cements and materials for well cementing—
Part 2: Testing of well cements, MOD)

2012-12-31 发布　　2013-07-01 实施

中华人民共和国国家质量监督检验检疫总局
中国国家标准化管理委员会　发布

前　言

本标准按照 GB/T 1.1—2009 给出的规则编写。

本标准代替 GB/T 19139—2003《油井水泥试验方法》，与 GB/T 19139—2003 相比，主要变化如下：

——删除了"本标准是油井水泥及外加剂系列标准之一，除本标准外，该系列标准还包括：a) GB 10238 油井水泥，b) SY/T 5374 油气井注水泥前置液使用方法，c) SY/T 5406 油井水泥减阻剂评价方法，d) SY/T 5504 油井水泥缓凝剂评价方法，e) SY/T 5960 油井水泥降失水剂评价方法，f) SY/T 6466 油井水泥石抗高温性能评价方法"（见 2003 年版的前言）；

——修改了规范性引用文件的导语、被引用文件并不带年代号（见第 2 章，2003 年版的第 2 章）；

——删除了相关参数英制单位量值，全部使用国家法定计量单位；

——增加了以下 38 个术语：绝对体积（见 3.1.1）、外加剂（见 3.1.2）、环空（见 3.1.3）、堆积密度（见 3.1.8）、套管注水泥（见 3.1.9）、水泥（波特兰水泥）（见 3.1.10）、水泥级别（见 3.1.11）、水泥类型（见 3.1.12）、熟料（见 3.1.15）、抗压强度（见 3.1.17）、稠化仪（见 3.1.18）、连续泵送挤水泥作业（见 3.1.19）、当量袋（见 3.1.20）、滤液（见 3.1.21）、冻-融循环（见 3.1.24）、间歇泵送挤水泥作业（见 3.1.25）、升温速率 R_h（见 3.1.26）、尾管注水泥（见 3.1.27）、钻井液（泥浆）（见 3.1.28）、钻井液密度计（见 3.1.29）、降压速率 R_{pd}（见 3.1.31）、渗透率（见 3.1.32）、注水泥塞（见 3.1.33）、压力釜（见 3.1.36）、加压养护釜（见 3.1.37）、升压速率 R_{PU}（见 3.1.38）、相对密度（见 3.1.39）、沉降（见 3.1.40）、浆杯（见 3.1.41）、声波强度（见 3.1.42）、初始压力 p_S（见 3.1.43）、隔离液（见 3.1.44）、挤水泥（见 3.1.45）、静态滤失试验（见 3.1.46）、静态稳定性试验（见 3.1.47）、搅拌型滤失仪（见 3.1.48）、稠化时间（见 3.1.50）、水润湿能力（见 3.1.53）；

——删除了以下 4 个术语：水泥浆地面温度（SST）（见 2003 年版的 3.9）、拟温度梯度（P_STG）（见 2003 年版的 3.11）、预计井底循环温度（PBHCT）（见 2003 年版的 3.12）、预计挤水泥温度（PS_qT）（见 2003 年版的 3.13）；

——修改了以下 12 个术语：假设地面温度 T_{AS}（见 3.1.4，2003 年版的 3.10）、伯登 B_c（见 3.1.6，2003 年版的 3.7）、气穿（见 3.1.7，2003 年版的 3.14）、水泥混料（见 3.1.13，2003 年版的 3.1）、相容性（见 3.1.16，2003 年版的 3.16）、粉煤灰（见 3.1.22，2003 年版的 3.20）、游离液（见 3.1.23，2003 年版的 3.15）、火山灰质材料（见 3.1.34，2003 年版的 3.19）、前置液（见 3.1.35，2003 年版的 3.17 和 3.18）、强度衰减（见 3.1.49，2003 年版的 3.5）、称重混合器、计量罐（见 3.1.51，2003 年版的 3.2）、油井模拟试验（见 3.1.52，2003 年版的 3.6）；

——增加了符号和含义并将预计挤水泥温度等术语放到符号和含义（见 3.2）；

——删除了图 1 常用的取样器中分流取样器顶视图（见 2003 年版的图 1）；

——将水泥浆密度有 0.05 g/mL 的偏差修改为水泥浆密度有 0.00 g/cm^3～0.04 g/cm^3 的偏差（见 5.3.1.1，2003 年版的 5.3.1）；

——将"水泥和固体外加剂的密度可使用 GB/T 208—1994 所述的李氏（Le Chatelier）瓶进行测定。另外，也可使用密度瓶来测定这些材料的密度。"修改为"水泥的密度按 GB/T 208 所述的方法进行测定，固体外加剂（外掺料）的密度按 GB 4472 所述的方法进行测定。"（见 5.3.1.2，2003 年版的 5.3.1.1）；

——将"拌合水和液体外加剂的密度应使用 SY/T 6395—1999 所述的液体密度计进行测定。另外，也可使用密度瓶来测定这些材料的密度。"修改为"拌合水和液体外加剂的密度按 GB 4472 所述的密度计法进行测定"（见 5.3.1.3，2003 年版的 5.3.1.2）；

——增加了图 4 密度计(见 5.3.1.3)；
——增加了公式(4)、(5)、(6)(见 5.3.1.4)；
——将拌合水和水泥的温度应为 22.8 ℃±1.1 ℃(73 ℉±2 ℉)修改为拌合水和水泥的温度应为 23 ℃±1 ℃(见 5.3.2,2003 年版的 5.3.3)；
——增加了取样(见 7.2)；
——删除了水泥浆的搅拌(可选项)(见 2003 年版的 7.4)；
——将“其温度能保持在试验温度±1.7 ℃(±3 ℉)范围内”修改为“其温度能保持在试验温度±2 ℃以内”(见 7.4.3,2003 年版的 7.2.3)；
——将“常压水浴可用于在 65.6 ℃(150 ℉)或更低的温度下养护抗压强度试样”修改为“常压养护水浴可用于 66 ℃或以下温度养护试样”(见 7.4.3.1,2003 年版的 7.2.3.1)；
——将“热电偶准确度校准至±1.7 ℃(±3 ℉)”修改为“准确度应校准至±2 ℃”(见 7.4.5, 2003 年版的 7.2.5.1、7.2.5.3)；
——将脱模剂一节变为可选项(见 7.4.8,2003 年版的 7.2.8)；
——将“温度测量系统的准确度应校准至±1.7 ℃(±3 ℉),校准次数每月不应少于一次,校准可按 GB 10238—1998 中附录 E 所述的方法进行”修改为“温度测量系统的准确度应校准至±2 ℃。校准次数每月应不少于一次,校准可按 GB 10238 所述方法进行”(见 8.2 a)、9.3.3, 2003 年版的 8.2.1、9.3.2)；
——将“加热系统要求能至少以 2.8 ℃/min(5 ℉/min)的速率升高油浴的温度”修改为“能以最小升温速率 3 ℃/min 加热油浴”(见 9.2.3,2003 年版的 9.2)；
——删除校准电位计的补充方法是使用校准油(见 2003 年版的 9.3.1.2)；
——增加了“热电偶的顶端应处于垂直位置,插入浆杯中的搅拌轴内,距离浆杯底座 4.45 cm～8.89 cm 之间。由于稠化仪型号不同造成尺寸不同,应小心使用热电偶,确保所用的热电偶与稠化仪匹配,热电偶顶端处于如上面所述的正确位置”的描述(见 9.4.4)；
——增加了确定套管注水泥稠化时间方案的方法[见 9.5.2 a)～g)]；
——增加了确定尾管注水泥稠化时间方案的方法[见 9.5.3 a)～g)]；
——修改式(19),将“$Q_{30}=2Q_t\frac{5.477}{\sqrt{t}}$”改为“计算的滤失量 $=2V_t\sqrt{\frac{30}{t}}$”[见式(19),2003 年版的式(16)]；
——将常压黏度计最高试验温度 87 ℃(189 ℉)修改为 90 ℃(见 12.4,2003 年版的 12.4)；
——将“为提高测量结果的可靠性,可重复几次整个试验步骤,每次重复都使用新制备的水泥浆样品。”修改为“为提高测量结果的可靠性,可重复 2 次或 3 次试验步骤,每次重复都使用新制备的水泥浆。”(见 12.4 i)、12.5 f),2003 年版的 12.4.9、12.5.6)；
——对第 13 章进行了编辑性修改,包括公式与实例(见 13)；
——删除了表 6“常数 K 值”、表 7“符号解释”(见 2003 年版的 13.4.4)；
——修改了“典型的沉降管”图(见图 19,2003 年版的图 16)；
——增加了水润湿能力试验(见 16.8)；
——增加了计算松散的堆积密度公式(105)、密实的堆积密度公式(106)(见 17.2.2 e))；
——修改了图 A.1(见附录 A.2,2003 年版的附录 A.2)；
——修改了图 B.1、图 B.2(见附录 B.2,2003 年版的附录 B.2)；
——删除了“与本标准相关公式对应的采用英制单位的公式”(见 2003 年版的附录 D)；
——将“水泥浆稠化时间试验方案”修改为资料性附录并作为本标准的附录 D,同时删除了对应的英制单位值(见附录 D,2003 年版的附录 E)；
——删除了“本标准章条编码与 API RP10B-1997 章条编码对照”(见 2003 年版的附录 F)；

——删除了"本标准与 API RP10B-1997 技术性差异及其原因"(见 2003 年版的附录 G)。

本标准使用重新起草法修改采用 ISO 10426-2:2003《石油天然气工业　固井用水泥及材料 第 2 部分:油井水泥试验》,包括其 1 号修改单 ISO 10426-2—Amendment1—2005 和技术勘误单 ISO 10426-2—Technical corrigendum 1—2006。其 1 号修改单 ISO 10426-2—Amendment1—2005 和技术勘误单 ISO 10426-2—Technical corrigendum 1—2006 的内容已直接编入正文中并通过在其外侧页边空白位置的垂直双线(||)进行标示。

本标准与 ISO 10426-2:2003 相比存在技术性差异,这些差异涉及的条款已编入正文中并通过在其外侧页边空白位置的垂直单线(|)进行标示。

本标准与 ISO 10426-2:2003 的技术性差异及其原因如下:

——修改了"1　范围",因为 ISO 10426-2:2003 的"1　范围"论述太笼统,不够具体;

——关于规范性引用文件,本标准做了具有技术性差异的调整,以适应我国的技术条件,调整的情况集中反映在第 2 章"规范性引用文件"中,具体调整如下:

- 删除了以下 3 个引用文件:
  - API RP 13J　重盐水试验(第二版),1996 年 3 月;
  - ASTM C 109　水硬性水泥砂浆抗压强度标准试验方法(使用 2 in 或 50 mm 立方试模);
  - ASTM C 188　水硬性水泥密度标准试验方法。
- 用 GB/T 16783.1 代替 ISO 10414-1,两项标准之间的一致性程度如下:
  GB/T 16783.1—2006　石油天然气工业　钻井液现场测试　第 1 部分:水基钻井液(ISO 10414-1:2001,IDT)。
- 增加了以下 8 个引用文件:
  - GB/T 208　水泥密度测定方法;
  - GB/T 1596　用于水泥和混凝土中的粉煤灰;
  - GB/T 2847　用于水泥中的火山灰质混合材料;
  - GB 4472　化工产品密度、相对密度测定通则;
  - GB/T 6679　固体化工产品采样通则;
  - GB/T 6680　液体化工产品采样通则;
  - GB 10238　油井水泥(GB 10238—2005,ISO 10426-1:2001,MOD);
  - GB/T 12573　水泥取样方法。

——增加了"3.1.14　配浆混合水"术语,因为增加了"4.7　配浆混合水取样"的内容;

——修改了"3.1.50　稠化时间"术语及"9.4.5　稠化时间",对稠化时间的稠度进行了明确定义,将"水泥浆达到指定稠度所需要的时间",改为"用增压稠度仪模拟井下条件,从水泥浆升温升压时起至水泥浆稠度达到 100 Bc 时的时间。",更符合我国目前的实际情况,可操作性更强,便于执行;

——删除了 ISO 10426-2:2003 的附录 B"热电偶、温度测量系统和控制器的校准方法";

——由于 ISO10426-2:2003 附录 E"水泥浆稠化时间试验方案"中表 E.1"套管注水泥稠化时间试验方案"、E.2"尾管注水泥稠化时间试验方案"过于简单,不实用,所以本标准仍采用 2003 年版附录 E 中表 E.1 和 E.2(见附录 D 中表 D.1、D.2)。

本标准还做了下列编辑性修改:

——删除 ISO 10426-2:2003 的前言和特别声明;

——删除了 ISO 10426-2:2003 中采用 USC 单位的公式,均采用 SI 单位制公式;

——修改了 ISO 10426-2:2003 中公式(112)(见公式 103),其公式有误;

——修改了图 A.1(见图 A.1、ISO 10426-2:2003 图 A.1),使图 A.1 更加清晰。

本标准由全国石油天然气标准化技术委员会(SAC/TC 355)提出并归口。

本标准起草单位:中国石油集团工程技术研究院。

本标准主要起草人:屈建省、安耀彬、刘翠微、王丽敏、周怡、宋有胜、吴达华、孙勤亮、邹建龙、王建东、吕伟、唐俊峰、黄晨。

本标准于2003年首次发布。

油井水泥试验方法

1 范围

本标准规定了油井水泥应用性能的试验方法和有关参数的计算,对于水泥石抗压强度试验和水泥浆稠化时间试验,还给出了具有代表性的试验方案。

本标准适用于油、气井注水泥作业用油井水泥浆的设计和性能评价,油井水泥浆可基于(但不限于)GB 10238 规定的油井水泥级别和类型。

2 规范性引用文件

下列文件对于本文件的应用是必不可少的。凡是注日期的引用文件,仅注日期的版本适用于本文件。凡是不注日期的引用文件,其最新版本(包括所有的修改单)适用于本文件。

GB/T 208 水泥密度测定方法

GB/T 1596 用于水泥和混凝土中的粉煤灰

GB/T 2847 用于水泥中的火山灰质混合材料

GB 4472 化工产品密度、相对密度测定通则

GB/T 6679 固体化工产品采样通则

GB/T 6680 液体化工产品采样通则

GB 10238 油井水泥(GB 10238—2005,ISO 10426-1:2001,MOD)

GB/T 12573 水泥取样方法

GB/T 16783.1 石油天然气工业 钻井液现场测试 第1部分:水基钻井液(GB/T 16783.1—2006,ISO 10414-1:2001,IDT)

3 术语、定义和符号

3.1 术语和定义

下列术语和定义适用于本文件。

3.1.1

绝对体积 absolute volume

绝对密度的倒数。

注:用每单位质量的体积表示。

3.1.2

外加剂 additive

加入到水泥浆中用来调节水泥浆性能的外加材料总称。

注:一般改变的性能包括:凝结时间(使用缓凝剂或促凝剂),滤失量控制和黏度等。

3.1.3

环空 annulus

在井眼中环绕套管的空间。

注:环空的外壁可以是地层或套管。

3.1.4

假设地面温度 T_{AS}　assumed surface temperature

计算模拟温度梯度时假设的地面温度。

3.1.5

批混　batch mixing

在向井内注入水泥浆之前制备并保存一定体积水泥浆的作业程序。

3.1.6

伯登 B_c　Bearden units of consistency

在稠化仪上测定的表示水泥浆稠度的单位。

3.1.7

气穿　blowout

滤失试验时氮气穿过水泥浆样品的现象。

3.1.8

堆积密度　bulk density

含有空气的干燥粉状材料每单位体积的质量。

3.1.9

套管注水泥　casing cementing

向套管柱的全部或部分环空注水泥的固井方法。

3.1.10

水泥(波特兰水泥)　cement,Portland cement

由含有水硬性硅酸钙和铝酸钙为主要成分的熟料,加入一种或多种形态的石膏一起磨细制成的产品。

注1:水硬性硅酸钙和铝酸钙在水中硬化的产物。

注2:研磨添加剂在研磨之前添加,而不是在研磨之后添加。

3.1.11

水泥级别　cement class,cement type

按其预期用途,表示油井水泥的不同分类,可分为A、B、C、D、E、F、G、H八个等级。

注:各等级水泥的性能指标参见GB 10238(油井水泥)。

3.1.12

水泥类型　cement grade

表示油井水泥抗硫酸盐侵蚀性能的类别。分为普通型(O)、中抗硫酸盐型(MSR)和高抗硫酸盐型(HSR)。

注:各等级性能指标参见GB 10238(油井水泥)。

3.1.13

水泥混料　cement blend

干燥的水泥和其他干燥粉状材料的混合物。

3.1.14

配浆混合水　water blend for field preparation of cement slurry

为现场注水泥作业而配制的含有水泥外加剂的拌合水。

3.1.15

熟料　clinker

在水泥生产过程中,从窑中取出的熔融材料。可与硫酸钙一起混磨制成水泥。

3.1.16

相容性 compatibility

形成不发生不必要的化学和/或物理反应的液体混合物的能力。

3.1.17

抗压强度 compressive strength

水泥石在压力作用下达到破坏前单位面积上所能承受的最大力。

3.1.18

稠化仪 consistometer

模拟井下条件测定水泥浆稠化时间的仪器。有常压、增压和便携型等。

3.1.19

连续泵送挤水泥作业 continuous-pumping squeeze-cementing operation

无泵送中断的挤水泥作业。

3.1.20

当量袋 equivalent sack

与 50.00 kg 波特兰水泥具有相同绝对体积的波特兰水泥与粉煤灰或火山灰混料的质量。

3.1.21

滤液 filtrate

在滤失试验期间从水泥浆中滤出的液体。

3.1.22

粉煤灰 fly ash

由碎煤或煤粉经过燃烧生成的残渣粉末。

粉煤灰被称作人造的火山灰，是油井水泥中最常用的火山灰质材料。

3.1.23

游离液 free fluid

水泥浆静止过程中析出的液体。

3.1.24

冻-融循环 freeze-thaw cycle

把水泥样品交替置于水的凝固点以上或以下温度的试验。

3.1.25

间歇泵送挤水泥作业 hesitation-pumping squeeze-cementing operation

有泵送中断的挤水泥作业。

注：先将部分水泥浆注入井中，停泵一段时间，然后再泵送一定量的水泥浆。重复这个过程直到达到预定的压力或者水泥浆泵送完毕为止。

3.1.26

升温速率 R_h heat-up rate R_h

水泥浆从地面温度 T_{SS} 升高到预定的井下循环温度 T_{PBHC} 的速率。

3.1.27

尾管注水泥 liner cementing

用送入管柱将一段套管送至设计井段，通过悬挂装置悬挂在上层套管上，并将此段套管外的环形空间注入水泥浆的一种注水泥作业。

3.1.28

钻井液(泥浆) drilling fluid

钻井过程中用以满足钻井工作需要的各种循环流体的总称。其主要功能为携带和悬浮钻屑、稳定井壁和平衡地层压力、冷却和润滑钻头与钻具、传递流体动力、保护储层等。

3.1.29

钻井液密度计　mud balance

符合 GB/T 16783.1 规定的测量钻井液密度的仪器。

3.1.30

水泥净浆　neat cement slurry

只含水泥和水的水泥浆。

3.1.31

降压速率 R_{pd}　pressure-down rate R_{pd}

在稠化时间试验期间，压力从井底压力 p_{BH} 降到水泥柱顶部压力 p_{TOC} 的速率。

3.1.32

渗透率　permeability

用来表征液体或气体通过渗透性介质流动能力的大小。

注：渗透率通常用毫达西(mD)表示。

3.1.33

注水泥塞　plug cementing

在井内适当位置注入水泥浆形成水泥塞的作业。

3.1.34

火山灰质材料　pozzolans

含硅质或硅铝质的材料，材料本身具有很少或不具有胶凝性，但磨成细粉并有水存在的情况下，能与氢氧化钙在常温下发生化学反应生成具有胶凝性的化合物。

天然的火山灰质材料(如：火山灰、凝灰岩和浮石等)没有广泛用在油井水泥中。

3.1.35

前置液　preflush

注水泥前，在钻井液与水泥浆之间注入的一段特殊配制的液体。通常由冲洗液和隔离液两部分组成。

3.1.36

压力釜　pressure vessel

在水泥浆稠化时间试验中，稠化仪中用于放置水泥浆杯的釜体。

3.1.37

加压养护釜　pressurized curing vessel

抗压强度试验中，在温度和压力作用下，用以养护水泥样品的釜体。

3.1.38

升压速率 R_{PU}　pressure-up rate

在稠化时间试验期间，从初始压力增加到井底压力的速率。

3.1.39

相对密度　relative density

一种物质的质量与参考温度下等体积标准物质的质量之比。

注：标准物质一般是水；参考温度一般是 4 ℃。

3.1.40

沉降　sedimentation

水泥浆中的颗粒在重力作用下发生的分离与沉淀现象。

3.1.41

浆杯 slurry container

增压稠化仪内用于装水泥浆进行稠化时间试验的容器。

3.1.42

声波强度 sonic strength

通过测量穿过水泥样品的声速来计算水泥样品强度发展的程度。

注：根据具体的数学关系式求出的计算值，而不是直接测量的强度值。

3.1.43

初始压力 p_S starting pressure p_S

在稠化时间试验开始时施加在测试样品上的压力。

注：p_S 也可用于确定升压速率。

3.1.44

隔离液 spacer

用于分隔井下两种不能相混的流体的工作液。

3.1.45

挤水泥 squeeze-cementing

将水泥浆挤入环空或地层的注水泥作业。

3.1.46

静态滤失试验 static fluid loss test

在 6.9 MPa 压差下，通过 45 μm(325 目)筛网测定水泥浆滤失量的试验。

3.1.47

静态稳定性试验 static stability test

测定水泥浆沉淀和游离液形成程度的试验。

3.1.48

搅拌型滤失仪 stirred fluid-loss cell

在同一滤失仪内可进行水泥浆搅拌并能完成静滤失试验的滤失仪。

3.1.49

强度衰减 strength retrogression

在温度超过 110 ℃的条件下，所引起的水泥石抗压强度降低及渗透率增大的现象。

3.1.50

稠化时间 thickening time

用增压稠度仪模拟井下条件，从水泥浆升温升压时起至水泥浆稠度达到 100 Bc 时的时间。

注：稠化时间结果提供了在试验条件下水泥浆保持可泵送的时间长度。

3.1.51

称重混合器、计量罐 weigh batch mixer, scale tank

用于水泥与固体外加剂称重及混合的装置或系统。

3.1.52

油井模拟试验 well simulation test

按模拟井下条件的要求设计和修正参数的试验。

3.1.53

水润湿能力 water-wetting capability

流体改变被水润湿的特性或状态的能力。

注：达到理想的水泥胶结认为是处于完全水润湿状态。

3.2 符号

下列符号适用于本标准，表1列出了符号和含义。

表1 符号和含义

符号	含义
h_{TOCTVD}	水泥柱顶部实际垂直井深
p_{BH}	井底压力[a]
p_{S}	初始压力
p_{TOC}	水泥柱顶部压力
T_{AS}	假设地面温度
T_{BHC}	井底循环温度[b]
T_{BHS}	井底静止温度
T_{PBHC}	预计井底循环温度
T_{MRBHS}	记录的最高井底静止温度
T_{MNRBHC}	记录的最低井底循环温度
T_{PS}	预计挤水泥温度
∇_{PT}	假设温度梯度[c]
T_{PU}	假设的静止温度
T_{RS}	记录的挤水泥温度
T_{SS}	水泥浆地面温度
T_{TOCC}	水泥柱顶部循环温度
T_{TOCS}	水泥柱顶部静止温度
T_{TOC}	水泥柱顶部温度
T_{UF}	静态地层温度
t_{a}	水泥浆前沿从套管底部到达环空水泥柱顶部的时间
t_{d}	水泥浆前沿到达井底或井内其他预定位置的时间

[a] 井底流体静压力根据实际垂直井深和井筒内液体密度计算而得到。
[b] T_{BHC}会随时间、循环的液体、泵送速率、管径大小等而变动。
[c] 温度梯度(℃/100 m)根据记录的最高井底静止温度(T_{MRBHS})和T_{AS}之间的不同而计算。

4 取样

4.1 总则

对于水泥混料，应考虑取样目的。在许多情况下，按本标准进行水泥浆试验可能需要水泥、水泥混料、固体和液体外加剂及拌合水样品。为确保取样准确，应采用最佳取样技术。本章介绍几种常用取样技术。

4.2 现场油井水泥取样

当从散装罐、运输罐或袋中取样时，水泥应干燥和均匀。应使用合适的取样器，见图1。在多个样品单元抽取样品。样品应进行充分混合、包装并贴上标签(见4.8)。样品量应满足试验的需要，取样方法按GB 12573进行。

4.3 现场水泥混料取样

水泥混料样品可从称重混合器(计量罐)和散装运输罐中抽取，或在输送过程中从输送管线中抽取。在取样之前，应将水泥和固体外加剂充分混拌均匀，即将水泥从称重混合器输送(气吹)到另一个储罐3～6次可实现均匀混拌。从散装罐内取样时按4.2所述进行。在输送过程中从输送管线抽取样品时，可通过安装在输送管线上的取样阀、分流取样器或自动在线取样器(见图1)进行取样。应对样品进行制备、包装并贴标签(见4.8)，样品量应满足试验的需要。

单位为毫米

1——硬木手柄；

2——黄铜管；

3——延伸取样管；

4——出料口；

5——2.54 cm球形阀；

6——流向；

7——2.54 cm球形阀。

[a] 袋装水泥取样管大约体积为320 cm^3。

图1 常用的取样器

4.4 现场固体水泥外加剂取样

固体水泥外加剂样品可从散装罐或包装袋中抽取。在取样之前，外加剂应干燥和均匀。应使用合适的取样器(见图1)从多个取样单元的中心位置抽取样品，取样方法按 GB/T 6679 进行。应对同一批外加剂抽取的样品进行制备、包装并贴上标签(见4.8)。每种固体外加剂的样品量应满足试验的需要。

4.5 现场液体水泥外加剂取样

大多数液体外加剂是固体材料的溶液或悬浮液，长时间储存可能引起有效成分的离析，即有效成分可能漂浮在包装容器的上部、形成悬浮层或沉降到包装容器的底部。因此，在取样之前，应将液体外加剂混合均匀。然后，应使用清洁、干燥的取样器从容器的中心位置抽取液体外加剂样品，取样方法按 GB/T 6680 进行。应对同一批外加剂抽取的样品应进行制备、包装并贴上标签(见4.8)，每种液体外加剂的样品量应满足试验的需要。

4.6 拌合水取样

拌合水样品应取自固井施工用水。取样时应避免水的污染，样品应进行包装并贴上标签(见4.8)，样品量应满足试验的需要。

4.7 配浆混合水取样

在取样之前应将配浆混合水混合均匀，以避免配浆混合水中外加剂有效成分的离析、悬浮或沉降，取样方法参照 GB/T 6680 进行。然后用一合适的取样器抽取样品，取样时应避免水的污染，样品应进行包装并贴上标签(见4.8)，样品量应满足试验的需要。

4.8 样品的运输与贮存

试验样品应立即装入清洁、密闭或防潮的容器中，容器适合运输和长期保存。为最大程度保护样品，容器应用金属、塑料或其他加厚柔性或刚性材料制作并附加衬里。在运输前，可使用重新密封的塑料袋包装样品并放入保护性容器中以防破损及运输过程中样品泄漏。不应使用普通布袋、盒子或罐子盛装样品。建议不要将样品放入玻璃容器中运输。

每个样品容器都应贴上标签并清楚地标明材料类型、批号、来源和取样日期，运输容器也应贴上标签。不要将标签贴在容器盖上，以免互换或混淆。法规要求的所有标志或证明都应装入容器内或安全地固定在容器上。所有危险或有害样品应按法规要求进行包装并贴上标签。

4.9 试验前样品制备

到达试验地点后，应仔细检查样品，确保在运输过程中样品保持密封状态并未受污染。在制备水泥浆(见第5章)之前，每个样品都应充分混拌均匀。

为便于贮存，应将每个样品转移到合适的防渗漏容器内(如果运输过程中未使用这种容器)，贴上正确的标识并注明日期，放在干燥、室温比较恒定的地方贮存。试验前应检查每个样品的质量，并在制备水泥浆之前将每个样品混合均匀。

供应商或生产厂家应确定所有样品的最佳贮存期限。如果不知道最佳贮存期限，则建议不要使用贮存期超过1年的任何一种水泥外加剂。

4.10 样品的废弃处理

样品的废弃处理应按法规要求进行。

5 水泥浆的制备

5.1 总则

由于水泥具有活性，水泥浆的制备与传统的固/液混合物的制备不同。在水泥浆的混合过程中，剪切速率和剪切时间是重要因素。已经证明，改变这些参数将影响水泥浆的应用性能。

本章所推荐的方法用于实验室制备水泥浆，它不要求特殊的混合条件。如果需要大体积的水泥浆，可采用附录 A 中另一种制备水泥浆的方法。

5.2 仪器

5.2.1 电子天平

电子天平称量准确度应在示值的±0.1%以内。为保证准确度，天平应定期校准，至少每年校准一次。

5.2.2 机械天平

机械天平的砝码准确度应在示值的±0.1%以内。

5.2.3 混合装置

用于制备水泥浆的混合装置是一台容量 1 L、具有底部驱动的叶片式搅拌器。常用的混合装置如图 2 所示。搅拌杯和搅拌叶应由耐腐蚀材料制成(见图 3)，搅拌叶总成的结构应使搅拌叶能从驱动装置上卸下。在使用之前，搅拌叶应从总成上卸下并称量，当磨损量达到 10%时，应更换一个新的搅拌叶。每次使用之前，也应该检查搅拌叶磨损情况，必要时应予以更换。如果混合过程中的任何时候混合装置出现泄漏，则应废弃搅拌杯中的样品，修复泄漏后重新制备。

图 2 常用的水泥混合装置

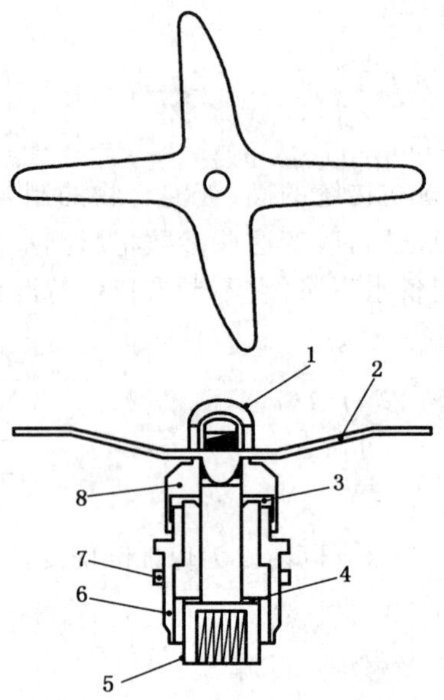

1——螺帽；
2——经淬火的搅拌叶；
3——"O"型圈；
4——止推垫圈；
5——内角座轴；
6——轴承套；
7——六角螺母；
8——轴承盖。

图 3 搅拌叶总成

5.3 方法

5.3.1 水泥浆组分密度的测定

5.3.1.1 总则

在生产过程中，由于原材料成分的自然变化，不同批次的水泥其密度可能有所不同。研究表明，水泥的密度可在 3.10 g/cm^3～3.25 g/cm^3 范围内变化。当水固比恒定时，这一变化导致水泥浆密度有 0.00 g/cm^3～0.04 g/cm^3 的偏差。由于固井施工用水的不同，拌合水的密度也可能发生变化，从而导致水泥浆密度的变化不定。在制备水泥浆时，为了准确计算水泥浆各组分的需要量，有必要测定水泥浆所有组分的密度。

5.3.1.2 水泥和固体外加剂(外掺料)的密度

水泥的密度按 GB/T 208 所述的方法进行测定，固体外加剂(外掺料)的密度按 GB 4472 所述的方法进行测定。

5.3.1.3 拌合水和液体外加剂的密度

拌合水和液体外加剂的密度按 GB 4472 所述的密度计法进行测定，密度计见图 4。

1——躯体；
2——颈部。

图4 密度计

5.3.1.4 实验室密度和体积计算

水泥浆的体积应满足实验室大多数试验的需要量，大约为600 mL，但不要超出搅拌杯的容量。根据下列公式计算实验室混料需要量。另外，其他适用的公式也可用于计算实验室混料需要量。

为便于计算，假设相对密度和密度(g/cm³)相等。

$$V_s = V_c + V_w + V_a \quad \cdots\cdots(1)$$

$$m_s = m_c + m_w + m_a \quad \cdots\cdots(2)$$

$$\rho_s = \frac{m_s}{V_s} \quad \cdots\cdots(3)$$

$$V_c = \frac{m_c}{\rho_c} \quad \cdots\cdots(4)$$

$$V_w = \frac{m_w}{\rho_w} \quad \cdots\cdots(5)$$

$$V_a = \frac{m_a}{\rho_a} \quad \cdots\cdots(6)$$

式中：

V_s——水泥浆体积，单位为立方厘米(cm^3)；

V_c——水泥体积，单位为立方厘米(cm^3)；

V_w——水的体积，单位为立方厘米(cm^3)；

V_a——外加剂(外掺料)体积，单位为立方厘米(cm^3)；

ρ_s ——水泥浆密度，单位为克每立方厘米(g/cm^3)；
m_s ——水泥浆质量，单位为克(g)；
m_c ——水泥质量，单位为克(g)；
m_w ——水的质量，单位为克(g)；
m_a ——外加剂(外掺料)质量，单位为克(g)；
ρ_c ——水泥密度，单位为克每立方厘米(g/cm^3)；
ρ_w ——水的密度，单位为克每立方厘米(g/cm^3)；
ρ_a ——外加剂(外掺料)密度，单位为克每立方厘米(g/cm^3)。

5.3.2 水和水泥的温度

拌合水、水泥或水泥混料、混合装置和混拌装置的温度应代表现场混合条件。如果现场条件未知，在混合之前，拌合水和水泥的温度应为 23 ℃±1 ℃。在所有情况下，都应测量并记录拌合水和水泥的温度。

5.3.3 拌合水

水的成分可能影响水泥浆性能，应使用取自于现场的水，如果没有现场水，应使用成分类似的水。如果现场拌合水的成分未知，可使用去离子水、蒸馏水或自来水。拌合水和任何液体外加剂应在清洁、干燥的搅拌杯中称量。对于蒸发或润湿不应补加水。

5.3.4 水泥与水的混合

固体材料在加入到拌合液体中之前，先要称量，然后充分混合均匀。将装有所需质量拌合水和液体外加剂的搅拌杯放在搅拌器底座上，启动电机并保持 4 000 r/min±200 r/min 的转速。如果拌合水中有外加剂，则在加入水泥之前先以该转速搅拌，使外加剂在拌合水中完全分散。在某些情况下，将外加剂加到拌合水中的顺序可能很关键。记录任何特殊的搅拌步骤和搅拌时间。在 15 s 之内，将水泥或水泥/固体外加剂混料均匀地加入搅拌杯中。某些水泥浆配方可能需要更长的搅拌时间来完全润湿水泥混料，但加入水泥混料所用的时间应保持最少。当固体材料全部加入到拌合水中之后，盖上搅拌杯盖，并在 12 000 r/min±500 r/min 的转速下继续搅拌 35 s±1 s。测量并记录负载下的转速。

6 水泥浆密度测定

6.1 优选仪器

测量水泥浆密度的优选方法是使用加压液体密度计。加压液体密度计的操作方法类似于常规钻井液密度计，区别是水泥浆能在加压下置于一个固定容积的样品杯中。

给水泥浆样品加压的目的在于最大限度地减少夹带空气对水泥浆密度测量的影响。在测量水泥浆密度时发现的主要问题是，水泥浆开始混合时经常有大量的空气混入。通过给样品杯施加压力，将夹带空气的体积减小到可忽略的程度，从而使测得的水泥浆密度更接近井下条件下的真实值。

6.2 校准

将水、已知密度的液体或使用仪器制造厂特定的当量密度的砝码作为校准参考物，放入样品杯中进行校准。

6.3 方法

6.3.1 将水泥浆注入到样品杯中，注入高度应略微低于样品杯上缘 6 mm±0.5 mm。

6.3.2 将杯盖放在样品杯上，此时杯盖上的单向阀处于向下(开启)位置。把杯盖向下推入杯口，直到杯盖外圈与样品杯上缘表面接触为止。多余的水泥浆通过单向阀排出(注：水泥浆可能喷出)。当样品杯盖好盖以后，将单向阀向上拉到关闭位置。用水冲洗样品杯和螺纹，并将螺帽拧在样品杯上。

6.3.3 加压泵的操作类似于注射器的操作。将加压泵总成的前端浸没在水泥浆中，活塞杆完全进入泵筒内，以便将水泥浆注入加压泵。然后向上拉活塞杆，水泥浆便进入加压泵筒内。

6.3.4 将加压泵的前端推到与单向阀配套的“O”型圈表面上。在加压泵套筒上施加一个向下的力，使单向阀处于向下(开启)位置，同时向里压活塞杆，从而给样品杯施加压力。在活塞杆上保持约 230 N 或更大的力(见图 5)。

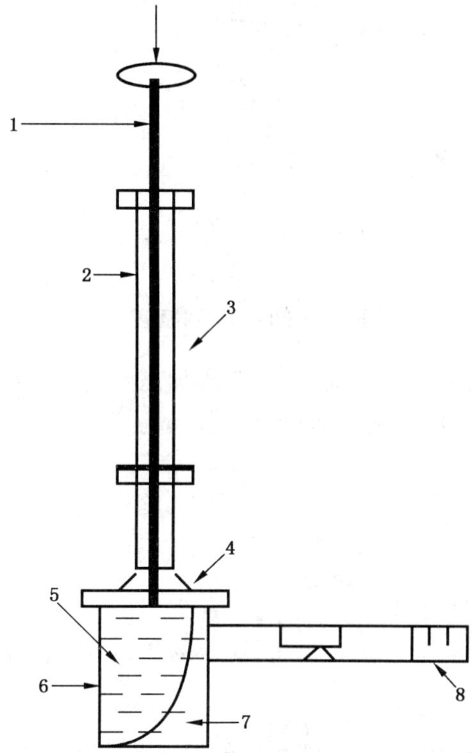

1——活塞杆；
2——套筒；
3——加压泵；
4——加压阀；
5——水泥浆样品；
6——夹带的空气；
7——样品杯；
8——密度秤。

图 5 加压液体密度计加压示意图

6.3.5 杯盖上的单向阀通过压力驱动，即样品杯中的压力使单向阀关闭。在向活塞杆上加压的同时，逐渐提起加压泵套筒，单向阀便开始关闭。单向阀一经关闭，就释放活塞杆上的压力，然后取下加压泵。

6.3.6 样品杯外壳洗净、擦干，然后将密度计放在支架刀刃上(见图 6)，左右移动游码直到游梁平衡为止。当游梁上的气泡处在两个刻线之间的中心位置时，游梁即达到平衡。读出游码箭头一侧的刻度值，即得出水泥浆的密度。

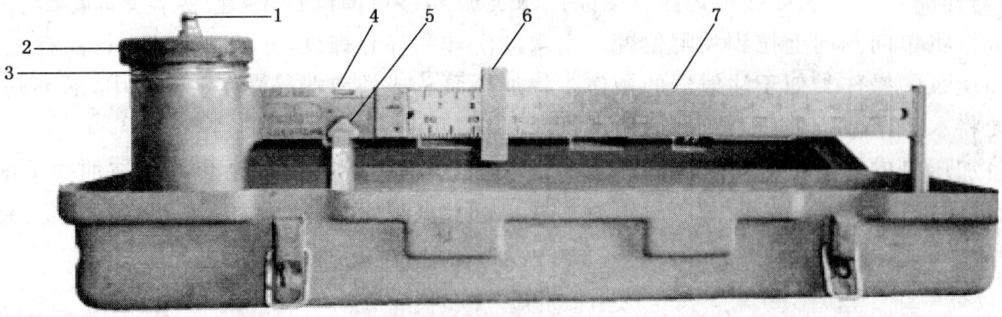

1——"O"型圈；
2——样品杯盖；
3——螺纹；
4——气泡；
5——支架刀刃；
6——游码；
7——游梁。

图 6　加压液体密度计

6.3.7　向下压单向阀，重新连接加压泵总成，并向下推加压泵套筒，释放样品杯中的压力。然后倒掉样品杯和加压泵总成中的水泥浆，彻底清洗干净所有部件。为了便于操作，单向阀、杯盖和套筒应涂一薄层润滑脂。

6.4　另一种仪器和方法

6.4.1　仪器

水泥浆密度也可使用钻井液密度计进行测定，钻井液密度计见图 7。

图 7　钻井液密度计

6.4.2　方法

用钻井液密度计测定水泥浆密度应按 GB/T 16783.1 规定的方法进行，只是在把水泥浆倒入钻井液密度计杯中之后，应捣拌 25 次以消除夹带的空气。

7　水泥石抗压强度试验

7.1　总则

本章介绍了水泥石抗压强度试验方法。

本章所述水泥石抗压强度试验可用于水泥或水泥混料高温强度衰减的测试。为此，将水泥或水泥混料在设定的温度和压力条件下，养护不同的龄期并观察抗压强度的变化。方法包括把初始养护龄期（例如，24 h、48 h 或 72 h）的抗压强度与延长的养护龄期（例如，28 d）的抗压强度进行比较，经延长的龄期养护后，水泥石呈现抗压强度降低时可认为其强度衰减。一般认为高温强度衰减的临界温度是 110 ℃，特殊情况下也有偏离该温度值的报告。

7.2 取样

油井水泥、外加剂和拌合水的取样按第 4 章进行。

7.3 水泥浆的制备

水泥浆的制备按第 5 章进行。

7.4 仪器

7.4.1 试模和抗压强度试验机

用于水泥石抗压强度试验试模和抗压强度试验机应满足 GB 10238 规定的要求。其中试模应为 50.8 mm×50.8 mm×50.8 mm 立方体，可分成两部分以上，应确认其允许偏差；试验机准确度应校准至被测载荷范围的±1%之内，试模和试验机应至少每两年校准一次。

7.4.2 底板和盖板

底板和盖板应由耐腐蚀材料制作。底板应为金属板，盖板最小厚度为 6 mm。在与水泥接触的盖板表面上可开凹型槽。试验温度超过 110 ℃时，因发生二氧化硅置换反应，故不推荐使用玻璃盖板。

7.4.3 养护水浴

养护水浴或水箱的尺寸应将抗压强度试模全部浸入水中，其温度能保持在试验温度±2 ℃以内。有两种类型的养护水浴：

7.4.3.1 常压养护水浴

常压养护水浴应装有搅拌器或循环系统。当不需要加压时，常压养护水浴可用于 66 ℃或以下温度养护试样。

7.4.3.2 加压养护釜

加压养护釜适用于在最终试验温度下养护试样，且压力至少能保持在至少 20.7 MPa。加压养护釜应能按预定的升温速率加热。

7.4.4 冷却水浴

冷却水浴的尺寸应使试样全部浸入温度保持在 27 ℃±3 ℃的水中，使其从养护温度开始冷却。

7.4.5 温度测量系统

至少每月校准一次，准确度应校准至±2 ℃。校准方法见 GB 10238 所述。三种常用的温度测量系统如下：

a) 温度计：量程−18 ℃～104 ℃，最小分刻度不超过 1 ℃，可用于非加压容器；

b) 热电偶：量程为−18 ℃～104 ℃，准确度校准至±2 ℃，最好用于非加压容器；

c) 热电偶：量程为−18 ℃～204 ℃，准确度校准至±2 ℃，用于加压容器。

7.4.6 捣棒

直径为 6 mm±0.5 mm 的耐腐蚀捣棒。

7.4.7 试模密封脂

在预期试验温度和压力下密封脂应具有以下性能：

a) 易于使用的稠度；

b) 良好的密封防漏性能；

c) 防水性能；

d) 不与水泥发生反应；

e) 在−18 ℃～204 ℃范围内无腐蚀性。

7.4.8 脱模剂（可选项）

可在试模内表面涂一薄层脱模剂，以防脱模时损坏试样。

7.5 试验方法

7.5.1 试模准备

在试模内表面和与底板接触面涂一薄层脱模剂并保持清洁、干燥。组装好的试模应不渗水。应注意确保试模内没有多余的密封脂，见图 8。

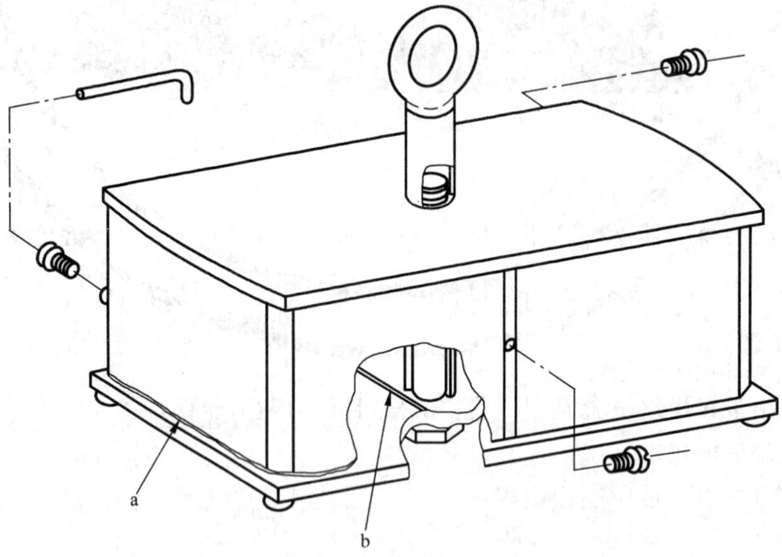

a)

图 8 试模准备示意图

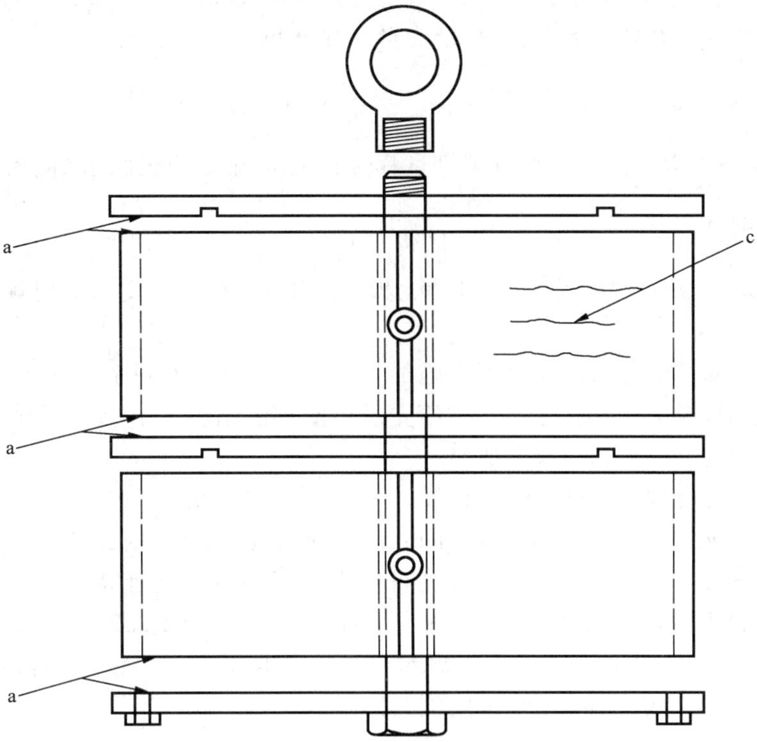

b）

a——此处涂一薄层密封脂；

b——除去挤压出的密封脂；

c——在试模内壁涂脱模剂。

图 8（续）

7.5.2 水泥浆的装模

将制备好的水泥浆倒入准备好的试模至试模深度一半左右。当所有试模都倒入水泥浆后，用捣棒捣拌每个试样约 30 次。用手工搅拌剩余的水泥浆使水泥浆重新悬浮并混合均匀，然后倒满每一试模至溢出后，按前面同样方法进行捣拌。捣拌结束后，用直尺刮掉试模上部多余的水泥浆，将盖板盖在试模顶部。若试模漏浆，则废弃该试样。对每次试验，至少需要三块试样。

7.5.3 常压养护

装满试模并盖上盖板后，立即放入所需养护温度的水浴中养护。在养护期间，用带孔的挡板或合适的隔板将试模升高，以便水能在试样周围循环。在试样进行强度测试之前约 45 min，从水浴中取出试模并将试样脱模后立即放入 27 ℃±3 ℃的冷却水浴中，直至试样进行强度测试。

7.5.4 加压养护

装满试模并盖上盖板后，立即放入初始温度为 27 ℃±3 ℃的加压釜中。然后按试验方案升温、加压。可按表 2 给出的压力、温度方案或按模拟具体井下条件设计的方案进行养护。

对于在温度等于或低于 90 ℃养护的试样，养护温度和压力保持到试样进行强度测试之前的 45 min 时为止；对于养护温度高于 90 ℃的试样，在其强度测试之前停止加热并将试样冷却，在试样进行强度测试之前的 45 min 时，试样温度应降至 90 ℃或更低，在冷却过程中应保持养护釜内的试验压力。在试样进行强度测试之前的 45 min 时，缓慢释放压力并从养护釜中取出试模，然后立即将试样脱模并放入温度为 27 ℃±3 ℃的水浴中，直到试样进行强度测试。

7.5.5 试验龄期

试验龄期是从试样在养护釜内开始升温到试样进行强度测试所经过的时间。

7.5.6 试样的强度测试

7.5.6.1 从水浴中取出试样。将每个试样擦净，以清除与试验机两个支承块接触的试样表面上的任何松散物质。

7.5.6.2 在与试模平面接触过的试样表面上施加负荷。将试样放在试验机上部支承块的下面。在测试每个立方体试样之前，应确保具有球面底座的支承块能自由倾斜。不应加缓冲垫或稳固垫。在测试试样时，应采取相应的安全措施和操作方法。

7.5.6.3 应使用抗压强度试验机进行强度测试。对于预期强度大于 3.5 MPa 的试样，其加荷速率应为 71.7 kN/min±7.2 kN/min，对于 2 580.64 mm^2 的标准试样表面，通过调节加荷速率使压力表指针在 15 秒之后 8.9 kN～26.8 kN(压力表读数)之间移动，能实现该加荷速率。对于预期强度等于或小于 3.5 MPa 的试样，加荷速率应为 17.9 kN/min±1.8 kN/min。对于 2 580.64 mm^2 标准试样表面，通过调节加荷速率使压力表指针在 1 min 之后 8.9kN～26.8 kN(压力表读数)之间移动，能实现该加荷速率。在试样受压期间至破型前，不应调整试验机的控制部分。

7.5.6.4 抗压强度等于试样破型所需的力除以与抗压强度试验机承载盘接触的最小横截面积。求出由同一水泥浆制成并在同一时间测试的所有合格试样的抗压强度平均值并精确至 0.1 MPa。记录抗压强度结果和试验方案。

7.6 测定长水泥柱顶部水泥石抗压强度的方法

7.6.1 使用指南

如果井底循环温度(T_{BHC})高于水泥柱顶部的静止温度(T_{TOCS})，使用本方法。

7.6.2 方法

7.6.2.1 按第 5 章制备水泥浆。将水泥浆倒入增压稠化仪的浆杯中，按附录 D 提供的压力、温度方案或按模拟具体井下条件设计的方案升温至 T_{BHC}。保持试验温度和压力 60 min，使水泥浆温度达到平衡。

7.6.2.2 然后以 1.0 ℃/min 的速率将水泥浆冷却至水泥柱顶部的循环温度(T_{TOCC})，若 T_{TOCC} 高于 90 ℃，则冷却至 90 ℃。用式(7)确定冷却时间(t)，以分(min)表示。

$$t=\frac{T_{BHC}-T_{TOCC}}{1.0} \quad\cdots\cdots(7)$$

式中：

t ——冷却时间，单位为分(min)；

T_{BHC} ——井底循环温度，单位为摄氏度(℃)；

T_{TOCC}——水泥柱顶部循环温度，单位为摄氏度(℃)。

温度下降期间保持试验压力。当温度降至 T_{TOCC} 或 90 ℃时，缓慢释放压力并取出浆杯。

7.6.2.3 小心操作，最大限度地减少油对水泥浆的污染。从顶部打开浆杯(同时将搅拌叶留在原位)，这样可避免倒置浆杯并减少因油进入水泥浆而造成的污染。用吸油布或纸巾吸去水泥浆顶部可见的油。取出搅拌叶，将水泥浆在浆杯和烧杯之间折倒 3 次，将可能沉降的固相重新悬浮起来。

7.6.2.4 按 7.5.2 规定的方法把水泥浆倒入准备好的试模中，并将试模放入已预热的养护釜中(将养护釜预热到 T_{TOCC} 或 90 ℃)，也可使用第 8 章所述的水泥石非破坏性声波试验装置。在从稠化仪中取出水泥浆后 15 min 内,完成施加 20.7 MPa±3.4 MPa 的养护压力并开始升温养护。

7.6.2.5 用与井下条件相适应的升温时间将试样的温度 T_{TOCS} 调整到最终养护温度,调整期间保持养护压力。如果达到最终养护条件的时间未知或没有规定,则选定 6 h。

7.6.2.6 按 7.5.4 规定的方法取出试样。

7.6.2.7 按 7.5.6 或第 8 章规定的方法测定试样的抗压强度。

表 2 抗压强度试验的养护方案

1	2	3	4	5	6	7	8	9
方案[a]	经过的时间[b]/min	压力[c]/kPa	温度梯度(℃/100 m)/℃[d]					
			1.6	2.0	2.4	2.7	3.1	3.5
1 Sg 井深: 305 m	15	5 500	27	27	27	27	27	27
	30		27	27	27	27	27	27
	60		28	28	28	28	29	29
	90		28	29	29	29	30	30
	120		29	29	30	31	31	32
	150		29	31	31	32	32	33
	180		31	31	32	33	34	34
	210		31	32	33	34	35	36
	240		32	33	34	35	36	37
2 Sg 井深: 610 m	15	11 000	31	31	32	32	32	32
	30		32	32	33	33	33	34
	60		33	33	34	34	35	36
	90		33	34	35	36	37	38
	120		34	35	36	37	39	39
	150		34	36	38	39	41	42
	180		36	37	39	41	42	44
	210		36	38	40	42	44	46
	240		37	39	41	43	46	48
3 Sg 井深: 1 220 m	15	20 700	33	33	34	34	34	34
	30		37	38	39	39	40	41
	60		39	40	41	42	43	44
	90		40	42	43	45	47	49
	120		42	44	46	48	51	53
	150		43	46	48	51	54	57
	180		44	47	51	54	57	61
	210		46	49	53	57	61	65
	240		47	51	56	60	64	69
4 Sg 井深: 1 830 m	15	20 700	35	35	36	36	37	38
	30		43	44	45	46	47	50
	45		45	47	48	49	51	54
	60		46	48	49	52	53	57
	90		48	51	53	56	58	63
	120		49	53	57	60	63	68
	150		51	56	60	64	68	73
	180		53	58	63	68	73	79
	210		55	61	67	72	78	84
	240		57	63	70	77	83	90

表 2（续）

1	2	3	4	5	6	7	8	9
方案[a]	经过的时间[b]/min	压力[c]/kPa	温度梯度(℃/100 m)/℃[d]					
			1.6	2.0	2.4	2.7	3.1	3.5
5 Sg 井深： 2 440 m	15	20 700	36	37	38	39	40	43
	30		46	47	49	51	53	59
	45		53	54	58	61	64	72
	60		53	56	60	63	67	75
	90		56	59	64	68	73	81
	120		58	62	68	73	79	87
	150		60	66	72	78	84	93
	180		62	69	76	83	91	99
	210		64	72	81	88	96	105
	240		67	76	84	93	102	111
6 Sg 井深： 3 050 m	15	20 700	37	38	39	41	43	47
	30		47	49	53	56	60	67
	45		57	59	66	70	77	87
	60		61	64	72	77	84	96
	90		63	68	76	82	91	102
	120		66	72	81	88	97	108
	150		69	76	85	93	103	114
	180		72	80	90	99	109	120
	210		74	84	94	104	115	126
	240		77	88	99	110	121	132
7 Sg 井深： 3 660 m	15	20 700	37	39	42	44	47	49
	30		46	51	56	62	67	72
	45		56	63	71	79	87	94
	60		64	74	84	94	104	114
	90		68	78	89	99	110	121
	120		72	83	94	105	116	127
	150		76	87	99	111	122	133
	180		79	92	104	116	128	140
	210		83	96	108	121	134	147
	240		87	100	113	127	140	153
8 Sg 井深： 4 270 m	15	20 700	37	40	43	46	48	51
	30		48	53	59	64	69	75
	45		58	67	75	83	91	99
	60		69	79	91	102	113	123
	75		74	87	99	111	123	135
	90		77	89	102	114	126	138
	120		81	93	107	119	133	146
	150		84	98	112	126	139	153
	180		89	103	117	132	146	160
	210		93	108	123	137	152	167
	240		97	112	128	143	159	174

表 2（续）

1	2	3	4	5	6	7	8	9
方案[a]	经过的时间[b]/min	压力[c]/kPa	温度梯度(℃/100 m)/℃[d]					
			1.6	2.0	2.4	2.7	3.1	3.5
9 Sg 井深：4 880 m	15	20 700	38	41	44	47	49	52
	30		49	55	61	67	73	78
	45		61	69	78	87	96	104
	60		73	84	96	107	118	130
	75		83	97	112	126	140	154
	90		86	100	114	129	144	158
	120		90	105	120	135	151	166
	150		94	109	126	141	157	173
	180		98	114	131	148	164	181
	210		102	119	137	154	171	188
	240		107	124	142	160	178	196
10 Sg 井深：5 490 m	15	20 700	39	42	45	48	51	54
	30		51	57	63	69	76	82
	45		63	73	82	91	100	109
	60		76	88	100	112	124	137
	75		88	103	119	134	149	164
	90		95	112	129	146	162	179
	120		99	117	134	152	169	186
	150		104	122	140	158	176	194
	180		108	127	146	164	183	202
	210		112	132	151	171	190	209
	240		117	137	157	177	197	217
11 Sg 井深：6 100 m	15	20 700	40	43	46	49	53	56
	30		53	59	66	72	78	85
	45		66	76	86	95	104	114
	60		79	92	105	118	131	143
	75		92	108	124	141	156	173
	90		106	124	144	163	182	202
	120		110	129	149	169	189	209
	150		114	134	155	176	196	216
	180		118	139	160	181	202	223
	210		122	144	166	187	209	231
	240		127	149	171	193	216	238
12 Sg 井深：6 710 m	15	20 700	41	44	47	51	54	58
	30		54	61	68	75	82	88
	45		68	79	89	99	109	119
	60		82	96	109	123	137	151
	75		97	113	131	147	164	182
	90		111	131	151	172	192	212
	105		119	141	163	186	208	231
	120		121	143	166	188	211	233
	150		124	148	171	194	217	240
	180		129	152	176	199	223	246
	210		133	157	181	204	228	253
	240		137	161	186	210	234	259

表 2（续）

1	2	3	4	5	6	7	8	9
方案[a]	经过的时间[b]/min	压力[c]/kPa	温度梯度(℃/100 m)/℃[d]					
			1.6	2.0	2.4	2.7	3.1	3.5

[a] Sg是方案编号命名。

[b] 应在15 min的时间间隔内等量升温，直至达到4 h(240 min)时的温度为止。
在剩余的养护期内，温度应保持在±2 ℃的范围内。

[c] 试样一放入压力容器就施加试验压力，在整个养护期间试验压力保持在规定压力的如下范围内：
方案1 Sg …………5 500 kPa±700 kPa；
方案2 Sg …………11 000 kPa±1 400 kPa；
方案3 Sg～12 Sg………20 700 kPa±3 400 kPa。

[d] 温度梯度=(T_{BHS}－27 ℃)/100 m，
T_{BHS}——井底静止温度。

8 水泥石非破坏性声波试验

8.1 总则

本章介绍了水泥石非破坏性声波试验方法。仪器发射声波信号穿过被测试的水泥试样，信号传输时间与水泥性能存在相互关系，例如传输时间与强度发展程度之间的关系。

水泥石非破坏性声波试验不要求与GB 10238一致。

8.2 仪器

该仪器由一个能在温度压力下养护水泥浆的养护釜组成。该养护釜应包括温度测量系统和声波信号测量系统：

a) 温度测量系统的准确度应校准至±2 ℃。校准次数每月应不少于一次，校准可按GB 10238所述方法进行。
b) 声波信号测量系统按仪器制造厂的说明书进行校准。

8.3 取样

水泥、外加剂及拌合水的取样按第4章进行。

8.4 水泥浆制备

水泥浆制备应按第5章规定进行。

注：过量的游离液会降低试验精度。水泥浆的游离液会使水泥不能与养护釜顶盖接触，从而影响声波信号穿过水泥石。游离液的体积分数可按15.4和15.5进行测定。

8.5 方法

遵循仪器制造厂提供的详细操作说明和安全预防措施。

8.6 养护龄期

养护龄期从记录传输时间和升温升压开始，直到试验结束为止。传输时间数据的记录应在升温升压后 5 min 内开始。

8.7 养护方案

水泥试样可按第 7 章给出的压力/温度方案或模拟具体井下条件而设计的方案进行养护。

注：有计划或无计划地改变温度或压力将改变传输时间。

8.8 数据报告

8.8.1 应连续监测传输时间，水泥石的强度将从传输时间的相互关系中得出。

8.8.2 从养护釜中取出水泥石后，其表面偶尔会有切痕和压痕等损伤。其结果不能与按第 7 章所述方法测得的结果相比较，不应作为准确的抗压强度结果。

9 水泥浆稠化时间试验

9.1 总则

本章介绍测定水泥浆稠化时间的推荐方法。实验室稠化时间的试验结果表明水泥浆在井下保持可泵性的时间。实验室试验条件应代表水泥浆在泵送期间所经历的时间、承受的温度和压力。

水泥浆稠化时间试验不需要与 GB 10238 一致。

9.2 仪器和材料

9.2.1 增压稠化仪：最常用的增压稠化仪（见图 9）由一个圆筒式旋转浆杯组成，浆杯内装有一个静止的搅拌叶总成，全部密封在一个能承受压力和温度的高压容器内。浆杯以 150 r/min±15 r/min 的速度旋转。应测量水泥浆的稠度（其定义见 9.3.2）。搅拌叶和所有与水泥浆接触的浆杯部件应由耐腐蚀材料制成。浆杯和高压容器内壁之间的空间应全部注满烃类油（9.2.2）。附录 B 介绍了用于水泥浆稠化时间试验的补充仪器。

用于测定水泥浆稠化时间试验的补充仪器采用浆叶转动，浆杯静止。操作方法概述见附录 B。

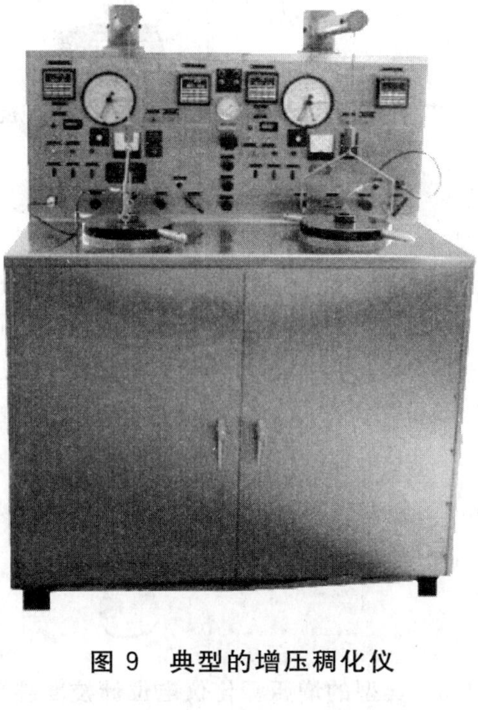

图 9 典型的增压稠化仪

9.2.2 烃类油:所选用的烃类油应具有以下物理性能:

黏度:(7～75) mm/s^2 (在 38 ℃时);比热容:(2.1～2.4) kJ/(kg·K);热导率:(0.119～0.133)W/(m·K);相对密度:0.85～0.91。

只有当试验温度超过烃类油的闪点时,才应使用性能合适的合成油。

9.2.3 加热系统:能以最小升温速率 3 ℃/min 加热油浴。温度测量系统可以测定釜体及水泥浆的温度。

9.3 校准

9.3.1 总则

水泥浆稠化时间的测定要求对增压稠化仪的操作系统进行校准和维护,包括稠度测量系统、温度测量系统、温度控制器、电机转速、计时器和压力表。

9.3.2 稠度

水泥浆的稠度用稠度单位伯登(B_c)表示。稠度值由一个电位计装置和电压测量电路测定。该测量系统应每月校准一次,每当调整或更换测量弹簧、电阻或接触臂后,都应进行校准。应使用典型的负载型电位计校准装置(图 10)进行校准。利用该装置测量时,不同的稠度产生对应的扭矩当量值,用式(8)表示:

$$T = 78.2 + 20.02B_c \qquad (8)$$

式中:

T ——扭矩,单位为克厘米(g·cm);

B_c——稠度,单位为伯登。

用砝码给电位计弹簧施加扭矩,以电位计整体半径作为水平力臂。加砝码后,接触臂偏转,记录所产生的直流电压并用于确定 B_c(见制造厂的操作说明书)。有些仪器直接显示 B_c 值。表 3 列出了水泥浆稠度与当量扭矩的关系。

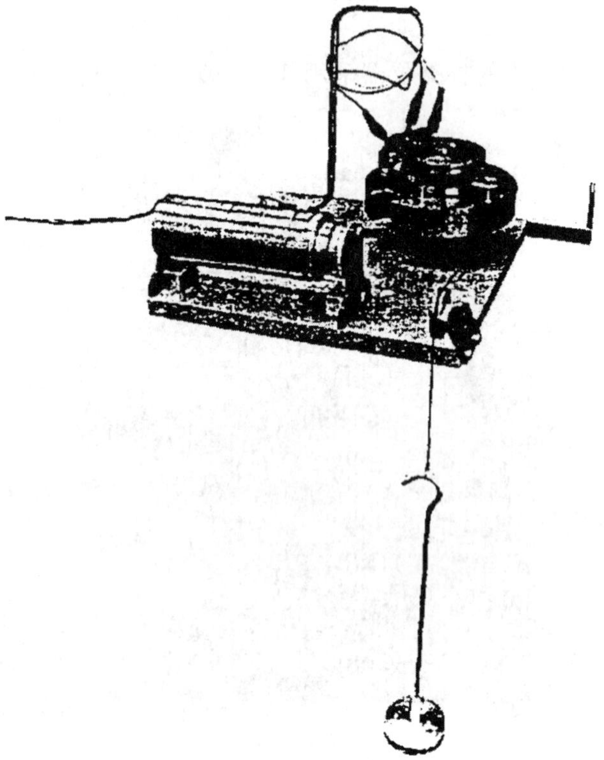

图 10 典型的增压稠化仪电位计校准装置

9.3.3 温度测量系统

温度测量系统的准确度应校准至±2 ℃。校准次数每月应不少于一次，校准可按 GB 10238 所述方法进行。

9.3.4 电机转速

浆杯的转速应为 150 r/min±15 r/min，每三个月校准一次。

9.3.5 计时器

计时器准确度应在±30 s/h 之内，应每六个月校准一次。

表 3 水泥浆稠度与当量扭矩的关系
（用于半径为 52 mm±1 mm 的电位计装置）[a]

计算出的当量扭矩/(g·cm)	砝码质量/(g±0.1)	计算出的水泥浆稠度/B_c
260	50	9
520	100	22
780	150	35
1 040	200	48
1 300	250	61
1 560	300	74
1 820	350	87
2 080	400	100

[a] 此表仅用于半径为 52 mm±1 mm 的电位计装置，对于半径不是 52 mm±1 mm 的电位计装置，应确定相应的水泥浆稠度与当量扭矩的关系。

9.3.6 压力测量装置

该装置应每年用净重测试仪或标准压力表校准一次，其准确度应校准至整个量程的 0.25%。至少应在满刻度的 25%、50%和 75%处进行校准。

9.4 试验方法

9.4.1 操作说明

由仪器制造商提供的详细操作说明如果符合本方法的要求，则适用于本方法，应遵守。

本方法要求操作高温高压设备和接触危险有害材料，只有受过培训的人员才能操作这些试验。不要超过仪器的安全使用极限。

9.4.2 组装浆杯和往浆杯灌注水泥浆

按下列步骤准备和灌注水泥浆：

a) 清理和润滑浆杯螺纹；

b) 检查橡胶隔膜；

c) 组装搅拌桨叶轴总成并用带螺纹的圆环固定在浆杯内；

d) 确保搅拌叶自由转动；

e) 倒置浆杯总成并倒入水泥浆至浆杯顶端 6 mm 以内；

f) 轻轻拍打浆杯外部，除去夹带的空气；

g) 将浆杯底盖拧紧到位，并确保水泥浆从中心孔溢出；

h) 将中心塞(轴尖支承座)拧入浆杯底盖；

i) 擦掉浆杯外表面上的水泥浆；

j) 重新检查搅拌叶，确保其转动平稳；

k) 把浆杯总成放入稠化仪。

注：在操作过程中水泥浆可能出现离析，操作时用刮刀在搅拌杯中搅拌水泥浆可减少离析。如果从水泥浆混合终止到完成灌注所持续的时间越短，则离析会越少。

9.4.3 开始试验

将充满水泥浆的浆杯放在高压釜体内的驱动盘上，使浆杯开始旋转，放入电位计，使之与搅拌叶轴上的驱动板咬合。开始向高压釜体内注入烃类油，此时搅拌叶轴应不旋转。

然后，拧紧高压釜体的顶盖总成，从顶盖上的中心孔插入温度传感器，并将其上面的螺丝拧入一部分。当高压釜体注满烃类油后，拧紧温度传感器上的螺丝。试验应在水泥浆混合终止后 5 min±15 s 内开始。

9.4.4 温度和压力控制

在试验期间，应按相应的试验方案对浆杯中水泥浆升温升压(见 9.5)。试验方案可通过计算得出或取自方案表。水泥浆的温度由位于浆杯中心位置的热电偶进行测定。热电偶的顶端应处于垂直位置，插入浆杯中的搅拌轴内，距离浆杯底座 4.45 cm～8.89 cm 之间。由于稠化仪型号不同造成尺寸不同，应小心使用热电偶，确保所用的热电偶与稠化仪匹配，热电偶顶端处于如上面所述的正确位置。

9.4.5 稠化时间

稠化时间是从开始升温升压至稠度达到 100 B_c 所经过的时间，应记录稠化时间试验结束时的水泥浆稠度。

9.5 试验方案的确定

9.5.1 总则

稠化时间试验方案可取自方案表或按 9.5.4.2～9.5.4.13 中所述的公式计算。这些方案的背景和基础信息见附录 C。

附录 D 所列方案是基于常规垂直井而设计，根据井深选择所用方案表，根据温度梯度选择表内温度一栏。

9.5.2 套管注水泥方案

按下列方法确定套管注水泥稠化时间方案：

a) 按 9.5.4.1 所述，解释水泥浆地面混合；

b) 计算水泥浆前沿到达井底的时间(9.5.4.2)；

c) 计算井底压力(9.5.4.5)；

d) 确定初始压力(9.5.4.6)；

e) 计算压力升至井底压力的升压速率(9.5.4.7);

f) 确定特定温度梯度的井底循环温度 T_{BHC}(表 D.1);

g) 计算升温速率:用井底循环温度 T_{BHC}减去环境温度再除以水泥浆到达井底的时间。

当达到方案规定的最终温度和压力后,应保持该最终温度和压力直到稠化时间试验结束。

9.5.3 尾管注水泥方案

按下列方法确定尾管注水泥稠化时间方案:

a) 按 9.5.4.1 所述,解释水泥浆地面混合;

b) 计算水泥浆前沿到达井底的时间(9.5.4.2);

c) 计算井底压力(9.5.4.5);

d) 确定初始压力(9.5.4.6);

e) 计算压力升至井底压力的升压速率(9.5.4.7);

f) 确定特定温度梯度的井底循环温度 T_{BHC}(表 D.2);

g) 计算升温速率:用井底循环温度 T_{BHC}减去环境温度再除以到达井底的时间。

当达到方案规定的最终温度和压力后,应保持该最终温度和压力直到稠化时间试验结束。

9.5.4 套管和尾管注水泥方案计算

9.5.4.1 水泥浆地面混合

如果批混用于注水泥作业,可在稠化仪中搅拌水泥浆来模拟批混时间和温度。根据预计的油井现场条件估算时间和地面水泥浆温度(T_{SS})。

批混模拟试验在稠化时间试验开始之前进行,批混时间应与水泥浆稠化时间分开记录。

示例:

批混模拟时间:1 h。

稠化时间(不包括模拟批混时间):3 h 30 min。

9.5.4.2 水泥浆前沿到达井底的时间

水泥浆的顶替速率用式(9)计算:

$$t_d = \frac{V_P}{q} \qquad \cdots\cdots(9)$$

式中:

t_d ——水泥浆前沿到达井底的时间,单位为分(min);

V_P ——套管容积,单位为立方米(m^3);

q ——水泥浆泵送速率,单位为立方米每分(m^3/min)。

9.5.4.3 井深大于 3 048 m 的套管或尾管注水泥作业的预计井底循环温度(T_{PBHC})

预计井底循环温度用式(10)表示:

$$T_{PBHC} = T_{AS} + \frac{(0.010\,909\,8 \times h_{TOCTVD} \times \nabla_{PT}) - 10.091\,5}{1.8 - (8.888\,976 \times 10^{-5} \times h_{TOCTVD})} \qquad \cdots\cdots(10)$$

式中:

T_{PBHC} ——预计井底循环温度,单位为摄氏度(℃);

T_{AS} ——假设地面温度,单位为摄氏度(℃)($T_{AS}=27$);

h_{TOCTVD}——水泥柱顶部实际垂直井深,m;

∇_{PT} ——假设温度梯度,单位为摄氏度每 100 米(℃/100 m)。

井深等于或小于 3 048 m 的预计井底循环温度 T_{PBHC} 不应使用式(10)计算，因为用该式计算出的 T_{PBHC} 远远高于附录 D 方案表中给出的 T_{PBHC}。9.5.6.1 给出另一不同的关系式，用于计算预计的挤水泥温度(T_{PS})。

虽然 T_{PBHC} 关系式是以现场测量数据为基础，但用该关系式预测井内循环温度时仍可能存在误差。该关系式与得出该式的现场测量数据之间的误差范围见附录 C，标准偏差为 9.2 ℃。只要有可能，应优先采用井下测量的温度而非估算得到的温度。

9.5.4.4 温度升至预计井底循环温度的升温速率

水泥浆温度应从地面温度(T_{SS})升至预计井底循环温度(T_{PBHC})，升温时间为水泥浆前沿到达井底所需的时间。升温速率可用式(11)计算：

$$R_{\Delta T}=\frac{T_{PBHC}-T_{SS}}{t_d} \qquad \cdots\cdots(11)$$

式中：

$R_{\Delta T}$ ——升温速率，单位为摄氏度每分(℃/min)；

T_{PBHC}——预计井底循环温度，单位为摄氏度(℃)；

T_{SS} ——水泥浆地面温度，单位为摄氏度(℃)；

t_d ——水泥浆前沿到达井底的时间，单位为分(min)。

9.5.4.5 井底压力

井底压力可按式(12)计算：

$$p_{BH}=g\times\rho_{df}\times h_{TOCTVD} \qquad \cdots\cdots(12)$$

式中：

p_{BH} ——井底压力，单位为千帕(kPa)；

g ——自由落体的加速度，单位为米每平方秒(m/s^2)；

ρ_{df} ——钻井液密度，单位为千克每立方米(kg/m^3)；

h_{TOCTVD} ——水泥柱顶部实际垂直井深，单位为米(m)。

注： 井底压力可根据环空内其他流体(隔离液、加重剂等)的用量进行计算。

9.5.4.6 初始压力

初始压力(p_S)是估算出的压力，是水泥浆前沿离开水泥头时所承受的压力。

9.5.4.7 压力升至井底压力的升压速率

试验期间，水泥浆压力应升至井底压力，升压速率按式(13)计算：

$$R_{pu}=\frac{p_{BH}-p_S}{t_d} \qquad \cdots\cdots(13)$$

式中：

R_{pu}——升压速率，单位为千帕每分(kPa/min)；

p_{BH}——井底压力，单位为千帕(kPa)；

p_S ——初始压力，单位为千帕(kPa)；

t_d ——水泥浆前沿到达井底的时间，单位为分(min)。

9.5.4.8 在预计井底循环温度(T_{PBHC})和井底压力(p_{BH})条件下的试验时间

如果没有水泥柱顶部温度(T_{TOC})的测量数据，则预计井底循环温度(T_{PBHC})和井底压力(p_{BH})应保持到稠化时间试验结束，跳过下面的步骤 9.5.4.9～9.5.4.13。

如果有可靠的水泥柱顶部温度（T_{TOC}）数据，水泥浆可在预计井底循环温度（T_{PBHC}）和井底压力（p_{BH}）条件下保持特定时间，例如 30 min，作为固定安全系数。在保持预计井底循环温度（T_{PBHC}）和井底压力（p_{BH}）一定时间后，将水泥浆温度和压力按步骤 9.5.4.9～9.5.4.13 改变为水泥柱顶部温度（T_{TOC}）和水泥柱顶部压力（p_{TOC}）。

9.5.4.9 顶替待封固环空体积的时间

水泥浆从套管底部到环空水泥柱顶部所需时间按式（14）计算：

$$t_a = \frac{V_a}{q} \qquad \cdots\cdots(14)$$

式中：

V_a——环空容积，单位为立方米（m^3）；

t_a——水泥浆前沿从套管底部到达环空水泥柱顶部的时间，单位为分（min）；

q——水泥浆泵送速率，单位为立方米每分（m^3/min）。

9.5.4.10 温度变至水泥柱顶部温度 T_{TOC} 的速率

水泥浆温度可按一定的速率变至 T_{TOC}，变温速率按式（15）计算：

$$R_{\Delta T} = \frac{T_{TOC} - T_{PBHC}}{t_a} \qquad \cdots\cdots(15)$$

式中：

$R_{\Delta T}$——温度变为 T_{TOC} 的变温速率，单位为摄氏度每分（℃/min）；

T_{PBHC}——预计井底循环温度，单位为摄氏度（℃）；

T_{TOC}——水泥柱顶部温度，单位为摄氏度（℃）；

t_a——水泥浆前沿从套管底部到达环空水泥柱顶部的时间，单位为分（min）。

注：$R_{\Delta T}$ 为正值表示加热；$R_{\Delta T}$ 为负值表示冷却。

9.5.4.11 水泥柱顶部压力

水泥柱顶部压力按式（16）计算：

$$p_{TOC} = g \times \rho_{df} \times h_{TOCTVD} \qquad \cdots\cdots(16)$$

式中：

p_{TOC}——环空水泥柱顶部压力，单位为千帕（kPa）；

g——自由落体的加速度，单位为米每平方秒（m/s^2）；

ρ_{df}——钻井液密度，单位为千克每立方米（kg/m^3）；

h_{TOCTVD}——水泥柱顶部实际垂直井深，单位为每米（m）。

水泥柱顶部压力可根据环空内其他流体（隔离液、加重剂等）的用量进行计算。

9.5.4.12 压力降至 p_{TOC} 的降压速率

式（17）用于计算压力从井底压力降至水泥柱顶部压力的降压速率：

$$R_{pd} = \frac{p_{BH} - p_{TOC}}{t_a} \qquad \cdots\cdots(17)$$

式中：

R_{pd}——降压速率，单位为千帕每分（kPa/min）；

p_{TOC}——环空水泥柱顶部压力，单位为千帕(kPa)；

p_{BH}——井底压力，单位为千帕(kPa)；

t_a——水泥浆前沿从套管底部到达环空水泥柱顶部的时间，单位为分(min)。

9.5.4.13 **模拟温度变化的试验的结束**

水泥浆应保持在 T_{TOC} 和 p_{TOC} 条件下，直到稠化时间试验结束。

9.5.5 挤水泥方案表

9.5.5.1 **连续泵送挤水泥方案**

连续泵送挤水泥作业的水泥浆稠化时间方案表见表 D.3。达到方案所示最终温度和压力后，应保持该最终温度和压力，直到稠化时间试验结束。

9.5.5.2 **间歇泵送挤水泥方案**

间歇泵送挤水泥作业的水泥浆稠化时间方案表见表 D.4。间歇与连续泵送挤水泥方案的区别是：

a) 有第二升温段将温度升至静止温度；

b) 在第二升温段，水泥浆的“搅拌和停止搅拌”循环进行。

9.5.6 挤水泥的设计方案

9.5.6.1 **预测的挤水泥温度关系式**

预计挤水泥温度的关系式(18)为：

$$T_{PS}=T_{AS}+\frac{(0.013\,769\,1\times h_{TOCTVD}\times \nabla_{PT})-8.202\,1}{1.8-(4.764\,567\times 10^{-5}\times h_{TOCTVD})} \quad\cdots\cdots(18)$$

式中：

T_{PS}——预计井底挤水泥温度，单位为摄氏度(℃)；

T_{AS}——假设地面温度，单位为摄氏度(℃)($T_{AS}=27$)；

∇_{PT}——假设温度梯度，单位为摄氏度每 100 米(℃/100 m)；

h_{TOCTVD}——实际垂直井深，单位为米(m)。

尽管 T_{PS}关系式是以现场测量数据为基础，但用该关系式预测井内挤水泥温度时仍会存在误差。该关系式与得出该式的现场测量数据之间的误差范围见附录 C，标准偏差为 7.2 ℃。只要有可能，还是优先采用井下测量的温度，而非估算得到的温度。

9.5.6.2 **设计方案的公式**

应使用 9.5.4.3～9.5.4.7 中式(10)～式(13)来设计方案。这些公式用于计算挤水泥作业稠化时间试验的升温速率($R_{\Delta T}$)和升压速率(R_{pu})。在式(11)中，应使用预计挤水泥温度 T_{PS}代替 T_{PBHC}。在温度和压力达到 T_{PS}和 p_{BH}后，应按预期的温度和压力方案模拟剩下的挤水泥作业。此外，如果预期采用间歇挤水泥作业，建议采用合适的挤水泥方案进行水泥浆的“搅拌和停止搅拌”循环，以模拟间歇挤水泥技术。

9.5.7 注水泥塞的设计方案

9.5.6.1 中的公式(18)可用于注水泥塞的方案设计。9.5.4.4 中式(11)和 9.5.4.7 中式(13)分别用于计算注水泥塞作业稠化时间试验的升温速率($R_{\Delta T}$)和升压速率(R_{pu})。因为注水泥塞是典型的短水泥柱，所以水泥柱顶部没有温度变化或降压速率。因此，不采用步骤 9.5.4.9～9.5.4.13。

10 水泥浆静态滤失试验

10.1 总则

本章介绍几种水泥浆静态滤失试验的试验方法。对于温度低于或等于 90 ℃的试验,水泥浆在常压稠化仪或增压稠化仪中搅拌后,使用静态滤失仪或搅拌型滤失仪进行试验。对于温度高于 90 ℃的试验,水泥浆在增压稠化仪中搅拌,用静态滤失仪或搅拌型滤失仪进行试验。无论水泥浆在稠化仪中搅拌还是在搅拌型滤失仪中搅拌,滤失量都是在静态下测定。

10.2 仪器

10.2.1 高温高压滤失仪或搅拌型滤失仪:滤失仪装有一个 45 μm(325 目)的滤网,过滤面积为 22.6 cm^2,滤网背面装有一个 250 μm(60 目)的衬网。如果使用装有多孔金属衬垫的滤网,则滤失仪端盖应有径向凹槽为水泥滤液提供通道。当滤网出现可见的磨损、损坏或变形时,应更换滤网。

操作仪器时,不要超过仪器厂家推荐的最大温度、压力和体积。

10.2.2 热电偶:用于测量水泥浆温度的热电偶,安装在滤失筒壁内或插入水泥浆中。稠化仪和滤失仪上的热电偶和显示器应按 GB 10238 的规定进行校准。报告单上应注明热电偶的位置。安装在加热套内的热电偶测量加热套的温度,该温度通常高于滤失筒内部温度。

金属温度计因其准确度相对较低,故不宜使用。玻璃温度计因受尺寸限制而无法插入加热套或滤失筒内,故无法使用。

10.2.3 压力表:其刻度能读至±300 kPa。压力表应每年校准一次。

10.3 安全注意事项

本方法要求操作高温高压设备和接触危险有害材料,只有受过培训的人员才能操作这些试验。

10.4 水泥浆的制备

水泥浆制备应按第 5 章进行。

10.5 搅拌方法

所有水泥浆均应从 27 ℃±1 ℃或与油井条件相适应的温度开始搅拌,并按相应方案加热升温。

10.6 温度等于或低于 90 ℃的试验方法

10.6.1 常压搅拌水泥浆

10.6.1.1 在制备完水泥浆后的 1 min 内,将水泥浆倒入常压稠化仪浆杯中。

10.6.1.2 按照最接近现场实际条件的水泥浆稠化时间试验方案将水泥浆加热至预计井底循环温度 T_{PBHC}或预计挤水泥温度 T_{PS},见可选项 10.6.4。如果常压稠化仪没有安装测量水泥浆温度的装置,则应使加热浴的温度按相应的方案上升。最好使水泥浆的温度而不是加热浴的温度按相应的方案上升。

10.6.1.3 搅拌结束后,取出搅拌叶,用刮刀不断搅拌水泥浆以确保水泥浆均匀。

10.6.1.4 按 10.8 的规定将水泥浆倒入滤失仪。

10.6.2 加压搅拌水泥浆

10.6.2.1 使用第 9 章推荐的稠化仪。

10.6.2.2 按 9.4 所述方法把水泥浆倒入增压稠化仪的浆杯中。

10.6.2.3 按最接近现场实际条件的水泥浆稠化时间试验方案升温升压(见可选项 10.6.4)。

10.6.2.4　方案结束时，关闭加热器并缓慢释放压力(释放压力速率约为1 400 kPa/s)。

10.6.2.5　从稠化仪中取出浆杯。保持浆杯竖直向上，以免油混入水泥浆。

10.6.2.6　拧下浆杯顶部锁紧环，从浆叶轴上取下驱动片、垫圈和橡胶隔膜盖。

10.6.2.7　用注射器和纸巾吸去橡胶隔膜上面的油。

10.6.2.8　取下橡胶隔膜和支撑环。

10.6.2.9　用注射器和纸巾吸去水泥浆上面所有残留的油，如果油的污染严重，则废弃该水泥浆并重新开始试验。

10.6.2.10　取出搅拌叶，用刮刀不断搅拌水泥浆以确保水泥浆均匀。

10.6.2.11　按10.8所述将水泥浆倒入滤失仪。

10.6.3　用搅拌型滤失仪搅拌水泥浆

10.6.3.1　按仪器说明书准备搅拌型滤失仪。

10.6.3.2　按第5章制备水泥浆后，根据仪器说明书将水泥浆倒入清洁、干燥的搅拌型滤失仪中。

10.6.3.3　完成搅拌型滤失仪(滤网、“O”型圈、端盖等)的组装。

10.6.3.4　给滤失仪施加3 450 kPa±300 kPa的压力(或足够的压力以防止水泥浆在表4所列试验温度下沸腾)，不要关闭加压阀。

10.6.3.5　在转动搅拌叶的同时，按最接近现场实际条件的水泥浆稠化时间试验方案加热水泥浆。

10.6.3.6　当水泥浆达到规定的温度后[按10.6.4所述追加一段搅拌时间(可选项)]，关闭试验阀，倒置滤失仪浆筒，将氮气管线再连接到顶阀并重新加压(如果氮气管线已断开)，然后缓慢打开顶阀。

10.6.3.7　给滤失仪浆筒施加7 000 kPa±300 kPa的压差。

10.6.3.8　按10.9的规定打开滤网下面的试验阀开始滤失试验。

10.6.4　在试验温度下追加搅拌水泥浆(可选项)

按最接近现场实际条件的水泥浆稠化时间试验方案，将水泥浆升温升压至方案规定的试验温度和压力后，使水泥浆在该试验温度和压力下保持30 min±30 s或其他所需的搅拌时间，然后再进行下一步操作。记录所用的搅拌时间。

10.7　温度高于90 ℃的试验方法

10.7.1　用增压稠化仪搅拌水泥浆

10.7.1.1　使用第9章推荐的稠化仪。下面的方法适用于最常用的稠化仪。

10.7.1.2　按9.4所述方法，把水泥浆倒入增压稠化仪的浆杯中并开始稠化时间试验。

10.7.1.3　按最接近现场实际条件的水泥浆稠化时间试验方案升温升压。

10.7.1.4　方案结束时，关闭加热器，并尽可能快速的冷却水泥浆。

10.7.1.5　在水泥浆被冷却至约90 ℃之后，缓慢释放压力(放压速率约为1 400 kPa/s)。

10.7.1.6　从稠化仪中取出浆杯，保持杯盖向上，以免油混入水泥浆。

10.7.1.7　拧下浆杯顶部锁紧环，从浆叶轴上取下驱动片、垫圈和橡胶隔膜盖。

10.7.1.8　用注射器和纸巾吸去橡胶隔膜上面的油。

10.7.1.9　取下橡胶隔膜和支撑环。

10.7.1.10　用注射器和纸巾吸去水泥浆上面所有残留的油，如果油的污染严重，则废弃该水泥浆并重新开始试验。

10.7.1.11　取出搅拌叶，用刮刀不断搅拌水泥浆以确保水泥浆均匀。

10.7.1.12　按10.8的规定将水泥浆倒入滤失仪。由于热膨胀，水泥浆可从滤失仪浆筒中溢出并导致危险。使用时不要超过仪器厂家推荐的最大温度、压力和倒入滤失仪浆筒中水泥浆的体积。表4列出了在100 ℃～316 ℃温度下，水的蒸汽压和体积膨胀系数。

10.7.2 用搅拌型滤失仪搅拌水泥浆

10.7.2.1 按仪器说明书准备搅拌型滤失仪。

10.7.2.2 按仪器说明书将水泥浆倒入清洁、干燥的搅拌型滤失仪中。由于热膨胀(见表4)，水泥浆可从滤失仪浆筒中溢出并导致危险。使用时不要超过仪器厂家推荐的最大温度、压力和倒入滤失仪浆筒中水泥浆的体积。

10.7.2.3 按仪器说明书完成搅拌型滤失仪(滤网、“O”型圈、端盖等)的组装。

10.7.2.4 给滤失仪浆筒施加并保持3 500 kPa±300 kPa的压力(或足够的压力以防止水泥浆在表4所列试验温度下沸腾)，不要关闭加压阀。

10.7.2.5 在转动搅拌叶的同时，按最接近现场实际条件的水泥浆稠化时间试验方案加热水泥浆。密切监视压力以防止滤失仪超压。

10.7.2.6 在水泥浆达到规定的温度后[按10.6.4所述追加搅拌一段时间(可选项)]，停止搅拌，关闭加压阀，倒置滤失仪，重新连接氮气加压管线(如果已放压)，然后缓慢打开顶阀。

10.7.2.7 将回压接收器或冷凝器与滤网下面的试验阀连接。如果使用回压接收器，应给回压接收器施加足够的压力，防止水泥滤液在试验温度下沸腾(见表4)。

10.7.2.8 给滤失仪施加7 000 kPa±300 kPa的压差。

10.7.2.9 按10.9规定的方法，打开滤网下面的试验阀开始滤失试验。

表4 在100 ℃～316 ℃温度下水的蒸汽压和体积膨胀系数

温度/℃	水的蒸汽压/kPa	水在饱和蒸汽压下的体积膨胀系数
100	100	1.04
121	210	1.06
149	460	1.09
177	930	1.12
204	1 700	1.16
232	2 910	1.21
260	4 690	1.27
288	7 200	1.36
316	10 620	1.47

10.8 将水泥浆倒入静态滤失仪

10.8.1 在水泥浆搅拌时间结束时，准备好滤失仪，以便倒入水泥浆，滤失仪应清洁、干燥。

10.8.2 对于试验温度等于或高于90 ℃的试验，将滤失仪预热至90 ℃±3 ℃。

10.8.3 在关闭加压阀的情况下，对于长度为12.7 cm的滤失筒，将水泥浆倒入滤失筒至滤网支撑台下面2.5 cm±0.6 cm处；对于长度为25.4 cm的滤失筒，将水泥浆倒入滤失筒至滤网支撑台下面5.1 cm±0.6 cm处。如果滤失仪浆筒中水泥浆过满，由于热膨胀(见表4)，水泥浆从滤失仪浆筒中溢出可导致危险。

10.8.4 将滤网和“O”型圈放入滤失筒，并将端盖固定在滤失筒上。给滤失仪施加3 500 kPa±300 kPa的压力，不要关闭试验阀。

10.8.5 加热(非搅拌型滤失仪)

10.8.5.1 对于试验温度低于或等于90 ℃的滤失试验,用加热套将滤失筒快速加热到试验温度,并应尽快开始试验,从完成水泥浆搅拌到滤失试验开始(打开滤失筒底阀,10.9.1)的时间不应超过6 min。水泥浆搅拌的完成即是升温方案的结束[加上追加搅拌(可选项)]。

10.8.5.2 对于试验温度高于90 ℃的滤失试验,用加热套将滤失筒快速加热到试验温度。从完成水泥浆搅拌到加热开始所经过的时间不应超过6 min。水泥浆搅拌的完成是升温方案的结束[加上追加搅拌(可选项)]和冷却结束。记录升到试验温度所需的时间。

为使水泥浆温度升至试验温度,有时需要设置温控器的温度高于所需的试验温度。

10.8.6 关闭滤失筒顶阀,放出氮气管线中的压力并断开氮气管线。

10.8.7 倒置滤失筒,使滤网位于滤失筒底部。

10.8.8 将回压接收器(或冷凝器)连接到滤液出口阀杆上。如果使用回压接收器,应给回压接收器施加足够的压力,以防止水泥滤液在试验温度下沸腾(见表4)。

10.8.9 将氮气管线与顶阀连接,然后打开滤失筒顶阀,给滤失筒施加并保持7 000 kPa±300 kPa的压差。

10.9 滤失试验

10.9.1 在倒置滤失筒后30 s内打开底阀,开始滤失试验。在试验期间保持规定的试验温度。

10.9.2 收集滤液并记录30 s、1 min、2 min、5 min、7.5 min、10 min、15 min、25 min和30 min的滤液体积,精确至±1 mL。另外,也可连续称量滤液并记录。如用称量法,应测量并记录滤液在27 ℃下的相对密度,并校正该密度下记录的滤液体积。当使用冷凝器时,应计算冷凝器中的滤液体积。“滤失试验结果报告单”见表5。

10.9.3 如果试验不到30 min就发生“气穿”,则记录发生“气穿”时的滤液体积和时间。关闭滤失仪上所有的阀门并关闭加热器。

10.9.4 计算滤失量,用mL/30 min表示。对于满30 min未发生“气穿”的试验,测量所收集的滤液体积,并乘以2作为滤失值。对于不到30 min发生“气穿”的试验,用式(19)计算滤失量。

$$\text{计算的滤失量} = 2V_t\sqrt{\frac{30}{t}} \qquad \cdots\cdots(19)$$

式中:

V_t——发生“气穿”时所收集的滤液体积,单位为毫升(mL);

t ——发生“气穿”的时间,单位为分(min)。

10.9.5 在水泥浆的滤失试验报告中,试验满30 min的滤失应记录为“滤失量”,试验不到30 min发生“气穿”的滤失应记录为“计算的滤失量”。

10.10 试验结束及清洗

10.10.1 将滤失筒冷却至安全可操作的温度,然后释放压力。应注意:即使打开或卸下阀杆,滤失筒内仍可能存在压力。

10.10.2 确保压力释放后,拆卸滤失筒,检查滤网的网孔或破损情况。如果“O”型密封圈或滤网有破损,则废弃该试验结果并重新进行试验。

10.10.3 小心清洗滤网,洗掉残留在滤网的残留物。

10.10.4 清洗并干燥滤失筒,准备下一次试验。要特别注意滤失筒内和阀杆上的“O”型圈。

注1:对于有明显沉降的水泥浆,测出的滤失值是错误的。

注2:对于不足30 min的滤失试验,试验本身具有潜在的误差。试验时间越短,误差越大。

注3:对于满30 min的滤失试验,试验误差一般为5%。对于不足5 min的滤失试验,试验误差可能超过30%。

表 5 滤失试验结果报告单

升温方案:________ min 升至试验温度________℃ 升温速率 ________℃/min

搅拌方法 [ ]常压 [ ]加压________ kPa

[ ]搅拌型滤失仪

[ ]追加搅拌(可选项)______ min

静滤失筒长度 [ ]12.7 cm [ ]25.4 cm

滤失筒类型(端盖) [ ]双盖 [ ]单盖

滤网类型 [ ]325 目×60 目滤网

[ ]325 目×60 目滤网,装有多孔金属衬垫

时间/min	滤液/[ ]mL 或[ ]g	时间/min	滤液/[ ]mL 或[ ]g
1/2		10	
1		15	
2		25	
5		30	
7½			
如果采用称重法,则滤液在 27 ℃下的相对密度为__________			

滤失量 =________ mL/30 min

气穿 =________ mL(或 g),发生"气穿"的时间________ min ________ s

计算的滤失 =________ mL/30 min

滤饼情况: 厚度[a] ________ mm 稠度[b] ________ Bc

从搅拌结束到滤失试验开始所经过的时间:________ min

试验开始时温度:________℃

试验结束时温度:________℃

热电偶的位置: [ ]滤失筒壁内 [ ]水泥浆内

传感器校准日期: 稠化仪 滤失仪

压力表 ________ ________

热电偶 ________ ________

[a] 厚度:仅指滤饼厚度,不包括残留的胶凝水泥浆。

[b] 稠度:指硬化、固化、黏稠、胶凝等情况。

11 水泥石渗透率试验

11.1 总则

本方法用于测定液体或气体对水泥石样品的相对渗透率。试验结果可用于提高水泥浆组分设计,但并不能准确地表示井下水泥石的实际渗透率。

11.2 仪器

11.2.1 水泥(或岩心)渗透仪

渗透仪应能够:

a) 将水泥石样品密封在样品夹持器总成中;

b) 在压力作用下使气体或液体通过水泥石样品;

c) 测量或记录流体通过水泥石样品的压力和流量。

有多种渗透仪能进行此项试验,仪器设计可能有所不同,但其组件和基本操作原理相似。水泥渗透仪应由下列部件组成。

11.2.2 样品夹持器总成

根据用于此项试验的渗透仪类型,有几种样品夹持器总成用于密封水泥石样品。下面列出2种推荐的夹持器总成:

a) **试模样品夹持器**

水泥样品在黄铜或不锈钢试模内养护,试模的高度为25.40 mm,锥形底部内径29.31 mm,顶部内径27.94 mm,外径50.80 mm,顶部和底部边缘各有5.23 mm的45°倒角。将试模放入水泥渗透仪的样品夹持器总成内,并且将水泥试模样品密封在夹持器总成内。

b) **岩心样品夹持器**

水泥浆在50.8 mm×50.8 mm的抗压强度试模(或其他合适的试模)中养护。然后用内径为25.4 mm的金刚石取心钻将水泥石制成圆柱形试样。在制备外径为25.40 mm的水泥试样时,应用水或空气润滑钻头。然后用金刚石取心锯将水泥试样锯成25.40 mm的长度,使试样两端面平行并尽可能与侧面垂直。

然后,清洗水泥岩心样品两端的残渣,将样品放入岩心橡胶夹持器内(见图11)。将橡胶岩心夹持器和水泥试样放入岩心夹持器总成内并固定和密封在渗透仪上,以便在试验期间加压气体或液体不会从水泥试样的侧面通过。

11.2.3 压力介质

使用压缩空气、氮气或其他任何能保持恒定气压的安全可行的介质。

对于气体渗透率试验,气体在压力作用下直接通过水泥试样。

对于液体渗透率试验,给装满液体的储液器系统(橡胶球胆、储液罐、密封的活塞蓄罐、筒体等)施加气压,该系统又依次将液体从储液器排出并通过水泥试样。恒定的气压应确保恒定的液体流量进入水泥试样。也可使用另外的液体输送系统,如恒速泵。

11.2.4 测量或记录装置

可用"球"型流量计或电子质量流量计测量气体的流量。使用流量计(转子流量计)、电子质量流量计或其他合适的方法测量液体流量。应以mL/s为单位测量流量。

当使用电子质量流量计测量液体流量时,液体应收集在一个密闭的蓄液器内,该蓄液器位于试样的下游,空气通过质量流量计从蓄液器内排出。

11.3 样品制备

11.3.1 总则

养护前,按11.3.2或11.3.3制备水泥浆和准备试模。

11.3.2 水泥浆

11.3.2.1 试模样品

按第5章制备水泥浆,然后将水泥浆倒入干净、无油脂的水泥渗透仪试模中,该试模应预先放在平板上,试模与平板接触面外围用一薄层密封脂密封。用捣棒捣拌水泥浆27次,并用刮刀或直尺刮平。小心地将盖板盖在试模上,以免在水泥浆中夹带气泡。然后按第7章所述的养护方法养护试模中的水泥浆。

11.3.2.2 岩心样品

按第5章制备水泥浆,然后将水泥浆倒入准备好的抗压强度试模中,并按第7章所述方法进行养护。

11.3.3 水泥石

11.3.3.1 试模样品

当水泥浆在预定的试验条件下养护之后，从养护釜或水浴中取出装有水泥石样品的试模，去掉盖板，将样品放在水中冷却至室温。在测定渗透率之前，应将样品放在水流下清洗，用软金属丝刷、砂布等清除杂物。

11.3.3.2 岩心样品

当水泥浆在预定的试验条件下养护之后，从养护釜或水浴中取出装有水泥石样品的试模，去掉盖板，将水泥石放在水中冷却至室温，并脱模。然后按 11.2.2 b)所述的方法将水泥石制成岩心。

11.4 液体渗透率(水泥渗透仪)

11.4.1 在测定渗透率之前，样品应一直浸泡在水中至试验开始。将装有水泥石样品的试模大面朝下密封在夹持器总成中，拧紧夹持器总成，以确保“O”型圈密封在水泥样品的顶部和底部。为防止水中和样品下面聚集空气，应按 11.4.2 至 11.4.8 推荐的步骤操作。

11.4.2 在系统中装入水银，如图 11 所示。关闭阀 A，打开阀 B、C 和 D，将含有经脱气和过滤(用 0.15 μm 陶瓷过滤器)处理的新鲜蒸馏水的吸气瓶与阀 C 连接。向腔体内充水直到水通过阀 D 溢出为止。

单位为毫米

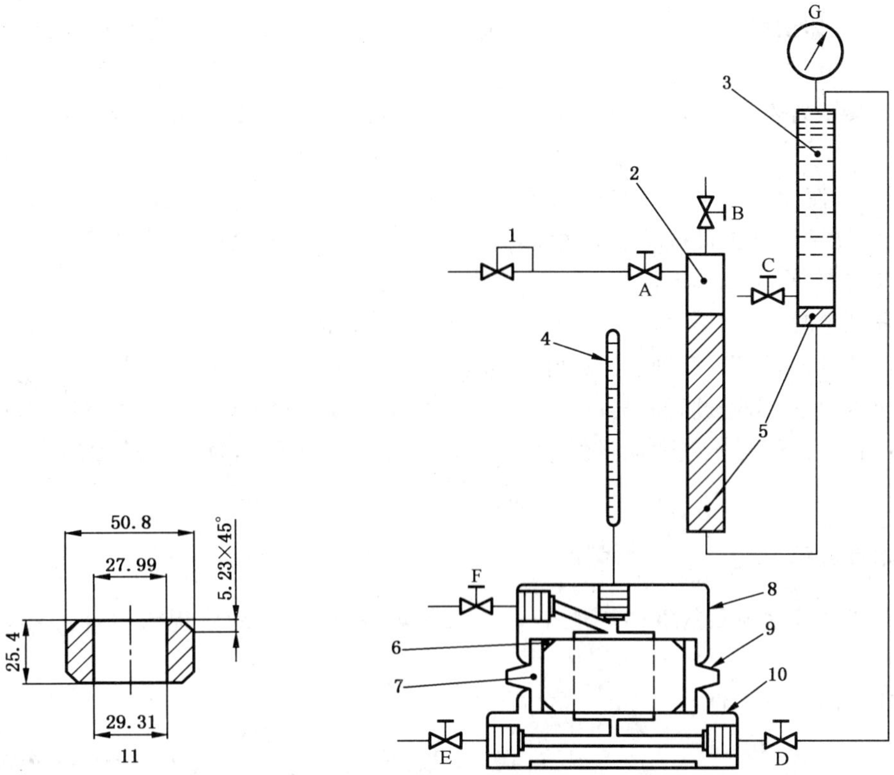

1——压力调节器；
2——空气；
3——水；
4——刻度量筒；
5——水银；
6 ——“O”型圈；
7 ——试模(见详图)；
8 ——夹持器盖；
9 ——夹持器；
10——夹持器底座；
11 ——试模详图；
A,B,C,D,E,F ——各种阀代号(详见正文)；
G ——压力表。

图 11 水泥渗透仪

11.4.3 关闭阀B、C和D,打开阀A。通过观察压力表G来调节空气调节器,以获得水泥试样两端的预定压差(通常为100 kPa～1 400 kPa)。

11.4.4 将吸气瓶与阀E连接。

11.4.5 吸气瓶比阀E高305 mm～610 mm,当夹持器盖拧紧到位后,轻轻打开阀D和E,使小水流通过装有水泥石样品的试模。

11.4.6 关闭阀E,并完全打开阀D。

11.4.7 将吸气瓶与阀F连接,并轻轻打开阀F,让水流过试样顶部并上升到测量管上,以获得参考起点。

11.4.8 水穿过试样的最短时间应为15 min,或使约1 mL的水穿过试样进入测量管为止。在此期间,应至少测两次流量和压差。

11.5 液体渗透率补充方法(岩心渗透仪)

11.5.1 在测定渗透率之前,样品应一直浸泡在水中。依次将水泥岩心样品放入岩心橡胶夹持器内和岩心夹持器总成内(见图12)。用机械法或采用向岩心夹持器总成施加密封压力的方法将水泥试样密封在渗透仪上。

11.5.2 将岩心渗透仪中的蓄液器装满经脱气和过滤(用0.15 μm陶瓷过滤器)处理的去离子水。

11.5.3 反向关闭压力调节器,并关闭渗透仪上的所有阀门,给渗透仪施加气压2 068 kPa～3 447 kPa。

11.5.4 在阀A(气体试验阀)和阀F保持关闭状态下,打开阀B、C和D,使渗透仪进行液体渗透率试验,打开阀E。

11.5.5 通过观察压力表G,用压力调节器缓慢增加压力,直到稳定的液流从岩心夹持器总成上方的阀D流出为止。

11.5.6 关闭阀D,使液体转向流过水泥试样。增加压力,使压力表G上的读数在100 kPa～1 400 kPa之间,或观察到水泥试样下方的阀E流出液体为止。关闭阀E,使液体转向流过流量计。应以最慢的可测流量来测量渗透率,高压差和大流量可能导致错误的测量结果。

11.5.7 当流量稳定时,记录压力表G显示的入口压力(p_i)和流量(q,单位为mL/s)。试验结束后,释放压力调节器上的压力,缓慢打开阀D和阀E,以释放系统中的压力,取出水泥试样。

在恒定驱动压力下,当通过岩心样品的压差和流量增大或减小时,所测量的渗透率均为"非稳态"渗透率;在恒定驱动压力下,当压差和流量保持稳定时,所测量的渗透率为"稳态"渗透率。只有稳态测量才有效。

11.6 计算液体渗透率

根据达西定律计算水泥石的液体渗透率K。在测定渗透率时,还应记录试样的养护温度、养护压力和养护时间。

按式(20)计算渗透率:

$$K = 10^5 \times \frac{q \times \mu \times L}{A \times \Delta p} \qquad (20)$$

式中:

K ——渗透率,单位为平方微米(μm^2);

q ——流量,单位为毫升每秒(mL/s);

μ ——液体的黏度,单位为帕秒(Pa·s);

L ——试样长度,单位为厘米(cm);

A ——试样的横截面积,单位为平方厘米(cm^2);

p_i ——入口压力，单位为千帕(kPa)；

p_o ——出口压力，单位为千帕(kPa)；

Δp ——压差($\Delta p = p_i - p_o$)，单位为千帕(kPa)。

11.7 气体渗透率(岩心渗透仪)

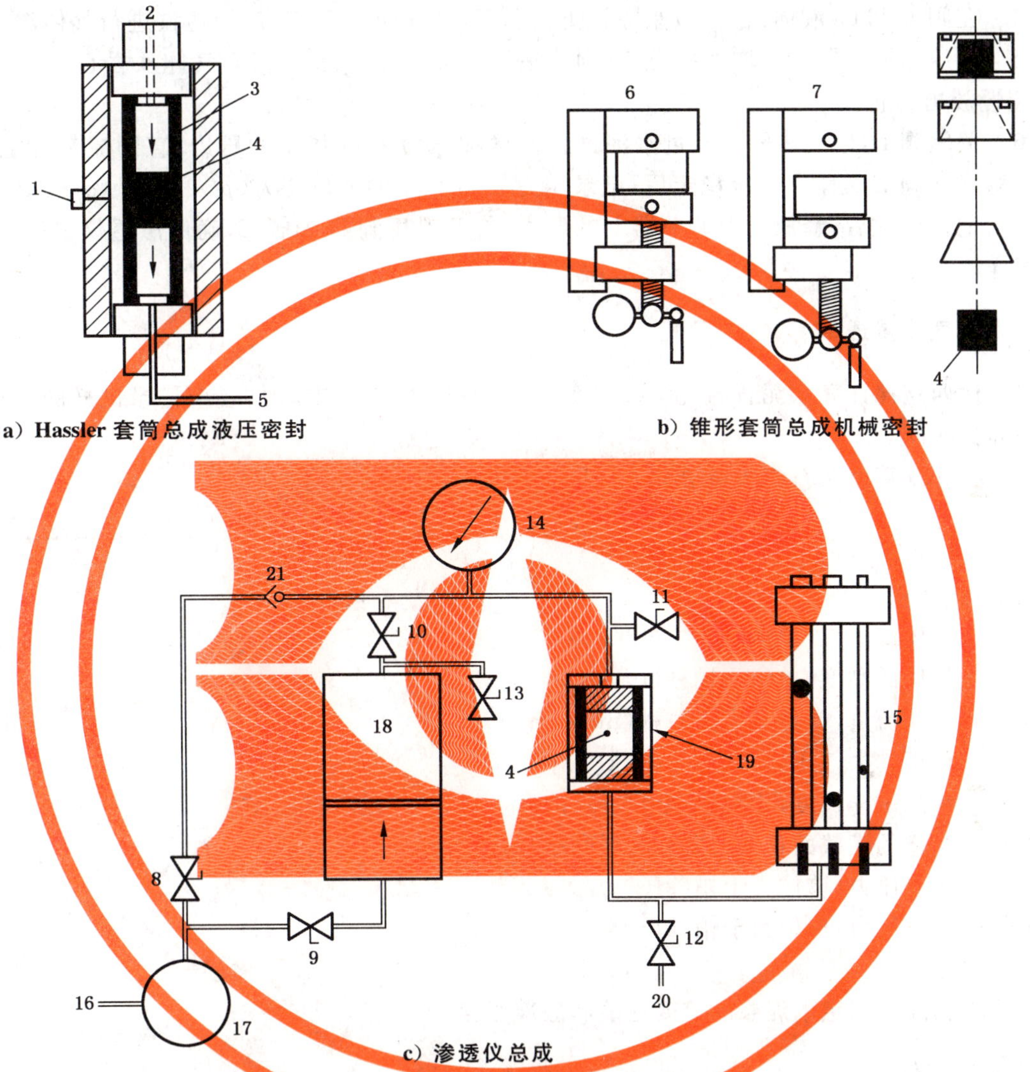

1 ——密封压力；
2 ——进液口；
3 ——橡胶套筒；
4 ——水泥试样；
5 ——至流量计的管线；
6 ——关闭的位置；
7 ——打开的位置；
8 ——气体试验阀(A)；
9 ——液体试验阀(B)；
10——阀(C)；
11——泄压阀(D)；
12——排放阀(E)；
13——注液阀(F)；
14——入口压力(G)；
15——流量计；
16——进气口；
17——压力调节器；
18——储液器；
19——岩心夹持器总成；
20——至排出口的管线；
21——单向阀。

图 12 液体/气体岩心渗透仪

11.7.1 本方法可用于测定水泥石样品的气体渗透率。在测定渗透率之前，将样品放入烘箱或干燥器中干燥至恒重。本试验可快速筛选水泥石样品，提高具有极低渗透率的水泥浆组分设计。

11.7.2 制备试样，并按11.5所述将试样装入岩心渗透仪。

11.7.3 反向关闭空气压力调节器，并关闭渗透仪上的所有阀门，给渗透仪施加2 050 kPa～3 500 kPa气压。

11.7.4 在阀B和C(液体试验阀)保持关闭状态下，打开阀A和D，使渗透仪进行气体渗透率试验。

11.7.5 用压力调节器缓慢增加压力，直到清除管线中的所有液体，且有气体从岩心夹持器总成上方的阀D缓慢放出为止。

11.7.6 关闭阀D，使气体转向流过水泥试样。增加压力表G指示的压力，直到流量计上显示流量为止。注意确保阀E关闭。流量稳定后，记录压力表G显示的入口压力(p_i)和流量(q,mL/s)。

11.7.7 记录读数后，释放压力调节器上的压力，打开泄压阀D和阀E，确保渗透仪中没有压力后取出水泥试样。

11.8 计算气体渗透率

根据达西定律计算水泥石的气体渗透率k。在进行渗透率测量时，还应记录试样的养护温度、养护压力和养护时间。

按式(21)计算水泥石气体渗透率：

$$k=\frac{2\times 10^5\times \mu\times q_b\times p_b\times L}{A\times (p_i^2-p_o^2)} \qquad \cdots\cdots(21)$$

式中：

k ——气体渗透率，单位为平方微米(μm^2)；

μ ——气体的黏度，单位为帕秒(Pa·s)；

q_b——气体流量，单位为毫升每秒(mL/s)；

p_b——校正的大气压，单位为千帕(kPa)；

L ——水泥试样长度，单位为厘米(cm)；

A ——试样的横截面积，单位为平方厘米(cm^2)；

p_i——入口压力，单位为千帕(kPa)；

p_o——出口压力，单位为千帕(kPa)。

12 用旋转黏度计测定水泥浆的流变性能和胶凝强度

12.1 总则

本方法的目的是为了描述水泥浆的流变性能。水泥浆流变性能的测定对所采用的方法可能很敏感，因此，将不同方法测定的水泥浆流变性能结果进行比较是不可取的。

对于石油工业，已经制定了标准的方法来得到可再现性的结果。这一方法是在仔细分析影响水泥浆流变性能的许多参数后制定的。所收集的大多数数据是用不分散型水泥浆测定的，然而，对一些分散型水泥浆数据也进行了评价。分析结果表明，用本方法测定高度分散的水泥浆流变性能通常数据不准，因为在试验过程中水泥浆可能发生沉降。

12.2 仪器

12.2.1 旋转黏度计

12.2.1.1 剪切应力和剪切速率的计算

用这种黏度计测定时，样品被限制在两个同轴圆筒之间，两个圆筒的半径分别为R_1和R_2(R_2>

R_1)，其中之一即转子，以恒定的转速 n_r 旋转。转子在样品中旋转产生转矩，通常测量的是内筒壁上的转矩，但测量外筒壁上的转矩也很普遍。两个圆筒半径的大小应满足这样的条件：在两个圆筒之间样品是均匀的且剪切应力尽可能保持不变，式(22)和(23)成立则假定已满足这些条件：

$$\left(\frac{R_1}{R_2}\right) > 0.9 \qquad \cdots\cdots (22)$$

且

$$R_2 - R_1 > 10 \times \phi \qquad \cdots\cdots (23)$$

式中：

ϕ——样品最大颗粒的直径。

内筒壁上的额定剪切速率 γ 按式(24)计算：

$$\gamma = \frac{\pi}{15} \times \frac{R_2^2 \times n_r}{R_2^2 - R_1^2} \qquad \cdots\cdots (24)$$

式中：

γ ——额定剪切速率，单位为秒分之一(s^{-1})；

n_r ——黏度计转速，单位为转每分(r/min)；

R_1、R_2——同轴圆筒的半径($R_2 > R_1$)，单位为米(m)。

剪切应力 τ 按式(25)计算：

$$\tau = \frac{T}{2 \times \pi \times R_1^2} \qquad \cdots\cdots (25)$$

式中：

τ ——剪切应力，单位为帕(Pa)；

T ——单位长度的转矩，单位为牛顿(N)；

R_1——内筒的半径，单位为米(m)。

推导公式(24)、(25)时，假设：

——在两个圆筒之间的间隙内，水泥浆是均匀的且剪切应力保持不变；

——水泥浆在环形间隙内的流态为层流；

——水泥浆在筒壁上的滑移可以忽略；

——水泥浆的流变性能基本上与时间无关。

旋转黏度计应在剪切速率接近零到至少 511 s^{-1} 的范围内能测量剪切应力。常用的旋转黏度计在该剪切速率范围内至少能测出五个读数，不推荐使用少于五个读数的仪器。

12.2.1.2 典型的旋转黏度计及规格

该黏度计是一台由电机驱动、带或不带齿轮变速箱的直读式旋转黏度计。对每一转速档，黏度计的外筒即转子都以恒定的转速旋转。转子在水泥浆中旋转时，在内筒即定子上产生转矩，转矩弹簧抑制定子的移动，与转矩弹簧相连的刻度盘指示定子的位移。转子及定子的规格要求如下：

a) 转子规格：

内径 36.83 mm；

总长度随制造厂的不同可有微小的变化；

在底部以上 58.4 mm 处有一刻线；

在转子周围靠近刻线下面有两排直径为 3.18 mm 的圆孔，圆孔中心分别距离刻线 3.18 mm 和 9.54 mm，圆孔间隔为 120°。

b) 定子规格：

直径 34.49 mm；

圆筒长 38.00 mm；

定子是一个平底带60°半锥角的锥顶封闭体。

使用这种仪器时，根据仪器的原始数据用式(26)和式(27)能计算额定剪切速率和剪切应力：

$$\gamma = 1.7045 \times n_r \qquad (26)$$

$$\tau(Pa) = 0.511 \times F \times \theta \qquad (27)$$

式中：

γ ——额定剪切速率，单位为秒分之一(s^{-1})；

n_r ——黏度计转速，单位为转每分(r/min)；

τ ——剪切应力，单位为帕(Pa)；

θ ——黏度计读数；

F ——转矩弹簧系数。

12.2.2 秒表或电子计时器

12.2.3 温度计或热电偶，测量准确度在±0.5 ℃以内。

12.3 校准

对于给定的黏度计，为保证测量的重复性，应按照仪器制造厂推荐的方法进行校准。校准时应注意以下几点：

a) 除其他因素之外，直读式黏度计的正常工作取决于保持正常的弹簧张力。测试弹簧张力可采用简单的静重法或采用在一定温度下测量已知黏度的牛顿流体的方法，这些方法可从仪器制造厂那里获得。黏度计转速应使用转速表校准。此外，当无流体时，应确保在任何转速下仪器的读数为零。

b) 虽然常用的黏度计通常装有弹簧系数 $F=1$ 的标准转矩弹簧，但也可使用其他转矩弹簧测量较低或较高黏度的流体。每次更换转矩弹簧后，都应重新校准黏度计。当黏度计装上弹簧系数 $F\neq1$ 的转矩弹簧时，测得的刻度盘读数应乘以相应的弹簧系数 F。

c) 在使用黏度计之前，应检查定子—转子组件是否同心，方法是启动黏度计并在定子—转子组件下面放一面小镜子来观察。组件严重偏心时，应进行矫正。

12.4 流变性能的测定方法

当使用常压黏度计或加压黏度计(用于温度高于 90 ℃的测量)时，推荐使用本方法。为安全起见，当试验温度高于 90 ℃时，不使用常压黏度计。使用高压黏度计时，只有为适应仪器特点才能对本方法作必要的修改。在每次试验之前，应清洗并干燥黏度计(定子、转子和样品杯)。具体测定方法如下：

a) 除按第5章制备水泥浆外，还应遵循以下几点：

   1) 检查搅拌叶片的磨损情况，并按5.2.3进行更换。如果轴承周围漏水，则更换整个搅拌叶总成。

   2) 必要时，在把固体加入水中之前往拌合水中加入消泡剂，以减少泡沫。

b) 将制备好的水泥浆立即倒入常压稠化仪或增压稠化仪的浆杯中进行搅拌，浆杯的初始温度应为室温，这样可避免对温度敏感的外加剂受到热冲击的可能性。然后可将水泥浆在常压稠化仪中加热至所需的试验温度，试验温度不超过 90 ℃，或者在增压稠化仪中按相应的注水泥稠化时间试验方案升至所需的试验温度和压力。

   对于不受热冲击影响的水泥浆，在把水泥浆倒入浆杯之前，可将浆杯预热至试验温度的±2 ℃以内或预热至由试验人员选定的任何其他初始温度。

c) 在升到所需的试验温度(和压力)后，继续搅拌水泥浆 20 min。如果水泥浆在增压稠化仪中搅拌，在释放稠化仪的压力之前，将水泥浆尽快冷却到 90 ℃，如果试验温度低于 90 ℃，则冷却到试验温度，然后才能将增压稠化仪安全打开。

在搅拌水泥浆期间，油可能进入增压稠化仪浆杯中，将这些油从水泥浆顶部全部吸走。然后，移去搅拌叶，用刮刀用力搅拌水泥浆 5 s，重新分散可能沉降在浆杯底部的所有固相。

d) 将水泥浆立即倒入黏度计样品杯中至刻度线。在试验期间，用一个足够大的加热杯总成来控制温度，以保持黏度计样品杯、定子和转子的温度在试验温度±2 ℃内。在进行以上操作时，常压黏度计的最高试验温度应不超过 90 ℃。在进行 12.4 c)和 12.4 d)操作期间，在整个试验过程中应尽力防止水泥浆处于静止状态。

e) 当转子以最低转速旋转时，升高已预热的浆杯，直至水泥浆液面位于转子上的刻线位置。这样操作可使水泥浆胶凝程度降至最小，并确保水泥浆均匀分散。

f) 在读取第一个读数之前，记录黏度计样品杯中的水泥浆温度。在转子以最低转速连续旋转 10 s 后，读取初始刻度盘读数。剩下的所有读数应首先按转速递增次序、然后按递减次序，在转子以每一转速连续旋转 10 s 后读取。在读取每一读数后，应立即将转速调到下一档。推荐的最高读数应在剪切速率(等效转速)约为 511 s^{-1}时读取。水泥浆在剪切速率高于 511 s^{-1}的情况下将产生不一致的结果。如果需要的话，在按递增和递减次序测量完并测量胶凝强度(见 12.5)之后，可测量剪切速率高于 511 s^{-1}的读数。在读取所有读数后，再次记录黏度计样品杯中水泥浆的温度。

注：在剪切速率等于或低于 10.2 s^{-1}时，读取的数据往往重复性不好，试验人员可自行决定在剪切速率等于或低于 10.2s^{-1}时可不读取读数，但测量胶凝强度时除外(见 12.5)。

g) 计算每一个转速下按递增次序和按递减次序测量的读数之比，该比值可用来帮助鉴定水泥浆的某些性能，列举如下：
   1) 当所有转速下的读数比值均近似为 1 时，表明水泥浆在平均试验温度下无沉降、流变性能与时间无关。
   2) 大多数比值大于 1 时，表明水泥浆在平均试验温度下可能发生沉降。另外，如果在同一转速下，按转速递减次序测量的读数比按递增次序测量的读数低 5°用(12.2.1.2 所述弹簧系数 $F=1$ 的黏度计测量)，则可进一步表明沉降的可能性。
   3) 大多数比值小于 1 时，表明水泥浆可能发生胶凝。

   当读数差别很大时，表明水泥浆不稳定，即水泥浆易于发生严重的沉降或过度胶凝，应考虑调整水泥浆组分。

h) 按 12.4 f)记录的温度平均值，以同一转速下读数的平均值[(转速递增读数+转速递减读数)/2]报告水泥浆流变性能的测量结果，如表 6 所示。

表 6 水泥浆流变性能试验数据示例

转速/(r/s)	转速递增读数	转速递减读数	读数比值	平均读数
3	21	24	0.87	22.5
6	40	36	1.11	38
30	65	83	0.78	74
60	84	100	0.84	92
100	100	115	0.87	107.5
200	137	147	0.93	142
300	170			170
水泥浆初始温度：66 ℃				
水泥浆最终温度：63 ℃				
报告流变性能的平均温度：65 ℃				

i) 为提高测量结果的可靠性，可重复 2 次或 3 次试验步骤，每次重复都使用新制备的水泥浆。应以同一转速下所有合格测量结果的平均值报告每一转速下的仪器读数。

12.5 胶凝强度的测定

在测完水泥浆样品的流变性能之后可立即测量水泥浆的胶凝强度，也可单独进行测量。如在测量流变性能过程中，观察到水泥浆的胶凝现象越来越明显，可用黏度计在 300 r/ min 的转速下重新搅拌水泥浆 1 min，这样可分散胶凝的水泥浆并更好地测量胶凝强度。对所有单独试验，水泥浆都应按照 12.4 a)～12.4 e)所述进行制备、搅拌并放入黏度计。然后按下述方法测定胶凝强度：

a) 关闭黏度计 10 s 并记录水泥浆温度；
b) 将黏度计设置在相当于 5.1s^{-1}的转速档，在打开黏度计开关后，立即记录所观察到的最大读数，用该读数按公式(27)计算 10 s 的胶凝强度；
c) 关闭黏度计 10 min 并记录水泥浆温度，按 12.5 b)重复测量并记录 10 min 的胶凝强度；
d) 读取读数后，再次记录黏度计样品杯中的水泥浆温度；
e) 报告水泥浆在记录的平均温度下的胶凝强度；
f) 为提高测量结果的可靠性，可重复 2 次或 3 次试验步骤，每次重复都使用新制备的水泥浆。应以所有合格测量结果的平均值报告水泥浆的胶凝强度。

12.6 流变模式

12.6.1 总则

为了表征水泥浆在任何几何形状(管内、环空等)内的流动性能(摩阻压力、流态等)，应选择最能代表试验数据的流变模式。为此，利用公式(24)和公式(25)将测得的原始数据(转速和转矩读数)换算成剪切速率和剪切应力。当使用 12.2.1.2 所述的黏度计时，可用简化的公式(26)和公式(27)进行换算。然后可通过回归分析或绘制剪切速率与剪切应力数据图来选择流体的流变模式。

在推导本章的公式时做了以下假设：

a) 流体是均匀的；
b) 在壁上的滑移可以忽略；
c) 流体的流变性能基本上与时间无关；
d) 流态为层流。

12.6.2 流变模式

12.6.2.1 总则

流变模式描述了流体的剪切应力和剪切速率之间的关系，描述水泥浆流变性能最常用的流变模式为宾汉塑性模式和幂律模式。

12.6.2.2 宾汉塑性模式

在直角坐标上绘制剪切应力与剪切速率数据图时，具有宾汉塑性流性的水泥浆为一条直线，剪切速率为零时，剪切应力为正值(图 13，曲线 D)。对于该模式，剪切应力与剪切速率之间的关系见式(28)为：

$$\tau=\tau_o+(\mu_p\times\gamma) \quad \cdots\cdots(28)$$

式中：

τ ——剪切应力，单位为帕(Pa)；

τ_o——屈服值，单位为帕(Pa)；

μ_p——塑性黏度，单位为帕秒(Pa·s)；

γ——剪切速率，单位为每秒分之一(s^{-1})。

在公式(28)中，τ_o 为剪切速率为零时的剪切应力，称为屈服应力或屈服值(常用 YP 表示)。在屈服值以上，流体的剪切应力与剪切速率成正比，比例常数 μ_p 称为塑性黏度(常用 PV 表示)。如果式(28)中的屈服值等于零，则公式就变成了所有流变模式中最简单的关系式即牛顿流体模式(图 13，曲线 A)。

12.6.2.3 幂律模式

对于幂律模式，在直角坐标上剪切应力与剪切速率数据关系图为一条曲线，剪切速率为零时剪切应力也为零(图 13，曲线 B 和曲线 C)。在双对数坐标上，具有幂律流性的水泥浆，其剪切应力与剪切速率数据关系图为一条直线(图 14，曲线 B 和曲线 C)。对于该模式，剪切应力与剪切速率之间的关系见式(29)：

$$\tau = k \times \gamma^n \qquad \cdots\cdots(29)$$

式中：

τ——剪切应力，单位为帕(Pa)；

k——稠度系数(常数)，单位为帕 n 次方秒($Pa \cdot s^n$)；

γ——剪切速率，单位为每秒分之一(s^{-1})；

n——幂律指数或流性指数。

在式(29)中，对于稀释性剪切流体(假塑性)，n 为 0～1 之间的正数(图 13，曲线 B)，水泥浆一般表现为假塑性流性。对于由于膨胀而使黏度增加的剪切流体，n 为大于 1 的正数(图 13，曲线 C)，水泥浆一般不具有膨胀性特性。如在式(29)中 $n=1$，则公式符合牛顿流体模式(图 13，曲线 A)。

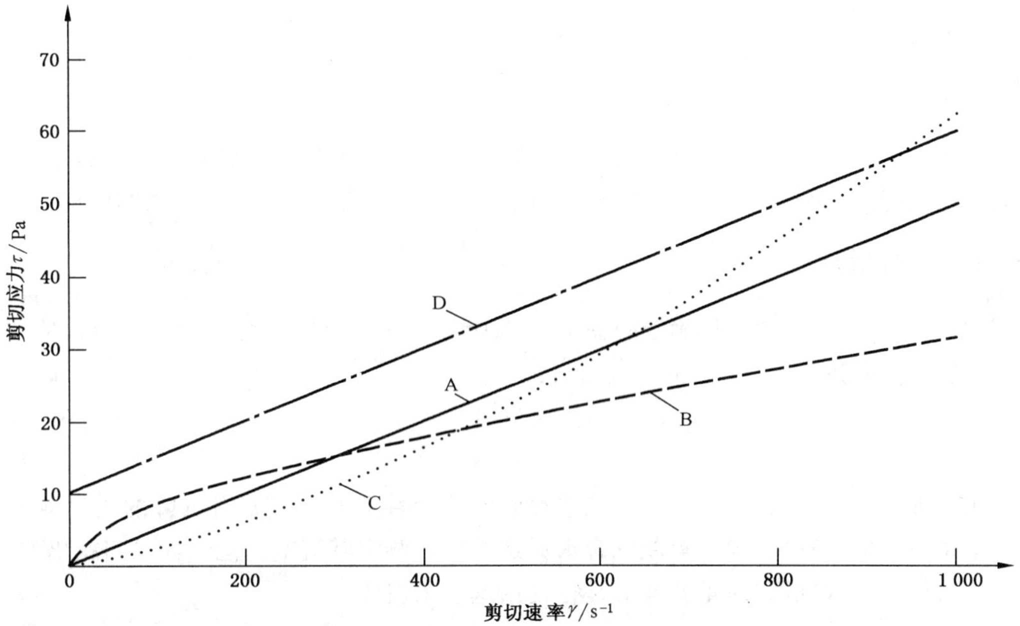

A——牛顿流体；

B——幂律流体($n<1$)；

C——幂律流体($n>1$)；

D——宾汉塑性流体。

图 13 在线性坐标上不同流体的剪切应力与剪切速率关系图

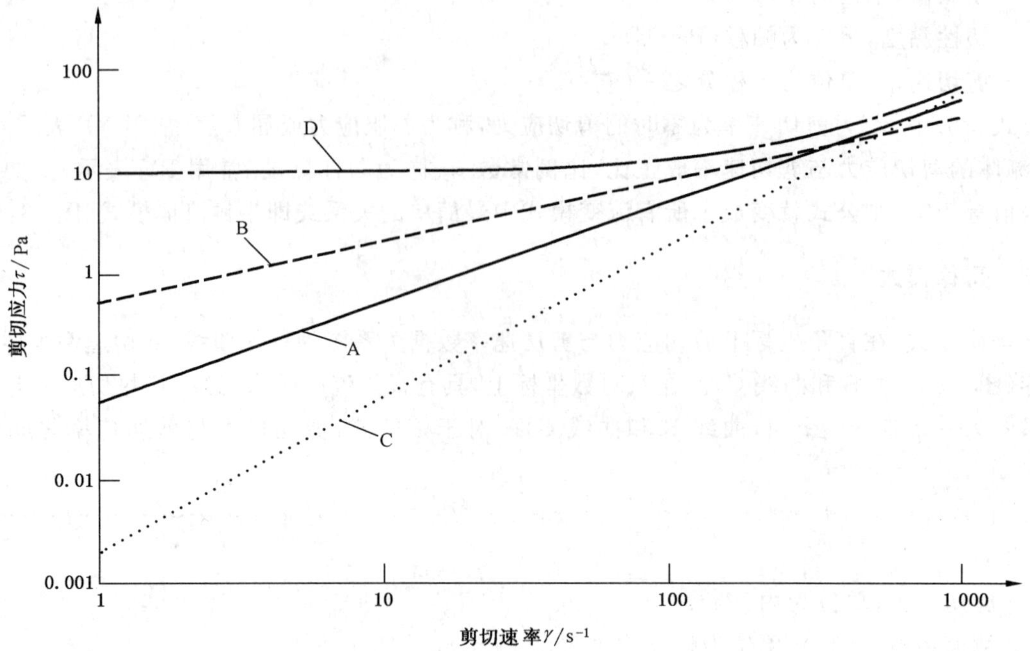

A ——牛顿流体；

B ——幂律流体(n<1)；

C ——幂律流体(n>1)；

D ——宾汉塑性流体。

图 14 在双对数坐标上不同流体的剪切应力与剪切速率关系图

12.6.3 选择流变模式

12.6.3.1 总则

根据式(28)和式(29)分析水泥浆的剪切应力和剪切速率数据，以确定哪一种模式最合适，最好的方法是对这些数据进行回归分析。应选择具有最佳回归系数的模式作为描述这些数据的模式。

12.6.3.2 宾汉塑性模式

应利用式(28)进行回归分析，以确定斜率 A 和截距 B。如果剪切应力 τ 用 Pa 表示，剪切速率 γ 用 s^{-1} 表示，则宾汉塑性参数 μ_p 和 τ_o 可由下式导出：

$$\mu_p = A \qquad \cdots\cdots(30)$$

$$\tau_o = B \qquad \cdots\cdots(31)$$

当计算出的屈服值为负值时，表明在测定水泥浆的流变性能时水泥浆有沉降的趋势或水泥浆可能发生胶凝。如果发生以上现象，建议重新混合水泥浆并重新测定其流变性能。如果问题仍然存在，这种水泥浆在井下可能会出现问题，应重新考虑是否使用这种水泥浆。

12.6.3.3 幂律模式

对式(29)的对数形式进行回归分析，得出如下参数：

$$\lg\tau = \lg k + n\lg\gamma \qquad \cdots\cdots(32)$$

流性指数 n 都能直接从斜率 C 导出：

$$n = C \qquad \cdots\cdots(33)$$

如果剪切应力 τ 用 Pa 表示，剪切速率 γ 用 s^{-1} 表示，稠度系数 $k(Pa \cdot s^n)$ 可从截距 D 导出：

$$k = 10^D \tag{34}$$

12.6.4 “两点”法

12.6.4.1 总则

如果不能进行回归分析，可采用准确性较差的“两点”法。用该方法从剪切应力-剪切速率的原始数据中选择两个数据点计算流变参数。用该方法选择两个数据点的较好作法是：对宾汉塑性模式，在直角坐标上标出剪切应力-剪切速率数据，而对幂律模式则在双对数坐标上标出剪切应力-剪切速率数据，然后通过这些数据点画一条最佳直线，从该直线上选择两个数据点来计算流变参数。用这两个数据点，按 12.6.4.2 和 12.6.4.3 所述计算流变参数。

12.6.4.2 宾汉塑性模式

对于采用宾汉塑性模式的方法，下标 1 和下标 2 表示所选择的两个数据点，剪切应力 τ 用 Pa 表示，剪切速率 γ 都用 s^{-1} 表示，则塑性黏度 μ_p 和屈服值 τ_o 可由下式计算：

$$\mu_p = \frac{\tau_2 - \tau_1}{\gamma_2 - \gamma_1} \tag{35}$$

$$\tau_o = \tau_2 - \left(\gamma_2 \times \frac{\tau_2 - \tau_1}{\gamma_2 - \gamma_1}\right) \tag{36}$$

如果使用 12.2.1 b)所述的黏度计测定，且水泥浆确实表现为宾汉塑性流体，则可使用下列简单的公式：

$$\mu_p = 0.001\,50 \times F(\theta_{300} - \theta_{100}) \tag{37}$$

$$\tau_o = 0.511(F \times \theta_{300} - 1\,000 \times \mu_p) \tag{38}$$

式中：

θ_{300}——黏度计 300 r/min 的读数；

θ_{100}——黏度计 100 r/min 的读数。

获取仪器读数较好的做法是：在转速—仪器读数直角坐标上，通过原始数据点画一条最佳直线，从该直线上选取指定转速下的仪器读数。

12.6.4.3 幂律模式

对于幂律模式，使用“两点”法的参数可由式(39)和式(40)得到：

$$n = \frac{\lg(\tau_2/\tau_1)}{\lg(\gamma_2/\gamma_1)} \tag{39}$$

$$k = \frac{\tau_1}{\gamma_1^n} = \frac{\tau_2}{\gamma_2^n} \tag{40}$$

如果使用 12.2.1.2 所述的黏度计测定，且水泥浆确实表现为幂律流体，则可使用下列式(41)和式(42)：

$$n = 2.096 \times \lg(\theta_{300}/\theta_{100}) \tag{41}$$

$$k = (F \times \theta_{300}) \times \frac{0.511}{511^n} \tag{42}$$

同样，对于上面两个公式，获取仪器读数的较好做法是：在转速—仪器读数双对数坐标上通过原始数据点画一条最佳直线，从该直线上选取指定转速下的仪器读数。

12.6.5 示例

下面两个示例,说明根据已知测量数据选择最佳流变模式的方法。

示例 1:

转速/(r/ min)	仪器读数 (F=1)	剪切速率/s^{-1}	剪切应力/Pa
3	4	5.11	2.04
6	7	10.2	3.57
30	27	51.1	13.70
60	51	102	25.00
100	78	170	39.80
200	143	340	72.80
300	200	511	102

图 15 和图 16 比较了用这些数据在直角坐标和双对数坐标上所作的曲线,图中显示对这些数据可选用幂律模式。由回归分析得出,对于幂律模式,相关系数为 1.000,对于宾汉塑性模式,相关系数为 0.996。对于幂律模式,由回归分析得出的的流变参数为:n=0.857,k=0.488 Pa·s^n。

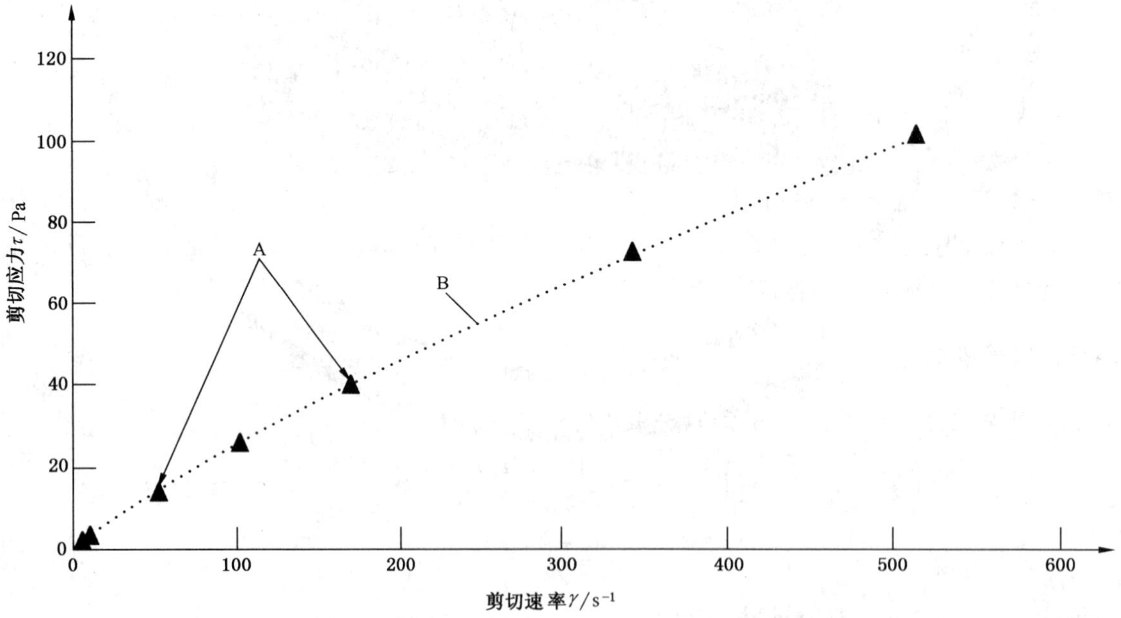

A ——数据;

B ——模式。

图 15 示例 1 中的剪切应力与剪切速率在线性坐标上的曲线图

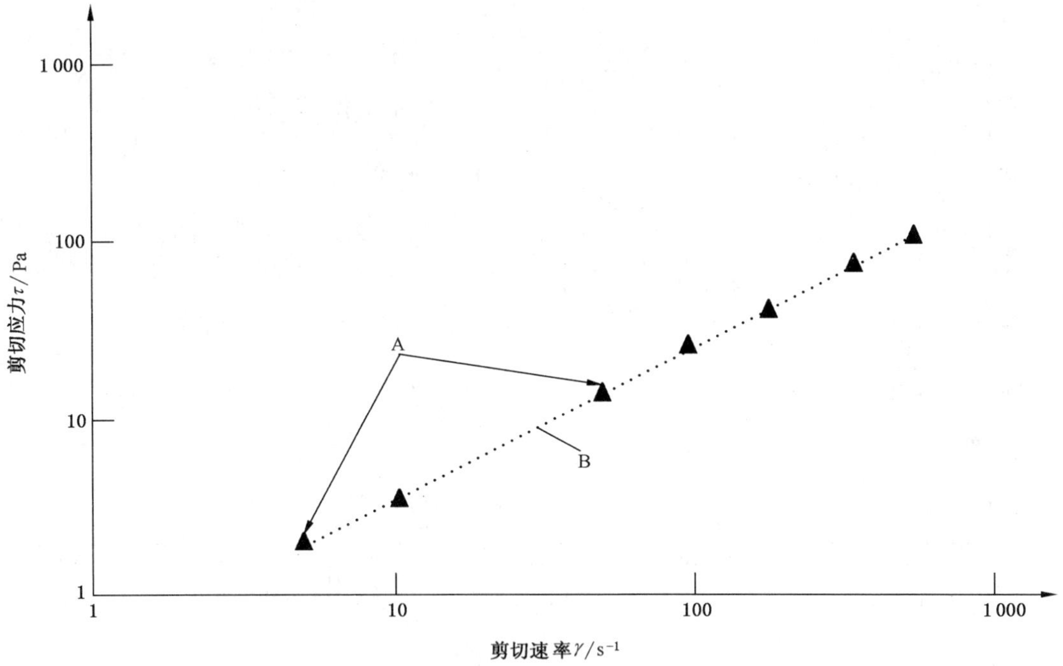

A ——数据；

B ——模式。

图 16　示例 1 中的剪切应力与剪切速率在对数坐标上的曲线图

示例 2：

转速/(r/ min)	仪器读数 (F=1)	剪切速率/s^{-1}	剪切应力/Pa
3	56	5.11	28.5
6	60	10.2	30.6
30	84	51.1	42.9
60	109	102	55.5
100	140	170	71.3
200	200	340	102
300	260	511	133

图 17 和图 18 表明，这些数据最符合宾汉塑性模式，通过回归分析也证明符合宾汉塑性模式。对于宾汉塑性模式，相关系数为 0.992，对于幂律模式，相关系数为 0.937。由回归分析得出，宾汉塑性模式的流变参数为：τ_o=29.7 Pa，μ_p=0.204 Pa·s。

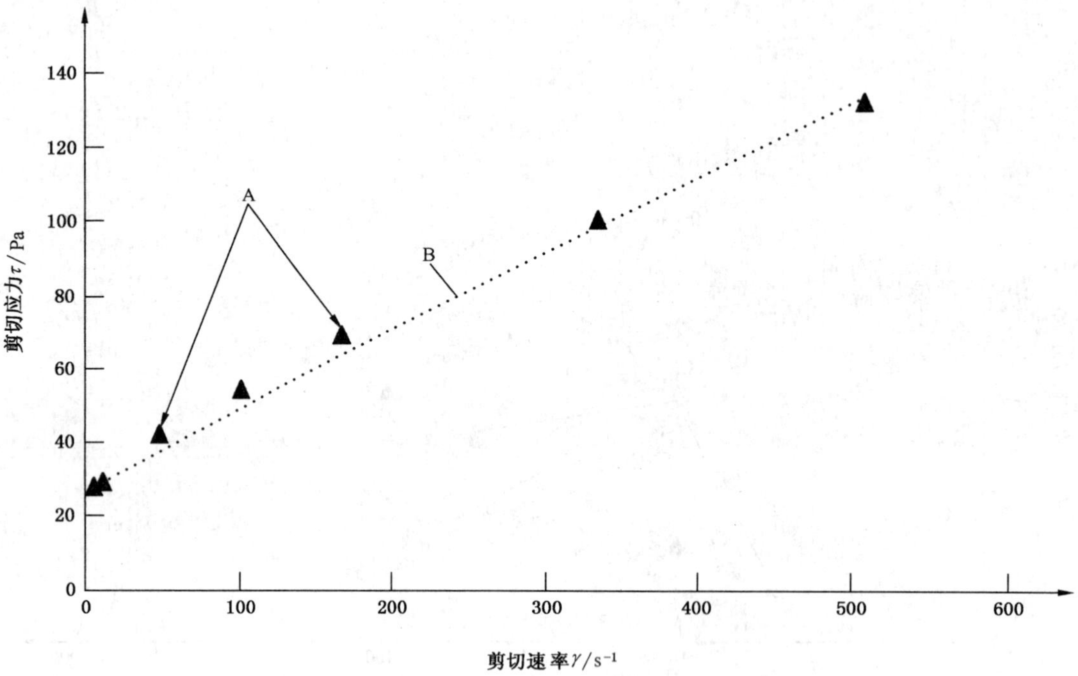

A ——数据；

B ——模式。

图 17　示例 2 中剪切应力与剪切速率在线性坐标上的曲线图

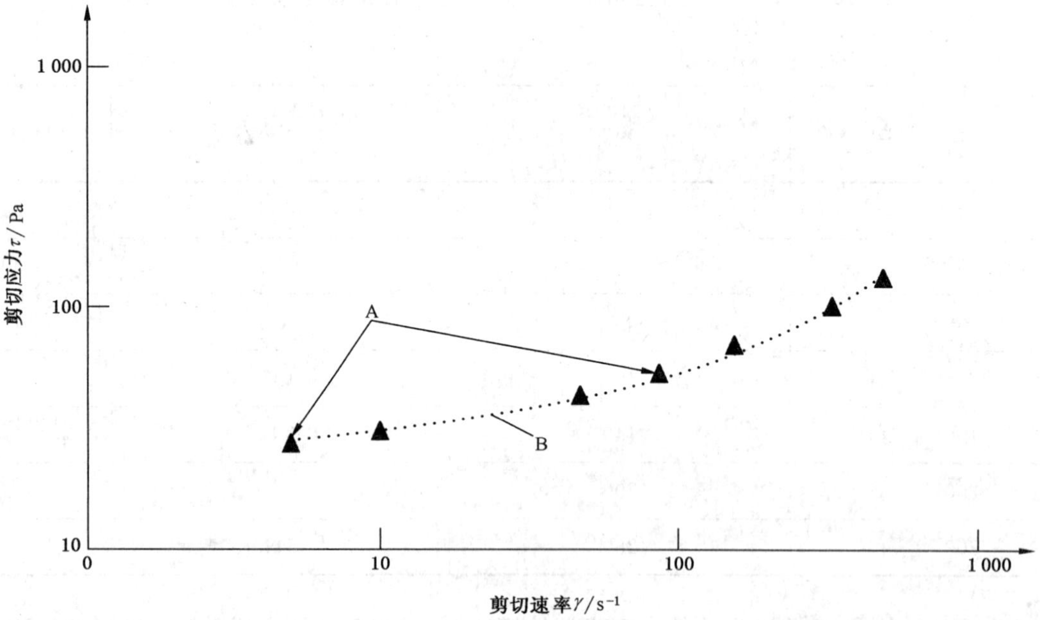

A ——数据；

B ——模式。

图 18　示例 2 中剪切应力与剪切速率在对数坐标上的曲线图

13 水泥浆在套管和环空内的压降和流态计算

13.1 总则

13.1.1 背景

应选择与水泥浆流变数据相吻合的流变模式来计算在任何几何形状的井眼内水泥浆的流变性能。流变模式的选择方法见12.6。

下面的公式用于计算水泥浆在套管和同心环空内的压降与流态。剪切速率和剪切应力随井眼几何形状及环空间隙偏心率的变化而改变。水泥浆的流变性能还随着井眼尺寸、地面情况、环空间隙、温度和流速的变化而改变。此外，水泥浆在井下还可能受到固体或液体的污染，或向周围地层滤失而使固液比增加，这些因素都可影响水泥浆的流变性能。本章给出的公式概述了使用旋转黏度计测出的流变数据估算水泥浆在同心环空内压降和流态的方法。由于偏心环空公式的复杂性，故不列入本方法。但是，好的计算机模型适用于偏心环空公式的计算。

13.1.2 假设

本章计算时做如下假设：

a) 流体的流变性能与时间无关，且能用牛顿模式、幂律模式或宾汉塑性模式中的一种模式进行描述；

b) 流体是均匀的；

c) 流体的温度是均一的；

d) 流动是整体流动的；

e) 对于环空流，假设环空是同心的。

对于环空流，本章给出两套公式，一套是管近似法，适用于具有低直径比 d_a/D_a（d_a 和 D_a 分别为环空的内径和外径）的环空。另一套是窄缝近似法，适用于直径比大于0.3的环空。实际上可以考虑直径比，但这将使公式更加复杂。

13.1.3 相关公式

在下面的公式中，乘数 K 是单位换算常数，并有相应的下标，例如：v 是指流速。为简化下面的流变公式，将使用流体的平均流速 v，而不用流体的体积流量 q，这两个参数之间的关系如下所示。从SI单位到USC单位的换算系数见13.5。

a) 流体的平均流速和体积流量之间的关系

1) 管流

$$v=\frac{4q}{\pi\times d_p^2} \qquad (43)$$

$$q=\frac{\pi\times d_p^2}{4}\times v \qquad (44)$$

2) 环空流

$$v=\frac{4q}{\pi\times(D_a^2-d_a^2)} \qquad (45)$$

$$q=\frac{\pi\times(D_a^2-d_a^2)}{4}\times v \qquad (46)$$

式中：

v ——流体平均流速，单位为米每秒(m/s)；

q ——体积流量,单位为立方米每秒(m^3/s);

d_p ——套管内径,单位为米(m);

d_a ——环空内径,单位为米(m);

D_a ——环空外径,单位为米(m)。

b) 摩阻压力梯度

摩阻压力梯度 $\Delta p/L$ 至少通过两个无量纲的参数之间的关系进行计算:雷诺数 R_e 和摩阻系数 f。

已知摩阻系数后,摩阻压力梯度可由下面的公式计算:

1) 管流

$$\frac{\Delta p}{L}=\frac{2\rho v^2 f}{d_p} \quad \cdots\cdots(47)$$

2) 环空流

$$\frac{\Delta p}{L}=\frac{2\rho v^2 f}{(D_a-d_a)} \quad \cdots\cdots(48)$$

式中:

$\Delta p/L$ ——摩阻压力梯度,单位为帕每米(Pa/m);

Δp ——摩阻压力,单位为帕(Pa);

L ——套管或环空的长度,单位为米(m);

ρ ——流体密度,单位为千克每立方米(kg/m^3);

v ——流体平均流速,单位为米每秒(m/s);

f ——摩阻系数,壁上的剪切应力与单位体积的动能之比;

d_p ——套管内径,单位为米(m);

d_a ——环空内径,单位为米(m);

D_a ——环空外径,单位为米(m)。

下面的章节论述牛顿流体、幂律流体和宾汉塑性流体摩阻系数的计算方法。

13.2 牛顿流体

13.2.1 公式

对于牛顿流体,雷诺数 Re 的定义为:

a) 管流,雷诺数

$$Re=\frac{\rho v d_p}{\mu} \quad \cdots\cdots(49)$$

b) 环空流,雷诺数

$$Re=\frac{\rho v(D_a-d_a)}{\mu} \quad \cdots\cdots(50)$$

式中:

Re ——牛顿流体的雷诺数;

ρ ——流体密度,单位为千克每立方米(kg/m^3);

v ——流体平均流速,单位为米每秒(m/s);

d_p ——套管内径,单位为米(m);

d_a ——环空内径,单位为米(m);

D_a ——环空外径,单位为米(m);

μ ——流体黏度,单位为帕秒(Pa·s)。

因此,对于给定的雷诺数,流体的平均流速可由下面的公式计算:

c) 管流,流体平均流速

$$v=\frac{\mu Re}{\rho d_{\mathrm{p}}} \quad \cdots\cdots(51)$$

d) 环空流,流体平均流速

$$v=\frac{\mu Re}{\rho(D_{\mathrm{a}}-d_{\mathrm{a}})} \quad \cdots\cdots(52)$$

式中:

Re ——雷诺数;

ρ ——流体密度,单位为千克立方米(kg/m^3);

v ——流体平均流速,单位为米每秒(m/s);

d_p ——套管内径,单位为米(m);

d_a ——环空内径,单位为米(m);

D_a ——环空外径,单位为米(m);

μ ——流体黏度,单位为帕秒(Pa·s)。

根据雷诺数的值,流体的流态可分为表 7 中几类:

表 7 流体的流态分类 1

流态	管流	环空流
层流	$Re \leqslant 2\ 100$	$Re \leqslant 2\ 100$
过渡流	$2\ 100 < Re < 3\ 000$	$2\ 100 < Re < 3\ 000$
紊流	$Re \geqslant 3\ 000$	$Re \geqslant 3\ 000$

紊流流体的临界平均流速 v_c 为:

e) 管流,临界流体平均流速

$$v_{\mathrm{c}}=\frac{3\ 000\times\mu}{\rho d_{\mathrm{p}}} \quad \cdots\cdots(53)$$

f) 环空流,临界流体平均流速

$$v_{\mathrm{c}}=\frac{3\ 000\times\mu}{\rho(D_{\mathrm{a}}-d_{\mathrm{a}})} \quad \cdots\cdots(54)$$

式中:

v_c ——v 的临界值,单位为米每秒(m/s);

ρ ——流体密度,单位为千克每立方米(kg/m^3);

d_p ——套管内径,单位为米(m);

d_a ——环空内径,单位为米(m);

D_a ——环空外径,单位为米(m);

μ ——流体黏度,单位为帕秒(Pa·s)。

g) 摩阻系数,层流

在层流状态下,摩阻系数 f 用下面式(55)和式(56)计算:

1) 管流和环空流——管近似法

$$f=\frac{16}{Re} \quad \cdots\cdots(55)$$

2) 环空流——窄缝近似法

$$f=\frac{24}{Re} \quad \cdots\cdots(56)$$

式中：

f ——摩阻系数；

Re ——雷诺数。

h) 摩阻系数，紊流

在紊流状态下，无论流体在哪种几何形状内流动，摩阻系数均用式(57)计算：

$$\frac{1}{\sqrt{f}}=4.0\times\lg(Re\sqrt{f})-0.4 \quad \cdots\cdots(57)$$

式中：

f ——摩阻系数；

Re ——雷诺数。

在过渡流流态下，在雷诺数为 Re=2 100～3 000 之间采用双对数近似法进行计算。

13.2.2 计算示例

13.2.2.1 示例 1

密度 ρ 为 1 008 kg/m^3、黏度 μ 为 1.8×10^{-3} Pa·s 的牛顿流体在内径 d_p 为 0.059 m 的管内流动，其紊流的临界流量 q_c 为多少 m^3/s?

由式(53)$v_c=\frac{3\ 000\times\mu}{\rho d_p}$得，紊流的临界流速为：

$$v_c=\frac{3\ 000\times(1.8\times10^{-3})}{1\ 008\times0.059}=0.090\ 8(\mathrm{m/s})$$

由式(44)$q=\frac{\pi\times d_p^2}{4}\times v$ 得，临界流量 $q_c=\frac{\pi\times d_p^2}{4}\times v_c$，故：

$$q_c=\frac{\pi\times0.059^2}{4}\times0.090\ 8=2.48\times10^{-4}(\mathrm{m^3/s})$$

该流体以 q=0.015 m^3/s 的流量流动，在 500 m 处的摩阻压力 Δp 为多少 Pa?

由式(43)$v=\frac{4q}{\pi\times d_p^2}$得，平均流速为：

$$v=\frac{4\times0.015}{\pi\times0.059^2}=5.49(\mathrm{m/s})$$

故由式(49)$Re=\frac{\rho v d_p}{\mu}$得，其雷诺数为：

$$Re=\frac{1\ 008\times5.49\times0.059}{1.8\times10^{-3}}=181\ 390$$

因 Re>3 000，故流态为紊流，摩阻系数的值可用下式计算：

$$f=0.079\ 0\times181\ 390^{-0.25}=3.83\times10^{-3}$$

故由式(47)$\frac{\Delta p}{L}=\frac{2\rho v^2 f}{d_p}$得，摩阻压力梯度为：

$$\frac{\Delta p}{L}=\frac{2\times1\ 008\times5.49^2\times3.83\times10^{-3}}{0.059}=3\ 944(\mathrm{Pa/m})$$

摩阻压力为：

$$\Delta p=3\ 944\times500=197\ 200\ 0(\mathrm{Pa})$$

13.2.2.2 示例 2

密度 ρ 为 1 008 kg/m^3、黏度 μ 为 1.8×10^{-3} Pa·s 的牛顿流体在外径 D_a=0.215 9 m、内径 d_a=

0.177 8 m 的环空内流动，其紊流的临界流量 q_c 为多少 m^3/s?

由式(54)$v_c=\frac{3\ 000\times\mu}{\rho(D_a-d_a)}$得，紊流的临界流体平均流速为：

$$v_c=\frac{3\ 000\times1.8\times10^{-3}}{1\ 008\times(0.215\ 9-0.177\ 8)}=0.141(m/s)$$

由式(46)$q=\frac{\pi\times(D_a^2-d_a^2)}{4}\times v$ 得，临界流量 $q_c=\frac{\pi\times(D_a^2-d_a^2)}{4}\times v_c$，故：

$$q_c=\frac{\pi\times(0.215\ 9^2-0.177\ 8^2)}{4}\times0.141=1.66\times10^{-3}(m^3/s)$$

该流体以 $q=0.015\ m^3/s$ 的流量流动，在 500 m 处的摩阻压力 Δp 为多少 Pa?

由式(45)$v=\frac{4q}{\pi\times(D_a^2-d_a^2)}$得，平均流速为：

$$v=\frac{4\times0.015}{\pi\times(0.215\ 9^2-0.177\ 8^2)}=1.27(m/s)$$

故由式(50)$Re=\frac{\rho v(D_a-d_a)}{\mu}$得，其雷诺数为：

$$Re=\frac{1\ 008\times1.27\times(0.215\ 9-0.177\ 8)}{1.8\times10^{-3}}=27\ 096$$

因 $Re>3\ 000$，故流态为紊流，摩阻系数的值可用下式计算：

$$f=0.079\ 0\times27\ 096^{-0.25}=6.15\times10^{-3}$$

故由式(48)$\frac{\Delta p}{L}=\frac{2\rho v^2 f}{(D_a-d_a)}$得，摩阻压力梯度为：

$$\frac{\Delta p}{L}=\frac{2\times1\ 008\times1.27^2\times6.15\times10^{-3}}{(0.215\ 9-0.177\ 8)}=525(Pa/m)$$

摩阻压力为：

$$\Delta p=525\times500=262\ 500(Pa)$$

13.3 幂律流体

13.3.1 公式

对于幂律流体：

a) 雷诺数：

1) 管流

$$Re_{PL}=\frac{\rho v^{2-n}d_p^n}{8^{n-1}[(3n+1)/(4n)]^n k} \quad\cdots\cdots(58)$$

2) 环空流——管近似法

$$Re_{PL}=\frac{\rho v^{2-n}(D_a-d_a)^n}{8^{n-1}[(3n+1)/(4n)]^n k} \quad\cdots\cdots(59)$$

3) 环空流——窄缝近似法

$$Re_{PL}=\frac{\rho v^{2-n}(D_a-d_a)^n}{12^{n-1}[(2n+1)/(3n)]^n k} \quad\cdots\cdots(60)$$

式中：

Re_{PL}——幂律流体的雷诺数；

n ——幂律指数；

k ——稠度系数，单位为帕 n 次方秒($Pa\cdot s^n$)；

ρ ——流体密度，单位为千克每立方米(kg/m^3)；

v ——流体平均流速，单位为米每秒(m/s)；

d_p ——套管内径，单位为米(m)；

d_a ——环空内径，单位为米(m)；

D_a ——环空外径，单位为米(m)。

b) 流体平均流速

对于给定的雷诺数，流体的平均流速可由式(61)～式(63)计算：

1) 管流

$$v=\left(\frac{8^{n-1}[(3n+1)/(4n)]^{n}kRe_{PL}}{\rho d_{p}^{n}}\right)^{[1/(2-n)]} \qquad (61)$$

2) 环空流——管近似法

$$v=\left(\frac{8^{n-1}[(3n+1)/(4n)]^{n}kRe_{PL}}{\rho(D_a-d_a)^{n}}\right)^{[1/(2-n)]} \qquad (62)$$

3) 环空流——窄缝近似法

$$v=\left(\frac{12^{n-1}[(2n+1)/(3n)]^{n}kRe_{PL}}{\rho(D_a-d_a)^{n}}\right)^{[1/(2-n)]} \qquad (63)$$

式中：

v ——流体平均流速，单位为米每秒(m/s)；

n ——幂律流体的幂律指数；

k ——幂律流体的稠度系数，单位为帕 n 次方秒($Pa\cdot s^n$)；

Re_{PL}——幂律流体的雷诺数；

ρ ——流体密度，单位为千克每立方米(kg/m^3)；

d_p ——套管内径，单位为米(m)；

d_a ——环空内径，单位为米(m)；

D_a ——环空外径，单位为米(m)。

根据雷诺数值，将流体的流态分类见表8：

表8 流体的流态分类2

流态	管流	环空流
层流	$Re_{PL}\leqslant Re_{PL1}$	$Re_{PL}\leqslant Re_{PL1}$
过渡流	$Re_{PL1}<Re_{PL}<Re_{PL2}$	$Re_{PL1}<Re_{PL}<Re_{PL2}$
紊流	$Re_{PL}\geqslant Re_{PL2}$	$Re_{PL}\geqslant Re_{PL2}$

其中：

$$Re_{PL1}=3\,250-1\,150\times n \qquad (64)$$

$$Re_{PL2}=4\,150-1\,150\times n \qquad (65)$$

c) 临界平均流速

对于紊流，流体的临界平均流速 v_c 为：

1) 管流

$$v_c=\left(\frac{8^{n-1}[(3n+1)/(4n)]^{n}kRe_{PL2}}{\rho d_{p}^{n}}\right)^{[1/(2-n)]} \qquad (66)$$

2) 环空流——管近似法

$$v_c=\left(\frac{8^{n-1}[(3n+1)/(4n)]^{n}kRe_{PL2}}{\rho(D_a-d_a)^{n}}\right)^{[1/(2-n)]} \qquad (67)$$

3）环空流——窄缝近似法

$$v_c=\left(\frac{12^{n-1}[(2n+1)/(3n)]^n kRe_{PL2}}{\rho(D_a-d_a)^n}\right)^{[1/(2-n)]} \quad\cdots\cdots(68)$$

式中：

v_c ——临界平均流速，单位为米每秒（m/s）；

n ——幂律流体的幂律指数；

k ——幂律流体的稠度系数，单位为帕 n 次方秒（$Pa\cdot s^n$）；

Re_{PL2} ——幂律流体雷诺数的临界值；

ρ ——流体密度，单位为千克每立方米（kg/m^3）；

d_p ——套管内径，单位为米（m）；

d_a ——环空内径，单位为米（m）；

D_a ——环空外径，单位为米（m）。

d）摩阻系数，层流

对于层流，摩阻系数 f 可用式(69)和式(70)计算：

1）管流和环空流——管近似法

$$f=\frac{16}{Re_{PL}} \quad\cdots\cdots(69)$$

2）环空流——窄缝近似法

$$f=\frac{24}{Re_{PL}} \quad\cdots\cdots(70)$$

式中：

f ——摩阻系数；

Re_{PL} ——幂律流体的雷诺数。

e）摩阻系数，紊流

对于紊流，无论流体在哪种几何形状内流动，摩阻系数均用式(71)计算：

$$\frac{1}{\sqrt{f}}=\frac{4.0}{n^{0.75}}\times\lg[Re_{PL}f^{(1-n/2)}]-\frac{0.4}{n^{1.2}} \quad\cdots\cdots(71)$$

式中：

f ——摩阻系数；

Re_{PL} ——幂律流体的雷诺数。

对过渡流，在 $Re = Re_{PL1}$ 和 $Re = Re_{PL2}$ 之间采用双对数近似法计算雷诺数。

13.3.2 计算示例

13.3.2.1 示例 1

密度 ρ 为 1 560 kg/m^3、幂律指数 n 为 0.5、稠度系数 k 为 0.35 $Pa\cdot s^n$ 的幂律流体在内径 d_p 为 0.059 m 的管内流动，其紊流的临界流量 q_c 为多少 m^3/s？

由式(65) $Re_{PL2}=4\ 150-1\ 150\times n$ 得：

$$Re_{PL2}=4\ 150-1\ 150\times0.5=3\ 575$$

由式(66) $v_c=\left(\frac{8^{n-1}[(3n+1)/(4n)]^n kRe_{PL2}}{\rho d_p^n}\right)^{[1/(2-n)]}$ 得紊流的临界平均流速为：

$$v_c=\left[\frac{8^{0.5-1}[(3\times0.5+1)/(4\times0.5)]^{0.5}\times0.35\times3\ 575}{1\ 560\times0.059^{0.5}}\right]^{[1/(2-0.5)]}$$

$$=\left[\frac{8^{-0.5}\times(2.5/2.0)^{0.5}\times0.35\times3\ 575}{1\ 560\times0.059^{0.5}}\right]^{[1/(2-0.5)]}=1.19(m/s)$$

由式(44)$q=\frac{\pi\times d_p^2}{4}\times v$ 得,临界流量 $q_c=\frac{\pi\times d_p^2}{4}\times v_c$,故:

$$q_c=\frac{\pi\times 0.059^2}{4}\times 1.19=3.25\times 10^{-3}(m^3/s)$$

该流体以 $q=0.015\ m^3/s$ 的流量流动,在 500 m 处的摩阻压力 Δp 为多少 Pa?

由式(43)$v=\frac{4q}{\pi\times d_p^2}$得,平均流速为:

$$v=\frac{4\times 0.015}{\pi\times 0.059^2}=5.49(m/s)$$

故由式(58)$Re_{PL}=\frac{\rho v^{2-n}d_p^n}{8^{n-1}[(3n+1)/(4n)]^n k}$得,其雷诺数为:

$$Re=\frac{1\ 560\times 5.49^{2-0.5}\times 0.059^{0.5}}{8^{0.5-1}[(3\times 0.5+1)/(4\times 0.5)]^{0.5}\times 0.35}=\frac{1\ 560\times 5.49^{1.5}\times 0.059^{0.5}}{8^{-0.5}\times(2.5/2.0)^{0.5}\times 0.35}=35\ 231$$

因 $Re>Re_{PL2}$(3 575),故流态为紊流,摩阻系数的值可用下式计算:

$$f=0.073\ 0\times 35\ 231^{-0.293}=3.40\times 10^{-3}$$

故由式(47)$\frac{\Delta p}{L}=\frac{2\rho v^2 f}{d_p}$得,摩阻压力梯度为:

$$\frac{\Delta p}{L}=\frac{2\times 1\ 560\times 5.49^2\times 3.40\times 10^{-3}}{0.059}=5\ 419(Pa/m)$$

摩阻压力为:

$\Delta p=5\ 419\times 500=270\ 950\ 0(Pa)$

13.3.2.2 示例 2

密度 ρ 为 1 560 kg/m^3、幂律指数 n 为 0.5、稠度系数 k 为 0.35 $Pa\cdot s^n$ 的幂律流体在外径 $D_a=0.215\ 9$ m、内径 $d_a=0.177\ 8$ m 的环空内流动,其紊流的临界流量 q_c 为多少 m^3/s?

紊流的临界流速为:

对于环空流——管近似法,由式(67)$v_c=\left(\frac{8^{n-1}[(3n+1)/(4n)]^n kRe_{PL2}}{\rho(D_a-d_a)^n}\right)^{[1/(2-n)]}$得:

$$v_c=\left[\frac{8^{0.5-1}[(3\times 0.5+1)/(4\times 0.5)]^{0.5}\times 0.35\times 3\ 575}{1\ 560\times(0.215\ 9-0.177\ 8)^{0.5}}\right]^{[1/(2-0.5)]}$$

$$=\left[\frac{8^{-0.5}\times(2.5/2.0)^{0.5}\times 0.35\times 3\ 575}{1\ 560\times(0.215\ 9-0.177\ 8)^{0.5}}\right]^{[1/(2-0.5)]}=1.38(m/s)$$

对于环空流——窄缝近似法,由式(68)$v_c=\left(\frac{12^{n-1}[(2n+1)/(3n)]^n kRe_{PL2}}{\rho(D_a-d_a)^n}\right)^{[1/(2-n)]}$得:

$$v_c=\left[\frac{12^{0.5-1}[(2\times 0.5+1)/(3\times 0.5)]^{0.5}\times 0.35\times 3\ 575}{1\ 560\times(0.215\ 9-0.177\ 8)^{0.5}}\right]^{[1/(2-0.5)]}$$

$$=\left[\frac{12^{-0.5}\times(2.0/1.5)^{0.5}\times 0.35\times 3\ 575}{1\ 560\times(0.215\ 9-0.177\ 8)^{0.5}}\right]^{[1/(2-0.5)]}=1.23(m/s)$$

由式(46)$q=\frac{\pi\times(D_a^2-d_a^2)}{4}\times v$ 得,临界流量 $q_c=\frac{\pi\times(D_a^2-d_a^2)}{4}\times v_c$,故:

对于管近似法,临界流量为:

$$q_c=\frac{\pi\times(0.215\ 9^2-0.177\ 8^2)}{4}\times 1.38=16.26\times 10^{-3}(m^3/s)$$

对于窄缝近似法,临界流量为:

$$q_c=\frac{\pi\times(0.215\ 9^2-0.177\ 8^2)}{4}\times 1.23=14.50\times 10^{-3}(m^3/s)$$

该流体以 $q=0.024\ m^3/s$ 的流量流动,在 500 m 处的摩阻压力 Δp 为多少 Pa?

由式(45) $v=\frac{4q}{\pi\times(D_a^2-d_a^2)}$ 得,平均流速为:

$$v=\frac{4\times0.024}{\pi\times(0.2159^2-0.1778^2)}=2.04(\text{m/s})$$

故对于管近似法,由式(59) $Re_{PL}=\frac{\rho v^{2-n}(D_a-d_a)^n}{8^{n-1}[(3n+1)/(4n)]^n k}$ 得,其雷诺数为:

$$Re=\frac{1560\times2.04^{1.5}\times(0.2159-0.1778)^{0.5}}{8^{-0.5}\times(2.5/2.0)^{0.5}\times0.35}=6414$$

对于窄缝近似法,由式(60) $Re_{PL}=\frac{\rho v^{2-n}(D_a-d_a)^n}{12^{n-1}[(2n+1)/(3n)]^n k}$ 得,其雷诺数为:

$$Re=\frac{1560\times2.04^{1.5}\times(0.2159-0.1778)^{0.5}}{12^{-0.5}\times(2.0/1.5)^{0.5}\times0.35}=7605$$

因 $Re>Re_{PL2}$(3 575),故流态为紊流,摩阻系数的值可用下式计算。

对于管近似法:

$$f=0.0730\times6414^{-0.293}=5.60\times10^{-3}$$

对于窄缝近似法:

$$f=0.0730\times7605^{-0.293}=5.32\times10^{-3}$$

故由式(48) $\frac{\Delta p}{L}=\frac{2\rho v^2 f}{(D_a-d_a)}$ 得,对于管近似法,摩阻压力梯度为:

$$\frac{\Delta p}{L}=\frac{2\times1560\times2.04^2\times5.60\times10^{-3}}{(0.2159-0.1778)}=1908(\text{Pa/m})$$

对于窄缝近似法,摩阻压力梯度为:

$$\frac{\Delta p}{L}=\frac{2\times1560\times2.04^2\times5.32\times10^{-3}}{(0.2159-0.1778)}=1813(\text{Pa/m})$$

对于管近似法,摩阻压力为:

$$\Delta p=1908\times500=954000(\text{Pa})$$

对于窄缝近似法:

$$\Delta p=1813\times500=906500(\text{Pa})$$

13.4 宾汉塑性流体

13.4.1 公式

宾汉塑性流体的性能用塑性黏度 μ_p 和屈服值 τ_o 表示。在下面的公式中,用旋转黏度计测得的塑性黏度 $\mu_{p,RV}$ 和屈服值 $\tau_{o,RV}$ 按下式进行修正:

$$\mu_p=K_{\mu_p}\exp[0.9815\ln(\mu_{p,RV}K_{\mu_p,RV})-0.03832] \quad\cdots\cdots(72)$$

$$\tau_o=K_{\tau_o}(1.193\tau_{o,RV}K_{\tau_o,RV}-1.611) \quad\cdots\cdots(73)$$

式中:

μ_p ——宾汉塑性流体的塑性黏度,单位为帕秒(Pa·s);

K_{μ_p} ——0.001;

$\mu_{p,RV}$ ——由旋转黏度计测得的塑性黏度,单位为帕秒(Pa·s);

$K_{\mu_p,RV}$ ——1 000;

τ_o ——宾汉塑性流体的屈服应力,单位为帕(Pa);

K_{τ_o} ——0.478 8;

$\tau_{o,RV}$ ——由旋转黏度计测得的屈服值,单位为帕(Pa);

$K_{\tau_o,RV}$ ——2.088 5。

a) 宾汉雷诺数

塑性黏度为 μ_p、屈服值为 τ_o、密度为 ρ 的宾汉塑性流体，其宾汉雷诺数 Re_{BP}定义为：

1) 管流

$$Re_{BP}=\frac{v\rho d_p}{\mu_p} \qquad (74)$$

2) 环空流——管近似法

$$Re_{BP}=\frac{v\rho(D_a-d_a)}{\mu_p} \qquad (75)$$

3) 环空流——窄缝近似法

$$Re_{BP}=\frac{v\rho(D_a-d_a)}{1.5\times\mu_p} \qquad (76)$$

式中：

Re_{BP}——宾汉塑性流体的雷诺数；

v ——流体平均流速，单位为米每秒(m/s)；

ρ ——流体密度，单位为千克每立方米(kg/m³)；

d_p ——套管内径，单位为米(m)；

d_a ——环空内径，单位为米(m)；

D_a ——环空外径，单位为米(m)；

μ_p ——宾汉塑性流体的塑性黏度，单位为帕秒(Pa·s)。

b) 流体平均流速

对于给定的雷诺数，流体的平均流速可由式(77)～式(79)计算：

1) 管流

$$v=\frac{\mu_p Re_{BP}}{\rho d_p} \qquad (77)$$

2) 环空流——管近似法

$$v=\frac{\mu_p Re_{BP}}{\rho(D_a-d_a)} \qquad (78)$$

3) 环空流——窄缝近似法

$$v=\frac{1.5\mu_p Re_{BP}}{\rho(D_a-d_a)} \qquad (79)$$

式中：

v ——流体平均流速，单位为米每秒(m/s)；

μ_p ——宾汉塑性流体的塑性黏度，单位为帕秒(Pa·s)；

Re_{BP} ——宾汉塑性流体的雷诺数；

ρ ——流体密度，单位为千克每立方米(kg/m³)；

d_p ——套管内径，单位为米(m)；

d_a ——环空内径，单位为米(m)；

D_a ——环空外径，单位为米(m)。

根据雷诺数的值，将流体的流态分为表 9 中 3 类：

表 9 流体的流态分类 3

流态	管流	环空流
层流	$Re_{BP}\leqslant Re_{BP1}$	$Re_{BP}\leqslant Re_{BP1}$
过渡流	$Re_{BP1}<Re_{BP}<Re_{BP2}$	$Re_{BP1}<Re_{BP}<Re_{BP2}$
紊流	$Re_{BP}\geqslant Re_{BP2}$	$Re_{BP}\geqslant Re_{BP2}$

c) Re_{BP1} 和 Re_{BP2} 按式(80)和式(81)计算

1) 管流和环空流——管近似法

$$Re_{BP1} = Re_{BP2} - 866(1 - \alpha_c) \quad \cdots\cdots (80)$$

2) 环空流——窄缝近似法

$$Re_{BP1} = Re_{BP2} - 577(1 - \alpha_c) \quad \cdots\cdots (81)$$

d) Re_{BP2} 按式(82)和式(83)计算

1) 管流和环空流——管近似法

$$Re_{BP2} = \frac{He(0.968\ 774 - 1.362\ 439 \times \alpha_c + 0.160\ 0822 \times \alpha_c^4)}{8\alpha_c} \quad \cdots\cdots (82)$$

2) 环空流——窄缝近似法

$$Re_{BP2} = \frac{He(0.968\ 774 - 1.362\ 439 \times \alpha_c + 0.160\ 082\ 2 \times \alpha_c^4)}{12\alpha_c} \quad \cdots\cdots (83)$$

式中：

He——赫兹数[见 e)]，且 α_c 按式(84)计算：

$$\alpha_c = \frac{3}{4}\,\frac{\left(\dfrac{2He}{24\ 500} + \dfrac{3}{4}\right) - \sqrt{\left(\dfrac{2He}{24\ 500} + \dfrac{3}{4}\right)^2 - 4\left(\dfrac{He}{24\ 500}\right)^2}}{2\left(\dfrac{He}{24\ 500}\right)} \quad \cdots\cdots (84)$$

e) 赫兹数

He 为赫兹数，按式(85)～式(87)计算

1) 管流

$$He = \frac{\tau_o \rho d_p^2}{\mu_p^2} \quad \cdots\cdots (85)$$

2) 环空流——管近似法

$$He = \frac{\tau_o \rho (D_a - d_a)^2}{\mu_p^2} \quad \cdots\cdots (86)$$

3) 环空流——窄缝近似法

$$He = \frac{\tau_o \rho (D_a - d_a)^2}{1.5^2 \mu_p^2} \quad \cdots\cdots (87)$$

式中：

He ——赫兹数；

τ_o ——宾汉塑性流体的屈服应力，单位为帕(Pa)；

ρ ——流体密度，单位为千克每立方米(kg/m^3)；

d_p ——套管内径，单位为米(m)；

d_a ——环空内径，单位为米(m)；

D_a ——环空外径，单位为米(m)；

μ_p ——宾汉塑性流体的塑性黏度，单位为帕秒(Pa·s)。

f) 临界平均流速

紊流流体的临界平均流速 v_c 为：

1) 管流

$$v_c = \frac{\mu_p Re_{BP2}}{\rho d_p} \quad \cdots\cdots (88)$$

2) 环空流——管近似法

$$v_c = \frac{\mu_p Re_{BP2}}{\rho (D_a - d_a)} \quad \cdots\cdots (89)$$

3) 环空流——窄缝近似法

$$v_c = \frac{1.5\mu_p Re_{BP2}}{\rho(D_a - d_a)} \quad \cdots\cdots\cdots\cdots (90)$$

式中：

v_c ——临界平均流速，单位为米每秒(m/s)；

μ_p ——宾汉塑性流体的塑性黏度，单位为帕秒(Pa·s)；

Re_{BP2} ——宾汉塑性流体的雷诺数；

ρ ——流体密度，单位为千克每立方米(kg/m^3)；

d_p ——套管内径，单位为米(m)；

d_a ——环空内径，单位为米(m)；

D_a ——环空外径，单位为米(m)。

g) 摩阻系数，层流

在层流流态下，摩阻系数 f 可由式(91)和式(92)计算：

1) 管流和环空流——管近似法

$$f = 16\left(\frac{1}{Re_{BP}} + \frac{He}{6Re_{BP2}}\right) \quad \cdots\cdots\cdots\cdots (91)$$

2) 环空流——窄缝近似法

$$f = 16\left(\frac{1}{Re_{BP}} + \frac{(9/8)He}{6Re_{BP2}}\right) \quad \cdots\cdots\cdots\cdots (92)$$

式中：

f ——摩阻系数；

Re_{BP} ——宾汉塑性流体的雷诺数；

He ——赫兹数。

根据流体力学机理，通过精确的分析得出流过管道的宾汉塑性流体的摩阻系数关系式：

$$f = 16\left(\frac{1}{Re_{BP}} + \frac{He}{6Re_{BP2}} - \frac{He^4}{3f^3 Re_{BP}^8}\right) \quad \cdots\cdots\cdots\cdots (93)$$

当$(\tau_o/\tau_w)^4$ 可以忽略时，从式(93)得到式(91)，其中 τ_o 是流体的屈服应力，τ_w 是井壁处的剪切应力。

根据流体力学机理，通过精确的分析得出流过窄缝的宾汉塑性流体的摩阻系数关系式：

$$f = 24\left(\frac{1}{Re_{BP,h}} + \frac{He_h}{8Re_{BP,h}^2} - \frac{He_h^3}{6f^2 Re_{BP,h}^6}\right) \quad \cdots\cdots\cdots\cdots (94)$$

当比率$(\tau_o/\tau_w)^4$ 可以忽略时，通过窄缝的宾汉塑性流体的摩阻关系式(94)可写为：

$$f = 24\left(\frac{1}{Re_{BP,h}} + \frac{He_h}{8Re_{BP,h}^2}\right) \quad \cdots\cdots\cdots\cdots (95)$$

式中：

τ_o——流体的屈服应力；

τ_w——井壁处的剪切应力。

对于窄缝流体，$Re_{BP,h}$和 He_h 可定义为：

$$Re_{BP,h} = \frac{v\rho(D_h - D_o)}{\mu_p} \quad \cdots\cdots\cdots\cdots (96)$$

$$He_h = \frac{\tau_o \rho (D_h - D_o)^2}{\mu_p^2} \quad \cdots\cdots\cdots\cdots (97)$$

式中：

Re_{BP}——宾汉塑性流体的雷诺数；

v ——流体平均流速，单位为米每秒(m/s)；

ρ ——流体密度，单位为千克每立方米(kg/m³)；

d_a ——环空内径，单位为米(m)；

D_a ——环空外径，单位为米(m)；

μ_p ——宾汉塑性流体的塑性黏度，单位为帕秒(Pa·s)；

He ——赫兹数；

τ_o ——宾汉塑性流体的屈服应力，单位为帕(Pa)。

在式(92)中，如果其雷诺数和赫兹数用液压横断面表示，则通过窄缝的宾汉塑性流体的摩阻系数可写为：

$$f=16\left(\frac{1.5}{Re_{BP,h}}+\frac{(9/8)He_h}{6Re_{BP,h}^2}\right) \qquad (98)$$

可简化为：

$$f=24\left(\frac{1}{Re_{BP,h}}+\frac{He_h}{8Re_{BP,h}^2}\right) \qquad (99)$$

该式与式(95)相同。

对于宾汉塑性流体层流流态，式(91)～式(94)可由经分析推导的精确公式得出。

对于紊流，无论流体在哪种几何形状内流动，摩阻系数均用式(100)计算：

$$f=A(Re_{BP})^{-B} \qquad (100)$$

式中：

f ——摩阻系数；

Re_{BP} ——宾汉塑性流体的雷诺数。

式中常数 A 和 B 见表 10。

表 10 常数 *A* 值和 *B* 值

He	*A*	*B*
$\leqslant 0.75\times10^5$	0.206 56	0.378 0
$0.75\times10^5<He\leqslant1.575\times10^5$	0.263 65	0.389 31
$>1.575\times10^5$	0.205 21	0.355 79

对于过渡流，在 $Re_{BP1}\leqslant Re\leqslant Re_{BP2}$ 范围内，采用双对数近似法计算雷诺数。

13.4.2 计算示例

13.4.2.1 示例 1

密度 ρ 为 1 560 kg/m³、用旋转黏度计测得的塑性黏度 $\mu_{p,RV}$ 为 6×10^{-3} Pa·s、屈服值 $\tau_{o,RV}$ 为 4 Pa 的宾汉塑性流体在内径 d_p 为 0.059 m 的管内流动，其紊流的临界流量 q_c 为多少 m³/s?

根据式(72)和式(73)，用旋转黏度计测得的 PV 和 YP 被修正为：

$$\mu_p=0.001\times\exp[0.981\ 5\ \ln(6\times10^{-3}\times1\ 000)-0.038\ 32]=5.586\ 2\times10^{-3}$$

$$\tau_o=0.478\ 8\times(1.193\times4\times2.088\ 5-1.611)=4.001$$

由式(85) $He=\frac{\tau_o\rho d_p^2}{\mu_p^2}$ 得，赫兹数 He 为：

$$He=\frac{4.001\times1\ 560\times0.059^2}{(5.586\ 2\times10^{-3})^2}=696\ 248$$

计算出 He 后，分别根据式(84)和式(82)得，α_c 和 Re_{BP2} 为：

$$\alpha_c=\frac{3}{4}\frac{[(2\times696\ 248)/245\ 00+3/4]-\sqrt{[(2\times696\ 248)/24\ 500+3/4]^2-4(696\ 248/24\ 500)^2}}{2(696\ 248/24\ 500)}=0.638$$

$$Re_{BP2}=\frac{696\ 248\times[0.968\ 774-(1.362\ 439\times0.638)+0.160\ 082\ 2\times0.638^4]}{8\times0.638}=17\ 196$$

由式(88)$v_c=\frac{\mu_p Re_{BP2}}{\rho d_p}$得，临界流速为：

$$v_c=\frac{5.586\ 2\times10^{-3}\times17\ 196}{1\ 560\times0.059}=1.04(\text{m/s})$$

由式(44)$q=\frac{\pi\times d_p^2}{4}\times v$ 得，临界流量 $q_c=\frac{\pi\times d_p^2}{4}\times v_c$，故：

$$q_c=\frac{\pi\times0.059^2}{4}\times1.04=2.84\times10^{-3}(\text{m}^3/\text{s})$$

13.4.2.2 示例 2

该流体以 $q=0.015\ \text{m}^3/\text{s}$ 的流量流动，在 500 m 处的摩阻压力 Δp 为多少 Pa?

由式(43)$v=\frac{4q}{\pi\times d_p^2}$得，平均流速为：

$$v=\frac{4\times0.015}{\pi\times0.059^2}=5.50(\text{m/s})$$

故由式(74)$Re_{BP}=\frac{v\rho d_p}{\mu_p}$得，宾汉雷诺数为：

$$Re_{BP}=\frac{5.50\times1\ 560\times0.059}{5.586\ 2\times10^{-3}}=90\ 620$$

因 $Re>Re_{BP2}$(17 196)，故流态为紊流。

又因 $He=696\ 248>1.575\times10^5$，故摩阻系数为：

$$f=0.205\ 21\times906\ 20^{-0.355\ 79}=3.54\times10^{-3}$$

故由式(47)$\frac{\Delta p}{L}=\frac{2\rho v^2 f}{d_p}$得，摩阻压力梯度为：

$$\frac{\Delta p}{L}=\frac{2\times1\ 560\times5.50^2\times(3.54\times10^{-3})}{0.059}=5\ 663(\text{Pa/m})$$

摩阻压力为：

$$\Delta p=5\ 663\times500=283\ 140\ 0(\text{Pa})$$

13.4.2.3 示例 3

密度 ρ 为 1 560 kg/m³、用旋转黏度计测得的塑性黏度 $\mu_{p,RV}$ 为 6×10^{-3} Pa·s、屈服值 $\tau_{o,RV}$ 为 4 Pa 的宾汉塑性流体在外径 D_a 为 0.215 9m、内径 d_a 为 0.177 8 m 的环空内流动，其紊流的临界流量 q_c 为多少 m³/s?

直径比 $d_a/D_a=0.177\ 8/0.215\ 9=0.823\ 5$。

该比值大于 0.3，因此应采用窄缝近似法，本例将用管近似法和窄缝近似法进行计算。

紊流流体的临界流速为：

a) 赫兹数——环空流——管近似法，由式(86)$He=\frac{\tau_o\rho(D_a-d_a)^2}{\mu_p^2}$得：

$$He=\frac{4.001\times1\ 560\times(0.215\ 9-0.177\ 8)^2}{(5.586\ 2\times10^{-3})^2}=290\ 342$$

b) 赫兹数——环空流——窄缝近似法，由式(87) $He=\frac{\tau_o\rho(D_a-d_a)^2}{1.5^2\mu_p^2}$ 得：

$$He=\frac{4.001\times1\,560\times(0.215\,9-0.177\,8)^2}{1.5^2\times(5.586\,2\times10^{-3})^2}=129\,041$$

c) α_c——环空流——管近似法，由式(84)得：

$$\alpha_c=\frac{3}{4}\frac{[(2\times290\,342)/245\,00+3/4]-\sqrt{[(2\times290\,342)/24\,500+3/4]^2-4(290\,342/24\,500)^2}}{2(290\,342/24\,500)}$$

$$=0.583\,6$$

d) α_c——环空流——窄缝近似法，由式(84)得：

$$\alpha_c=\frac{3}{4}\frac{[(2\times129\,041)/24\,500+3/4]-\sqrt{[(2\times129\,041)/24\,500+3/4]^2-4(129\,041/24\,500)^2}}{2(129\,041/24\,500)}$$

$$=0.515\,4$$

e) 临界宾汉雷诺数 Re_{BP2}——环空流——管近似法，由式(82)得：

$$Re_{BP2}=\frac{290\,342\times[0.968\,774-(1.362\,439\times0.583\,6)+0.160\,082\,2\times(0.583\,6)^4]}{8\times0.583\,6}=11\,954$$

f) 临界宾汉雷诺数 Re_{BP2}——环空流——窄缝近似法，由式(83)得：

$$Re_{BP2}=\frac{129\,041\times[0.968\,774-(1.362\,439\times0.515\,4)+0.160\,082\,2\times(0.515\,4)^4]}{12\times0.515\,4}=5\,798$$

g) 流体紊流的临界平均流速——环空流——管近似法，由式(89) $v_c=\frac{\mu_p Re_{BP2}}{\rho(D_a-d_a)}$ 得：

$$v_c=\frac{(5.586\,2\times10^{-3})\times119\,54}{1\,560\times(0.215\,9-0.177\,8)}=1.12(\mathrm{m/s})$$

h) 流体紊流的临界平均流速——环空流——窄缝近似法，由式(90) $v_c=\frac{1.5\mu_p Re_{BP2}}{\rho(D_a-d_a)}$ 得：

$$v_c=\frac{1.5\times(5.586\,2\times10^{-3})\times579\,8}{1\,560\times(0.215\,9-0.177\,8)}=0.82(\mathrm{m/s})$$

i) 临界流量——环空流——管近似法

$$q_c=\frac{\pi\times(0.215\,9^2-0.177\,8^2)\times1.12}{4}=0.013(\mathrm{m^3/s})$$

j) 临界流量——环空流——窄缝近似法

$$q_c=\frac{\pi\times(0.215\,9^2-0.177\,8^2)\times0.82}{4}=0.010(\mathrm{m^3/s})$$

13.4.2.4 示例 4

该流体以 $q=0.015\ \mathrm{m^3/s}$ 的流量流动，在 500 m 处的摩阻压力 Δp 为多少 Pa？

由式(45) $v=\frac{4q}{\pi\times(D_a^2-d_a^2)}$ 得，平均流速为：

$$v=\frac{4\times0.015}{\pi\times(0.215\,9^2-0.177\,8^2)}=1.27(\mathrm{m/s})$$

a) 雷诺数——环空流——管近似法，由式(75) $Re_{BP}=\frac{v\rho(D_a-d_a)}{\mu_p}$ 得：

$$Re_{BP}=\frac{1.27\times1\,560\times(0.215\,9-0.177\,8)}{5.586\,2\times10^{-3}}=13\,513$$

b) 雷诺数——环空流——窄缝近似法，由式(76) $Re_{BP}=\frac{v\rho(D_a-d_a)}{1.5\times\mu_p}$ 得：

$$Re_{BP}=\frac{1.27\times1\,560\times(0.215\,9-0.177\,8)}{1.5\times5.586\,2\times10^{-3}}=9\,008$$

因在管近似法中 Re_{BP}(13 513)>Re_{BP2}(11 954),且在窄缝近似法中同样 Re_{BP}(9 008)>Re_{BP2}(5 798),故流态为紊流。

c) 管近似法

对于管近似法,赫兹数 He(290 342)>1.575×10^5,故摩阻系数 f 为:

$$f=0.205\ 21\times13\ 513^{-0.355\ 79}=6.96\times10^{-3}$$

由式(48)$\frac{\Delta p}{L}=\frac{2\rho v^2 f}{(D_a-d_a)}$得,摩阻压力梯度为:

$$\frac{\Delta p}{L}=\frac{2\times1\ 560\times1.27^2\times(6.96\times10^{-3})}{(0.215\ 9-0.177\ 8)}=919(\text{Pa/m})$$

摩阻压力为:

$$\Delta p=919\times500=459\ 500(\text{Pa})=459.5(\text{kPa})$$

d) 窄缝近似法

对于窄缝近似法,赫兹数为 $0.75\times10^5<He(129\ 041)<1.575\times10^5$,故摩阻系数 f 为:

$$f=0.263\ 65\times9\ 008^{-0.389\ 31}=7.61\times10^{-3}$$

由式(48)$\frac{\Delta p}{L}=\frac{2\rho v^2 f}{(D_a-d_a)}$得,摩阻压力梯度为:

$$\frac{\Delta p}{L}=\frac{2\times1\ 560\times1.27^2\times(7.61\times10^{-3})}{(0.215\ 9-0.177\ 8)}=1\ 005(\text{Pa/m})$$

摩阻压力为:

$$\Delta p=1\ 005\times500=502\ 500\ \text{Pa}=502.5(\text{kPa})$$

13.5 换算系数

见表 11。

表 11 单位换算系数

SI 单位	乘以系数	换算成 USC 单位
Pa	1×10^{-5}	bar
m^3	6.29	bbl
m^3/s	6.29×60	bbl/min
Pa·s	1 000	cP
m	3.28	ft
m^3/s	264.19×60	gal/min
m	39.37	in
m^3	1 000	l
m^3/s	$1\ 000\times60$	l/min
kg/m^3	$2.2\times(3.785\ 2\times10^{-3})$	lb/gal
kg/m^3	$2.2\times0.304\ 8^3$	lb/ft^3
Pa	2.09	$lbf/100\ ft^2$
$Pa\cdot s^n$	0.020 9	$lbf\cdot s^n/ft^2$
Pa	6 894.65	psi

14 北极注水泥试验方法

14.1 总则

本方法用于永冻地层注水泥的水泥浆进行试验。试验设备、被测材料和试验温度应控制在±1 ℃。

14.2 水泥浆的制备

按第5章制备试验样品，只是水泥混料和搅拌设备应预先冷却至－7 ℃，拌合水应预先冷却至1 ℃。混合后应立即记录水泥浆的温度，典型的水泥浆温度约为4 ℃。对全部试验，都应测量并记录其温度。

14.3 液体组分

液体组分应按基本干混料(不包括注水泥所需的任何外加剂)的质量分数(%)表示。

14.4 稠化时间

稠化时间试验应在稠化仪内4 ℃、常压条件下进行。

14.5 抗压强度

试样应在－7 ℃和4 ℃下养护到需要的试验龄期，如1 d、3 d或7 d。

试模应预先冷却至养护浴的温度，如－7 ℃或4 ℃。

在将水泥浆倒入预先冷却的试模中进行养护之前，应先在稠化仪内在4 ℃下搅拌90 min。在养护温度低于0 ℃时，试样应密封在装有淡水的容器中，淡水温度为试验温度或2 ℃，选择其中较高的温度。把密封容器浸入矿物油或乙二醇浴中在试验温度下养护。在养护过程中应避免污染淡水和试样。

示例：24 h抗压强度：

a) 在4 ℃、常压下搅拌水泥浆90 min；

b) 迅速将水泥浆倒入预先冷却的试模内，并密封在装有淡水的合适的容器中(用于试验温度低于0 ℃)，然后浸入养护浴中；

c) 在－7 ℃或4 ℃下养护水泥浆22 h，并监测温度；

d) 在破型前30 min将试块脱模，并放在4 ℃的水中。按7.5.6.3所述加荷速率进行抗压强度测试。

14.6 常压下冻-融循环

水泥浆应按14.2制备(不按14.5预先搅拌水泥浆)，并按下列次序养护(建议循环从星期一开始)：

a) 星期一，在4 ℃下养护48 h；

b) 星期三，在－7 ℃ 下养护24 h；

c) 星期四，在4 ℃下养护24 h；

d) 星期五，在38 ℃下养护72 h；

e) 星期一，在77 ℃下养护72 h；

f) 星期四，在38 ℃下养护24 h；

g) 星期五，在－7 ℃下养护72 h；

h) 星期一，将温度升至4 ℃，并重复循环。

14.7 抗压强度循环试验

在上述条件下水泥试块经一次和三次循环(14 d和42 d)之后，应对其进行检查和破型。在循环期间，将所有试块浸没在水中并在试模中进行养护，同时水泥石顶部浸在水中。将 4 ℃下养护 48 h 的试样破型作为参考值。

15 水泥浆稳定性试验

15.1 引言

本试验的目的是测定水泥浆的静态(静止)稳定性。首先搅拌水泥浆，模拟井内动态的注水泥作业，然后静置水泥浆，测定是否有游离液从水泥浆中分离或是否发生水泥浆颗粒沉降。为了了解水泥浆在井下条件下的静态稳定性，同时需要游离液试验结果和沉降试验结果。有极少沉降的水泥浆能产生游离液，而没有游离液产生的水泥浆也会发生沉降。因此，确定水泥浆的稳定性必须评价游离液及沉降两个试验结果。通常认为，过量的游离液或沉降对水泥环质量是不利的，不同的注水泥作业对游离液或沉降的要求也不同。

15.2 水泥浆的制备

按第 5 章制备水泥浆。如果按 15.6 进行沉降试验，在制备水泥浆后立即用加压液体密度计测量水泥浆密度(见第 6 章)。

15.3 水泥浆的搅拌

应将水泥浆立即倒入常压稠化仪或增压稠化仪浆杯中进行搅拌。用任何一种稠化仪都应根据最接近现场实际条件的稠化时间试验方案升压及升温或降温。在增压稠化仪上进行如下操作：按第 9 章中的方法，将水泥浆放入增压稠化仪的釜体里，开始稠化时间试验。如果需要的话，在进行下一步操作之前，将水泥浆在规定的温度和压力下搅拌 30 min±30 s 或其他所需的搅拌时间。如果搅拌温度高于 90 ℃，为安全起见，将水泥浆冷却到约 90 ℃ 。如果试验所在区域水的沸点低于 100 ℃，相应地调整该安全温度。

缓慢释放压力(放压速率约为 1 380 kPa/s)。从稠化仪中取出浆杯，要保持浆杯竖直取出，这样油不会混入水泥浆。拧下浆杯顶部固定环，取下驱动档、隔板上盖和垫圈，用注射器和纸巾吸去隔板上面的油，取出隔板和支撑环，用注射器和纸巾吸去水泥浆上面所有残留的油。如果油的污染严重，那么废弃该水泥浆并重新开始试验。取出搅拌浆叶，用刮刀不断搅拌水泥浆，以确保水泥浆均匀。水泥浆经搅拌之后，按 15.4 或按 15.5 进行游离液试验，按 15.6 进行沉降试验。

注：90 ℃为安全温度是假设水的沸点为 100 ℃而确定的。

15.4 在加热环境静置水泥浆的游离液试验

15.4.1 总则

在 1 min 内将水泥浆直接倒入一个洁净、干燥并有刻度的透明量管中，水泥浆的倒入高度与量管内径的比值应大于 6∶1 且小于 8∶1。透明量管在试验期间，不应与油井水泥发生化学反应且不应变形。透明量管的刻度应使管内水泥浆体积在目测时能精确到±2 mL，游离液试验所用水泥浆体积应在 100 mL 和 250 mL 之间(包括 100 mL 和 250 mL)。当垂直放置量管时，记录量管内水泥浆的体积，也记录量管的尺寸。

用于静置养护水泥浆的试验容器应预先加热或冷却到 T_{BHC} 或 90 ℃，如果试验温度高于 90 ℃，则养护容器应预先加热(或预先冷却)到 90 ℃ 。选定 90 ℃是为了最大限度地减少冷凝对试验结果的影响，同时也是假定水的沸点为 100 ℃而确定的。如果试验所在区域水的沸点低于 100 ℃，相应地调整试验温度。该试验容器可以是一台常压加热或冷却浴/炉/套/容器，或者是一台用烃类油加热/冷却水泥浆的合适的加压容器。

本章以下将浴/炉/套/容器或加压容器统称为容器。当使用烃类油时，油的闪点应满足试验单位的安全要求。

15.4.2 温度低于 90 ℃ 的游离液试验

立即将量管放入已预先加热或预先冷却至 T_{BHC} 的容器中，在量管开口处盖上盖子以防止水分蒸发，容器必须能加热或冷却整个水泥浆部分。如果需要的话，可将量管倾斜以模拟井斜角度。应采取适当的预防措施，确保静置养护在基本无振动条件下进行。

在余下的静置时间内，将温度保持在 T_{BHC}。从水泥浆倒入透明量管算起，试验的静置时间为 2 h±5 min。静置 2 h 后，将上层析出的清液(水泥浆顶部有色或无色液体)用移液管或注射器移出。测量和记录析出清液的体积，准确到±0.1 mL，并将此读数作为游离液的毫升数。

然后按式(101)计算游离液体积分数 φ：

$$\varphi=\frac{V_F}{V_S}\times 100\% \qquad \cdots\cdots(101)$$

式中：

φ ——游离液的体积分数，%；

V_F ——游离液体积，单位为毫升(mL)；

V_S ——水泥浆体积，单位为毫升(mL)。

15.4.3 温度高于或等于 90 ℃ 的游离液试验

将量管放入装有油且已预先加热至 90 ℃ 的加热容器中。如果需要，可将量管倾斜以模拟井斜角度。将水泥浆升温至 T_{BHC}，升温时间为水泥浆从循环温度为 90 ℃ 的井深到达井底循环温度 T_{BHC} 所需的时间。有些加热容器可能达不到快速升温的要求，在这种情况下应尽可能快速升温，但应最大限度地减少温度超过 T_{BHC} 的幅度。将水泥浆温度保持在 T_{BHC}，直到将养护容器冷却至 90 ℃为止 。对于不同的容器，将温度冷却到 90 ℃所需的时间也不同。在整个试验过程中，养护容器应保持足够高的压力以防止水泥浆沸腾(见表 4)。如果需要，可模拟井底条件施加压力。为防止振动，应避免连续启动增压泵。可从第 9 章的方案中选择升温速率和升压速率。应采取适当的预防措施，确保静置养护在基本无振动条件下进行。

从水泥浆倒入量管算起，试验的静置时间为 2 h。在测量游离液之前，应将水泥浆冷却到 90 ℃。冷却时间包括在 2 h 的静置时间之内。静置 2 h 后，将上层析出的清液(水泥浆顶部有色或无色液体)用移液管或注射器移出。浸没在烃类油中的水泥浆，其游离液会聚集在水泥浆的上面，但在油的下面。测量和记录析出清液的体积，准确到±0.1 mL。然后按式(101)计算游离液体积分数 φ，以“%”表示。

15.5 在室温环境静置水泥浆的游离液试验

按 15.3 搅拌水泥浆后，在 1 min 内将水泥浆直接倒入洁净、干燥的 250 mL 玻璃量筒内至 250 mL 刻度线。量筒 0 mL 到 250 mL 刻度部分的长度不应小于 232 mm，也不应大于 250 mm，每格刻度应等于 2 mL 或更少。在倒入水泥浆的过程中，应使用刮刀手工搅拌水泥浆，以确保水泥浆样品均匀。从水泥浆倒入量管算起，试验的静置时间为 2 h。应使用塑料薄膜胶带或等效材料将量筒密封，以防止水分蒸发。可将量筒倾斜以模拟井斜角度。应采取适当的预防措施，确保静置养护在基本无振动条件下进行。

静置 2 h 后，将上层析出的清液(水泥浆顶部有色或无色液体)用移液管或注射器移出。测量和记录析出清液的体积，准确到±0.1 mL。然后按式(101)计算游离液体积分数 φ，以“%”表示。

15.6 沉降试验

15.6.1 按 15.3 搅拌水泥浆后，将水泥浆倒入沉降管内距沉降管顶部约 20 mm 处。沉降管内径应为

25 mm±5 mm,最小长度应为 100 mm。最通用的沉降管长度约为 200 mm(见图 19)。沉降管的内表面和所有连接处都应涂一薄层润滑脂,以确保不漏水泥浆,以及拆卸时不损坏水泥石。在试验期间,沉降管不应与油井水泥发生反应且不能变形。应捣拌沉降管中的水泥浆以排除气泡,然后应将沉降管装满水泥浆。沉降管顶端应盖上盖子以防止水泥浆溢出,顶盖应有传压孔。装满水泥浆的沉降管应垂直放在装有水的加热/冷却容器中,容器应预先加热或预先冷却至 T_{BHC},若试验温度高于 90 ℃,那么养护容器应预先加热或预先冷却至 90 ℃(见 15.3 中的安全注释)。

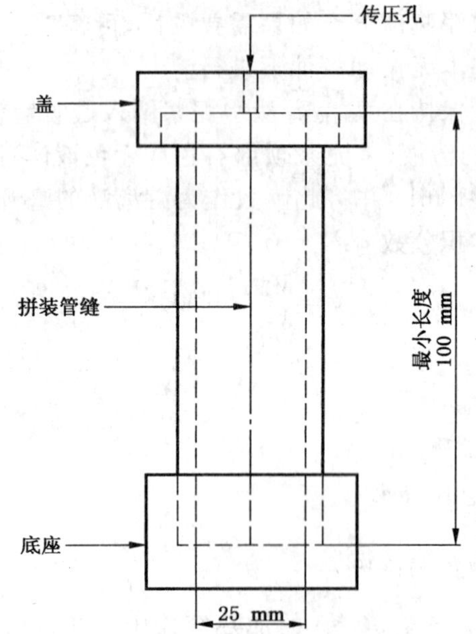

图 19 典型的沉降管

15.6.2 应进一步调节水泥浆温度以模拟井内的温度变化。养护容器应保持足够的压力以防止水泥浆沸腾(见表 4),如果需要,可模拟井底条件施加压力。为防止振动,应避免连续启动增压泵。可从附录 D 和第 7 章的方案中选择温度和压力。将水泥浆养护 24 h 或养护到凝固为止,再从养护容器中取出。

15.6.3 如果需要,将养护容器冷却至 90 ℃(见 15.3 中的安全注释),释放容器中的压力。将沉降管从养护容器中取出并放入 27 ℃±6 ℃水浴中。沉降管冷却后,从中取出水泥石试样,将试样浸没在水中以防止其晾干。应测量水泥石试样的长度,在距离试样底部和顶部约 20 mm 处做上两个标记,在这两个标记之间再分成大致相等的若干份(至少两份)并划上标记,在这些标记处将试样割断,切割好的试块按顺序排列。在称量每一段试块之前,将这些试块一直浸没在水中。天平精度应为 0.01 g,最好为 0.001 g。

15.6.4 测定每一节水泥试块的密度,最好的方法是把装有水的烧杯放在天平(天平精度应为 0.01 g,最好为 0.001 g)上,去掉皮重使天平示零。从水浴中取出一节被测试块并用纸巾轻轻擦干,将该试块放在天平上的烧杯旁边,记录其质量,然后从天平上取下试块。重新去皮重使天平回零。在该试块周围绑一根细绳套,用细绳将试块吊起并放入烧杯里的水中,使整个试块完全浸没在水中且不应接触烧杯的杯底或侧壁,也不应有气泡附着在试块上。记录试块在水中的质量,然后从水中取出试块,将天平去皮重。重复以上步骤,测定每一节水泥试块的密度。运用阿基米德原理,按式(102)计算每一段水泥试块的相对密度。

$$d_{rel} = \frac{m_i}{m_{i,w}} \qquad (102)$$

式中:

d_{rel} ——第 i 节水泥试块的相对密度;

m_i ——第 i 节水泥试块在空气中的质量,单位为克(g);

$m_{i,w}$ ——第 i 节水泥试块在水中的质量,单位为克(g)。

全部试块的测定结果用于说明整个试样的密度分布情况。

注:水泥浆在凝固时其密度有一点儿增加是正常的。

在养护之前测定水泥浆密度，水泥浆样品和水泥石样品之间的密度差按式(103)计算：

$$\frac{\Delta\rho_i}{\rho_s}=\frac{\rho_i-\rho_s}{\rho_s}\times 100 \qquad\cdots\cdots(103)$$

式中：

$\Delta\rho_i/\rho_s$ ——第 i 节水泥试块的密度差，%；

ρ_i ——第 i 节水泥试块的密度，单位为克每立方分米(g/cm³)；

ρ_s ——水泥浆的密度，单位为克每立方分米(g/cm³)。

油井水泥浆和水泥石的密度差可能变化很大，这取决于多种因素。不同的注水泥作业对密度差的要求也不同。在试验结果报告单(表 12)中应注明升温、升压和冷却信息，这些信息将使其他实验室能重复试验。如果升温速率、升压速率和冷却速率是线性的，那么注明以上信息就足够了。如果速率是非线性的，则应在报告单中注明具体的升温、升压和冷却方案。

表 12 游离液试验和沉降试验结果报告单

水泥浆的制备和搅拌： 水泥温度：______℃；拌合水温度：______℃；水泥浆初始温度：______℃；水泥浆最终温度：______℃； 升到最终温度所需的时间：______ min；追加搅拌时间(可选项)：______ min； 初始压力：______ MPa；最终压力：______ MPa；升到最终压力所需的时间：______ min； 游离液试验： 量管长度：______ mm；量管内径：______ mm； 低于 90 ℃的游离液试验： 水泥浆体积：______ mL；试验温度：______℃；倾斜角度：______°； 测量的游离液体积：______ mL；游离液体积分数：______%； 高于或等于 90 ℃的游离液试验： 水泥浆体积：______ mL；最终温度：______℃；升到最终温度所需的时间：______ min； 初始试验压力：______ MPa；最终试验压力：______ MPa；升到最终压力所需的时间：______ min； 倾斜角度：______°；水泥浆冷却到 90 ℃所需的时间：______ min；测量的游离液体积：______ mL； 游离液体积分数：______%；是否采用第 7 章方案：是______；否______；如果是，方案号为：______； 在室温环境静置水泥浆的游离液试验： 倾斜角度：______°；测量的游离液体积：______ mL；游离液体积分数：______%； 沉降试验 养护容器的预热或预冷温度：______℃；T_{BHC}：______℃；升到 T_{BHC} 所需的时间：______ min； T_{BHS} ______℃；升到 T_{BHS} 所需的时间：______ min；初始试验压力：______ MPa； 在 T_{BHC} 下的压力：______ MPa；在 T_{BHC} 下升到试验压力所需的时间：______ min； 在 T_{BHS} 下的压力：______ MPa；在 T_{BHS} 下升到试验压力所需的时间：______ min； 在 T_{BHS} 下的时间：______ h；养护容器冷却到 90 ℃所需的时间：______ min； 沉降管长度：______ mm；水泥石试样长度：______ mm； 是否采用附录 C 方案：是______ 否______； 如果是，方案号为：______；是否采用第 7 章方案：是______ 否______； 如果是，方案号为：______；水泥浆密度：______ g/cm³； 水泥试块密度分布： 第 1 段(顶部)试块密度：______ g/cm³；密度差：______%； 第 2 段试块密度：______ g/cm³；密度差：______%； 第 3 段试块密度：______ g/cm³；密度差：______%； 第 4 段试块密度：______ g/cm³；密度差：______%； 第 5 段试块密度：______ g/cm³；密度差：______%； ⋮ 第 X 段(底部)试块密度：______ g/cm³；密度差：______%。

16 井下流体的相容性

16.1 总则

本方法旨在测定注水泥作业中井下流体的相容程度。本方法包括流变性能、静胶凝强度、稠化时间、抗压强度、滤失和固相悬浮试验。需要时用本方法可选择合适的前置液(包括冲洗液和隔离液)。用户应从本方法中慎选所需的部分方法。

下面的试验方法对于前置液都是一样的。以下以"隔离液"为例。

16.2 试验流体的制备

16.2.1 隔离液的制备

隔离液应按产品说明现用现配,并进行老化。

16.2.2 钻井液的制备

应使用具有代表性的现场钻井液,试验前应充分混合钻井液样品。

16.2.3 水泥浆的制备

水泥浆应按第 5 章或附录 A 制备,每一试验都应重新制备水泥浆。

16.2.4 混合流体的制备

应使用按本章制备的混合流体进行流变性能、静胶凝强度、固相悬浮、稠化时间、抗压强度和滤失试验。在制备混合流体之前应先测出基本流体的数据。本章中的所有混合流体均以整个混合流体的体积分数 φ(%)表示。按适当比例的基本流体制备每一试验的混合流体,并用刮刀充分搅拌,直到搅拌均匀为止。混合流体的体积应满足试验所需的量。

16.3 流变性能

应测定水泥浆与钻井液、水泥浆与隔离液和钻井液与隔离液混合流体的流变性能。对每一种流体组合,推荐的比例是 95/5,75/25,50/50,25/75 和 5/95,钻井液与隔离液和水泥浆混合流体比例为 25/50/25,可按表 13 中的比例制备混合流体。应按第 12 章测量其流变性能,所测数据可记录在表 13 中。

表 13 相容性混合比例

编号	体积分数 φ/% (钻井液或水泥浆/隔离液)	混合方案
1#	95/5	760 mL 钻井液或水泥浆/40 mL 隔离液
2#	75/25	100 mL 隔离液+375 mL 1# 混合浆
3#	5/95	40 mL 钻井液或水泥浆/760 mL 隔离液
4#	25/75	100 mL 钻井液或水泥浆+375 mL 3# 混合浆
5#	50/50	等量的 1# 混合浆和 3# 混合浆
6#	25/50/25 (泥浆/隔离液/水泥浆)	等量的 5# 钻井液/隔离液和 5# 水泥浆/隔离液

16.4 稠化时间

应进行水泥浆与隔离液混合流体的稠化时间试验。推荐的混合比例为95/5和75/25。稠化时间试验应按第9章进行。用户可自行决定对水泥浆与钻井液的混合流体、隔离液与钻井液的混合流体和水泥浆、钻井液及隔离液的混合流体进行稠化时间试验。

16.5 抗压强度

应进行水泥浆与隔离液混合流体的抗压强度试验。推荐的混合比例为95/5和75/25。抗压强度试验应按第7章或第8章进行。用户可自行决定对水泥浆与钻井液的混合流体和水泥浆、钻井液及隔离液的混合流体进行抗压强度试验。

16.6 固相悬浮和静胶凝强度

16.6.1 本方法用于测定混合流体在注水泥期间和之后的性能。用户应根据按16.4或16.5测得的结果自行选择混合流体和混合比例。

16.6.2 对所选混合流体按第9章进行稠化时间试验。当达到规定的加热时间时，读出稠度值(B_c)，然后停止搅拌。过10 min后，恢复搅拌，同时观察启动瞬间胶凝强度的增长或固相沉降，显示在仪表上稠度指针有最大偏移。继续搅拌直至达到水泥基浆稠化时间的一半为止，读出稠度值(B_c)，然后停止搅拌。过10 min后，恢复搅拌。同时观察启动瞬间胶凝强度的增长或固相沉降。用户可随意重复这一循环。

16.7 滤失

应进行水泥浆与隔离液混合流体的滤失试验。推荐的混合比例为95/5和75/25。滤失试验应按第10章进行。用户可自行决定对水泥浆与钻井液的混合流体、水泥浆与钻井液和隔离液的混合流体进行滤失试验。

表14 钻井液、水泥浆和隔离液混合流体的流变相容性

水泥浆：______________；隔离液：______________；钻井液：______________

混合流体 φ/%	试验温度/℃	黏度计读数							PV μ_p mPa·s	YP τ_0 Pa
		300	200	100	60	30	6	3		
100%水泥浆										
100%隔离液										
100%钻井液										
95%钻井液 5%水泥浆										
75%钻井液 25%水泥浆										
50%钻井液 50%水泥浆										
25%钻井液 75%水泥浆										
5%钻井液 95%水泥浆										

表 14（续）

混合流体 φ/%	试验温度/℃	黏度计读数						PV μ_p	YP τ_0
		300	200	100	60	30	6	3	mPa·s	Pa
95%钻井液 5%隔离液										
75%钻井液 25%隔离液										
50%钻井液 50%隔离液										
25%钻井液 75%隔离液										
5%钻井液 95%隔离液										
95%水泥浆 5%隔离液										
75%水泥浆 25%隔离液										
50%水泥浆 50%隔离液										
25%水泥浆 75%隔离液										
5%水泥浆 95%隔离液										
25%钻井液 50%隔离液 25%水泥浆										

16.8 水润湿能力试验(WWCT)

16.8.1 引言

水润湿能力试验(WWCT)用于测定注水泥作业中井眼内流体的相容性程度。通过使用本方法,可在需要时选择合适的冲洗液和/或隔离液以及/或表面活性剂。在选择所需的试验步骤时,用户可自行判断决定。

水润湿能力试验(WWCT)是用于评价受到非含水流体,特别是油基和合成钻井液的隔离液和/或冲洗液的表面水润湿能力。使用本方法,可以评价各种泥浆/隔离液界面的表观亲水能力和隔离液体系/亲油表面的表观润湿性。本方法不考虑容积置换问题,也不直接考虑隔离液/泥浆的相容性问题。

本试验仅适用于含水的隔离液体系。本方法不适用于评价非含水或非导电体系或者油基表面活性剂的混合物。

16.8.2 方法和仪器

仪器用于连续测量电极表面间的电导率。如果滴入的隔离液是导电的,而被滴入的钻井液是不导电的，由电导率的测量值能推断流体的乳化状态和表观润湿性。通常，油包水液体不导电。水基或水包油乳化隔离液是导电的，实际的电导率取决于溶液的化学性质。

16.8.3 **安全程序**

遵守所有油基、合成基和溶剂基流体相关的常规实验室安全要求。在试验前，注意所有流体的闪点，确保工作区域通风。应遵守被测流体的所有安全处置程序。

16.8.4 **样品制备**

在制备样品时应注意以下3点：

a) 根据供应商提供的使用说明制备泥浆样品。实验室制备泥浆样品可能需要额外的准备工作，例如静态老化或热滚以便更加充分地模拟现场泥浆性能。

b) 根据制造商提出的程序进行混合待评价的隔离液和/或冲洗液，一般情况下，500 mL的体积足够进行一次试验。

c) 在预计井底循环温度(T_{PBHC})下搅拌所有隔离液流体，确保流体稳定，并且搅拌所有化学药品并充分溶解。必要时，可在井底循环温度下增加30 min±0.5 min搅拌时间。如果在90 ℃以上搅拌流体，使用高温高压设备在压力下搅拌流体。在释放压力前，应把流体冷却到90 ℃以下。遵守被测流体的所有安全处置程序。该试验在常压下进行，试验温度不应超过90 ℃。

16.8.5 **设备安装**

在安装设备时应注意以下4点：

a) 按照供应商的说明书准备好设备。

b) 在使用设备前，保持设备清洁、干燥。

c) 将泥浆样品加入到容器中。

d) 将容器加热到试验条件以保持测试流体的温度。所使用的搅拌速度足以使所加入的流体快速搅拌均匀，避免有静止区域。避免过度剪切，因为这会夹杂空气，从而影响读数和表面活性剂的性能。

16.8.6 **试验步骤和报告**

试验步骤和报告程序如下：

a) 按照制造商说明书，评价隔离液和钻井液的相互作用。遵守与流体温度和操作者安全相关的安全预防措施。

b) 记录泥浆的初始体积、滴定液(表面活性剂、冲洗液、隔离液)体积、流体搅拌程序(时间、温度等)和滴定温度。在试验装置中搅拌流体的同时，慢慢向泥浆中滴入滴定液。继续滴定直到电导率读数稳定为止。这表明表征水润湿状态的水连续相已经形成。

c) 以隔离液在泥浆-隔离液混合液中的体积分数 φ 来报告试验结果。式(104)表明完全水润湿的电导率测量：

$$\varphi=\frac{V_s}{V_s+V_m}\times 100\% \qquad (104)$$

式中：

V_s——从油连续相变为水连续相所需的隔离液体积，单位为毫升(mL)；

V_m——试验容器中初始的泥浆体积，单位为毫升(mL)。

例：为了获得满刻度读数，如果在初始体积为200 mL的泥浆中，应加入150 mL的隔离液，结果应报告为43%(150 mL除以350 mL)。

17 火山灰质材料密度的测定与相关计算

17.1 总则

本章介绍了用于油井水泥中的火山灰材料的有关方法和性能。

17.2 物理和化学性能

17.2.1 火山灰质材料的物理和化学要求见 GB/T 1596 和 GB/T 2847。

17.2.2 根据火山灰质材料的平均堆积密度来选择贮存容器的容积,火山灰质材料的平均堆积密度可在 865 kg/m³～1 442 kg/m³ 之间,应使用下面方法测定平均堆积密度:

a) 用一个清洁、干燥的 100 mL 量筒测量松散和密实的堆积密度。量筒应进行校准,方法是往量筒内倒入 99.75 g 蒸馏水,99.75 g 的蒸馏水在 23 ℃下的体积等于 100 mL。

b) 把约 200 mL 的被测样品放入一个容积约为 1 L 的广口瓶内,盖上瓶盖,然后用手摇动 30 s,使样品松散开。

c) 过 1 min 后,将松散的样品轻轻地倒入已去皮重的量筒内至 100 mL 刻度线,称量并记录样品的质量 m,以此来计算松散的堆积密度。

d) 用量筒轻轻地敲击硬的台面使样品振实,硬台面上放一块缓冲垫以防止量筒损坏。每敲击 100 下记录一次样品的体积 V,然后继续敲击,直到振实的体积不再变化为止。从量筒刻度直接读取并记录密实的样品体积,该体积用来计算密实的堆积密度。

e) 一般现场计算堆积密度的公式如下:

$$\rho_{\mathrm{LAB}}=\frac{1\ 000}{100}\times m \qquad \cdots\cdots (105)$$

以及

$$\rho_{\mathrm{PAB}}=\frac{1\ 000}{V}\times m \qquad \cdots\cdots (106)$$

式中:

ρ_{LAB}——松散的堆积密度,单位为千克每立方米(kg/m³);

ρ_{PAB}——密实的堆积密度,单位为千克每立方米(kg/m³);

m ——样品质量,单位为克(g);

V ——振实后样品的体积,单位为毫升(mL)。

f) 以松散的堆积密度和密实的堆积密度的平均值报告平均堆积密度,单位为 kg/m³。

17.2.3 火山灰质材料的相对密度应使用李氏瓶按 GB/T 208 进行测量,或者应使用气体密度计进行测量。某些火山灰质材料可能含有相对密度低于煤油或石脑油的颗粒,可使用合适密度的液体以防止这些颗粒漂浮。对于含有非常轻的颗粒的火山灰材料,最好用气体密度计测量其相对密度。

17.3 水泥浆计算

堆积密度和绝对密度这两个术语不要混淆。二者都有密度单位,即 kg/m³ 等。但是,波特兰水泥的堆积密度和绝对密度差别很大。波特兰水泥的堆积密度是可变的,但通常约为 1 506 kg/m³。波特兰水泥的绝对密度也是可变的,但通常约为 3 138 kg/m³。堆积密度包括颗粒周围的空气体积,因此它比绝对密度小,堆积密度用于计算贮存干粉水泥或其他干粉材料所需的容器容量。绝对密度不包括颗粒周围的空气体积,因此它比堆积密度大,绝对密度用于计算液体水泥浆性能,例如:水泥浆密度、水泥浆需水量和造浆量。以 kg/m³ 为单位的绝对密度也能由材料的相对密度乘以 4 ℃时水的密度得出,4 ℃时水的密度为 1 000 kg/m³。

计算一当量袋火山灰质材料与波特兰水泥的混料中两者的用量时，许多固井手册用绝对体积系数(绝对密度的倒数)进行计算，这容易引起混淆。本章要求用火山灰质材料和波特兰水泥的绝对密度进行下面的计算，火山灰质材料或水泥的生产厂家应提供材料的绝对密度(或前面所述用于计算绝对密度的相对密度)。

当火山灰质材料与波特兰水泥一起用于油井注水泥时，火山灰质材料的用量根据这样的原理计算：部分波特兰水泥的绝对体积被火山灰质材料的相同绝对体积所取代。这两种成分的绝对体积用体积分数来表示，例如35：65。第一个数指的是火山灰质材料的体积分数，第二个数指的是波特兰水泥的体积分数。比例为35：65的混料表示绝对体积占35%的火山灰质材料与绝对体积占65%的波特兰水泥混合。这样表示还不够具体，应再具体一些。例如，比较好的表示方法为：35%粉煤灰：65% G级水泥。

计算火山灰质材料/波特兰水泥混料配成的水泥浆用量时，必须定义一当量袋水泥质量，一当量袋波特兰水泥质量为50 kg。

一袋水泥50 kg有一个绝对体积。该绝对体积随水泥的绝对密度的不同而不同。水泥的绝对密度一般在3 138 kg/m^{3}左右。波特兰水泥的绝对密度在3 100 kg/m^3～3 250 kg/m^{3}之间。对于所选用的水泥，应使用其正确的绝对密度值。

例1

绝对密度为3 115.5 kg/m^{3}的一袋水泥其绝对体积按下式计算：

$$V_a=(50\ \text{kg})/(3\ 115.5\ \text{kg/m}^3)=0.016\ 05\ \text{m}^3$$

求出一袋水泥的绝对体积后，就能计算出火山灰质材料和波特兰水泥的绝对体积分数(%)。

例2

将上面的示例扩展一下，如果一袋水泥的绝对体积是0.016 05 m^3，并且需要比例为35：65的混料，那么火山灰质材料的绝对体积为0.016 05 m^3×35%＝0.005 62 m^3，波特兰水泥的绝对体积为0.016 05 m^3×65%＝0.010 43 m^3。然后用火山灰质材料的绝对体积和波特兰水泥的绝对体积以及由二者的绝对密度值计算出每种材料的质量。波特兰水泥质量为0.010 43 m^3×3 115.5 kg/m^3＝32.5 kg。火山灰质材料的绝对密度在1 800 kg/m^3～2 900 kg/m^{3}之间，对于所用的火山灰质材料，应使用其正确的绝对密度值。假设所用的火山灰质材料的绝对密度为2 456.4 kg/m^3，那么火山灰质材料的质量是0.005 62 m^3×2 456.4 kg/m^3＝13.8 kg。

将火山灰质材料与水泥混合即得到32.5 kg＋13.8 kg＝46.3 kg混料。在该示例中，46.3 kg混料为一当量袋。求出一当量袋混料的质量后，其他外加剂则以该质量为基数。

例3

假设混料中含有6%膨润土和0.2%缓凝剂，则每当量袋混料中膨润土的质量为6%×46.3 kg＝2.78 kg，缓凝剂的质量为0.2%×46.3 kg＝0.093 kg。

现在已知一当量袋混料的质量和其中的外加剂的质量，因此如果已知拌合水量，就能计算出水泥浆的密度和造浆量。

反之，如果已知水泥浆密度，那么就能计算出水泥浆的造浆量和拌合水的需要量。水泥浆造浆量确定后，根据套管和井眼结构、井径测井记录等参数就能确定具体注水泥作业所需混料的当量袋数。

例4

假设注水泥作业需要125当量袋混料，则波特兰水泥需要量为125袋×32.5 kg/袋＝4 062 kg，火山灰质材料的需要量：125袋×13.8 kg/袋＝1 725 kg，膨润土和缓凝剂需要量分别为125袋×2.78 kg/袋＝347.5 kg和125袋×0.093 kg/袋＝11.6 kg。

17.4 混料的堆积体积

17.4.1 火山灰质材料和波特兰水泥混料的堆积体积是可变的，它与混拌过程中大颗粒之间的小颗粒堆积数量及其他因素如湿度、振动、时间、空气含量以及在混料上施加的压力有关。

17.4.2 现场测量一袋混料的堆积体积实例见表15。

表 15 现场测量一袋混料的堆积体积实例

混料	松散的堆积体积/m^3	密实的堆积体积/m^3	平均堆积体积(一袋)/m^3
A[a]	0.033 16	0.029 17	0.031 12
B[b]	0.033 16	0.029 17	0.031 12
C[c]	0.033 16	0.024 92	0.029 02

[a] 混料 A：35% F级粉煤灰：65% A级水泥；

[b] 混料 B：50% F级粉煤灰：50% A级水泥；

[c] 混料 C：50% F级粉煤灰：50% H级水泥。

测定一当量袋火山灰质材料/波特兰水泥混料的堆积体积的推荐做法是取松散的堆积体积和密实的堆积体积的平均值，如上表所示。

附 录 A
（规范性附录）
制备大体积水泥浆的方法

A.1 总则

只有当个别试验需要制备体积大于 600 mL 的水泥浆时，才推荐使用本方法，本方法无意取代第 5 章。

A.2 仪器

除混合装置外，其他仪器应与第 5 章所述相同。

用于制备大体积水泥浆的混合装置应是一台容积为 4 L 到 5 L、底部驱动的叶片式搅拌器。搅拌杯和搅拌叶应由耐腐蚀材料制成，搅拌叶总成的结构应使搅拌叶能从驱动装置上卸下。搅拌叶在使用之前应从总成上卸下并称量，当磨损量达到 10%时，应更换一个新的搅拌叶。搅拌叶在每次使用之前，还应用眼检查破损情况，必要时应予以更换。如果混合装置在混合过程中的任何时候出现泄漏，则应废弃搅拌杯中的样品，泄漏问题解决后应重新开始制备。

常用的混合装置如图 A.1 所示。

图 A.1 大容量水泥混合装置示例

A.3 方法

A.3.1 总则

除下面所述之外,其余应与第5章所述方法相同。

A.3.2 实验室密度和体积计算

制备体积不少于2 000 mL且不多于4 000 mL的水泥浆。实验室混料需要量可用5.3.1.4中的公式计算。

A.3.3 水泥与水的混合

应将装有所需质量拌合水和液体外加剂的搅拌杯放在搅拌器座上,启动电机"低速"挡(空载转速为6 000 r/min或更高)。如果拌合水中有外加剂,那么在加入水泥之前先以该转速搅拌,使外加剂在拌合水中完全分散。在某些情况下,外加剂加到拌合水中的顺序可能很关键。应记录特殊的搅拌步骤和搅拌时间。然后,应将水泥或水泥与固体外加剂混料均匀地加入搅拌杯中,如果可能的话应在15 s内加完。某些水泥浆配方可能需要更长的时间来完全润湿水泥混料,但加入水泥混料所用的时间应保持最少。当固体混料全部加入拌合水中之后,应盖上搅拌杯盖,然后应在"高速"挡(空载转速为14 000 r/min或更高)继续搅拌,高速搅拌时间按表A.1的规定进行。如果可能的话,应测量并记录负载下的转速。

表A.1 水泥浆搅拌时间

水泥浆体积/mL	高速搅拌时间/s
2 000	30
3 000	45
4 000	55

附　录　B
（规范性附录）
用于稠化时间试验的补充仪器

B.1　总则

本附录介绍了用于水泥浆稠化时间试验的另一种增压稠化仪。

B.2　仪器

稠化仪：该仪器采用搅拌叶转动、浆杯固定式结构，并能使水泥浆的温度和压力达到9.5所述的水泥浆稠化时间试验方案的要求。搅拌叶转矩由电机负载或另外的转矩传感器来测定，由此测出的水泥浆稠度与9.2所述的典型稠化仪测出的稠度是等同的。水泥浆温度和压力控制如图B.1和B.2所示。该仪器应能重复9.2所述的典型稠化仪所要求的试验条件和测量。

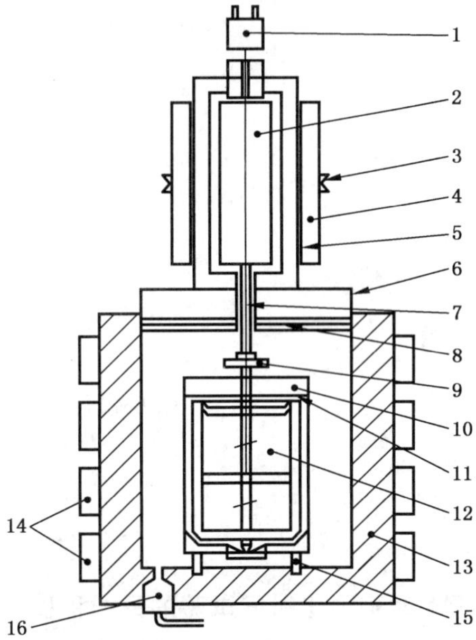

1——水泥浆温度传感器；
2——内磁铁；
3——驱动轮；
4——外磁铁；
5——压力套；
6——盖；
7——驱动轴；
8——盖密封；
9——搅拌叶驱动接头；
10——压力介质；
11——隔板(隔离水泥浆/压力介质)；
12——浆杯和水泥浆；
13——压力釜；
14——加热元件；
15——浆杯固定爪；
16——灌/排油口。

图B.1　用于水泥浆稠化时间试验的另一种稠化仪(示例1)

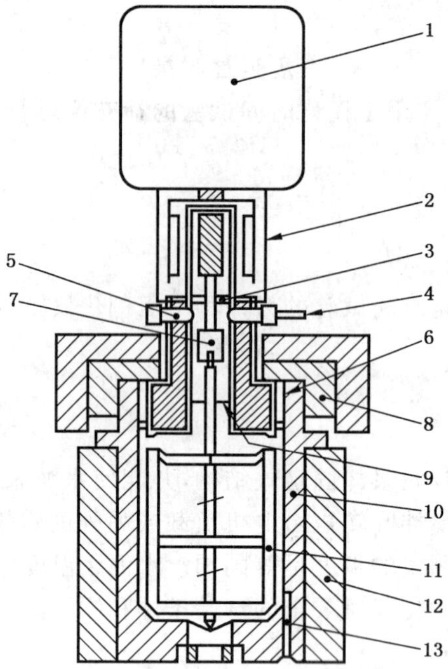

1 ——发动机/电机；
2 ——磁驱动；
3 ——传压密封；
4 ——油压口；
5 ——排气口；
6 ——辅助热电偶；
7 ——机械接头；
8 ——辅助加热罩；
9 ——油/水泥浆界面；
10——水泥浆压力容器；
11——转动搅拌叶；
12——主加热/冷却套；
13——主热电偶插孔。

图 B.2 用于水泥浆稠化时间试验的另一种稠化仪(示例 2)

B.3 校准

应采用仪器制造厂提供的方法校准增压稠化仪，包括稠度测量、温度测量、温度控制器、电机转速、计时器和压力表。9.3 所述的典型稠化仪的校准规范和校准频率同样适用于该补充仪器。

B.4 试验方法

应采用仪器制造厂提供的详细的仪器操作和维护方法，这些方法符合第 9 章规定的通用方法的要求，为适应该仪器设计上的变化，可作一些必要的修改。不要超过制造厂规定的仪器安全使用范围。

附 录 C
（资料性附录）
与温度测量有关的附加信息

C.1 引言

本附录包括了与制定第 9 章中的注水泥方案有关的背景信息，该信息对于制定正确的试验方案非常重要，但又不便列入水泥浆稠化时间试验方法的条文中。与预计注水泥作业井底温度的关系式有关的附加信息可从 API 研究报告 API Report 10 TR3 中得到。

C.2 预计井底循环温度关系式的推导

预计井底循环温度（T_{PBHC}）的关系式是由 66 口井的温度测量值推导而来，用于测得温度数据的油井，其钻井使用的是水基钻井液和油基钻井液，井深范围是 2 362 m～7 571 m。

在每口井中，均测量并记录了最高井底静止温度（T_{MRBHS}）和最低井底循环温度（T_{MNRBHC}），测量是在下套管之前清井壁起下钻时用温度传感器跟随钻柱末端并在其附近进行的。T_{MRBHS}是在井眼开始进行循环之前所记录的最高温度，用于推导关系式的油井，其静止时间范围为 24 h～138 h，平均为 37.7 h。T_{MNRBHC}是在循环周期结束时所记录的假设稳定温度，用于推导关系式的油井，其平均循环时间为 6.7 h。

在推导该关系式时，规定循环温度是井深和温度梯度的函数。对其他因素，如钻井液类型、循环速率、循环时间、循环流体的入口温度以及钻杆和井眼尺寸对循环温度的影响也进行了评价，从所采集的数据中可知，这些因素对最低井底循环温度没有明显的影响。因此，T_{MNRBHC}只与井深和假设温度梯度（∇_{PT}）有关。

∇_{PT}是由 T_{MRBHS}与假设地面温度（T_{AS}）为 27 ℃之差以及油井的实际垂直井深计算而来，根据式（C.1）可计算出 ∇_{PT}：

$$\nabla_{PT}=\frac{T_{MRBHS}-27\ ℃}{h_{TOCTVD}/100\ \mathrm{m}} \qquad \cdots\cdots\cdots\cdots\ (\text{C.1})$$

式中：

∇_{PT} ——假设温度梯度，单位为摄氏度每 100 米（℃/100 m）；

T_{MRBHS} ——记录的最高井底静止温度，单位为摄氏度（℃）；

h_{TOCTVD} ——水泥柱顶部实际垂直井深，单位为米（m）。

油井的实际温度梯度可能与假设温度梯度（∇_{PT}）有偏差，这取决于 T_{MRBHS}与所测井深位置静态地层温度（T_{UF}）之间的偏差。在测定温度之前，让井眼保持静止的时间越长，T_{MRBHS}越接近 T_{UF}。

虽然 T_{PBHC}关系式是以现场测量数据为基础，但用该关系式预测井内循环温度时可能有误差，该关系式与现场测量数据之间的误差范围如图 C.1 所示。标准偏差为 9.2 ℃。只要有可能，宜优先采用井下井底循环温度的测量值。

C.3 套管注水泥方案表

这些方案代表了通过调查注水泥作业而获得的平均油井条件。为制定这些方案，调查了 1987～1989 年间进行的 584 次套管注水泥作业，采集了水泥浆到达井底所需的时间、钻井液密度和初始压力。

在调查数据中，平均井深为 305 m～6 710 m，对每个平均井深，均确定了这些变量中每个变量的平均值。通过对这些平均值进行线性回归分析，制定套管注水泥方案表。

方案表中的最终温度是预计井底循环温度（T_{PBHC}），T_{PBHC}值来自两个方面，对于小于或等于 3 050 m 的井深，T_{PBHC}来自 1997 年第 22 版 API RP10B；对于大于 3 050 m 的井深，T_{PBHC}值由推导出的关系式计算。T_{PBHC}来自两方面的原因是因为缺少井深小于 3 050 m 的循环温度数据，用于推导循环温度关系式的 66 个数据点中，只有两个数据是在井深小于 3 050 m 的井内测得。

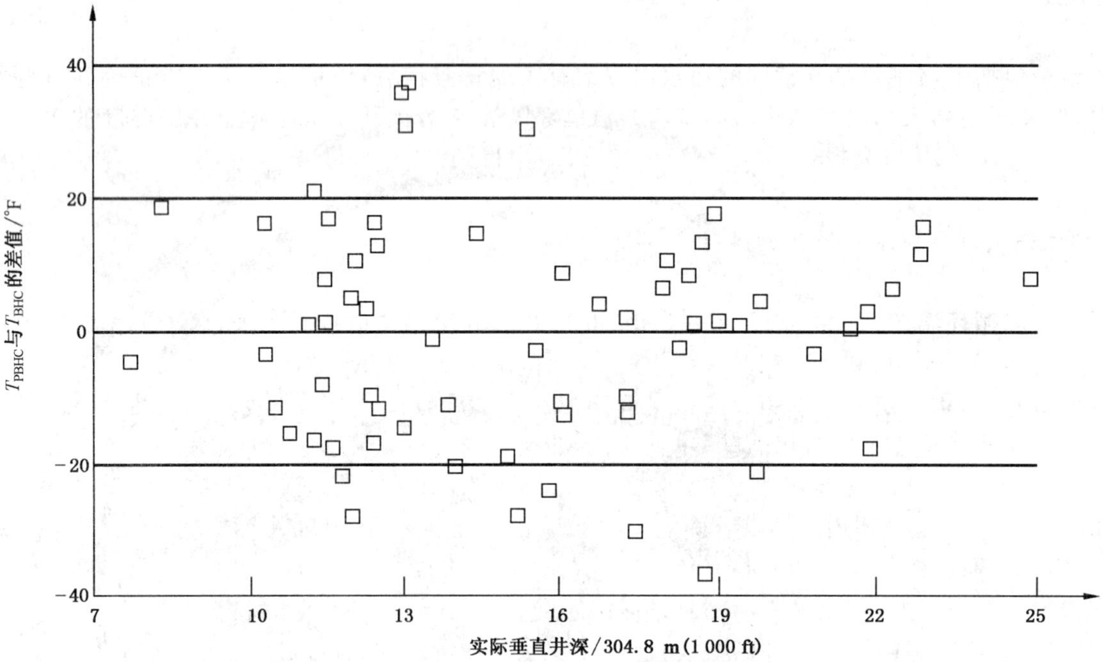

图 C.1　预计井底循环温度与实测井底循环温度之间的误差范围

（用于推导 T_{PBHC}关系式的 66 个数据点）

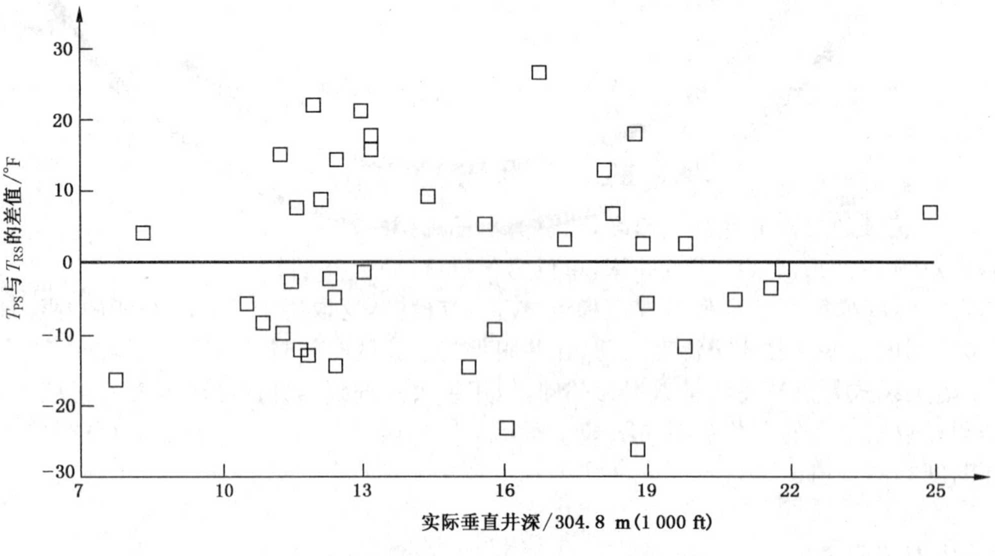

图 C.2　预计挤水泥温度与实测挤水泥温度之间的误差范围

（用于推导 T_{PS}关系式的 40 个数据点）

C.4 尾管注水泥方案表

这些方案代表了通过调查注水泥作业而获得的平均油井条件。为制定这些方案，调查了1986～1989年间进行的125次尾管注水泥作业，采集了水泥浆到达井底所需的时间、钻井液密度和初始压力。采用与制定套管注水泥稠化时间方案相同的方法确定了这些变量中的值。尾管注水泥方案中的预计井底循环温度取自相应井深的套管注水泥方案表。

C.5 预计挤水泥温度关系式的推导

预计挤水泥温度(T_{PS})关系式是由40口井的温度测量值推导出来的，用于测量温度数据的油井，其钻井使用的是水基钻井液和油基钻井液，井深范围是2 362 m～7 571 m。

在每口井中，测量并记录了最高井底静止温度(T_{MRBHS})和挤水泥温度(T_{RS})，测量是在下套管之前清井壁起下钻时用温度传感器跟随钻柱末端并在其附近进行的，T_{MRBHS}是在开始进行井眼循环之前所记录的最高温度。用于推导关系式的油井，其静止时间范围为24 h～138 h，平均为38.1 h。T_{RS}是在泵送一个钻柱体积的钻井液后所记录的温度，在泵送的同时钻井液沿环空上返，泵送一个钻柱体积的钻井液所需的平均时间为37 min。

在推导该关系式时，规定了挤水泥温度是井深和温度梯度的函数。对其他因素，如钻井液类型、循环速率、循环流体的入口温度以及钻杆和井眼尺寸对挤水泥温度的影响也进行了评价，从所采集的数据中可知，这些因素对挤水泥温度没有明显的影响。在所测油井的数据中，也没有足够的数据来确定流体类型(水或钻井液)对挤水泥温度的影响。因此，T_{RS}只与井深和假设温度梯度(∇_{PT})有关。

虽然T_{PS}关系式是以现场测量数据为基础，但用该关系式预测井内挤水泥温度时仍可能有误差，该关系式与现场测量数据之间的误差范围如图C.2所示。标准偏差为7.2 ℃。只要有可能，宜优先采用井下温度的测量值。

C.6 挤水泥方案表

对于挤水泥作业，制定了两种稠化时间试验方案表：连续挤水泥方案和间歇挤水泥方案。

为制定这些方案，调查了1985年到1987年间进行的180次挤水泥作业，采集了水泥浆到达工作管柱底部的时间、钻井液密度、循环压力、最终挤水泥压力以及施加最终挤水泥压力的时间。在调查数据中，平均井深为305 m～5 486 m，对每个平均井深均确定了这些变量中每个变量的平均值，这些平均值与多项式函数曲线拟合，用该曲线上的预测值制定方案表。初始地面压力取自1990年7月第5版API Spec 10中的挤水泥方案表，方案表中的T_{PS}由关系式计算。

对于连续挤水泥方案表，在水泥浆前沿到达工作管柱底部所需的时间内，水泥浆升温升压至T_{PS}和p_{BH}。所需时间根据水泥浆到达工作管柱底部的平均时间关系式计算，该关系式则由调查数据推导而出。温度保持在T_{PS}不变，压力升至最终挤水泥压力。升压时间根据关系式计算，该关系式由调查数据推导而出。在稠化时间试验期间，温度保持在T_{PS}，压力保持在最终挤水泥压力。

在压力升至最终挤水泥压力之前，间歇挤水泥方案与连续挤水泥方案相同。在试验期间，水泥浆压力保持在最终挤水泥压力。当压力升至最终挤水泥压力后，对于间歇挤水泥方案，以0.1 ℃/min的升温速率，将水泥浆温度从T_{PS}升至假设的静止温度(T_{PU})，用式(C.2)计算T_{PU}：

$$T_{PU}=[(\nabla_{PT})(h_{TOCTVD}/100)]+27\ ℃ \quad\cdots\cdots(C.2)$$

式中：

T_{PU} ——假设的静止温度，单位为摄氏度(℃)；

∇_{PT} ——假设温度梯度，单位为摄氏度每100米(℃/100 m)；

h_{TOCTVD} ——实际垂直井深，单位为米(m)；

27 ℃ ——假设地面温度，单位为摄氏度(℃)。

在最终升温时间内，对稠化仪电机进行关(10 min)-开(5 min)循环。电机进行关-开循环是为了观察水泥浆在静止期间即挤水泥作业的“间歇”期间其稠度增长情况。在试验持续期间继续进行电机的关-开循环。

C.7 预计井底循环温度和预计挤水泥温度用于海上油井

用于推导预计井底循环温度和预计挤水泥温度关系式的数据组中有些数据来自于海上油井，但数据组中只包括水深小于76.2 m的海上油井数据，而且水深小于测温位置实际垂直井深的3%。从海平面开始计算∇_{PT}，T_{AS}为27 ℃。

用关系式计算出的T_{PBHC}和T_{PS}与浅海海底以下深度的温度有很大误差，只要有可能，还是优先采用井下温度测量值为宜。

C.8 注水泥塞的设计方案

用于推导预计挤水泥温度(T_{PS})关系式的井下温度测量值是在循环一个工作管柱体积的钻井液后测得的，平均循环时间是36.9 min。在循环时间超过2 h后，利用测得的井下温度测量值，推导出API RP10B的预计循环温度T_{PBHC}。

因此，注水泥塞的试验温度应根据注水泥作业之前预期的循环时间来确定。只要有可能，宜优先采用井下温度测量值。

C.9 与温度有关的术语解释

C.9.1 假设地面温度(T_{AS})

假设地面温度用于计算假设温度梯度(∇_{PT})。1974年，API数据组采用T_{AS}为24 ℃计算假设温度梯度，并将该值编入较早的API油井水泥标准。1984年，API数据组采用T_{AS}为27 ℃，1991年也采用了T_{AS}为27 ℃。

C.9.2 平均到达井底时间

平均到达井底时间用于编制套管注水泥方案表和尾管注水泥方案表，见第7章。这些平均值是在每一井深的实际到达井底时间的基础上求出的，实际到达井底时间是从API在1987～1989年进行的套管注水泥调查中获得的(包括584个数据点)，调查对象是全套管柱和几次内管注水泥作业，但不包括尾管。

将调查数据分成若干个井深范围，并计算每一井深范围的平均到达井底时间，采用简单的线性回归分析方法绘制平均到达井底时间曲线，使之与这些平均值拟合。

C.9.3 记录的最高井底静止温度(T_{MRBHS})

T_{MRBHS}是在静止一段时间(未循环时间，一般为24 h或更长时间)之后并在开始循环之前所记录的井底最高温度，静止时间越长，T_{MRBHS}越接近静态地层温度(T_{UF})。T_{MRBHS}最好在测井之后并在下套管之前清井壁起下钻时用温度传感器跟随钻柱下入井内进行测量，有时也采用所记录的最高测井温度。1990 年 7 月 1 日第 5 版 API Spec10 采用了 1974 年的数据组，该数据组由 41 个数据点组成，用于确定“注水泥方案”中的假设温度梯度。这些数据点是用温度传感器在 7 h～76 h 范围内的不同静止时间测得的，所有被测井的平均静止时间是 27.9 h。API RP10B 采用了 1991 年数据组，该数据组由 66 个数据点组成，用于确定“套管注水泥方案”和公式中的假设温度梯度。这些数据点也是用温度传感器在 24 h～138 h 范围内的不同静止时间测得的，所有被测井的平均静止时间是 37.7h。1991 年所选数据组的特点是所有静止时间都超过 24 h。

C.9.4 记录的最低井底循环温度（T_{MNRBHC}）

T_{MNRBHC}是在循环足够的时间之后所记录的井底最低温度，循环足够的时间是为了测得接近稳定或稳态的循环温度。T_{MNRBHC}通常在测井之后并在下套管之前清井壁起下钻时用温度传感器跟随钻柱下入井内进行测量，T_{MNRBHC}是在循环一定时间之后并在起钻之前测得的温度。T_{MNRBHC}与井眼几何形状、流体性能、循环速率等有关，它未必是水泥浆的最低井底循环温度。

C.9.5 预计井底循环温度（T_{PBHC}）

T_{PBHC}是从方案表中或由公式求出的与井深和假设温度梯度（∇_{PT}）对应的预计温度，它是根据现场数据以及用于制定方案和推导公式的相关技术计算出来的计算值。当使用方案表时，该温度是方案表中与最大时间对应的温度。T_{PBHC}用于套管注水泥方案和尾管注水泥方案。实际井底循环温度与井眼几何尺寸、流体性能、循环速率等有关，它未必是水泥浆的井底循环温度。

C.9.6 预计挤水泥温度（T_{PS}）

T_{PS}是从挤水泥方案表中或由公式求出的与所选井深和温度梯度对应的预计挤水泥温度。当使用连续挤水泥方案表时，T_{PS}是方案表中与最大时间对应的温度。当使用间歇挤水泥方案表时，T_{PS}是方案表中第一升温段结束时的温度。井下实际挤水泥温度与井眼几何尺寸、流体性能、循环速率，循环时间和流体入口温度有关。

C.9.7 假设温度梯度（∇_{PT}）

∇_{PT}是根据现场数据以及用于制定方案和推导公式的相关技术计算出来的值。∇_{PT}是单位井深的温度变化，使用假设地面温度（T_{AS}）为 27 ℃和记录的最高井底静止温度（T_{MRBHS}）的公式来计算 ∇_{PT}，见公式 C.1。

∇_{PT}用于制定温度和压力对时间的试验方案（见第 9 章）。

C.9.8 假设的静止温度（T_{PU}）

已知井深，按公式 C.2 计算 T_{PU}。

井底温度 T_{PU}等于记录的最高井底静止温度（T_{MRBHS}）。公式意味着静止时间等于或超过 24 h。

C.9.9 记录的挤水泥温度（T_{RS}）

T_{RS}是在循环一个工作管柱体积的钻井液后所记录的工作管柱底部温度，循环的钻井液体积等于工作管柱的内体积。该温度也代表水泥浆前沿到达工作管柱底部时的温度。T_{RS}通常是在起下钻时用温度传感器跟随工作管柱下入井内进行测量。1991 年选择数据组的工作管柱下到井眼底部，测量数据通常在测井之后并在下套管之前采集。井下实际挤水泥温度与井眼几何尺寸、流体性能、循环速率，循环时间和流体入口温度有关。

C.9.10 静止时间

静止时间是上一次井内循环结束至测量记录的最高井底静止温度（T_{MRBHS}）时所经过的时间。

C.9.11 静态地层温度（T_{UF}）

T_{UF}是地质学原始地层温度，是首次用钻头钻穿之前的地层温度，或者是足够长时间关井之后井内所达到的温度，在足够长时间关井之后井内温度恢复到临近地层原状（原始）地质学地层温度。

附 录 D
（资料性附录）
水泥浆稠化时间试验方案

表 D.1 套管注水泥稠化时间试验方案

1	2	3	4	5	6	7	8
时间/min	压力/kPa	温度梯度(℃/100 m)/℃					
		1.6	2.0	2.4	2.7	3.1	3.5
井深:305 m						钻井液密度:1.04 kg/L	
0	1 700	27	27	27	27	27	27
2	2 100	27	27	27	27	27	27
4	2 800	27	27	27	27	27	27
6	3 400	27	27	27	27	27	27
8	3 400	27	27	27	27	27	27
10	4 100	27	27	27	27	27	27
12	4 800	27	27	27	27	27	27
13	4 800	27	27	27	27	27	27
升温速率/(℃/min)		0.00	0.00	0.00	0.00	0.00	0.00
升压速率		238 kPa/min					
升温升压时间		13 min					
井深:610 m						钻井液密度:1.07 kg/L	
0	2 100	27	27	27	27	27	27
2	2 800	27	27	27	27	27	27
4	3 400	28	28	28	28	28	28
6	4 100	28	28	29	29	29	29
8	4 800	29	29	29	29	29	29
10	5 500	29	29	30	30	30	30
12	6 200	30	30	31	31	31	31
14	6 900	31	31	31	31	32	32
16	7 600	31	31	32	32	32	32
17	8 300	32	32	32	32	33	33
升温速率/(℃/min)		0.29	0.29	0.33	0.33	0.36	0.36
升压速率		365 kPa/min					
升温升压时间		17 min					

表 D.1（续）

1	2	3	4	5	6	7	8
时间/min	压力/kPa	温度梯度(℃/100 m)/℃					
		1.6	2.0	2.4	2.7	3.1	3.5
井深:1 220 m					钻井液密度:1.13 kg/L		
0	2 400	27	27	27	27	27	27
2	3 400	28	28	28	28	28	28
4	4 800	28	28	28	29	29	29
6	5 500	29	29	29	29	30	30
8	6 900	30	30	31	31	31	31
10	7 600	31	31	31	32	32	32
12	9 000	32	32	32	33	33	33
14	9 700	33	33	33	33	34	34
16	11 000	33	34	34	34	35	35
18	12 400	34	34	35	36	36	36
20	13 100	35	36	36	37	37	37
22	14 500	36	37	37	37	38	38
24	15 200	37	37	38	38	39	39
25	15 900	37	38	38	39	39	40
升温速率/(℃/min)		0.42	0.44	0.47	0.49	0.51	0.53
升压速率		540 kPa/min					
升温升压时间		25 min					
井深:1 830 m					钻井液密度:1.19 kg/L		
0	3 100	27	27	27	27	27	27
2	4 100	28	28	28	28	28	28
4	5 500	29	29	29	29	29	30
6	6 900	30	30	31	31	31	31
8	8 300	31	31	32	32	32	33
10	9 700	32	32	33	33	33	34
12	11 000	33	33	34	34	35	36
14	11 700	34	34	35	36	36	38
16	13 100	36	36	36	37	37	39
18	14 500	36	37	38	38	39	41
20	15 900	37	38	39	39	40	42
22	17 200	38	39	40	41	42	44
24	18 600	39	41	41	42	43	45

表 D.1（续）

1	2	3	4	5	6	7	8
时间/min	压力/kPa	温度梯度(℃/100 m)/℃					
		1.6	2.0	2.4	2.7	3.1	3.5
井深:1 830 m					钻井液密度:1.19 kg/L		
26	20 000	41	42	42	43	44	47
28	20 700	42	43	44	44	46	48
30	22 100	43	44	45	46	47	50
32	23 400	44	45	46	47	48	52
33	24 100	44	46	47	48	49	52
升温速率/(℃/min)		0.54	0.57	0.61	0.64	0.67	0.77
升压速率		636 kPa/min					
升温升压时间		33 min					
井深:2 440 m					钻井液密度:1.25 kg/L		
0	3 800	27	27	27	27	27	27
2	5 500	28	28	28	28	28	29
4	6 900	29	29	29	30	30	31
6	8 300	31	31	31	32	32	33
8	9 700	32	32	33	33	34	36
10	11 000	33	33	34	35	36	38
12	12 400	34	34	36	37	37	39
14	13 800	36	36	37	38	39	42
16	15 200	37	37	38	39	41	44
18	17 200	38	39	40	41	43	46
20	18 600	39	40	42	43	44	48
22	20 000	41	41	43	44	46	51
24	21 400	42	43	44	46	48	53
26	22 800	43	44	46	48	50	55
28	24 100	44	45	48	49	52	57
30	25 500	46	47	49	51	53	59
32	26 900	47	48	51	53	56	61
34	29 000	48	49	52	54	57	63
36	30 300	49	51	53	56	59	66
38	31 700	51	52	55	58	61	68
40	33 100	52	53	57	59	62	70
41	33 800	52	54	57	60	63	71
升温速率/(℃/min)		0.62	0.67	0.74	0.81	0.89	1.08
升压速率		732 kPa/min					
升温升压时间		41 min					

表 D.1（续）

1	2	3	4	5	6	7	8
时间/min	压力/kPa	温度梯度(℃/100 m)/℃					
		1.6	2.0	2.4	2.7	3.1	3.5
井深:3 050 m					钻井液密度:1.31 kg/L		
0	4 500	27	27	27	27	27	27
2	6 200	28	28	28	28	29	29
4	7 600	29	29	30	31	31	32
6	9 000	31	31	32	32	33	34
8	11 000	32	33	33	34	36	37
10	12 400	33	34	36	36	38	40
12	13 800	35	36	37	38	40	43
14	15 200	36	37	39	40	42	46
16	17 200	38	38	41	42	44	48
18	18 600	39	40	42	44	47	51
20	20 000	40	41	44	46	49	53
22	21 400	42	43	46	48	51	56
24	23 400	43	44	47	50	53	59
26	24 800	44	46	49	52	56	61
28	26 200	46	47	51	54	58	64
30	27 600	47	49	53	56	60	67
32	29 600	48	50	54	58	62	69
34	31 000	49	52	56	59	64	72
36	32 400	51	53	58	62	67	74
38	33 800	52	54	59	63	69	77
40	35 900	54	56	61	66	71	80
42	37 200	55	57	63	67	73	83
44	38 600	57	59	65	69	76	86
46	40 000	58	61	67	71	78	88
48	42 100	59	62	68	73	80	91
50	43 400	61	63	70	75	82	93
升温速率/(℃/min)		0.68	0.73	0.87	0.97	1.11	1.33
升压速率		778 kPa/min					
升温升压时间		50 min					

表 D.1（续）

1	2	3	4	5	6	7	8
时间/min	压力/kPa	温度梯度(℃/100 m)/℃					
		1.6	2.0	2.4	2.7	3.1	3.5
井深:3 660 m　钻井液密度:1.35 kg/L							
0	4 800	27	27	27	27	27	27
2	6 200	28	28	29	29	29	29
4	8 300	29	30	31	31	32	33
6	9 700	31	32	33	33	34	36
8	11 700	32	33	34	36	37	39
10	13 100	33	35	37	38	40	42
12	14 500	34	37	38	41	43	44
14	16 500	36	38	41	43	45	48
16	17 900	37	40	42	45	48	51
18	20 000	38	41	44	47	51	54
20	21 400	39	43	47	50	53	57
22	23 400	41	44	48	52	56	59
24	24 800	42	46	51	54	58	63
26	26 200	43	48	52	57	61	66
28	28 300	45	49	54	59	64	68
30	29 600	46	51	56	61	67	72
32	31 700	47	53	58	64	69	74
34	33 100	49	54	60	66	72	78
36	34 500	50	56	62	68	74	81
38	36 500	51	58	64	71	77	83
40	37 900	53	59	66	73	80	87
42	40 000	54	61	68	75	82	89
44	41 400	55	63	70	78	85	93
46	43 400	57	64	72	80	88	96
48	44 800	58	66	74	82	91	98
50	46 200	59	68	76	84	93	102
52	48 300	61	69	78	87	96	104
54	49 600	62	71	80	89	98	108
56	51 700	63	72	82	92	101	111
58	53 100	64	74	84	94	104	113
升温速率/(℃/min)		0.65	0.82	0.99	1.16	1.33	1.49
升压速率		833 kPa/min					
升温升压时间		58 min					

表 D.1（续）

1	2	3	4	5	6	7	8
时间/min	压力/kPa	温度梯度(℃/100 m)/℃					
		1.6	2.0	2.4	2.7	3.1	3.5
井深:4 270 m					钻井液密度:1.41 kg/L		
0	5 500	27	27	27	27	27	27
2	7 600	28	28	29	29	29	30
4	9 000	29	30	31	32	32	33
6	11 000	31	32	33	34	35	36
8	12 400	32	34	35	37	38	39
10	14 500	34	36	37	39	41	43
12	16 500	35	37	39	42	44	46
14	17 900	37	39	42	44	47	49
16	20 000	38	41	44	47	49	52
18	21 400	39	43	46	49	52	56
20	23 400	41	44	48	52	56	59
22	25 500	42	46	50	54	58	62
24	26 900	44	48	52	57	61	66
26	29 000	45	50	54	59	64	68
28	30 300	47	52	57	62	67	72
30	32 400	48	53	59	64	69	75
32	34 500	49	55	61	67	72	78
34	35 900	51	57	63	69	76	82
36	37 900	52	59	65	72	78	84
38	40 000	53	61	67	74	81	88
40	41 400	55	62	69	77	84	91
42	43 400	56	64	72	79	87	94
44	44 800	58	66	74	82	89	98
46	46 900	59	68	76	84	92	101
48	49 000	61	69	78	87	96	104
50	50 300	62	71	80	89	98	107
52	52 400	63	73	82	92	101	111
54	53 800	65	74	84	94	104	114
56	55 800	66	76	87	97	107	117
58	57 900	68	78	89	99	109	120
60	59 300	69	80	91	102	113	123
62	61 400	71	82	93	104	116	127
64	62 700	72	83	95	107	118	130
66	64 800	73	85	97	109	121	133
升温速率/(℃/min)		0.71	0.88	1.07	1.24	1.43	1.61
升压速率		898 kPa/min					
升温升压时间		66 min					

表 D.1（续）

1	2	3	4	5	6	7	8
时间/min	压力/kPa	温度梯度(℃/100 m)/℃					
		1.6	2.0	2.4	2.7	3.1	3.5
井深:4 880 m						钻井液密度:1.47 kg/L	
0	6 200	27	27	27	27	27	27
2	8 300	28	28	29	29	30	30
4	10 300	29	31	31	32	33	33
6	11 700	31	32	33	34	36	37
8	13 800	33	34	36	37	39	41
10	15 900	34	36	38	40	42	44
12	17 900	36	38	41	43	45	47
14	19 300	37	40	43	46	48	51
16	21 400	39	42	45	48	51	54
18	23 400	41	44	47	51	54	58
20	25 500	42	46	49	53	57	61
22	26 900	43	48	52	56	61	64
24	29 000	45	49	54	59	63	68
26	31 000	47	52	57	62	67	72
28	33 100	48	53	59	64	69	75
30	34 500	49	56	61	67	73	78
32	36 500	51	57	63	69	76	82
34	38 600	53	59	66	72	79	85
36	40 700	54	61	68	75	82	89
38	42 100	56	63	70	78	85	92
40	44 100	57	65	73	80	88	96
42	46 200	59	67	75	83	91	99
44	48 300	60	69	77	86	94	102
46	49 600	62	71	79	88	97	106
48	51 700	63	73	82	91	100	109
50	53 800	65	74	84	93	103	113
52	55 800	66	76	86	96	106	116
54	57 200	68	78	88	99	109	119
56	59 300	69	80	91	102	112	123
58	61 400	71	82	93	104	116	127
60	63 400	72	84	96	107	118	130
62	64 800	74	86	98	109	122	133
64	66 900	76	88	100	112	124	137
66	68 900	77	89	102	115	128	141
68	71 000	78	92	104	118	131	144
70	72 400	80	93	107	121	134	147
72	74 500	82	96	109	123	137	151
74	76 500	83	97	112	126	140	154
升温速率/(℃/min)		0.77	0.96	1.15	1.34	1.53	1.72
升压速率		950 kPa/min					
升温升压时间		74 min					

表 D.1（续）

1	2	3	4	5	6	7	8
时间/min	压力/kPa	温度梯度(℃/100 m)/℃					
		1.6	2.0	2.4	2.7	3.1	3.5
井深:5 490 m					钻井液密度:1.53 kg/L		
0	6 900	27	27	27	27	27	27
2	9 000	28	29	29	29	30	31
4	11 000	30	31	32	32	33	34
6	13 100	32	33	34	35	37	38
8	15 200	33	35	37	38	39	41
10	17 200	35	37	39	41	43	45
12	19 300	37	39	41	44	46	49
14	20 700	38	41	44	47	49	52
16	22 800	40	43	46	49	53	56
18	24 800	42	45	49	52	56	59
20	26 900	43	47	51	55	59	63
22	29 000	44	49	53	58	63	67
24	31 000	46	51	56	61	66	71
26	33 100	48	53	58	64	69	74
28	35 200	49	55	61	67	72	78
30	37 200	51	57	63	69	76	82
32	39 300	53	59	66	72	79	86
34	41 400	54	62	68	75	82	89
36	43 400	56	63	71	78	86	93
38	45 500	58	66	73	81	88	96
40	47 600	59	68	76	84	92	100
42	49 000	61	69	78	87	95	104
44	51 000	63	72	81	89	98	107
46	53 100	64	74	83	92	102	111
48	55 200	66	76	86	95	105	114
50	57 200	68	78	88	98	108	118
52	59 300	69	80	91	101	112	122
54	61 400	71	82	93	104	114	126
56	63 400	73	84	95	107	118	129
58	65 500	74	86	98	109	121	133
60	67 600	76	88	100	112	124	137
62	69 600	77	90	103	115	128	141
64	71 700	79	92	105	118	131	144
66	73 800	81	94	107	121	134	148
68	75 800	82	96	110	124	137	151

表 D.1（续）

1	2	3	4	5	6	7	8
时间/min	压力/kPa	温度梯度(℃/100 m)/℃					
		1.6	2.0	2.4	2.7	3.1	3.5
井深:5 490 m						钻井液密度:1.53 kg/L	
70	77 200	84	98	112	127	141	155
72	79 300	86	100	115	129	144	158
74	81 400	87	102	117	132	147	162
76	83 400	89	104	119	135	151	166
78	85 500	91	106	122	138	154	169
80	87 600	92	108	124	141	157	173
82	89 600	94	111	127	144	161	177
升温速率/(℃/min)		0.82	1.02	1.23	1.43	1.63	1.83
升压速率		1 009 kPa/min					
升温升压时间		82 min					
井深:6 100 m						钻井液密度:1.59 kg/L	
0	7 200	27	27	27	27	27	27
2	9 700	28	29	29	29	30	31
4	11 700	30	31	32	33	33	34
6	13 800	32	33	34	36	37	38
8	15 900	34	36	37	39	41	42
10	17 900	36	38	39	42	44	46
12	20 000	37	40	42	45	47	50
14	22 100	39	42	45	48	51	54
16	24 100	41	44	48	51	54	58
18	26 200	42	46	50	54	58	62
20	28 300	44	48	53	57	61	66
22	30 300	46	51	56	60	65	69
24	32 400	48	53	58	63	68	73
26	35 200	49	55	61	66	72	77
28	37 200	51	57	63	69	75	81
30	39 300	53	59	66	72	78	85
32	41 400	54	62	68	75	82	89
34	43 400	57	64	71	78	86	93
36	45 500	58	66	73	81	89	97
38	47 600	60	68	76	84	92	101
40	49 600	62	70	79	87	96	104
42	51 700	63	72	81	91	99	108
44	53 800	65	74	84	93	103	112
46	55 800	67	77	87	97	106	116
48	57 900	69	79	89	99	110	120

表 D.1（续）

1	2	3	4	5	6	7	8
时间/min	压力/kPa	温度梯度(℃/100 m)/℃					
		1.6	2.0	2.4	2.7	3.1	3.5
井深:6 100 m						钻井液密度:1.59 kg/L	
50	60 000	71	81	92	103	113	124
52	62 700	72	83	94	106	117	128
54	64 800	74	86	97	108	120	132
56	66 900	76	88	99	112	123	136
58	68 900	77	90	102	114	127	139
60	71 000	79	92	105	118	131	143
62	73 100	81	94	107	121	134	147
64	75 200	83	96	110	124	137	151
66	77 200	84	98	113	127	141	155
68	79 300	86	101	115	130	144	159
70	81 400	88	103	118	133	148	163
72	83 400	89	105	121	136	151	167
74	85 500	91	107	123	139	155	171
76	87 600	93	109	126	142	158	174
78	90 300	95	112	128	145	162	178
80	92 400	97	114	131	148	165	182
82	94 500	98	116	133	151	168	186
84	96 500	100	118	136	154	172	190
86	98 600	102	120	139	157	176	194
88	100 700	104	122	141	160	179	198
90	102 700	106	124	144	163	182	202
升温速率/(℃/min)		0.88	1.09	1.30	1.52	1.73	1.94
升压速率		1 061 kPa/min					
升温升压时间		90 min					
井深:6 710 m						钻井液密度:1.65 kg/L	
0	7 200	27	27	27	27	27	27
2	9 700	28	29	29	30	31	31
4	11 700	31	31	32	33	34	35
6	13 800	32	34	35	36	38	39
8	15 900	34	36	38	39	41	43
10	17 900	36	38	41	43	45	47
12	20 000	38	41	43	46	49	52
14	22 100	39	43	46	49	52	56
16	24 100	42	45	49	52	56	59
18	26 200	43	48	52	56	59	64

表 D.1（续）

1	2	3	4	5	6	7	8
时间/min	压力/kPa	温度梯度(℃/100 m)/℃					
		1.6	2.0	2.4	2.7	3.1	3.5
井深:6 710 m					钻井液密度:1.65 kg/L		
20	28 300	46	50	54	59	63	68
22	30 300	47	52	57	62	67	72
24	32 400	49	54	60	66	71	76
26	35 200	51	57	63	68	74	80
28	37 200	53	59	66	72	78	84
30	39 300	54	62	68	75	82	88
32	41 400	57	64	71	78	86	93
34	43 400	58	66	74	82	89	97
36	45 500	60	68	77	84	93	101
38	47 600	62	71	79	88	97	105
40	49 600	64	73	82	91	100	109
42	51 700	66	76	85	94	104	113
44	53 800	68	78	88	97	107	117
46	55 800	69	80	91	101	111	122
48	57 900	71	82	93	104	115	126
50	60 000	73	84	96	107	118	130
52	62 700	75	87	99	111	122	134
54	64 800	77	89	101	113	126	138
56	66 900	79	92	104	117	129	142
58	68 900	81	94	107	120	133	146
60	71 000	83	96	109	123	137	151
62	73 100	84	98	112	127	141	154
64	75 200	86	101	115	129	144	159
66	77 200	88	103	118	133	148	163
68	79 300	90	106	121	136	152	167
70	81 400	92	108	123	139	155	171
72	83 400	94	110	126	143	159	175
74	85 500	96	112	129	146	163	179
76	87 600	97	114	132	149	166	183
78	90 300	99	117	134	152	170	187
80	92 400	101	119	137	156	173	192
82	94 500	103	122	140	159	177	196
84	96 500	105	124	143	162	181	200
86	98 600	107	126	146	165	184	204
88	100 700	109	128	148	168	188	208

表 D.1（续）

1	2	3	4	5	6	7	8
时间/min	压力/kPa	温度梯度(℃/100 m)/℃					
		1.6	2.0	2.4	2.7	3.1	3.5
井深:6 710 m						钻井液密度:1.65 kg/L	
90	102 700	111	131	151	172	192	212
92	102 700	112	133	154	175	196	216
94	102 700	114	136	157	178	199	221
96	102 700	116	138	159	181	203	224
98	116 500	118	140	162	184	207	229
升温速率/(℃/min)		0.93	1.16	1.38	1.61	1.84	2.06
升压速率		1 108 kPa/min					
升温升压时间		98 min					

表 D.2　尾管注水泥稠化时间试验方案

1	2	3	4	5	6	7	8
时间/min	压力/kPa	温度梯度(℃/100 m)/℃					
		1.6	2.0	2.4	2.7	3.1	3.5
井深:305 m						钻井液密度:1.04 kg/L	
0	1 700	27	27	27	27	27	27
2	2 100	27	27	27	27	27	27
4	2 800	27	27	27	27	27	27
6	3 400	27	27	27	27	27	27
8	4 100	27	27	27	27	27	27
10	4 800	27	27	27	27	27	27
11	4 800	27	27	27	27	27	27
升温速率/(℃/min)		0.00	0.00	0.00	0.00	0.00	0.00
升压速率		282 kPa/min					
升温升压时间		11 min					
井深:610 m						钻井液密度:1.07 kg/L	
0	2 100	27	27	27	27	27	27
2	2 800	27	27	27	27	28	28
4	4 100	28	28	28	28	28	28
6	4 800	29	29	29	29	29	29
8	5 500	29	29	30	30	30	30
10	6 200	30	30	31	31	31	31
12	7 600	31	31	32	32	32	32
14	8 300	32	32	32	32	33	33
升温速率/(℃/min)		0.36	0.36	0.39	0.39	0.44	0.44
升压速率		443 kPa/min					
升温升压时间		14 min					

表 D.2(续)

1	2	3	4	5	6	7	8
时间/min	压力/kPa	温度梯度(℃/100 m)/℃					
		1.6	2.0	2.4	2.7	3.1	3.5
井深:1 220 m					钻井液密度:1.13 kg/L		
0	2 800	27	27	27	27	27	27
2	4 100	28	28	28	28	28	28
4	5 500	29	29	29	29	29	29
6	6 900	30	30	30	31	31	31
8	8 300	31	31	31	32	32	32
10	9 700	32	32	33	33	33	33
12	11 000	33	33	34	34	34	34
14	12 400	34	34	35	35	36	36
16	13 800	35	36	36	37	37	37
18	15 200	36	37	37	38	38	39
20	16 500	37	38	38	39	39	40
升温速率/(℃/min)		0.53	0.56	0.58	0.61	0.64	0.67
升压速率		685 kPa/min					
升温升压时间		20 min					
井深:1 830 m					钻井液密度:1.19 kg/L		
0	3 800	27	27	27	27	27	27
2	5 500	28	28	28	28	28	29
4	6 900	29	29	30	30	30	31
6	9 000	31	31	31	32	32	33
8	10 300	32	32	33	33	33	34
10	11 700	33	34	34	35	35	37
12	13 800	35	36	36	37	37	38
14	15 200	36	37	37	38	39	41
16	16 500	38	38	39	39	41	42
18	18 600	39	40	41	41	42	44
20	20 000	41	41	42	43	44	46
22	21 400	42	43	43	44	46	48
24	23 400	43	44	45	46	47	50
26	24 800	44	46	47	48	49	52
升温速率/(℃/min)		0.68	0.73	0.77	0.81	0.86	0.98
升压速率		808 kPa/min					
升温升压时间		26 min					

表 D.2（续）

1	2	3	4	5	6	7	8
时间/min	压力/kPa	温度梯度(℃/100 m)/℃					
		1.6	2.0	2.4	2.7	3.1	3.5
井深:2 440 m						钻井液密度:1.25 kg/L	
0	4 500	27	27	27	27	27	27
2	6 200	28	28	28	29	29	29
4	8 300	30	30	31	31	31	32
6	10 300	32	32	32	33	33	35
8	11 700	33	33	34	35	36	38
10	13 800	34	35	36	37	38	41
12	15 900	36	37	38	39	41	43
14	17 900	38	38	40	41	43	46
16	19 300	39	41	42	43	45	49
18	21 400	41	42	44	46	47	52
20	23 400	43	44	46	48	49	54
22	24 800	44	46	48	49	52	57
24	26 900	46	47	49	52	54	60
26	29 000	47	49	52	54	57	63
28	31 000	49	51	53	56	59	66
30	32 400	51	52	56	58	61	68
32	34 500	52	54	57	60	63	71
升温速率/(℃/min)		0.80	0.85	0.96	1.04	1.14	1.39
升压速率		938 kPa/min					
升温升压时间		32 min					
井深:3 050 m						钻井液密度:1.31 kg/L	
0	5 500	27	27	27	27	27	27
2	7 600	28	28	29	29	29	30
4	9 700	30	31	31	32	33	34
6	11 700	32	32	33	34	36	37
8	13 800	34	34	36	37	38	41
10	15 900	36	36	38	39	41	44
12	17 900	37	38	41	42	44	48
14	20 000	39	40	43	44	47	51
16	22 100	41	42	45	47	50	55
18	24 100	43	44	47	49	53	58

表 D.2（续）

1	2	3	4	5	6	7	8
时间/min	压力/kPa	温度梯度(℃/100 m)/℃					
		1.6	2.0	2.4	2.7	3.1	3.5
井深:3 050 m					钻井液密度:1.31 kg/L		
20	26 200	44	46	49	52	56	62
22	28 300	46	48	52	54	59	65
24	30 300	48	50	54	57	62	69
26	32 400	50	52	56	60	64	72
28	34 500	52	54	58	62	68	76
30	36 500	53	56	61	65	71	79
32	38 600	55	58	63	67	73	83
34	40 700	57	59	66	70	76	86
36	42 700	59	62	68	72	79	90
38	44 800	61	63	70	75	82	93
升温速率/(℃/min)		0.89	0.97	1.14	1.27	1.46	1.76
升压速率		1 034 kPa/min					
升温升压时间		38 min					
井深:3 660 m					钻井液密度:1.36 kg/L		
0	6 200	27	27	27	27	27	27
2	8 300	28	29	29	30	30	31
4	11 000	30	31	32	33	34	35
6	13 100	32	33	34	36	37	39
8	15 200	34	36	37	39	41	43
10	17 200	36	38	40	42	44	47
12	20 000	37	40	43	46	48	51
14	22 100	39	42	46	48	52	55
16	24 100	41	44	48	52	56	59
18	26 200	42	47	51	55	59	63
20	29 000	44	49	53	58	62	67
22	31 000	46	51	56	61	66	71
24	33 100	48	53	59	64	69	75
26	35 200	49	56	61	67	73	79
28	37 900	51	58	64	71	77	83
30	40 000	53	60	67	73	81	87
32	42 100	54	62	69	77	84	91
34	44 100	56	64	72	80	88	96
36	46 900	58	66	74	83	91	99
38	49 000	60	68	77	86	94	103
40	51 000	62	71	80	89	98	107
42	53 100	63	73	83	92	102	112
43	54 500	64	74	84	94	104	113
升温速率/(℃/min)		0.88	1.10	1.33	1.56	1.79	2.02
升压速率		1 123 kPa/min					
升温升压时间		43 min					

表 D.2（续）

1	2	3	4	5	6	7	8
时间/min	压力/kPa	温度梯度(℃/100 m)/℃					
		1.6	2.0	2.4	2.7	3.1	3.5
井深:4 270 m						钻井液密度:1.41 kg/L	
0	7 200	27	27	27	27	27	27
2	9 700	28	29	29	30	31	31
4	11 700	31	32	32	33	34	36
6	14 500	32	34	36	37	38	39
8	16 500	34	36	38	40	42	44
10	19 300	36	39	41	43	46	48
12	21 400	38	41	44	47	50	53
14	24 100	40	43	47	50	54	57
16	26 200	42	46	49	53	58	62
18	29 000	44	48	53	57	61	66
20	31 000	46	51	56	61	65	70
22	33 800	48	53	58	64	69	74
24	35 900	49	56	61	67	73	79
26	38 600	52	58	64	71	77	83
28	40 700	53	60	67	74	81	87
30	43 400	55	63	70	77	84	92
32	45 500	57	65	73	81	88	96
34	48 300	59	67	76	84	92	101
36	50 300	61	69	78	87	96	105
38	53 100	63	72	81	91	100	109
40	55 200	65	74	84	94	104	113
42	57 900	67	77	87	97	108	118
44	60 000	68	79	90	101	112	122
46	62 700	71	82	93	104	116	127
48	64 800	72	84	96	107	119	131
49	66 200	73	85	97	109	121	133
升温速率/(℃/min)		0.95	1.19	1.44	1.68	1.93	2.17
升压速率		1 204 kPa/min					
升温升压时间		49 min					

表 D.2（续）

1	2	3	4	5	6	7	8
时间/min	压力/kPa	温度梯度(℃/100 m)/℃					
		1.6	2.0	2.4	2.7	3.1	3.5
井深:4 880 m					钻井液密度:1.47 kg/L		
0	8 300	27	27	27	27	27	27
2	11 000	29	29	30	30	31	31
4	13 100	31	32	33	34	35	36
6	15 900	33	34	36	37	39	41
8	18 600	35	37	39	41	43	45
10	21 400	37	39	42	44	47	50
12	23 400	39	42	45	48	51	54
14	26 200	41	44	48	52	56	59
16	29 000	43	47	51	56	59	64
18	31 000	45	50	54	59	64	68
20	33 800	47	52	58	63	68	73
22	36 500	49	55	61	66	72	78
24	39 300	51	58	64	70	76	82
26	41 400	53	60	67	73	80	87
28	44 100	56	63	70	77	84	92
30	46 900	57	65	73	81	88	96
32	49 000	59	68	76	84	93	101
34	51 700	62	71	79	88	97	106
36	54 500	64	73	82	92	101	110
38	56 500	66	76	86	95	105	115
40	59 300	68	78	88	99	109	119
42	62 100	70	81	92	102	113	124
44	64 800	72	83	94	106	117	129
46	66 900	74	86	98	109	122	133
48	69 600	76	88	101	113	126	138
50	72 400	78	91	104	117	129	143
52	74 500	80	93	107	121	134	147
54	77 200	82	96	110	124	138	152
55	78 600	83	97	112	126	140	154
升温速率/(℃/min)		1.03	1.28	1.54	1.80	2.06	2.31
升压速率		1 278 kPa/min					
升温升压时间		55 min					

表 D.2（续）

1	2	3	4	5	6	7	8
时间/min	压力/kPa	温度梯度(℃/100 m)/℃					
		1.6	2.0	2.4	2.7	3.1	3.5
井深:5 490 m					钻井液密度:1.53 kg/L		
0	9 000	27	27	27	27	27	27
2	11 700	29	29	30	31	31	32
4	14 500	31	32	33	34	36	37
6	17 200	33	35	37	38	40	42
8	20 000	36	38	40	42	44	46
10	22 800	38	41	43	46	48	51
12	25 500	40	43	47	49	53	56
14	28 300	42	46	49	53	57	61
16	30 300	44	49	53	57	62	66
18	33 100	47	51	56	61	66	71
20	35 900	49	54	59	65	71	76
22	38 600	51	57	63	69	75	81
24	41 400	53	59	66	73	79	86
26	44 100	56	62	69	77	84	91
28	46 900	57	65	73	81	88	96
30	49 600	59	68	76	84	92	101
32	52 400	62	71	79	88	97	106
34	55 200	64	73	83	92	101	111
36	57 900	66	76	86	96	106	116
38	60 700	68	79	89	99	110	120
40	63 400	71	82	92	103	114	125
42	66 200	73	84	96	107	119	130
44	68 900	75	87	99	111	123	135
46	71 000	77	90	102	115	127	140
48	73 800	79	93	106	119	132	145
50	76 500	82	96	109	123	136	150
52	79 300	84	98	112	127	141	155
54	82 000	86	101	116	130	145	159
56	84 800	88	103	119	134	149	164
58	87 600	91	106	122	138	154	169
60	90 300	93	109	126	142	158	174
61	91 700	94	111	127	144	161	177
升温速率/(℃/min)		1.10	1.38	1.65	1.92	2.19	2.46
升压速率		1 356 kPa/min					
升温升压时间		61 min					

表 D.2（续）

1	2	3	4	5	6	7	8
时间/min	压力/kPa	温度梯度(℃/100 m)/℃					
		1.6	2.0	2.4	2.7	3.1	3.5
井深:6 100 m					钻井液密度:1.59 kg/L		
0	10 000	27	27	27	27	27	27
2	13 100	29	29	30	31	31	32
4	15 900	31	33	34	35	36	37
6	18 600	34	36	37	39	41	42
8	21 400	36	38	41	43	45	48
10	24 100	38	41	44	47	50	53
12	26 900	41	44	48	51	54	58
14	29 600	43	47	51	55	59	63
16	33 100	46	50	54	59	64	68
18	35 900	48	53	58	63	68	74
20	38 600	50	56	62	67	73	79
22	41 400	53	59	65	72	78	84
24	44 100	55	62	69	76	82	89
26	46 900	57	64	72	79	87	94
28	49 600	59	68	76	84	92	100
30	53 100	62	71	79	88	97	105
32	55 800	64	73	83	92	101	110
34	58 600	67	76	86	96	106	116
36	61 400	69	79	89	100	111	121
38	64 100	71	82	93	104	115	126
40	66 900	74	85	97	108	119	131
42	69 600	76	88	100	112	124	137
44	72 400	78	91	104	116	129	142
46	75 800	81	94	107	121	134	147
48	78 600	83	97	111	124	138	152
50	81 400	86	100	114	128	143	157
52	84 100	88	103	118	133	148	163
54	86 900	90	106	121	137	152	168
56	89 600	92	108	124	141	157	173
58	92 400	95	112	128	145	162	178
60	95 800	97	114	132	149	166	183
62	98 600	99	117	135	153	171	189
64	101 400	102	120	139	157	176	194
66	104 100	104	123	142	161	180	199
67	105 500	106	124	144	163	182	202
升温速率/(℃/min)		1.18	1.46	1.75	2.04	2.32	2.61
升压速率		1 425 kPa/min					
升温升压时间		67 min					

表 D.2（续）

1	2	3	4	5	6	7	8
时间/min	压力/kPa	温度梯度(℃/100 m)/℃					
		1.6	2.0	2.4	2.7	3.1	3.5
井深:6 710 m					钻井液密度:1.65 kg/L		
0	10 700	27	27	27	27	27	27
2	13 800	29	30	31	31	32	32
4	16 500	32	33	34	36	37	38
6	19 300	34	36	38	39	42	43
8	22 800	37	39	42	44	46	49
10	25 500	39	42	45	48	51	54
12	28 300	42	46	49	53	56	60
14	31 700	44	48	53	57	61	66
16	34 500	47	52	56	61	66	71
18	37 200	49	54	60	66	71	77
20	40 700	52	58	64	70	76	82
22	43 400	54	61	68	74	81	88
24	46 200	57	64	71	78	86	93
26	49 600	59	67	75	83	91	99
28	52 400	62	70	79	87	96	104
30	55 200	64	73	82	92	101	109
32	58 600	67	77	86	96	106	115
34	61 400	69	79	90	100	111	121
36	64 100	72	83	93	104	116	126
38	66 900	74	86	97	109	121	132
40	70 300	77	89	101	113	125	137
42	73 100	79	92	104	117	130	143
44	75 800	82	95	108	122	135	148
46	79 300	84	98	112	126	140	154
48	82 000	87	101	116	131	145	159
50	84 800	89	104	119	134	150	165
52	88 300	92	107	123	139	155	171
54	91 000	94	111	127	143	160	176
56	93 800	97	114	131	148	164	182
58	97 200	99	117	134	152	169	187
60	100 000	102	120	138	156	174	193
62	102 700	104	123	142	161	179	198
64	106 200	107	126	146	165	184	204
66	108 900	109	129	149	169	189	209
68	111 700	112	132	153	174	194	215

表 D.2（续）

1	2	3	4	5	6	7	8
时间/min	压力/kPa	温度梯度(℃/100 m)/℃					
		1.6	2.0	2.4	2.7	3.1	3.5
井深:6 710 m						钻井液密度:1.65 kg/L	
70	115 100	114	136	157	178	199	221
72	117 900	117	138	161	182	204	226
73	119 300	118	140	162	184	207	229
升温速率/(℃/min)		1.25	1.55	1.86	2.16	2.47	2.77
升压速率		1 488 kPa/min					
升温升压时间		73 min					

表 D.3 连续挤水泥稠化时间试验方案

1	2	3	4	5	6	7	8
时间/min	压力/kPa	温度梯度(℃/100 m)/℃					
		1.6	2.0	2.4	2.7	3.1	3.5
井深:305 m						钻井液密度:1.10 kg/L	
0	3 400	27	27	27	27	27	27
1	3 400	27	27	28	28	29	30
2	3 600	27	27	28	28	29	30
3	3 700	27	27	28	28	29	30
4	3 900	27	27	28	28	29	30
5	4 000	27	27	28	28	29	30
6	4 100	27	27	28	28	29	30
7	4 300	27	27	28	28	29	30
8	4 400	27	27	28	28	29	30
9	4 600	27	27	28	28	29	30
10	4 700	27	27	28	28	29	30
11	4 800	27	27	28	28	29	30
12	5 000	27	27	28	28	29	30
13	5 100	27	27	28	28	29	30
14	5 200	27	27	28	28	29	30
15	5 400	27	27	28	28	29	30
升温速率/(℃/min)		0.00	0.00	1.11	1.67	2.78	3.33
升温时间		1 min					
温度保持时间		14 min					
升压速率		前 1 min 为 0 kPa/min,后 14 min 为 143 kPa/min					

表 D.3（续）

1	2	3	4	5	6	7	8
时间/min	压力/kPa	温度梯度(℃/100 m)/℃					
		1.6	2.0	2.4	2.7	3.1	3.5
井深:610 m				钻井液密度:1.13 kg/L			
0	3 400	27	27	27	27	27	27
1	4 100	28	28	28	29	29	30
2	4 800	29	29	30	31	32	33
3	5 500	30	31	31	33	34	36
4	6 200	30	32	33	35	37	38
5	6 500	30	32	33	35	37	38
6	6 800	30	32	33	35	37	38
7	7 000	30	32	33	35	37	38
8	7 300	30	32	33	35	37	38
9	7 600	30	32	33	35	37	38
10	7 900	30	32	33	35	37	38
11	8 100	30	32	33	35	37	38
12	8 400	30	32	33	35	37	38
13	8 700	30	32	33	35	37	38
14	9 000	30	32	33	35	37	38
15	9 200	30	32	33	35	37	38
16	9 500	30	32	33	35	37	38
17	9 800	30	32	33	35	37	38
18	10 100	30	32	33	35	37	38
19	10 300	30	32	33	35	37	38
20	10 600	30	32	33	35	37	38
升温速率/(℃/min)		0.83	1.25	1.67	2.08	2.50	2.92
升温时间		4 min					
温度保持时间		16 min					
升压速率		前 4 min 为 700 kPa/min,后 16 min 为 275 kPa/min					

表 D.3（续）

1	2	3	4	5	6	7	8
时间/min	压力/kPa	温度梯度(℃/100 m)/℃					
		1.6	2.0	2.4	2.7	3.1	3.5
井深:1 220 m					钻井液密度:1.16 kg/L		
0	3 400	27	27	27	27	27	27
1	4 600	28	28	29	29	29	30
2	5 700	29	30	31	32	32	33
3	6 800	31	32	33	34	35	36
4	7 900	32	33	35	36	38	39
5	9 000	33	34	37	39	41	43
6	10 100	34	36	39	41	43	46
7	11 200	36	38	41	43	46	49
8	12 300	37	39	43	46	49	52
9	13 400	38	41	45	48	52	56
10	13 800	38	41	45	48	52	56
11	14 300	38	41	45	48	52	56
12	14 700	38	41	45	48	52	56
13	15 200	38	41	45	48	52	56
14	15 600	38	41	45	48	52	56
15	16 100	38	41	45	48	52	56
16	16 500	38	41	45	48	52	56
17	17 000	38	41	45	48	52	56
18	17 400	38	41	45	48	52	56
19	17 900	38	41	45	48	52	56
20	18 300	38	41	45	48	52	56
21	18 800	38	41	45	48	52	56
22	19 200	38	41	45	48	52	56
23	19 700	38	41	45	48	52	56
24	20 100	38	41	45	48	52	56
25	20 500	38	41	45	48	52	56
升温速率/(℃/min)		1.23	1.61	2.04	2.41	2.78	3.21
升温时间		9 min					
温度保持时间		16 min					
升压速率		前 9 min 为 1 111 kPa/min,后 16 min 为 444 kPa/min					

表 D.3（续）

1	2	3	4	5	6	7	8
时间/min	压力/kPa	温度梯度(℃/100 m)/℃					
		1.6	2.0	2.4	2.7	3.1	3.5
井深:1 830 m					钻井液密度:1.22 kg/L		
0	5 500	27	27	27	27	27	27
1	6 700	28	28	29	29	29	30
2	7 900	29	30	31	32	32	33
3	9 000	31	32	33	34	36	37
4	10 200	32	34	35	37	38	40
5	11 400	34	36	37	39	41	43
6	12 500	35	37	39	42	44	47
7	13 700	37	39	42	44	47	50
8	14 900	38	41	44	47	50	53
9	16 100	39	42	46	49	53	56
10	17 200	41	44	48	52	56	59
11	18 400	42	46	50	54	58	63
12	19 600	43	48	52	57	62	66
13	20 800	45	49	54	59	64	69
14	21 900	46	51	57	62	67	73
15	22 400	46	51	57	62	67	73
16	22 900	46	51	57	62	67	73
17	23 400	46	51	57	62	67	73
18	23 900	46	51	57	62	67	73
19	24 300	46	51	57	62	67	73
20	24 800	46	51	57	62	67	73
21	25 300	46	51	57	62	67	73
22	25 800	46	51	57	62	67	73
23	26 300	46	51	57	62	67	73
24	26 800	46	51	57	62	67	73
25	27 200	46	51	57	62	67	73
26	27 700	46	51	57	62	67	73
27	28 200	46	51	57	62	67	73
28	28 700	46	51	57	62	67	73
29	29 200	46	51	57	62	67	73
30	29 600	46	51	57	62	67	73
31	30 100	46	51	57	62	67	73
32	30 600	46	51	57	62	67	73
33	31 100	46	51	57	62	67	73
34	31 600	46	51	57	62	67	73
35	32 100	46	51	57	62	67	73
升温速率/(℃/min)		1.39	1.74	2.14	2.54	2.89	3.29
升温时间		14 min					
温度保持时间		21 min					
升压速率		前 14 min 为 1 171 kPa/min,后 21 min 为 486 kPa/min					

表 D.3(续)

1	2	3	4	5	6	7	8
时间/min	压力/kPa	温度梯度(℃/100 m)/℃					
		1.6	2.0	2.4	2.7	3.1	3.5
井深:2 440 m						钻井液密度:1.29 kg/L	
0	6 900	27	27	27	27	27	27
1	8 200	28	28	29	29	29	30
2	9 400	29	31	31	32	33	33
3	10 700	31	32	33	34	36	37
4	12 000	33	34	36	37	38	40
5	13 300	34	36	38	39	42	44
6	14 500	36	38	40	42	44	47
7	15 800	37	39	42	45	48	51
8	17 100	38	42	44	47	51	54
9	18 400	40	43	47	50	53	57
10	19 700	41	45	49	53	57	61
11	20 900	43	47	51	56	59	64
12	22 200	44	49	53	58	62	67
13	23 500	46	51	56	61	66	71
14	24 800	47	52	58	63	68	74
15	26 000	48	54	60	66	72	78
16	27 300	50	56	62	68	74	81
17	28 600	52	58	64	71	77	84
18	29 900	53	60	67	73	81	88
19	31 100	54	62	69	76	83	91
20	31 700	54	62	69	76	83	91
21	32 300	54	62	69	76	83	91
22	32 900	54	62	69	76	83	91
23	33 500	54	62	69	76	83	91
24	34 100	54	62	69	76	83	91
25	34 600	54	62	69	76	83	91
26	35 200	54	62	69	76	83	91
27	35 800	54	62	69	76	83	91
28	36 400	54	62	69	76	83	91
29	37 000	54	62	69	76	83	91
30	37 600	54	62	69	76	83	91
31	38 200	54	62	69	76	83	91
32	38 700	54	62	69	76	83	91
33	39 300	54	62	69	76	83	91
34	39 900	54	62	69	76	83	91

表 D.3（续）

1	2	3	4	5	6	7	8
时间/min	压力/kPa	温度梯度(℃/100 m)/℃					
		1.6	2.0	2.4	2.7	3.1	3.5
井深:2 440 m					钻井液密度:1.29 kg/L		
35	40 500	54	62	69	76	83	91
36	41 100	54	62	69	76	83	91
37	41 700	54	62	69	76	83	91
38	42 300	54	62	69	76	83	91
39	42 900	54	62	69	76	83	91
40	43 400	54	62	69	76	83	91
升温速率/(℃/min)		1.46	1.84	2.22	2.60	2.98	3.39
升温时间		19 min					
温度保持时间		21 min					
升压速率		前 19 min 为 1 274 kPa/min,后 21 min 为 586 kPa/min					
井深:3 050 m					钻井液密度:1.38 kg/L		
0	9 000	27	27	27	27	27	27
1	10 300	28	28	29	29	30	30
2	11 700	30	31	31	32	33	33
3	13 100	31	32	33	35	36	37
4	14 500	33	34	36	37	39	41
5	15 900	34	36	38	40	42	44
6	17 200	36	38	41	43	45	47
7	18 600	37	40	43	46	48	51
8	20 000	39	42	45	48	51	54
9	21 400	41	44	47	51	54	58
10	22 800	42	46	49	53	57	61
11	24 100	43	48	52	56	61	64
12	25 500	45	50	54	59	64	68
13	26 900	47	52	57	62	67	72
14	28 300	48	53	59	64	70	75
15	29 600	49	56	61	67	73	78
16	31 000	51	57	63	69	76	82
17	32 400	53	59	66	72	79	86
18	33 800	54	61	68	75	82	89
19	35 200	56	63	70	78	85	92
20	36 500	57	65	73	81	88	96
21	37 900	59	67	75	83	91	99
22	39 300	61	69	77	86	94	103
23	40 700	62	71	79	88	97	106
24	42 100	63	73	82	91	101	109

表 D.3（续）

1	2	3	4	5	6	7	8
时间/min	压力/kPa	温度梯度(℃/100 m)/℃					
		1.6	2.0	2.4	2.7	3.1	3.5
井深:3 050 m					钻井液密度:1.38 kg/L		
25	42 700	63	73	82	91	101	109
26	43 400	63	73	82	91	101	109
27	44 000	63	73	82	91	101	109
28	44 700	63	73	82	91	101	109
29	45 300	63	73	82	91	101	109
30	46 000	63	73	82	91	101	109
31	46 600	63	73	82	91	101	109
32	47 300	63	73	82	91	101	109
33	48 000	63	73	82	91	101	109
34	48 600	63	73	82	91	101	109
35	49 300	63	73	82	91	101	109
36	49 900	63	73	82	91	101	109
37	50 600	63	73	82	91	101	109
38	51 200	63	73	82	91	101	109
39	51 900	63	73	82	91	101	109
40	52 500	63	73	82	91	101	109
41	53 200	63	73	82	91	101	109
42	53 800	63	73	82	91	101	109
43	54 500	63	73	82	91	101	109
44	55 200	63	73	82	91	101	109
45	55 800	63	73	82	91	101	109
升温速率/(℃/min)		1.53	1.92	2.29	2.68	3.08	3.45
升温时间		24 min					
温度保持时间		21 min					
升压速率		前 24 min 为 1 379 kPa/min,后 21 min 为 652 kPa/min					
井深:3 660 m					钻井液密度:1.49 kg/L		
0	10 300	27	27	27	27	27	27
1	11 900	28	29	29	29	30	30
2	13 400	30	31	31	32	33	34
3	14 900	31	33	34	35	36	37
4	16 400	33	34	36	38	39	41
5	17 900	34	37	38	41	42	44
6	19 400	36	38	41	43	46	48
7	21 000	38	41	43	46	49	51
8	22 500	39	42	46	48	52	55
9	24 000	41	44	48	51	55	58

表 D.3（续）

1	2	3	4	5	6	7	8
时间/min	压力/kPa	温度梯度(℃/100 m)/℃					
		1.6	2.0	2.4	2.7	3.1	3.5
井深:3 660 m					钻井液密度:1.49 kg/L		
10	25 500	42	47	50	54	58	62
11	27 000	44	48	53	57	61	66
12	28 500	46	51	55	59	64	69
13	30 100	47	52	57	62	68	72
14	31 600	49	54	59	65	71	76
15	33 100	50	56	62	68	74	79
16	34 600	52	58	64	71	77	83
17	36 100	53	60	67	73	80	87
18	37 600	55	62	69	76	83	90
19	39 200	57	64	72	79	86	94
20	40 700	58	66	74	82	89	97
21	42 200	59	68	76	84	93	101
22	43 700	61	70	78	87	96	104
23	45 200	63	72	81	89	99	108
24	46 700	64	74	83	92	102	111
25	48 300	66	76	86	95	105	115
26	49 800	68	78	88	98	108	118
27	51 300	69	80	91	101	112	122
28	52 800	71	82	93	103	114	126
29	54 300	72	84	95	106	118	129
30	55 100	72	84	95	106	118	129
31	55 800	72	84	95	106	118	129
32	56 500	72	84	95	106	118	129
33	57 200	72	84	95	106	118	129
34	58 000	72	84	95	106	118	129
35	58 700	72	84	95	106	118	129
36	59 400	72	84	95	106	118	129
37	60 100	72	84	95	106	118	129
38	60 800	72	84	95	106	118	129
39	61 600	72	84	95	106	118	129
40	62 300	72	84	95	106	118	129
41	63 000	72	84	95	106	118	129
42	63 700	72	84	95	106	118	129
43	64 500	72	84	95	106	118	129
44	65 200	72	84	95	106	118	129

表 D.3（续）

1	2	3	4	5	6	7	8
时间/min	压力/kPa	温度梯度(℃/100 m)/℃					
		1.6	2.0	2.4	2.7	3.1	3.5
井深:3 660 m				钻井液密度:1.49 kg/L			
45	65 900	72	84	95	106	118	129
46	66 600	72	84	95	106	118	129
47	67 400	72	84	95	106	118	129
48	68 100	72	84	95	106	118	129
49	68 800	72	84	95	106	118	129
50	69 500	72	84	95	106	118	129
升温速率/(℃/min)		1.57	1.97	2.36	2.74	3.14	3.52
升温时间		29 min					
温度保持时间		21 min					
升压速率		前 29 min 为 1 517 kPa/min,后 21 min 为 724 kPa/min					
井深:4 270 m				钻井液密度:1.59 kg/L			
0	12 400	27	27	27	27	27	27
1	14 000	28	29	29	29	30	30
2	15 700	30	31	32	32	33	34
3	17 300	32	33	34	35	36	37
4	18 900	33	35	36	38	39	41
5	20 500	35	37	39	41	43	44
6	22 100	36	39	41	43	46	48
7	23 800	38	41	43	46	49	52
8	25 400	39	43	46	49	52	56
9	27 000	41	45	48	52	56	59
10	28 600	43	47	51	55	59	63
11	30 200	44	49	53	58	62	66
12	31 900	46	51	56	61	65	70
13	33 500	48	53	58	63	68	73
14	35 100	49	55	61	66	72	77
15	36 700	51	57	63	69	74	81
16	38 300	53	59	66	72	78	84
17	40 000	54	61	68	74	81	88
18	41 600	56	63	70	77	84	91
19	43 200	57	65	73	80	88	95
20	44 800	59	67	75	83	91	98
21	46 400	61	69	77	86	94	102
22	48 100	62	71	80	88	97	106
23	49 700	64	73	82	91	101	109
24	51 300	66	76	84	94	103	113

表 D.3（续）

1	2	3	4	5	6	7	8
时间/min	压力/kPa	温度梯度(℃/100 m)/℃					
		1.6	2.0	2.4	2.7	3.1	3.5
井深:4 270 m					钻井液密度:1.59 kg/L		
25	52 900	67	77	87	97	107	117
26	54 500	69	79	89	100	110	120
27	56 200	71	81	92	103	113	124
28	57 800	72	83	94	106	116	127
29	59 400	73	86	97	108	119	131
30	61 000	75	87	99	111	123	134
31	62 600	77	89	102	114	126	138
32	64 300	78	92	104	117	129	142
33	65 900	80	93	107	119	132	146
34	67 500	82	96	109	122	136	149
35	68 200	82	96	109	122	136	149
36	69 000	82	96	109	122	136	149
37	69 700	82	96	109	122	136	149
38	70 400	82	96	109	122	136	149
39	71 100	82	96	109	122	136	149
40	71 800	82	96	109	122	136	149
41	72 600	82	96	109	122	136	149
42	73 300	82	96	109	122	136	149
43	74 000	82	96	109	122	136	149
44	74 700	82	96	109	122	136	149
45	75 500	82	96	109	122	136	149
46	76 200	82	96	109	122	136	149
47	76 900	82	96	109	122	136	149
48	77 600	82	96	109	122	136	149
49	78 400	82	96	109	122	136	149
50	79 100	82	96	109	122	136	149
51	79 800	82	96	109	122	136	149
52	80 500	82	96	109	122	136	149
53	81 300	82	96	109	122	136	149
54	82 000	82	96	109	122	136	149
55	82 700	82	96	109	122	136	149
升温速率/(℃/min)		1.62	2.03	2.42	2.81	3.20	3.59
升温时间		34 min					
温度保持时间		21 min					
升压速率		前 34 min 为 1 621 kPa/min,后 21 min 为 724 kPa/min					

表 D.3（续）

1	2	3	4	5	6	7	8
时间/min	压力/kPa	温度梯度(℃/100 m)/℃					
		1.6	2.0	2.4	2.7	3.1	3.5
井深:4 880 m					钻井液密度:1.73 kg/L		
0	13 800	27	27	27	27	27	27
1	15 500	28	29	29	29	30	31
2	17 300	30	31	32	32	33	34
3	19 100	32	33	34	35	37	38
4	20 800	33	35	37	38	39	41
5	22 600	35	37	39	41	43	45
6	24 300	37	39	42	44	46	49
7	26 100	38	41	44	47	49	52
8	27 900	40	43	46	49	53	56
9	29 600	42	45	49	52	56	60
10	31 400	43	47	51	56	59	63
11	33 100	45	49	54	58	63	67
12	34 900	47	52	56	61	66	71
13	36 600	48	53	59	64	69	74
14	38 400	50	56	61	67	72	78
15	40 200	52	58	64	69	76	82
16	41 900	53	59	66	72	79	86
17	43 700	55	62	68	76	82	89
18	45 400	57	64	71	78	86	93
19	47 200	58	66	73	81	89	97
20	49 000	60	68	76	84	92	100
21	50 700	62	70	78	87	95	104
22	52 500	63	72	81	89	98	108
23	54 200	65	74	83	93	102	111
24	56 000	67	76	86	96	105	115
25	57 700	68	78	88	98	108	118
26	59 500	70	81	91	101	112	122
27	61 300	72	82	93	104	115	126
28	63 000	73	84	96	107	118	129
29	64 800	75	87	98	109	121	133

表 D.3（续）

1	2	3	4	5	6	7	8
时间/min	压力/kPa	温度梯度(℃/100 m)/℃					
		1.6	2.0	2.4	2.7	3.1	3.5
井深:4 880 m					钻井液密度:1.73 kg/L		
30	66 500	77	89	101	113	124	137
31	68 300	78	91	103	116	128	141
32	70 100	80	93	106	118	131	144
33	71 800	82	95	108	121	134	148
34	73 600	83	97	111	124	138	152
35	75 300	85	99	113	127	141	156
36	77 100	87	101	116	130	144	159
37	78 800	88	103	118	133	147	163
38	80 600	90	105	121	136	151	166
39	82 400	92	107	123	138	154	170
40	83 300	92	107	123	138	154	170
41	84 300	92	107	123	138	154	170
42	85 300	92	107	123	138	154	170
43	86 200	92	107	123	138	154	170
44	87 200	92	107	123	138	154	170
45	88 200	92	107	123	138	154	170
46	89 100	92	107	123	138	154	170
47	90 100	92	107	123	138	154	170
48	91 000	92	107	123	138	154	170
49	92 000	92	107	123	138	154	170
50	93 000	92	107	123	138	154	170
51	93 900	92	107	123	138	154	170
52	94 900	92	107	123	138	154	170
53	95 900	92	107	123	138	154	170
54	96 800	92	107	123	138	154	170
55	97 800	92	107	123	138	154	170
升温速率/(℃/min)		1.67	2.07	2.47	2.86	3.26	3.68
升温时间		39 min					
温度保持时间		16 min					
升压速率		前 39 min 为 1 759 kPa/min,后 16 min 为 963 kPa/min					

表 D.3（续）

1	2	3	4	5	6	7	8
时间/min	压力/kPa	温度梯度(℃/100 m)/℃					
		1.6	2.0	2.4	2.7	3.1	3.5
井深:5 490 m						钻井液密度:1.87 kg/L	
0	15 200	27	27	27	27	27	27
1	17 100	28	29	29	29	30	31
2	19 000	30	31	32	33	33	34
3	20 900	32	33	34	36	37	38
4	22 800	33	35	37	38	40	42
5	24 600	35	37	39	41	43	46
6	26 500	37	39	42	44	47	49
7	28 400	38	42	44	47	50	53
8	30 300	41	44	47	50	53	57
9	32 200	42	46	49	53	57	61
10	34 100	44	48	52	56	60	64
11	36 000	46	50	54	59	63	68
12	37 900	47	52	57	62	67	72
13	39 800	49	54	59	65	70	75
14	41 700	51	56	62	68	73	79
15	43 600	52	58	64	71	77	83
16	45 500	54	61	67	73	80	87
17	47 400	56	63	69	77	83	90
18	49 300	57	65	72	79	87	94
19	51 200	59	67	74	82	90	98
20	53 100	61	69	77	85	93	102
21	55 000	62	71	79	88	97	105
22	56 900	64	73	82	91	100	109
23	58 800	66	76	85	94	103	113
24	60 700	68	78	87	97	107	116
25	62 600	69	79	90	100	110	120
26	64 500	71	82	92	103	113	124
27	66 400	73	84	95	106	117	128
28	68 300	74	86	97	109	120	131
29	70 200	76	88	100	112	123	135

表 D.3（续）

1	2	3	4	5	6	7	8
时间/min	压力/kPa	温度梯度(℃/100 m)/℃					
		1.6	2.0	2.4	2.7	3.1	3.5
井深:5 490 m					钻井液密度:1.87 kg/L		
30	72 100	78	91	102	114	127	139
31	73 900	79	92	105	117	130	143
32	75 800	81	94	107	121	133	146
33	77 700	83	97	110	123	137	150
34	79 600	84	99	113	126	140	154
35	81 500	86	101	115	129	143	157
36	83 400	88	103	118	132	147	161
37	85 300	90	105	120	135	150	165
38	87 200	92	107	123	138	153	169
39	89 100	93	109	125	141	157	172
40	91 000	95	112	128	144	160	176
41	92 900	97	114	130	147	163	180
42	94 800	98	116	133	149	167	184
43	96 700	100	118	135	153	170	187
44	98 600	102	120	138	156	173	191
45	99 500	102	120	138	156	173	191
46	100 500	102	120	138	156	173	191
47	101 400	102	120	138	156	173	191
48	102 300	102	120	138	156	173	191
49	103 300	102	120	138	156	173	191
50	104 200	102	120	138	156	173	191
51	105 100	102	120	138	156	173	191
52	106 000	102	120	138	156	173	191
53	107 000	102	120	138	156	173	191
54	107 900	102	120	138	156	173	191
55	108 800	102	120	138	156	173	191
56	109 800	102	120	138	156	173	191
57	110 700	102	120	138	156	173	191
58	111 600	102	120	138	156	173	191
59	112 600	102	120	138	156	173	191
60	113 500	102	120	138	156	173	191
升温速率/(℃/min)		1.71	2.12	2.53	2.93	3.33	3.74
升温时间		44 min					
温度保持时间		16 min					
升压速率		前 44 min 为 1 895 kPa/min,后 16 min 为 931 kPa/min					

表 D.3（续）

1	2	3	4	5	6	7	8
时间/min	压力/kPa	温度梯度(℃/100 m)/℃					
		1.6	2.0	2.4	2.7	3.1	3.5
井深:6 095 m						钻井液密度:2.03 kg/L	
0	16 500	27	27	27	27	27	27
1	18 600	28	29	29	29	30	31
2	20 600	30	31	32	33	33	34
3	22 700	32	33	34	36	37	38
4	24 700	34	36	37	39	40	42
5	26 700	36	37	39	42	44	46
6	28 800	37	39	42	44	47	49
7	30 800	39	42	44	48	51	53
8	32 800	41	44	47	51	54	57
9	34 900	42	46	50	53	57	61
10	36 900	44	48	52	57	61	65
11	38 900	46	51	55	59	64	69
12	41 000	48	53	58	63	67	73
13	43 000	49	55	60	66	71	76
14	45 000	51	57	63	68	74	80
15	47 100	53	59	65	72	78	84
16	49 100	54	61	68	74	81	88
17	51 100	56	63	71	78	84	92
18	53 200	58	66	73	81	88	96
19	55 200	60	68	76	83	91	99
20	57 200	62	70	78	87	94	103
21	59 300	63	72	81	89	98	107
22	61 300	65	74	83	93	102	111
23	63 300	67	77	86	96	105	114
24	65 400	68	79	88	98	108	118
25	67 400	71	81	91	102	112	122
26	69 400	72	83	93	104	115	126
27	71 500	74	85	96	107	118	130
28	73 500	76	87	99	111	122	134
29	75 500	77	89	101	113	126	137

表 D.3（续）

1	2	3	4	5	6	7	8
时间/min	压力/kPa	温度梯度(℃/100 m)/℃					
		1.6	2.0	2.4	2.7	3.1	3.5
井深:6 095 m					钻井液密度:2.03 kg/L		
30	77 600	79	92	104	117	129	141
31	79 600	81	94	107	119	132	145
32	81 600	83	96	109	122	136	149
33	83 700	84	98	112	126	139	153
34	85 700	86	101	114	128	142	157
35	87 700	88	102	117	132	146	161
36	89 800	89	104	119	134	149	164
37	91 800	91	107	122	137	153	168
38	93 800	93	109	124	141	156	172
39	95 900	95	111	127	143	159	176
40	97 900	97	113	129	147	163	179
41	99 900	98	116	132	149	166	183
42	102 000	100	118	135	152	169	187
43	104 000	102	120	137	156	173	191
44	106 000	103	122	140	158	176	195
45	108 100	105	124	142	161	180	198
46	110 100	107	126	145	164	183	202
47	112 100	109	128	148	167	187	206
48	114 200	111	131	150	171	190	210
49	116 200	112	133	153	173	193	214
50	117 400	112	133	153	173	193	214
51	118 600	112	133	153	173	193	214
52	119 800	112	133	153	173	193	214
53	121 000	112	133	153	173	193	214
54	122 200	112	133	153	173	193	214
55	123 500	112	133	153	173	193	214
56	124 700	112	133	153	173	193	214
57	125 900	112	133	153	173	193	214
58	127 100	112	133	153	173	193	214
59	128 300	112	133	153	173	193	214
60	129 500	112	133	153	173	193	214
升温速率/(℃/min)		1.74	2.17	2.57	2.99	3.40	3.82
升温时间		49 min					
温度保持时间		11 min					
升压速率		前 49 min 为 2 035 kPa/min,后 11 min 为 1 209 kPa/min					

表 D.3（续）

1	2	3	4	5	6	7	8
时间/min	压力/kPa	温度梯度(℃/100 m)/℃					
		1.6	2.0	2.4	2.7	3.1	3.5
井深:6 705 m					钻井液密度:2.18 kg/L		
0	17 900	27	27	27	27	27	27
1	20 100	28	29	29	30	30	31
2	22 200	30	31	32	33	34	34
3	24 300	32	33	34	36	37	38
4	26 500	34	36	37	39	41	42
5	28 600	36	38	40	42	44	46
6	30 800	37	40	42	45	48	50
7	32 900	39	42	45	48	51	54
8	35 000	41	44	48	51	54	58
9	37 200	43	47	51	54	58	62
10	39 300	44	49	53	57	62	66
11	41 400	46	51	56	61	65	69
12	43 600	48	53	58	63	68	73
13	45 700	50	56	61	67	72	77
14	47 900	52	58	63	69	76	81
15	50 000	53	60	66	73	79	85
16	52 100	56	62	69	76	82	89
17	54 300	57	64	72	79	86	93
18	56 400	59	67	74	82	89	97
19	58 500	61	69	77	85	93	101
20	60 700	62	71	79	88	96	104
21	62 800	64	73	82	91	99	108
22	65 000	66	76	84	94	103	112
23	67 100	68	78	87	97	107	116
24	69 200	69	80	90	100	110	120
25	71 400	72	82	93	103	113	124
26	73 500	73	84	95	106	117	128
27	75 600	75	87	98	109	121	132
28	77 800	77	88	101	112	124	136
29	79 900	78	91	103	116	128	140
30	82 100	81	93	106	118	131	144
31	84 200	82	95	108	122	134	148
32	86 300	84	97	111	124	138	152
33	88 500	86	99	113	128	142	156
34	90 600	88	102	116	131	145	159

表 D.3（续）

1	2	3	4	5	6	7	8
时间/min	压力/kPa	温度梯度(℃/100 m)/℃					
		1.6	2.0	2.4	2.7	3.1	3.5
井深:6 705 m				钻井液密度:2.18 kg/L			
35	92 700	89	104	119	134	148	163
36	94 900	91	106	122	137	152	167
37	97 000	93	108	124	140	156	171
38	99 200	94	111	127	143	159	175
39	101 300	97	113	129	146	162	179
40	103 400	98	115	132	149	166	183
41	105 600	100	117	134	152	169	187
42	107 700	102	119	137	155	173	191
43	109 800	104	122	140	158	176	194
44	112 000	106	124	143	161	179	198
45	114 100	107	126	145	164	183	202
46	116 200	109	128	148	167	187	206
47	118 400	111	131	151	171	190	210
48	120 500	113	133	153	173	193	214
49	122 700	114	135	156	177	197	218
50	124 800	116	137	158	179	201	222
51	126 900	118	139	161	183	204	226
52	129 100	120	142	164	186	207	229
53	131 200	122	144	166	189	211	233
54	133 300	123	146	169	192	214	237
55	134 600	123	146	169	192	214	237
56	135 800	123	146	169	192	214	237
57	137 000	123	146	169	192	214	237
58	138 200	123	146	169	192	214	237
59	139 400	123	146	169	192	214	237
60	140 600	123	146	169	192	214	237
61	141 800	123	146	169	192	214	237
62	143 000	123	146	169	192	214	237
63	144 200	123	146	169	192	214	237
64	145 400	123	146	169	192	214	237
65	146 600	123	146	169	192	214	237
升温速率/(℃/min)		1.79	2.21	2.63	3.06	3.48	3.90
升温时间		54 min					
温度保持时间		11 min					
升压速率		前 54 min 为 2 137 kPa/min,后 11 min 为 1 209 kPa/min					

表 D.4 间歇挤水泥稠化时间试验方案

1	2	3	4	5	6	7	8	9
时间/min	压力/kPa	温度梯度(℃/100 m)/℃						搅拌
		1.6	2.0	2.4	2.7	3.1	3.5	
井深:305 m					钻井液密度:1.10 kg/L			
0	3 400	27	27	27	27	27	27	开
1	3 400	27	27	28	28	29	30	开
2	3 600	27	27	28	28	29	30	开
3	3 700	27	27	28	28	29	30	开
4	3 900	27	27	28	28	29	30	开
5	4 000	27	27	28	28	29	30	开
6	4 100	27	27	28	28	29	30	开
7	4 300	27	27	28	28	29	30	开
8	4 400	27	27	28	28	29	30	开
9	4 600	27	27	28	28	29	30	开
10	4 700	27	27	28	28	29	30	开
11	4 800	27	27	28	28	29	30	开
12	5 000	27	27	28	28	29	30	开
13	5 100	27	27	28	28	29	30	开
14	5 200	27	27	28	28	29	30	开
15	5 400	27	27	28	28	29	30	关
25	5 400	28	28	29	29	31	31	开
30	5 400	28	28	29	30	31	32	关
40	5 400	29	29	31	31	32	33	开
45	5 400	30	30	31	32	33	33	关
55	5 400	31	31	32	33	34	34	开
60	5 400	32	32	33	33	34	35	关
70	5 400	32	33	34	34	36	36	开
75	5 400	32	33	34	35	36	37	关
85	5 400	32	33	34	35	36	37	开
90	5 400	32	33	34	35	36	37	关
100	5 400	32	33	34	35	36	37	开
105	5 400	32	33	34	35	36	37	关
第 1 升温段								
升温速率/(℃/min)		0.00	0.00	1.11	1.67	2.78	3.33	
升温时间/min		1 min						
温度保持时间/min		14 min						
升压速率		前 1 min 为 0 kPa/min,后 14 min 为 143 kPa/min						
第 2 升温段								
升温速率/(℃/min)		0.11	0.11	0.11	0.11	0.11	0.11	
升温时间/min		45	55	55	60	60	65	

表 D.4（续）

1	2	3	4	5	6	7	8	9
时间/min	压力/kPa	温度梯度(℃/100 m)/℃						搅拌
		1.6	2.0	2.4	2.7	3.1	3.5	
井深:610 m					钻井液密度:1.13 kg/L			
0	3 400	27	27	27	27	27	27	开
1	4 100	28	28	28	29	29	29	开
2	4 800	28	29	30	31	32	33	开
3	5 500	29	31	31	33	34	36	开
4	6 200	30	32	33	35	37	38	开
5	6 500	30	32	33	35	37	38	开
6	6 800	30	32	33	35	37	38	开
7	7 000	30	32	33	35	37	38	开
8	7 300	30	32	33	35	37	38	开
9	7 600	30	32	33	35	37	38	开
10	7 900	30	32	33	35	37	38	开
11	8 100	30	32	33	35	37	38	开
12	8 400	30	32	33	35	37	38	开
13	8 700	30	32	33	35	37	38	开
14	9 000	30	32	33	35	37	38	开
15	9 200	30	32	33	35	37	38	开
16	9 500	30	32	33	35	37	38	开
17	9 800	30	32	33	35	37	38	开
18	10 100	30	32	33	35	37	38	开
19	10 300	30	32	33	35	37	38	开
20	10 600	30	32	33	35	37	38	关
30	10 600	31	33	34	36	38	39	开
35	10 600	32	33	35	37	38	40	关
45	10 600	33	34	36	38	39	41	开
50	10 600	33	35	37	38	40	42	关
60	10 600	34	36	38	39	41	43	开
65	10 600	35	37	38	40	42	43	关
75	10 600	36	38	39	41	43	44	开
80	10 600	37	38	40	42	43	45	关
90	10 600	37	39	41	43	44	46	开
95	10 600	37	39	41	43	45	47	关
105	10 600	37	39	41	43	46	48	开
110	10 600	37	39	41	43	46	48	关
120	10 600	37	39	41	43	46	48	开
125	10 600	37	39	41	43	46	48	关
135	10 600	37	39	41	43	46	48	开
140	10 600	37	39	41	43	46	48	关
第 1 升温段								
升温速率/(℃/min)		0.83	1.25	1.67	2.08	2.50	2.92	
升温时间/min		4 min						
温度保持时间/min		16 min						
升压速率		前 4 min 为 700 kPa/min,后 16 min 为 275 kPa/min						
第 2 升温段								
升温速率/(℃/min)		0.11	0.11	0.11	0.11	0.11	0.11	
升温时间/min		60	65	70	75	80	85	

表 D.4（续）

1	2	3	4	5	6	7	8	9
时间/min	压力/kPa	温度梯度(℃/100 m)/℃						搅拌
		1.6	2.0	2.4	2.7	3.1	3.5	
井深:1 220 m					钻井液密度:1.16 kg/L			
0	3 400	27	27	27	27	27	27	开
1	4 600	28	28	29	29	29	30	开
2	5 700	29	30	31	32	32	33	开
3	6 800	31	32	33	34	35	36	开
4	7 900	32	33	35	36	38	39	开
5	9 000	33	34	37	39	41	43	开
6	10 100	34	36	39	41	43	46	开
7	11 200	36	38	41	43	46	49	开
8	12 300	37	39	43	46	49	52	开
9	13 400	38	41	45	48	52	56	开
10	13 800	38	41	45	48	52	56	开
11	14 300	38	41	45	48	52	56	开
12	14 700	38	41	45	48	52	56	开
13	15 200	38	41	45	48	52	56	开
14	15 600	38	41	45	48	52	56	开
15	16 100	38	41	45	48	52	56	开
16	16 500	38	41	45	48	52	56	开
17	17 000	38	41	45	48	52	56	开
18	17 400	38	41	45	48	52	56	开
19	17 900	38	41	45	48	52	56	开
20	18 300	38	41	45	48	52	56	开
21	18 800	38	41	45	48	52	56	开
22	19 200	38	41	45	48	52	56	开
23	19 700	38	41	45	48	52	56	开
24	20 100	38	41	45	48	52	56	开
25	20 500	38	41	45	48	52	56	关
35	20 500	39	42	46	49	53	57	开
40	20 500	39	43	47	50	53	57	关
50	20 500	41	44	48	51	54	58	开
55	20 500	41	44	48	52	55	59	关

表 D.4(续)

1	2	3	4	5	6	7	8	9
时间/min	压力/kPa	温度梯度(℃/100 m)/℃						搅拌
		1.6	2.0	2.4	2.7	3.1	3.5	
井深:1 220 m					钻井液密度:1.16 kg/L			
65	20 500	42	46	49	53	56	60	开
70	20 500	43	46	50	53	57	61	关
80	20 500	44	47	51	54	58	62	开
85	20 500	44	48	52	55	58	62	关
95	20 500	46	49	53	56	59	63	开
100	20 500	46	49	53	57	60	64	关
110	20 500	47	51	54	58	61	65	开
115	20 500	47	51	55	58	62	66	关
125	20 500	47	51	56	59	63	67	开
130	20 500	47	51	56	60	63	67	关
140	20 500	47	51	56	60	64	68	开
145	20 500	47	51	56	60	64	69	关
155	20 500	47	51	56	60	64	69	开
160	20 500	47	51	56	60	64	69	关
170	20 500	47	51	56	60	64	69	开
第 1 升温段								
升温速率/(℃/min)		1.23	1.61	2.04	2.41	2.78	3.21	
升温时间/min		9 min						
温度保持时间/min		16 min						
升压速率		前 9 min 为 1 111 kPa/min,后 16 min 为 444 kPa/min						
第 2 升温段								
升温速率/(℃/min)		0.11	0.11	0.11	0.11	0.11	0.11	
升温时间/min		80	90	95	105	115	120	

表 D.4（续）

1	2	3	4	5	6	7	8	9
时间/min	压力/kPa	温度梯度(℃/100 m)/℃						搅拌
		1.6	2.0	2.4	2.7	3.1	3.5	
井深:1 830 m				钻井液密度:1.22 kg/L				
0	5 500	27	27	27	27	27	27	开
1	6 700	28	28	29	29	29	30	开
2	7 900	29	30	31	32	32	33	开
3	9 000	31	32	33	34	36	37	开
4	10 200	32	34	35	37	38	40	开
5	11 400	34	36	37	39	41	43	开
6	12 500	35	37	39	42	44	47	开
7	13 700	37	39	42	44	47	50	开
8	14 900	38	41	44	47	50	53	开
9	16 100	39	42	46	49	53	56	开
10	17 200	41	44	48	52	56	59	开
11	18 400	42	46	50	54	58	63	开
12	19 600	43	48	52	57	62	66	开
13	20 800	45	49	54	59	64	69	开
14	21 900	46	51	57	62	67	73	开
15	22 400	46	51	57	62	67	73	开
16	22 900	46	51	57	62	67	73	开
17	23 400	46	51	57	62	67	73	开
18	23 900	46	51	57	62	67	73	开
19	24 300	46	51	57	62	67	73	开
20	24 800	46	51	57	62	67	73	开
21	25 300	46	51	57	62	67	73	开
22	25 800	46	51	57	62	67	73	开
23	26 300	46	51	57	62	67	73	开
24	26 800	46	51	57	62	67	73	开
25	27 200	46	51	57	62	67	73	开
26	27 700	46	51	57	62	67	73	开
27	28 200	46	51	57	62	67	73	开
28	28 700	46	51	57	62	67	73	开
29	29 200	46	51	57	62	67	73	开
30	29 600	46	51	57	62	67	73	开
31	30 100	46	51	57	62	67	73	开
32	30 600	46	51	57	62	67	73	开
33	31 100	46	51	57	62	67	73	开
34	31 600	46	51	57	62	67	73	开

表 D.4（续）

1	2	3	4	5	6	7	8	9
时间/min	压力/kPa	温度梯度(℃/100 m)/℃						搅拌
		1.6	2.0	2.4	2.7	3.1	3.5	
井深:1 830 m					钻井液密度:1.22 kg/L			
35	32 100	46	51	57	62	67	73	开
45	32 100	47	52	58	63	68	74	关
50	32 100	48	53	58	64	69	74	开
60	32 100	49	54	59	65	70	76	关
65	32 100	49	54	60	66	71	76	开
75	32 100	51	56	61	67	72	77	关
80	32 100	51	56	62	67	72	78	开
90	32 100	52	57	63	68	73	79	关
95	32 100	53	58	63	69	74	79	开
105	32 100	54	59	64	70	75	81	关
110	32 100	54	59	65	71	76	81	开
120	32 100	56	61	66	72	77	82	关
125	32 100	56	61	67	72	77	83	开
135	32 100	57	62	68	73	78	84	关
140	32 100	57	63	68	74	79	84	开
150	32 100	57	63	69	75	80	86	关
155	32 100	57	63	70	76	81	86	开
165	32 100	57	63	70	77	82	87	关
170	32 100	57	63	70	77	82	88	开
180	32 100	57	63	70	77	83	89	关
185	32 100	57	63	70	77	83	89	开
195	32 100	57	63	70	77	83	90	关
200	32 100	57	63	70	77	83	90	开
第 1 升温段								
升温速率/(℃/min)		1.39	1.74	2.14	2.54	2.89	3.29	
升温时间/min		14 min						
温度保持时间/min		21 min						
升压速率		前 14 min 为 1 171 kPa/min,后 21 min 为 486 kPa/min						
第 2 升温段								
升温速率/(℃/min)		0.11	0.11	0.11	0.11	0.11	0.11	
升温时间/min		95	110	120	130	145	155	

表 D.4（续）

1	2	3	4	5	6	7	8	9
时间/min	压力/kPa	温度梯度(℃/100 m)/℃						搅拌
		1.6	2.0	2.4	2.7	3.1	3.5	
井深:2 440 m				钻井液密度:1.29 kg/L				
0	6 900	27	27	27	27	27	27	开
1	8 200	28	28	29	29	29	30	开
2	9 400	29	31	31	32	33	33	开
3	10 700	31	32	33	34	36	37	开
4	12 000	33	34	36	37	38	40	开
5	13 300	34	36	38	39	42	44	开
6	14 500	36	38	40	42	44	47	开
7	15 800	37	39	42	45	48	51	开
8	17 100	38	42	44	47	51	54	开
9	18 400	40	43	47	50	53	57	开
10	19 700	41	45	49	53	57	61	开
11	20 900	43	47	51	56	59	64	开
12	22 200	44	49	53	58	62	67	开
13	23 500	46	51	56	61	66	71	开
14	24 800	47	52	58	63	68	74	开
15	26 000	48	54	60	66	72	78	开
16	27 300	50	56	62	68	74	81	开
17	28 600	52	58	64	71	77	84	开
18	29 900	53	60	67	73	81	88	开
19	31 100	54	62	69	76	83	91	开
20	31 700	54	62	69	76	83	91	开
21	32 300	54	62	69	76	83	91	开
22	32 900	54	62	69	76	83	91	开
23	33 500	54	62	69	76	83	91	搅拌
24	34 100	54	62	69	76	83	91	开
25	34 600	54	62	69	76	83	91	开
26	35 200	54	62	69	76	83	91	开
27	35 800	54	62	69	76	83	91	开
28	36 400	54	62	69	76	83	91	开
29	37 000	54	62	69	76	83	91	开
30	37 600	54	62	69	76	83	91	开
31	38 200	54	62	69	76	83	91	开
32	38 700	54	62	69	76	83	91	开
33	39 300	54	62	69	76	83	91	开
34	39 900	54	62	69	76	83	91	开

表 D.4（续）

1	2	3	4	5	6	7	8	9
时间/min	压力/kPa	温度梯度(℃/100 m)/℃						搅拌
		1.6	2.0	2.4	2.7	3.1	3.5	
井深:2 440 m				钻井液密度:1.29 kg/L				
35	40 500	54	62	69	76	83	91	开
36	41 100	54	62	69	76	83	91	开
37	41 700	54	62	69	76	83	91	开
38	42 300	54	62	69	76	83	91	开
39	42 900	54	62	69	76	83	91	开
40	43 400	54	62	69	76	83	91	关
50	43 400	56	63	70	77	84	92	开
55	43 400	56	63	71	78	85	93	关
65	43 400	57	64	72	79	86	94	开
70	43 400	58	65	72	79	87	94	关
80	43 400	59	66	73	81	88	96	开
85	43 400	59	67	74	81	88	96	关
95	43 400	61	68	75	82	89	97	开
100	43 400	61	68	76	83	90	98	关
110	43 400	62	69	77	84	91	99	开
115	43 400	63	70	77	84	92	99	关
125	43 400	64	71	78	86	93	101	开
130	43 400	64	72	79	86	93	101	关
140	43 400	66	73	80	87	94	102	开
145	43 400	66	73	81	88	95	103	关
155	43 400	67	74	82	89	96	104	开
160	43 400	67	75	82	89	97	104	关
170	43 400	67	76	83	91	98	106	开
175	43 400	67	76	84	91	98	106	关
185	43 400	67	76	84	92	99	107	开
190	43 400	67	76	84	93	100	108	关
200	43 400	67	76	84	93	101	109	开
205	43 400	67	76	84	93	102	109	关
215	43 400	67	76	84	93	102	111	开
220	43 400	67	76	84	93	102	111	关
230	43 400	67	76	84	93	102	111	开
235	43 400	67	76	84	93	102	111	关
第 1 升温段								
升温速率/(℃/min)		1.46	1.84	2.22	2.60	2.98	3.39	
升温时间/min		19 min						
温度保持时间/min		21 min						
升压速率		前 19 min 为 1 379 kPa/min,后 21 min 为 586 kPa/min						
第 2 升温段								
升温速率/(℃/min)		0.11	0.11	0.11	0.11	0.11	0.11	
升温时间/min		110	125	140	155	170	180	

表 D.4（续）

1	2	3	4	5	6	7	8	9
时间/min	压力/kPa	温度梯度(℃/100 m)/℃						搅拌
		1.6	2.0	2.4	2.7	3.1	3.5	
井深:3 050 m					钻井液密度:1.38 kg/L			
0	9 000	27	27	27	27	27	27	开
1	10 300	28	28	29	29	30	30	开
2	11 700	30	31	31	32	33	33	开
3	13 100	31	32	33	35	36	37	开
4	14 500	33	34	36	37	39	41	开
5	15 900	34	36	38	40	42	44	开
6	17 200	36	38	41	43	45	47	开
7	18 600	37	40	43	46	48	51	开
8	20 000	39	42	45	48	51	54	开
9	21 400	41	44	47	51	54	58	开
10	22 800	42	46	49	53	57	61	开
11	24 100	43	48	52	56	61	64	开
12	25 500	45	50	54	59	64	68	开
13	26 900	47	52	57	62	67	72	开
14	28 300	48	53	59	64	70	75	开
15	29 600	49	56	61	67	73	78	开
16	31 000	51	57	63	69	76	82	开
17	32 400	53	59	66	72	79	86	开
18	33 800	54	61	68	75	82	89	开
19	35 200	56	63	70	78	85	92	开
20	36 500	57	65	73	81	88	96	开
21	37 900	59	67	75	83	91	99	开
22	39 300	61	69	77	86	94	103	开
23	40 700	62	71	79	88	97	106	开
24	42 100	63	73	82	91	101	109	开
25	42 700	63	73	82	91	101	109	开
26	43 400	63	73	82	91	101	109	开
27	44 000	63	73	82	91	101	109	开
28	44 700	63	73	82	91	101	109	开
29	45 300	63	73	82	91	101	109	开
30	46 000	63	73	82	91	101	109	开
31	46 600	63	73	82	91	101	109	开
32	47 300	63	73	82	91	101	109	开
33	48 000	63	73	82	91	101	109	开
34	48 600	63	73	82	91	101	109	开
35	49 300	63	73	82	91	101	109	开
36	49 900	63	73	82	91	101	109	开
37	50 600	63	73	82	91	101	109	开
38	51 200	63	73	82	91	101	109	开
39	51 900	63	73	82	91	101	109	开

表 D.4（续）

1	2	3	4	5	6	7	8	9
时间/min	压力/kPa	温度梯度(℃/100 m)/℃						搅拌
		1.6	2.0	2.4	2.7	3.1	3.5	
井深:3 050 m				钻井液密度:1.38 kg/L				
40	52 500	63	73	82	91	101	109	开
41	53 200	63	73	82	91	101	109	开
42	53 800	63	73	82	91	101	109	开
43	54 500	63	73	82	91	101	109	开
44	55 200	63	73	82	91	101	109	开
45	55 800	63	73	82	91	101	109	关
55	55 800	64	74	83	92	102	111	开
60	55 800	65	74	83	93	102	111	关
70	55 800	66	76	84	94	103	112	开
75	55 800	67	76	85	94	104	113	关
85	55 800	68	77	86	96	105	114	开
90	55 800	68	78	87	96	106	114	关
100	55 800	69	79	88	97	107	116	开
105	55 800	70	79	88	98	107	116	关
115	55 800	71	81	89	99	108	117	开
120	55 800	72	81	90	99	109	118	关
130	55 800	73	82	91	101	110	119	开
135	55 800	73	83	92	101	111	119	关
145	55 800	74	84	93	102	112	121	开
150	55 800	75	84	93	103	112	121	关
160	55 800	76	86	94	104	113	122	开
165	55 800	77	86	95	104	114	123	关
175	55 800	77	87	96	106	115	124	开
180	55 800	77	88	97	106	116	124	关
190	55 800	77	88	98	107	117	126	开
195	55 800	77	88	98	108	117	126	关
205	55 800	77	88	99	109	118	127	开
210	55 800	77	88	99	109	119	128	关
220	55 800	77	88	99	110	120	129	开
225	55 800	77	88	99	110	121	129	关
235	55 800	77	88	99	110	121	131	开
240	55 800	77	88	99	110	121	131	关
250	55 800	77	88	99	110	121	132	开
255	55 800	77	88	99	110	121	132	关
第 1 升温段								
升温速率/(℃/min)		1.53	1.92	2.29	2.68	3.08	3.45	
升温时间/min		24 min						
温度保持时间/min		21 min						
升压速率		前 24 min 为 1 379 kPa/min,后 21 min 为 652 kPa/min						
第 2 升温段								
升温速率/(℃/min)		0.11	0.11	0.11	0.11	0.11	0.11	
升温时间/min		120	135	155	170	185	205	

表 D.4（续）

1	2	3	4	5	6	7	8	9
时间/min	压力/kPa	温度梯度(℃/100 m)/℃						搅拌
		1.6	2.0	2.4	2.7	3.1	3.5	
井深:3 660 m				钻井液密度:1.49 kg/L				
0	10 300	27	27	27	27	27	27	开
1	11 900	28	29	29	29	30	30	开
2	13 400	30	31	31	32	33	34	开
3	14 900	31	33	34	35	36	37	开
4	16 400	33	34	36	38	39	41	开
5	17 900	34	37	38	41	42	44	开
6	19 400	36	38	41	43	46	48	开
7	21 000	38	41	43	46	49	51	开
8	22 500	39	42	46	48	52	55	开
9	24 000	41	44	48	51	55	58	开
10	25 500	42	47	50	54	58	62	开
11	27 000	44	48	53	57	61	66	开
12	28 500	46	51	55	59	64	69	开
13	30 100	47	52	57	62	68	72	开
14	31 600	49	54	59	65	71	76	开
15	33 100	50	56	62	68	74	79	开
16	34 600	52	58	64	71	77	83	开
17	36 100	53	60	67	73	80	87	开
18	37 600	55	62	69	76	83	90	开
19	39 200	57	64	72	79	86	94	开
20	40 700	58	66	74	82	89	97	开
21	42 200	59	68	76	84	93	101	开
22	43 700	61	70	78	87	96	104	开
23	45 200	63	72	81	89	99	108	开
24	46 700	64	74	83	92	102	111	开
25	48 300	66	76	86	95	105	115	开
26	49 800	68	78	88	98	108	118	开
27	51 300	69	80	91	101	112	122	开
28	52 800	71	82	93	103	114	126	开
29	54 300	72	84	95	106	118	129	开
30	55 100	72	84	95	106	118	129	开
31	55 800	72	84	95	106	118	129	开
32	56 500	72	84	95	106	118	129	开
33	57 200	72	84	95	106	118	129	开
34	58 000	72	84	95	106	118	129	开

表 D.4（续）

1	2	3	4	5	6	7	8	9
时间/min	压力/kPa	温度梯度(℃/100 m)/℃						搅拌
		1.6	2.0	2.4	2.7	3.1	3.5	
井深:3 660 m					钻井液密度:1.49 kg/L			
35	58 700	72	84	95	106	118	129	开
36	59 400	72	84	95	106	118	129	开
37	60 100	72	84	95	106	118	129	开
38	60 800	72	84	95	106	118	129	开
39	61 600	72	84	95	106	118	129	开
40	62 300	72	84	95	106	118	129	开
41	63 000	72	84	95	106	118	129	开
42	63 700	72	84	95	106	118	129	开
43	64 500	72	84	95	106	118	129	开
44	65 200	72	84	95	106	118	129	开
45	65 900	72	84	95	106	118	129	开
46	66 600	72	84	95	106	118	129	开
47	67 400	72	84	95	106	118	129	开
48	68 100	72	84	95	106	118	129	开
49	68 800	72	84	95	106	118	129	开
50	69 500	72	84	95	106	118	129	关
60	69 500	73	85	96	107	119	130	开
65	69 500	74	86	97	108	119	131	关
75	69 500	75	87	98	109	121	132	开
80	69 500	76	87	98	109	121	132	关
90	69 500	77	88	99	111	122	133	开
95	69 500	77	89	100	111	123	134	关
105	69 500	78	90	101	112	124	135	开
110	69 500	79	91	102	113	124	136	关
120	69 500	80	92	103	114	126	137	开
125	69 500	81	92	103	114	126	137	关
135	69 500	82	93	104	116	127	138	开
140	69 500	82	94	105	116	128	139	关
150	69 500	83	95	106	117	129	140	开
155	69 500	84	96	107	118	129	141	关
165	69 500	85	97	108	119	131	142	开
170	69 500	86	97	108	119	131	142	关
180	69 500	87	98	109	121	132	143	开
185	69 500	87	99	110	121	133	144	关
195	69 500	87	100	111	122	134	145	开

表 D.4（续）

1	2	3	4	5	6	7	8	9
时间/min	压力/kPa	温度梯度(℃/100 m)/℃						搅拌
		1.6	2.0	2.4	2.7	3.1	3.5	
井深:3 660 m					钻井液密度:1.49 kg/L			
200	69 500	87	100	112	123	134	146	关
210	69 500	87	100	113	124	136	147	开
215	69 500	87	100	113	124	136	147	关
225	69 500	87	100	113	126	137	148	开
230	69 500	87	100	113	126	138	149	关
240	69 500	87	100	113	127	139	150	开
245	69 500	87	100	113	127	139	151	关
255	69 500	87	100	113	127	140	152	开
260	69 500	87	100	113	127	140	152	关
270	69 500	87	100	113	127	140	153	开
275	69 500	87	100	113	127	140	153	关
第 1 升温段								
升温速率/(℃/min)		1.57	1.97	2.36	2.74	3.14	3.52	
升温时间/min		29 min						
温度保持时间/min		21 min						
升压速率		前 29 min 为 1 517 kPa/min,后 21 min 为 724 kPa/min						
第 2 升温段								
升温速率/(℃/min)		0.11	0.11	0.11	0.11	0.11	0.11	
升温时间/min		130	145	165	185	200	220	
井深:4 270 m					钻井液密度:1.59 kg/L			
0	12 400	27	27	27	27	27	27	开
1	14 000	28	29	29	29	30	30	开
2	15 700	30	31	32	32	33	34	开
3	17 300	32	33	34	35	36	37	开
4	18 900	33	35	36	38	39	41	开
5	20 500	35	37	39	41	43	44	开
6	22 100	36	39	41	43	46	48	开
7	23 800	38	41	43	46	49	52	开
8	25 400	39	43	46	49	52	56	开
9	27 000	41	45	48	52	56	59	开
10	28 600	43	47	51	55	59	63	开
11	30 200	44	49	53	58	62	66	开
12	31 900	46	51	56	61	65	70	开
13	33 500	48	53	58	63	68	73	开
14	35 100	49	55	61	66	72	77	开

表 D.4（续）

1	2	3	4	5	6	7	8	9
时间/min	压力/kPa	温度梯度(℃/100 m)/℃						搅拌
		1.6	2.0	2.4	2.7	3.1	3.5	
井深:4 270 m					钻井液密度:1.59 kg/L			
15	36 700	51	57	63	69	74	81	开
16	38 300	53	59	66	72	78	84	开
17	40 000	54	61	68	74	81	88	开
18	41 600	56	63	70	77	84	91	开
19	43 200	57	65	73	80	88	95	开
20	44 800	59	67	75	83	91	98	开
21	46 400	61	69	77	86	94	102	开
22	48 100	62	71	80	88	97	106	开
23	49 700	64	73	82	91	101	109	开
24	51 300	66	76	84	94	103	113	开
25	52 900	67	77	87	97	107	117	开
26	54 500	69	79	89	100	110	120	开
27	56 200	71	81	92	103	113	124	开
28	57 800	72	83	94	106	116	127	开
29	59 400	73	86	97	108	119	131	开
30	61 000	75	87	99	111	123	134	开
31	62 600	77	89	102	114	126	138	开
32	64 300	78	92	104	117	129	142	开
33	65 900	80	93	107	119	132	146	开
34	67 500	82	96	109	122	136	149	开
35	68 200	82	96	109	122	136	149	开
36	69 000	82	96	109	122	136	149	开
37	69 700	82	96	109	122	136	149	开
38	70 400	82	96	109	122	136	149	开
39	71 100	82	96	109	122	136	149	开
40	71 800	82	96	109	122	136	149	开
41	72 600	82	96	109	122	136	149	开
42	73 300	82	96	109	122	136	149	开
43	74 000	82	96	109	122	136	149	开
44	74 700	82	96	109	122	136	149	开
45	75 500	82	96	109	122	136	149	开
46	76 200	82	96	109	122	136	149	开
47	76 900	82	96	109	122	136	149	开

表 D.4（续）

1	2	3	4	5	6	7	8	9
时间/min	压力/kPa	温度梯度(℃/100 m)/℃						搅拌
		1.6	2.0	2.4	2.7	3.1	3.5	
井深:4 270 m					钻井液密度:1.59 kg/L			
48	77 600	82	96	109	122	136	149	开
49	78 400	82	96	109	122	136	149	开
50	79 100	82	96	109	122	136	149	开
51	79 800	82	96	109	122	136	149	开
52	80 500	82	96	109	122	136	149	开
53	81 300	82	96	109	122	136	149	开
54	82 000	82	96	109	122	136	149	开
55	82 700	82	96	109	122	136	149	关
65	82 700	83	97	110	123	137	150	开
70	82 700	83	97	111	124	137	151	关
80	82 700	84	98	112	125	138	152	开
85	82 700	85	99	112	126	139	152	关
95	82 700	86	100	113	127	140	153	开
100	82 700	87	101	114	127	141	154	关
110	82 700	88	102	115	128	142	155	开
115	82 700	88	102	116	129	142	156	关
125	82 700	89	103	117	130	143	157	开
130	82 700	90	104	117	131	144	157	关
140	82 700	91	105	118	132	145	158	开
145	82 700	92	106	119	132	146	159	关
155	82 700	93	107	120	133	147	160	开
160	82 700	93	107	121	134	147	161	关
170	82 700	94	108	122	135	148	162	开
175	82 700	95	109	122	136	149	162	关
185	82 700	96	110	123	137	150	163	开
190	82 700	97	111	124	137	151	164	关
200	82 700	97	112	125	138	152	165	开
205	82 700	97	112	126	139	152	166	关
215	82 700	97	112	127	140	153	167	开
220	82 700	97	112	127	141	154	167	关
230	82 700	97	112	128	142	155	168	开
235	82 700	97	112	128	142	156	169	关
245	82 700	97	112	128	143	157	170	开
250	82 700	97	112	128	143	157	171	关

表 D.4（续）

1	2	3	4	5	6	7	8	9
时间/min	压力/kPa	温度梯度(℃/100 m)/℃						搅拌
		1.6	2.0	2.4	2.7	3.1	3.5	
井深:4 270 m					钻井液密度:1.59 kg/L			
260	82 700	97	112	128	143	158	172	开
265	82 700	97	112	128	143	159	172	关
275	82 700	97	112	128	143	159	173	开
280	82 700	97	112	128	143	159	174	关
290	82 700	97	112	128	143	159	174	开
295	82 700	97	112	128	143	159	174	关
第 1 升温段								
升温速率/(℃/min)		1.62	2.03	2.42	2.81	3.20	3.59	
升温时间/min		34 min						
温度保持时间/min		21 min						
升压速率		前 34 min 为 1 612 kPa/min,后 21 min 为 724 kPa/min						
第 2 升温段								
升温速率/(℃/min)		0.11	0.11	0.11	0.11	0.11	0.11	
升温时间/min		135	150	170	190	210	230	
井深:4 880 m					钻井液密度:1.73 kg/L			
0	13 800	27	27	27	27	27	27	开
1	15 500	28	29	29	29	30	31	开
2	17 300	30	31	32	32	33	34	开
3	19 100	32	33	34	35	37	38	开
4	20 800	33	35	37	38	39	41	开
5	22 600	35	37	39	41	43	45	开
6	24 300	37	39	42	44	46	49	开
7	26 100	38	41	44	47	49	52	开
8	27 900	40	43	46	49	53	56	开
9	29 600	42	45	49	52	56	60	开
10	31 400	43	47	51	56	59	63	开
11	33 100	45	49	54	58	63	67	开
12	34 900	47	52	56	61	66	71	开
13	36 600	48	53	59	64	69	74	开
14	38 400	50	56	61	67	72	78	开
15	40 200	52	58	64	69	76	82	开
16	41 900	53	59	66	72	79	86	开
17	43 700	55	62	68	76	82	89	开
18	45 400	57	64	71	78	86	93	开
19	47 200	58	66	73	81	89	97	开

表 D.4（续）

1	2	3	4	5	6	7	8	9
时间/min	压力/kPa	温度梯度(℃/100 m)/℃						搅拌
		1.6	2.0	2.4	2.7	3.1	3.5	
井深:4 880 m					钻井液密度:1.73 kg/L			
20	49 000	60	68	76	84	92	100	开
21	50 700	62	70	78	87	95	104	开
22	52 500	63	72	81	89	98	108	开
23	54 200	65	74	83	93	102	111	开
24	56 000	67	76	86	96	105	115	开
25	57 700	68	78	88	98	108	118	开
26	59 500	70	81	91	101	112	122	开
27	61 300	72	82	93	104	115	126	开
28	63 000	73	84	96	107	118	129	开
29	64 800	75	87	98	109	121	133	开
30	66 500	77	89	101	113	124	137	开
31	68 300	78	91	103	116	128	141	开
32	70 100	80	93	106	118	131	144	开
33	71 800	82	95	108	121	134	148	开
34	73 600	83	97	111	124	138	152	开
35	75 300	85	99	113	127	141	156	开
36	77 100	87	101	116	130	144	159	开
37	78 800	88	103	118	133	147	163	开
38	80 600	90	105	121	136	151	166	开
39	82 400	92	107	123	138	154	170	开
40	83 300	92	107	123	138	154	170	开
41	84 300	92	107	123	138	154	170	开
42	85 300	92	107	123	138	154	170	开
43	86 200	92	107	123	138	154	170	开
44	87 200	92	107	123	138	154	170	开
45	88 200	92	107	123	138	154	170	开
46	89 100	92	107	123	138	154	170	开
47	90 100	92	107	123	138	154	170	开
48	91 000	92	107	123	138	154	170	开
49	92 000	92	107	123	138	154	170	开
50	93 000	92	107	123	138	154	170	开
51	93 900	92	107	123	138	154	170	开
52	94 900	92	107	123	138	154	170	开
53	95 900	92	107	123	138	154	170	开
54	96 800	92	107	123	138	154	170	开
55	97 800	92	107	123	138	154	170	关
65	97 800	93	108	124	139	155	171	开
70	97 800	93	109	124	140	156	172	关

表 D.4（续）

1	2	3	4	5	6	7	8	9
时间/min	压力/kPa	温度梯度(℃/100 m)/℃						搅拌
		1.6	2.0	2.4	2.7	3.1	3.5	
井深:4 880 m				钻井液密度:1.73 kg/L				
80	97 800	94	110	126	141	157	173	开
85	97 800	95	111	126	142	157	173	关
95	97 800	96	112	127	143	158	174	开
100	97 800	97	112	128	143	159	175	关
110	97 800	98	113	129	144	160	176	开
115	97 800	98	114	129	145	161	177	关
125	97 800	99	115	131	146	162	178	开
130	97 800	100	116	131	147	162	178	关
140	97 800	101	117	132	148	163	179	开
145	97 800	102	117	133	148	164	180	关
155	97 800	103	118	134	149	165	181	开
160	97 800	103	119	134	150	166	182	关
170	97 800	104	120	136	151	167	183	开
175	97 800	105	121	136	152	167	183	关
185	97 800	106	122	137	153	168	184	开
190	97 800	107	122	138	153	169	185	关
200	97 800	107	123	139	154	170	186	开
205	97 800	107	124	139	155	171	187	关
215	97 800	107	124	141	156	172	188	开
220	97 800	107	124	141	157	172	188	关
230	97 800	107	124	142	158	173	189	开
235	97 800	107	124	142	158	174	190	关
245	97 800	107	124	142	159	175	191	开
250	97 800	107	124	142	160	176	192	关
260	97 800	107	124	142	160	177	193	开
265	97 800	107	124	142	160	177	193	关
275	97 800	107	124	142	160	178	194	开
280	97 800	107	124	142	160	178	195	关
290	97 800	107	124	142	160	178	196	开
295	97 800	107	124	142	160	178	196	关
第 1 升温段								
升温速率/(℃/min)		1.67	2.07	2.47	2.86	3.26	3.68	
升温时间/min		39 min						
温度保持时间/min		16 min						
升压速率		前 39 min 为 1 759 kPa/min,后 16 min 为 963 kPa/min						
第 2 升温段								
升温速率/(℃/min)		0.11	0.11	0.11	0.11	0.11	0.11	
升温时间/min		135	155	175	195	215	230	

表 D.4（续）

1	2	3	4	5	6	7	8	9
时间/min	压力/kPa	温度梯度(℃/100 m)/℃						搅拌
		1.6	2.0	2.4	2.7	3.1	3.5	
井深:5 490 m					钻井液密度:1.87 kg/L			
0	15 200	27	27	27	27	27	27	开
1	17 100	28	29	29	29	30	31	开
2	19 000	30	31	32	33	33	34	开
3	20 900	32	33	34	36	37	38	开
4	22 800	33	35	37	38	40	42	开
5	24 600	35	37	39	41	43	46	开
6	26 500	37	39	42	44	47	49	开
7	28 400	38	42	44	47	50	53	开
8	30 300	41	44	47	50	53	57	开
9	32 200	42	46	49	53	57	61	开
10	34 100	44	48	52	56	60	64	开
11	36 000	46	50	54	59	63	68	开
12	37 900	47	52	57	62	67	72	开
13	39 800	49	54	59	65	70	75	开
14	41 700	51	56	62	68	73	79	开
15	43 600	52	58	64	71	77	83	开
16	45 500	54	61	67	73	80	87	开
17	47 400	56	63	69	77	83	90	开
18	49 300	57	65	72	79	87	94	开
19	51 200	59	67	74	82	90	98	开
20	53 100	61	69	77	85	93	102	开
21	55 000	62	71	79	88	97	105	开
22	56 900	64	73	82	91	100	109	开
23	58 800	66	76	85	94	103	113	开
24	60 700	68	78	87	97	107	116	开
25	62 600	69	79	90	100	110	120	开
26	64 500	71	82	92	103	113	124	开
27	66 400	73	84	95	106	117	128	开
28	68 300	74	86	97	109	120	131	开
29	70 200	76	88	100	112	123	135	开
30	72 100	78	91	102	114	127	139	开
31	73 900	79	92	105	117	130	143	开
32	75 800	81	94	107	121	133	146	开
33	77 700	83	97	110	123	137	150	开
34	79 600	84	99	113	126	140	154	开

表 D.4（续）

1	2	3	4	5	6	7	8	9
时间/min	压力/kPa	温度梯度(℃/100 m)/℃						搅拌
		1.6	2.0	2.4	2.7	3.1	3.5	
井深:5 490 m				钻井液密度:1.87 kg/L				
35	81 500	86	101	115	129	143	157	开
36	83 400	88	103	118	132	147	161	开
37	85 300	90	105	120	135	150	165	开
38	87 200	92	107	123	138	153	169	开
39	89 100	93	109	125	141	157	172	开
40	91 000	95	112	128	144	160	176	开
41	92 900	97	114	130	147	163	180	开
42	94 800	98	116	133	149	167	184	开
43	96 700	100	118	135	153	170	187	开
44	98 600	102	120	138	156	173	191	开
45	99 500	102	120	138	156	173	191	开
46	100 500	102	120	138	156	173	191	开
47	101 400	102	120	138	156	173	191	开
48	102 300	102	120	138	156	173	191	开
49	103 300	102	120	138	156	173	191	开
50	104 200	102	120	138	156	173	191	开
51	105 100	102	120	138	156	173	191	开
52	106 000	102	120	138	156	173	191	开
53	107 000	102	120	138	156	173	191	开
54	107 900	102	120	138	156	173	191	开
55	108 800	102	120	138	156	173	191	开
56	109 800	102	120	138	156	173	191	开
57	110 700	102	120	138	156	173	191	开
58	111 600	102	120	138	156	173	191	开
59	112 600	102	120	138	156	173	191	开
60	113 500	102	120	138	156	173	191	关
70	113 500	103	121	139	157	174	192	开
75	113 500	103	122	139	157	175	193	关
85	113 500	104	123	141	158	176	194	开
90	113 500	105	123	141	159	177	194	关
100	113 500	106	124	142	160	178	196	开
105	113 500	107	125	143	161	178	196	关
115	113 500	108	126	144	162	179	197	开
120	113 500	108	127	144	162	180	198	关
130	113 500	109	128	146	163	181	199	开

表 D.4(续)

1	2	3	4	5	6	7	8	9
时间/min	压力/kPa	温度梯度(℃/100 m)/℃						搅拌
		1.6	2.0	2.4	2.7	3.1	3.5	
井深:5 490 m					钻井液密度:1.87 kg/L			
135	113 500	110	128	146	164	182	199	关
145	113 500	111	129	147	165	183	201	开
150	113 500	112	130	148	166	183	201	关
160	113 500	113	131	149	167	184	202	开
165	113 500	113	132	149	167	185	203	关
175	113 500	114	133	151	168	186	204	开
180	113 500	115	133	151	169	187	204	关
190	113 500	116	134	152	170	188	206	开
195	113 500	117	135	153	171	188	206	关
205	113 500	117	136	154	172	189	207	开
210	113 500	117	137	154	172	190	208	关
220	113 500	117	137	156	173	191	209	开
225	113 500	117	137	156	174	192	209	关
235	113 500	117	137	157	175	193	211	开
240	113 500	117	137	157	176	193	211	关
250	113 500	117	137	157	177	194	212	开
255	113 500	117	137	157	177	195	213	关
265	113 500	117	137	157	177	196	214	开
270	113 500	117	137	157	177	197	214	关
280	113 500	117	137	157	177	197	216	开
285	113 500	117	137	157	177	197	216	关
295	113 500	117	137	157	177	197	217	开
300	113 500	117	137	157	177	197	217	关
第 1 升温段								
升温速率/(℃/min)		1.71	2.12	2.53	2.93	3.33	3.74	
升温时间/min		44 min						
温度保持时间/min		16 min						
升压速率		前 44 min 为 1 895 kPa/min,后 16 min 为 931 kPa/min						
第 2 升温段								
升温速率/(℃/min)		0.11	0.11	0.11	0.11	0.11	0.11	
升温时间/min		135	150	170	190	210	235	

表 D.4（续）

1	2	3	4	5	6	7	8	9
时间/min	压力/kPa	温度梯度(℃/100 m)/℃						搅拌
		1.6	2.0	2.4	2.7	3.1	3.5	
井深:6 095 m					钻井液密度:2.03 kg/L			
0	16 500	27	27	27	27	27	27	开
1	18 600	28	29	29	29	30	31	开
2	20 600	30	31	32	33	33	34	开
3	22 700	32	33	34	36	37	38	开
4	24 700	34	36	37	39	40	42	开
5	26 700	36	37	39	42	44	46	开
6	28 800	37	39	42	44	47	49	开
7	30 800	39	42	44	48	51	53	开
8	32 800	41	44	47	51	54	57	开
9	34 900	42	46	50	53	57	61	开
10	36 900	44	48	52	57	61	65	开
11	38 900	46	51	55	59	64	69	开
12	41 000	48	53	58	63	67	73	开
13	43 000	49	55	60	66	71	76	开
14	45 000	51	57	63	68	74	80	开
15	47 100	53	59	65	72	78	84	开
16	49 100	54	61	68	74	81	88	开
17	51 100	56	63	71	78	84	92	开
18	53 200	58	66	73	81	88	96	开
19	55 200	60	68	76	83	91	99	开
20	57 200	62	70	78	87	94	103	开
21	59 300	63	72	81	89	98	107	开
22	61 300	65	74	83	93	102	111	开
23	63 300	67	77	86	96	105	114	开
24	65 400	68	79	88	98	108	118	开
25	67 400	71	81	91	102	112	122	开
26	69 400	72	83	93	104	115	126	开
27	71 500	74	85	96	107	118	130	开
28	73 500	76	87	99	111	122	134	开
29	75 500	77	89	101	113	126	137	开
30	77 600	79	92	104	117	129	141	开
31	79 600	81	94	107	119	132	145	开
32	81 600	83	96	109	122	136	149	开
33	83 700	84	98	112	126	139	153	开
34	85 700	86	101	114	128	142	157	开

表 D.4（续）

1	2	3	4	5	6	7	8	9
时间/min	压力/kPa	温度梯度(℃/100 m)/℃						搅拌
		1.6	2.0	2.4	2.7	3.1	3.5	
井深:6 095 m				钻井液密度:2.03 kg/L				
35	87 700	88	102	117	132	146	161	开
36	89 800	89	104	119	134	149	164	开
37	91 800	91	107	122	137	153	168	开
38	93 800	93	109	124	141	156	172	开
39	95 900	95	111	127	143	159	176	开
40	97 900	97	113	129	147	163	179	开
41	99 900	98	116	132	149	166	183	开
42	102 000	100	118	135	152	169	187	开
43	104 000	102	120	137	156	173	191	开
44	106 000	103	122	140	158	176	195	开
45	108 100	105	124	142	161	180	198	开
46	110 100	107	126	145	164	183	202	开
47	112 100	109	128	148	167	187	206	开
48	114 200	111	131	150	171	190	210	开
49	116 200	112	133	153	173	193	214	开
50	117 400	112	133	153	173	193	214	开
51	118 600	112	133	153	173	193	214	开
52	119 800	112	133	153	173	193	214	开
53	121 000	112	133	153	173	193	214	开
54	122 200	112	133	153	173	193	214	开
55	123 500	112	133	153	173	193	214	开
56	124 700	112	133	153	173	193	214	开
57	125 900	112	133	153	173	193	214	开
58	127 100	112	133	153	173	193	214	开
59	128 300	112	133	153	173	193	214	开
60	129 500	112	133	153	173	193	214	关
70	129 500	113	134	154	174	194	215	开
75	129 500	114	134	154	175	195	216	关
85	129 500	115	136	156	176	196	217	开
90	129 500	116	136	156	177	197	217	关
100	129 500	117	137	157	178	198	218	开
105	129 500	117	138	158	178	198	219	关
115	129 500	118	139	159	179	199	220	开
120	129 500	119	139	159	180	200	221	关
130	129 500	120	141	161	181	201	222	开
135	129 500	121	141	161	182	202	222	关

表 D.4（续）

1	2	3	4	5	6	7	8	9
时间/min	压力/kPa	温度梯度(℃/100 m)/℃						搅拌
		1.6	2.0	2.4	2.7	3.1	3.5	
井深:6 095 m					钻井液密度:2.03 kg/L			
145	129 500	122	142	162	183	203	223	开
150	129 500	122	143	163	183	203	224	关
160	129 500	123	144	164	184	204	225	开
165	129 500	124	144	164	185	205	226	关
175	129 500	125	146	166	186	206	227	开
180	129 500	126	146	166	187	207	227	关
190	129 500	127	147	167	188	208	228	开
195	129 500	127	148	168	188	208	229	关
205	129 500	127	149	169	189	209	230	开
210	129 500	127	149	169	190	210	231	关
220	129 500	127	149	171	191	211	232	开
225	129 500	127	149	171	192	212	232	关
235	129 500	127	149	171	193	213	233	开
240	129 500	127	149	171	193	213	234	关
250	129 500	127	149	171	193	214	235	开
255	129 500	127	149	171	193	215	236	关
265	129 500	127	149	171	193	216	237	开
270	129 500	127	149	171	193	216	237	关
280	129 500	127	149	171	193	216	238	开
285	129 500	127	149	171	193	216	238	关
295	129 500	127	149	171	193	216	238	开
300	129 500	127	149	171	193	216	238	关
第 1 升温段								
升温速率/(℃/min)		1.74	2.17	2.57	2.99	3.40	3.82	
升温时间/min		49 min						
温度保持时间/min		11 min						
升压速率		前 49 min 为 2 035 kPa/min,后 11 min 为 1 209 kPa/min						
第 2 升温段								
升温速率/(℃/min)		0.11	0.11	0.11	0.11	0.11	0.11	
升温时间/min		135	145	165	180	200	215	

表 D.4（续）

1	2	3	4	5	6	7	8	9
时间/min	压力/kPa	温度梯度(℃/100 m)/℃						搅拌
		1.6	2.0	2.4	2.7	3.1	3.5	
井深:6 705 m					钻井液密度:2.18 kg/L			
0	17 900	27	27	27	27	27	27	开
1	20 100	28	29	29	30	30	31	开
2	22 200	30	31	32	33	34	34	开
3	24 300	32	33	34	36	37	38	开
4	26 500	34	36	37	39	41	42	开
5	28 600	36	38	40	42	44	46	开
6	30 800	37	40	42	45	48	50	开
7	32 900	39	42	45	48	51	54	开
8	35 000	41	44	48	51	54	58	开
9	37 200	43	47	51	54	58	62	开
10	39 300	44	49	53	57	62	66	开
11	41 400	46	51	56	61	65	69	开
12	43 600	48	53	58	63	68	73	开
13	45 700	50	56	61	67	72	77	开
14	47 900	52	58	63	69	76	81	开
15	50 000	53	60	66	73	79	85	开
16	52 100	56	62	69	76	82	89	开
17	54 300	57	64	72	79	86	93	开
18	56 400	59	67	74	82	89	97	开
19	58 500	61	69	77	85	93	101	开
20	60 700	62	71	79	88	96	104	开
21	62 800	64	73	82	91	99	108	开
22	65 000	66	76	84	94	103	112	开
23	67 100	68	78	87	97	107	116	开
24	69 200	69	80	90	100	110	120	开
25	71 400	72	82	93	103	113	124	开
26	73 500	73	84	95	106	117	128	开
27	75 600	75	87	98	109	121	132	开
28	77 800	77	88	101	112	124	136	开
29	79 900	78	91	103	116	128	140	开
30	82 100	81	93	106	118	131	144	开
31	84 200	82	95	108	122	134	148	开
32	86 300	84	97	111	124	138	152	开
33	88 500	86	99	113	128	142	156	开
34	90 600	88	102	116	131	145	159	开

表 D.4（续）

1	2	3	4	5	6	7	8	9
时间/min	压力/kPa	温度梯度(℃/100 m)/℃						搅拌
		1.6	2.0	2.4	2.7	3.1	3.5	
井深:6 705 m					钻井液密度:2.18 kg/L			
35	92 700	89	104	119	134	148	163	开
36	94 900	91	106	122	137	152	167	开
37	97 000	93	108	124	140	156	171	开
38	99 200	94	111	127	143	159	175	开
39	101 300	97	113	129	146	162	179	开
40	103 400	98	115	132	149	166	183	开
41	105 600	100	117	134	152	169	187	开
42	107 700	102	119	137	155	173	191	开
43	109 800	104	122	140	158	176	194	开
44	112 000	106	124	143	161	179	198	开
45	114 100	107	126	145	164	183	202	开
46	116 200	109	128	148	167	187	206	开
47	118 400	111	131	151	171	190	210	开
48	120 500	113	133	153	173	193	214	开
49	122 700	114	135	156	177	197	218	开
50	124 800	116	137	158	179	201	222	开
51	126 900	118	139	161	183	204	226	开
52	129 100	120	142	164	186	207	229	开
53	131 200	122	144	166	189	211	233	开
54	133 300	123	146	169	192	214	237	开
55	134 600	123	146	169	192	214	237	开
56	135 800	123	146	169	192	214	237	开
57	137 000	123	146	169	192	214	237	开
58	138 200	123	146	169	192	214	237	开
59	139 400	123	146	169	192	214	237	开
60	140 600	123	146	169	192	214	237	开
61	141 800	123	146	169	192	214	237	开
62	143 000	123	146	169	192	214	237	开
63	144 200	123	146	169	192	214	237	开
64	145 400	123	146	169	192	214	237	开
65	146 600	123	146	169	192	214	237	关
75	146 600	124	147	170	193	216	238	开
80	146 600	125	148	171	193	216	239	关
90	146 600	126	149	172	194	217	240	开
95	146 600	127	149	172	195	218	241	关
105	146 600	128	151	173	196	219	242	开
110	146 600	128	151	174	197	219	242	关

表 D.4（续）

1	2	3	4	5	6	7	8	9
时间/min	压力/kPa	温度梯度(℃/100 m)/℃						搅拌
		1.6	2.0	2.4	2.7	3.1	3.5	
井深:6 705 m					钻井液密度:2.18 kg/L			
120	146 600	129	152	175	198	221	243	开
125	146 600	130	153	176	198	221	244	关
135	146 600	131	154	177	199	222	245	开
140	146 600	132	154	177	200	223	246	关
150	146 600	133	156	178	201	224	247	开
155	146 600	133	156	179	202	224	247	关
165	146 600	134	157	180	203	226	248	开
170	146 600	135	158	181	203	226	249	关
180	146 600	136	159	182	204	227	250	开
185	146 600	137	159	182	205	228	251	关
195	146 600	137	161	183	206	229	252	开
200	146 600	137	161	184	207	229	252	关
210	146 600	137	161	185	208	231	253	开
215	146 600	137	161	186	208	231	254	关
225	146 600	137	161	186	209	232	255	开
230	146 600	137	161	186	210	233	256	关
240	146 600	137	161	186	210	234	257	开
245	146 600	137	161	186	210	234	257	关
255	146 600	137	161	186	210	234	258	开
260	146 600	137	161	186	210	234	259	关
270	146 600	137	161	186	210	234	259	开
275	146 600	137	161	186	210	234	259	关
第 1 升温段								
升温速率/(℃/min)		1.79	2。21	2。63	3。06	3。48	3。90	
升温时间/min		54 min						
温度保持时间/min		11 min						
升压速率		前 54 min 为 2 137 kPa/min,后 11 min 为 1 209 kPa/min						
第 2 升温段								
升温速率/(℃/min)		0.11	0.11	0.11	0.11	0.11	0.11	
升温时间/min		120	135	150	165	180	195	

ICS 75.160.30
E 46

中华人民共和国国家标准

GB 19159—2012
代替 GB 19159—2003

车用液化石油气

Automotive liquefied petroleum gases

2012-11-05 发布　　2013-04-01 实施

中华人民共和国国家质量监督检验检疫总局
中国国家标准化管理委员会　发布

前 言

本标准的第4章(试验方法除外)为强制性的,其余为推荐性的。

本标准按照GB/T 1.1—2009给出的规则起草。

本标准代替GB 19159—2003,与GB 19159—2003相比,主要技术变化如下:

——适用范围明确为"点燃式内燃机使用的车用液化石油气"(见第1章);

——删除了对组分质量分数的限制(见表1,2003版的第4章);

——删除了对油渍观察的限制(见表1,2003版的第4章);

——总硫含量由原来的"<270 mg/m³"修改为"不大于50 mg/kg"(见表1,2003版的第4章);

——蒸发残留物由原来的"不大于0.05 mL/100 mL"修改为"不大于60 mg/kg"(见表1,2003版的第4章);

——密度测定温度由原来的"20 ℃"修改为"15 ℃"(见表1,2003版的第4章);

——蒸气压测定温度由原来的"37.8 ℃"修改为"40 ℃"(见表1,2003版的第4章);

——增加了对马达法辛烷值的技术要求(见表1);

——根据达到最低蒸气压150 kPa时的温度,划分了产品级别(见表1);

——增加了液化石油气马达法辛烷值的计算方法、液化石油气绝对蒸气压和表压的测定方法及计算方法、不同牌号液化石油气对应40 ℃时的蒸气压限值以及液化石油气的气味检测方法(见附录)。

本标准结合我国车用液化石油气资源、车辆使用特点和现状,修改采用欧盟标准EN 589:2008《车用液化石油气》。本标准与EN 589:2008标准的主要技术差异及原因如下:

——部分规范性引用文件采用我国相应的国家标准和行业标准(见第2章);

——增加了C5及以上组分含量不大于2.0%(质量分数)的规定(见表1);

——增加了检验规则和安全等章节的内容(见第5章~第7章);

——增加了液化石油气蒸气压测定法(LPG法)(见附录B);

——增加了液化石油气绝对蒸气压和表压计算方法的内容(见附录C);

——为便于用户识别,将产品级别名称由A、B、C、D、E调整为-10号、-5号、0号、10号、20号(见第3章、表1、附录D);

——按照我国标准编写的规定,对章条顺序进行了适当的修改。

本标准由全国石油产品和润滑剂标准化技术委员会(SAC/TC 280)提出。

本标准由全国石油产品和润滑剂标准化技术委员会石油燃料和润滑剂分技术委员会(SAC/TC 280/SC 1)归口。

本标准起草单位:中国石油天然气股份有限公司规划总院、中国石油化工股份有限公司石油化工科学研究院、吉林大学、龙井众诚能源发展有限公司、长春汽车燃气发展有限公司。

本标准主要起草人:曹斌、张震、段伟、吴明清、李君、殷乃勋、李强、高莹、刘蜀敏、赵丽萍、严明。

本标准于2003年5月首次发布,本次修订为第一次修订。

车用液化石油气

警告：如果不遵守适当的防范措施，本标准所属产品在生产、贮运和使用等过程中可能存在危险。本标准无意对与本产品有关的所有安全问题提出建议。用户在使用本标准之前，有责任建立适当的安全和防护措施，并确定相关规章限制的适用性。

1 范围

本标准规定了车用液化石油气的分类和标记、技术要求和试验方法、检验规则、标志、储存和运输、安全和健康等要求。

本标准适用于点燃式内燃机使用的车用液化石油气。

2 规范性引用文件

下列文件对于本文件的应用是必不可少的。凡是注日期的引用文件，仅注日期的版本适用于本文件。凡是不注日期的引用文件，其最新版本(包括所有的修改单)适用于本文件。

GB 150 钢制压力容器(所有部分)

GB/T 8017—2012 石油产品蒸气压测定法 雷德法

GB 11518 车间空气中液化石油气卫生标准

GB 14193 液化气体气瓶充装规定

GB 17259 机动车用液化石油气钢瓶

GB 18352.3 轻型汽车污染物排放限值及测量方法(中国Ⅲ、Ⅳ阶段)

SH/T 0125 液化石油气硫化氢试验法(乙酸铅法)(ISO 8819:1987,MOD)

SH/T 0221 液化石油气密度或相对密度测定法(压力密度计法)(ISO 3993:1984,MOD)

SH/T 0222 液化石油气总硫含量测定法(电量法)

SH/T 0232 液化石油气铜片腐蚀试验法(ISO 6251:1982,MOD)

SH/T 0233 液化石油气采样法

SH/T 0614 工业丙烷、丁烷组分测定法(气相色谱法)(ISO 7911:1988,MOD)

SH/T 1142 工业用裂解碳四液态采样法

SY 5985 液化石油气安全管理规程

ASTM D 6667 气态烃及液化石油气中总挥发性硫的测定 紫外荧光法(Standard test method for determination of total volatile sulfur in gaseous hydrocarbons and liquefied petroleum gases by ultraviolet fluorescence)

ISO 8973 液化石油气 密度和蒸气压的计算方法(Liquefied petroleum gases—Calculation method for density and vapour pressure)

EN 15469 液化石油气中游离水的试验 目视法(Petroleum products—Test method for free water in liquefied petroleum gas by visual inspection)

EN 15470 液化石油气中油溶性残留物的测定 高温气相色谱法(Liquefied petroleum gases—Determination of dissolved residues—High temperature gas chromatographic method)

液化气体铁路罐车安全管理规程([87]化生字第1174号)

液化气体汽车罐车安全监察规程(劳部发[1994]262 号)
压力容器安全技术监察规程(质技监局锅发[1999]154 号)
气瓶安全监察规程(质技监局锅发[2000]250 号)

3 分类和标记

3.1 产品分类

根据发动机正常运行所需的最小蒸气压和燃料使用的环境温度,将车用液化石油气划分为－10 号、－5 号、0 号、10 号、20 号共 5 个牌号,其中:

－10 号车用液化石油气应在环境温度不低于－10℃时使用;
－5 号车用液化石油气应在环境温度不低于－5℃时使用;
0 号车用液化石油气应在环境温度不低于 0℃时使用;
10 号车用液化石油气应在环境温度不低于 10℃时使用;
20 号车用液化石油气应在环境温度不低于 20℃时使用。

3.2 产品标记

车用液化石油气的标记为:[产品牌号] [产品名称]

标记示例:0 号车用液化石油气

4 技术要求和试验方法

4.1 车用液化石油气技术要求和试验方法应符合表 1 的规定。

表 1 车用液化石油气技术要求

项目		质量指标	试验方法
密度(15 ℃)/(kg/m³)		报告	SH/T 0221 [a]
马达法辛烷值 MON	不小于	89.0	附录 A
二烯烃(包括 1,3-丁二烯)摩尔分数/%	不大于	0.5	SH/T 0614
硫化氢		无	SH/T 0125
铜片腐蚀(40 ℃,1 h)/级	不大于	1	SH/T 0232
总硫含量(含赋臭剂[b])/(mg/kg)	不大于	50	ASTM D 6667[c]
蒸发残留物/(mg/kg)	不大于	60	EN 15470
C5 及以上组分质量分数/%	不大于	2.0	SH/T 0614
蒸气压(40 ℃,表压)/kPa	不大于	1 550	附录 B [d]
最低蒸气压(表压)为 150 kPa 的温度/℃ [e]			ISO 8973 和附录 C
－10 号	不高于	－10	
－5 号	不高于	－5	
0 号	不高于	0	
10 号	不高于	10	
20 号	不高于	20	
游离水[f]		通过	EN 15469

表 1（续）

项　　目	质量指标	试验方法
气味	体积浓度达到燃烧下限的 20% 时有明显异味	附录 E

[a] 测定方法也包括用 ISO 8973。

[b] 气味检测未通过时，需要添加赋臭剂。

[c] 试验方法也包括用 SH/T 0222，结果有争议时，以 ASTM D 6667 为仲裁方法。

[d] 试验方法也包括用 ISO 8973 和附录 C，结果有争议时，以附录 B 为仲裁方法。

[e] 在指定温度下，应采用 ISO 8973 和附录 C 来共同确定产品分级。对于生产企业内部质量控制，可以利用附录 D 提供的方法确定分级。

[f] 在 0 ℃和饱和蒸气压下，目测车用液化石油气中不含游离水。允许加入不大于 2 000 mg/kg 的甲醇，但不允许加入除甲醇外的防冰剂及其他非烃化合物。

5　检验规则

5.1　检验分类与检验项目

本产品检验分为出厂检验和型式检验。

5.1.1　出厂检验

出厂批次检验项目包括马达法辛烷值、二烯烃含量、蒸气压、硫含量、最低蒸气压、蒸发残留物、硫化氢、气味和游离水。

出厂周期检验项目为铜片腐蚀，每月至少检测一次。

5.1.2　型式检验

型式检验项目为表 1 技术要求规定的所有检验项目。

在下列情况下进行型式检验：

a)　新产品投产或产品定型鉴定时；

b)　原材料、加工工艺等发生较大变化及检修开工后情况；

c)　出厂检验结果与上次型式检验结果有较大差异时。

5.2　组批

在原材料、工艺不变的条件下，产品每生产一罐为一批。

5.3　取样

取样按 SH/T 0233 进行。

5.4　判定规则

出厂检验结果符合第 4 章的技术要求，则判定该批产品合格。

5.5 复验规则

如果出厂检验结果中有不符合表1中技术要求的规定时,自同批产品中重新抽取双倍量样品,对不符合项目进行复验,复验结果如仍不符合表1技术要求的规定,则判定该批产品为不合格。

6 标志、储存和运输

6.1 标志

符合表1要求的车用液化石油气所使用的加气机应有标明产品标记的标志。

6.2 储存

车用液化石油气的储存容器应符合GB 150的规定,并执行《压力容器安全技术监察规程》的要求。安装在汽车上的液化石油气钢瓶应执行GB 17259的规定和《气瓶安全监察规程》的要求,气瓶的充装应执行GB 14193的规定。

6.3 运输

铁路罐车应执行《液化气体铁路罐车安全管理规程》的要求。

汽车罐车应执行《液化气体汽车罐车安全监察规程》的要求。

7 安全和健康

7.1 本产品在生产、储存及使用的整个过程中,除应执行本标准规定外,还应遵守SY 5985的规定。

7.2 生产、储存及使用本产品的场所,应注意通风。按GB 11518的规定执行。

附　录　A
（规范性附录）
液化石油气马达法辛烷值的计算方法

A.1　概述

本附录介绍了通过分析液化石油气的烃类组成来计算其马达法辛烷值的方法。

A.2　原则

通过气体色谱法测量液化石油气样品的烃类组成，根据各组分的马达法辛烷值因数计算液化石油气样品的马达法辛烷值。

A.3　测定

采用 SH/T 0614 测定每个组分的浓度（检测气体样品中摩尔浓度大于 0.1%的组分）。

A.4　计算方法和表述形式

A.4.1　液化石油气马达法辛烷值的计算见式（A.1）：

$$马达法辛烷值 = \sum_{i=1}^{n} M_i c_i \qquad \cdots\cdots（A.1）$$

式中：

M_i——某一组分的马达法辛烷值因数（见表 A.1），应与 c_i 的单位一致；

c_i——液化石油气样品中某一组分的比例，可以是摩尔、质量或体积分数中任何一种。

注：表 A.1 的马达法辛烷值因数是经验值，只适用于本附录所介绍的计算。一旦出现争议，应采用摩尔因数计算。

A.4.2　将结果四舍五入到小数点后一位数。

A.5　结果报告

将计算的合计值作为液化石油气样品的马达法辛烷值结果。

表 A.1　液化石油气中各组分的马达辛烷值因数

名　　称	马达辛烷值因数 M		
	摩尔	质量	体积
丙烷（含 C2 以下烃类）	95.4	95.9	95.6
丙烯	83.9	82.9	83.1
正丁烷（含 C5 以上烃类）	89.0	88.9	88.9
异丁烷	97.2	97.1	97.1
丁烯	75.8	76.8	75.7

附 录 B
（规范性附录）
液化石油气蒸气压测定法（LPG 法）

B.1 适用范围

本方法规定了在一定的压力测定仪和 37.8 ℃～70 ℃试验温度下，测定液化石油气的蒸气压（表压）的方法。

本方法适用于沸点高于 0 ℃、烃的体积含量小于 5%、在 37.8 ℃时其蒸气压不大于 1 550 kPa 的液化石油气。

B.2 方法概要

本方法所使用的蒸气压测定仪是有可相互连接的上下两室和一个合适的压力表所组成。

每次测试前，首先用部分试样冲洗和冷却仪器，然后用试样充满仪器。为使试样膨胀有足够的空间，立即将仪器中的试样放掉 33.3%或 40%。然后将仪器浸入恒温水浴，维持水浴温度为 37.8 ℃或选择其他的试验温度，最高为 70 ℃。待压力达到平衡时，观测表压，校正压力表误差，再校正到标准大气压。此压力即为在试验温度下试样的蒸气压。

B.3 仪器

B.3.1 蒸气压测定仪

其结构如图 B.1 所示，包括两个室——上室和下室。

B.3.1.1 上室

上室应是圆筒形容器，内径 51 mm±3 mm，长 254 mm±3 mm（内壁尺寸），两端的内表面稍有斜度，保证仪器在垂直放置时，液体可以从任何一端完全排出。在室的上端配有适合的放空阀连接头，用以装配放空阀和压力表。在室的下端开有内径为 13 mm 的孔，作为与下室连接用。应注意两端开口的连接处不应妨碍室内液体的全部排出。

B.3.1.2 放空阀的装配

为冲洗一起用的放空阀是一个孔径为 6 mm 阀，装配在连接头的侧面，连接头两端以丝扣形式与压力表和上室末端相连接。

B.3.1.3 下室，33.3%

该室为一圆筒形容器，其容积应使上室与下室的容积比为 2±0.03。

B.3.1.4 下室 20%

该室为一圆筒形容器，其容器应使上室与下室的容积比为 4±0.05。

注：在测定室的容积时，下室的容积要从直通阀挡板下计算。直通阀挡板以上的容积作为上室容积的部分，两室的容积比应按 GB/T 8017—2012 附录 B 中规定的方法进行测定。

B.3.1.5 直通阀与上、下室的连接方法

下室的上端有一直径为 19 mm 的开口，以接受内流量最小直径为 13 mm 的合适的直通阀。下室的侧面配有一孔径为 6 mm 的入口阀。

组装后的仪器，容积应符合要求并在试验条件下应保证无渗漏现象。

B.3.1.6 静压试验

仪器生产厂家应保证蒸气压测定仪在 7 000 kPa 静表压下无永久性的变形。

B.3.1.7 无渗漏检验

新仪器在使用前应冲入空气、天然气、氮气或其他类似气体至 3 500 kpa 表压，然后完全浸入水浴中，检验是否渗漏。以后再必要时也应如此检验。只有经检验无渗漏的仪器方可使用。

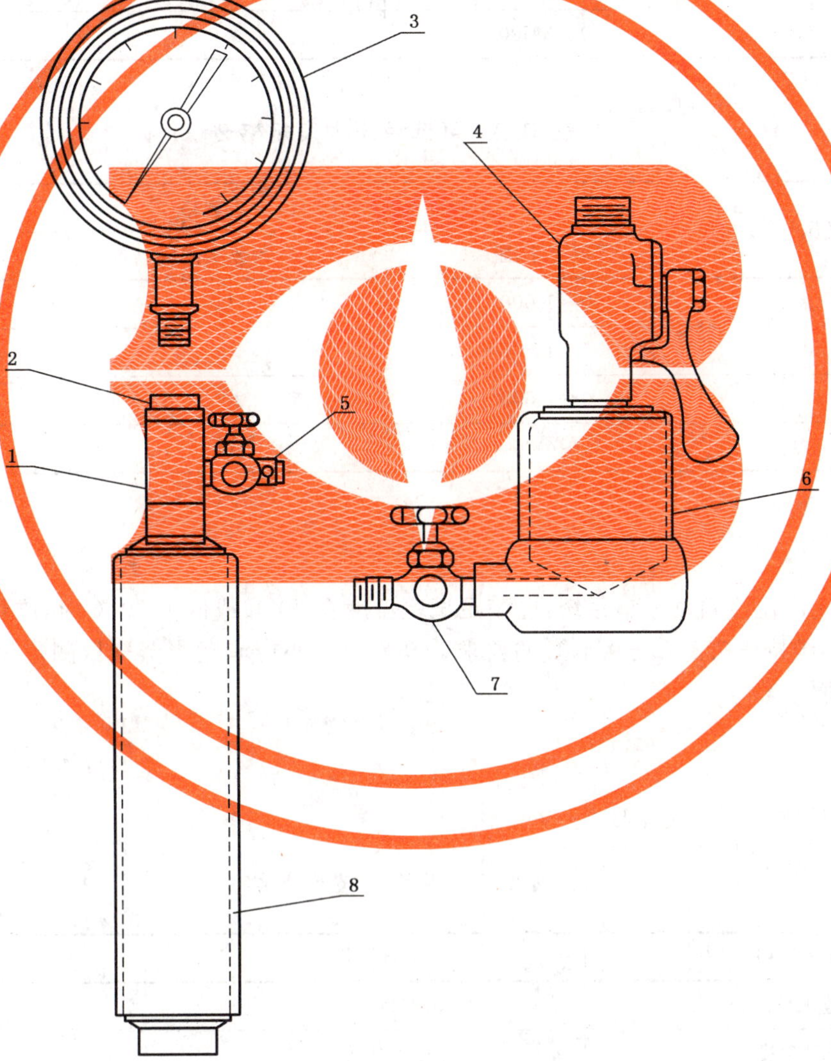

说明：

1——放空阀接头；　3——压力表；　5——放空阀；　7——入口阀；
2——压力表接头；　4——直通阀；　6——下室；　8——上室。

图 B.1 蒸气压测定仪

B.3.2 压力表

0.4级标准压力表，直径为150 mm，具有6 mm阳螺纹连接头；对于进口压力表要求为试验级，直径114 mm～140 mm，压力表的范围和刻度应按试样的蒸气压大小来选择使用。可选用的压力表规格见表B.1和表B.2。

所用的压力表必须准确。当压力表校正误差超过刻度范围2%时，则不应使用。

表B.1 可选用压力表规格1

单位为千帕

试样蒸气压	压力表规格		
	刻度范围	最大数字间隔	最大分刻度
≤635	0～700	70	3.5
620～1 730	0～2 000	175	7
1 660～3 460	0～3 500	350	35

表B.2 可选用压力表规格2

单位为千帕

试样蒸气压	压力表规格		
	刻度范围	最大数字间隔	最大分刻度
≤800	0～1 000	100	5
700～1 500	0～1 600	100	10
1 400～2 200	0～2 500	200	20
2 000～3 600	0～4 000	400	20

B.3.3 恒温水浴

带有自动搅拌，温度自动调节系统，能满足试验温度在50 ℃或低于50 ℃时，维持±0.1 ℃；试验温度高于50 ℃时，维持±0.3 ℃±0.1 ℃的要求。其尺寸大小应满足当蒸气压测定仪垂直浸入水浴时，水应浸过放空阀。

B.3.4 温度计

B.3.4.1 温度计技术条件见表B.3。

表B.3 温度计技术条件

规　格	低范围	高范围
范围/℃	34～42	40～70
浸没深度	全浸	全浸
细刻度/℃	0.1	0.1
分刻度/℃	0.5	0.5
数字间隔/℃	1(除在38)	1
刻度误差/℃　不大于	0.1	0.1

表 B.3（续）

规　　格	低范围	高范围
膨胀空间允许加热到/℃	100	—
总长/mm	275±5	405
杆直径/mm	6～7	5.5～7.0
水银球长/mm	25～35	10～15
水银球直径/mm	大于5,小于杆	大于5,小于杆
水银球底至刻线距离/mm	34.4 ℃处135～150	40 ℃处100
水银球底至刻线距离/mm	42 ℃处215～234	—
水银球底至收缩室顶距离/mm	60	—
杆扩大直径/mm	8～10	—
杆扩大长度/mm	4～7	—
水银球底至杆扩大底距离/mm	112～116	—

B.3.4.2　温度计选择

本方法应采用下列温度计：

低温，试验范围为34 ℃～42 ℃，分度值为0.1 ℃；

高温，试验范围为40 ℃～70 ℃，分度值为0.1 ℃。

B.4　准备工作

B.4.1　如果已测定过与待测试样非同类产品时。应将仪器拆卸彻底清洗，并用于干燥空气冲洗部件。

B.4.2　打开入口阀和直通阀。关闭放空阀。装配合适的经校正的压力表，组装好仪器。

B.5　采样和试样处理

B.5.1　除直接从采样口处取样外，试样应按SH/T 1142的规定进行采样和贮存。

B.5.2　用采样连接管将试样源和仪器连接来进行取样。该采样连接管直径为6 mm～7 mm，并且尽可能地短些。采样连接管应该用导电性材料制造或应有接地措施，以最大程度地减少静电效应。

B.6　安全注意事项

应认真做好有关处置液化石油气的下述各注意事项：

a)　由于液化石油气会发生严重的冷燃，应特别注意防止液体试样两层皮肤接触。在处置液化石油气时，必须戴防护镜和手套。

b)　排放液化石油气时，会产生静电，在排放时必须将仪器接地。

c)　在测定蒸气压时，注意避免吸进石油蒸气。

d)　排放液化石油气时，必须注意排放液化石油气的附近地区应是安全的，并且应具备安全措施。

e)　上述安全注意事项必须附加B.7.1和B.7.2的注意部分。

B.7 试验步骤

B.7.1 仪器的清洗

将组装好的仪器置于垂直位置，用采样连接管线将下室的入口与试样源连接，开启试样源出口阀和下室入口阀，小心地打开上室的放空阀，让仪器中的空气或蒸气两者逸出，直至仪器充满液体试样。在连接有采样管的情况下，按顺序关闭放空阀和入口阀。迅速倒转仪器，打开放空阀，掌握仪器的位置，使全部液体排出。让残余蒸气逸出，直至仪器中的压力和环境大气压相同后才关闭入空阀。

注：注意在这一操作和其他相继采样操作中，必须具备排出蒸气和液体的安全措施。

B.7.2 试样的注入

将仪器回复到垂直位置。打开入口阀，当仪器表压基本达到与试样源相同压力时，立即打开放空阀，如果液体试样并不很快地出现，则须重新清洗、冷却仪器，重新采样；如果液体试样很快出现，应立即按顺序关闭放空阀和入口阀，关闭试样源出口阀，卸下采样连接管。迅速关闭两室间的直通阀，在仪器垂直的情况下，打开入口阀，放出下室的试样。当没有液体试样溢出时，关闭入口阀，并立即打开直通阀。

当使用33.3%下室时，按B.7.3进行操作。

当使用20%下室时，关闭直通阀，再打开入口阀，放掉下室中的试样。当没有液体逸出时，关闭入口阀，并立即打开直通阀，这样使测定仪中试样放掉约40%。

注1：**注意**：将液体膨胀系数高的物质，如丙烯、在接近其沸点温度下，注入仪器，再温热至试验温度时，它能充分膨胀，使仪器充满液体，会产生仪器的破裂。因此，如对这种试样采用20%下室时，要迅速地放掉约40%的试样。

注2：无论是清洗或采样，都可以用一部分试样冷却仪器以加快试样转移。为做到这点，关闭入口阀，而全部打开放空阀让里面的试样蒸发，直至仪器被冷却到大大低于试样源的温度。同时注意将仪器倒置，使沸点高的残余物从放空阀完全排除，然后将放空阀关闭。经冷却的仪器回到其正常的垂直位置，按上述方法采取试样。

注3：**注意**：在这一操作时，上室充满了低于环境温度的液体。由于仪器温热时上室内所含液体产生膨胀，可能导致上室的破裂。所以必须迅速地完成提供仪器自由空间这一操作。

B.7.3 蒸气压的测定

B.7.3.1 倒转仪器，将其剧烈振荡。再使仪器回到原来的垂直位置，把仪器浸入保持试验温度的恒温水浴中。除压力表外，其他部位都应浸入水浴液面以下。

在50 ℃或低于50 ℃的试验温度时，水浴温度应保持在试验温度±0.1 ℃。

在高于50 ℃～70 ℃的试验温度时，水浴温度应保持在试验温度±0.3 ℃。

B.7.3.2 过5 min后，从水浴中取出测定仪，倒置并剧烈振荡，然后再放回水浴中。整个过程应迅速完成，以免仪器和试样的冷却。此后，以不少于2 min的间隔重复上述操作，并记录每次压力表的读数，直至连续两次操作压力表读数恒定为止。这些操作一般约需要20 min～30 min，以保证达到平衡。记录压力表读数作为在试验温度下“未校正试样蒸气压”。

B.7.3.3 在对所用压力表产生怀疑时，为保证蒸气压测定结果的准确性，必须按下述步骤进行。

在未将仪器从水浴取出或未将压力表卸除时，在放空阀的出口处安装一个经计量部门校正过的试验压力表，并打开放空阀。

到5 min时，将两个表压读数做比较。记录这一校正数作为“压力表误差”。

在整个测试过程中，如果发现仪器有渗漏现象，应停止试验，放掉试样。仪器经修理后，重新采样测试。

B.7.3.4 测试结束后，及时放掉仪器中的试样，以免腐蚀设备。

B.8 计算

B.8.1 校正“未校正试样蒸气压”的压力表误差。

B.8.2 将B.8.1校正后的试样蒸气压换算到标准大气压101.3 kPa时的试样蒸气压 p(kPa)。按式(B.1)计算：

$$p = p_1 - (101.3 - p_2) \quad \cdots\cdots\cdots\cdots (B.1)$$

式中：

p_1——压力表校正后的试样蒸气压(由B.8.1得到)，单位为千帕(kPa)；

p_2——环境大气压，单位为千帕(kPa)。

B.9 精密度

按下述规定判断测定结果的可靠性(95%置信水平)。

B.9.1 重复性

同一操作者重复测定的两个结果之差应大于12.0 kPa。

B.9.2 再现性

不同实验室各自提出的两个结果之差不应大于19.0 kPa。

B.10 报告

报告实验温度和测定结果(kPa)。

附 录 C
(规范性附录)
液化石油气绝对蒸气压和表压的计算方法

C.1 概述

计算液化石油气绝对蒸气压和表压采用本附录C.2和C.3中提供的方法进行计算。

C.2 绝对蒸气压计算方法

液化石油气绝对蒸气压 p_v 的计算方法见式C.1：

$$p_v = \sum_{i=1}^{n} p_i x_i \qquad \text{(C.1)}$$

式中：

p_i ——某一组分在规定温度下的绝对蒸气压混合因子(见表C.1)；

x_i ——液化石油气样品中某一组分的摩尔分数。

C.3 表压计算方法

液化石油气表压 p_{ve} 的计算方法见式C.2：

$$p_{ve} = p_v - p_0 \qquad \text{(C.2)}$$

式中：

p_v ——液化石油气样品的绝对蒸气压；

p_0 ——当地大气压。

表C.1 不同温度下各组分的绝对蒸气压混合因子

单位为千帕

组成	−10 ℃	−5 ℃	0 ℃	10 ℃	20 ℃	40 ℃
甲烷	21 334	22 742	24 211	27 333	30 707	38 230
乙烷	1 873	2 128	2 407	3 040	3 781	5 613
乙烯	3 348	3 737	4 159	5 101	6 184	8 805
丙烷	346	405	472	631	826	1 353
丙烯	437	510	591	785	1 024	1 661
丁烷	71.26	86.64	104.5	149.2	207.6	376.9
异丁烷	109.9	132.3	158.1	221.4	302.7	531
1-丁烯	87.91	106.8	128.8	183.4	254.4	457
异丁烯	90.17	109.5	131.9	187.6	259.9	466
顺2-丁烯	59.63	73.11	88.94	126.7	181.5	336.5
反2-丁烯	67.13	81.9	99.16	142.3	199.1	364.8

表 C.1（续）

单位为千帕

组成	—10 ℃	—5 ℃	0 ℃	10 ℃	20 ℃	40 ℃
1,2-丁二烯	43.65	54.08	66.49	98.26	141.3	272.2
1,3-丁二烯	81.55	99.45	120.3	172.2	240.2	436
戊烷	15.23	19.41	24.48	37.85	56.53	115.5
异戊烷	21.98	27.68	34.52	52.25	76.57	151.3
1-戊烯	19.75	25.00	31.33	47.85	70.67	141.5

附　录　D
（资料性附录）
不同牌号液化石油气对应 40 ℃时的蒸气压限值

表 D.1　不同牌号液化石油气对应 40 ℃下的蒸气压限值

牌号	最小值[a]/kPa	换算为 150 kPa 时的温度/℃
−10	950	−10
−5	800	−5
0	700	0
10	500	10
20	275	20

[a] 本表中的蒸气压数值是用 ISO 8973 进行计算的，此数据仅用于生产企业内部质量控制。

附　录　E
（规范性附录）
液化石油气的气味检测方法

E.1　概述

商用液化石油气的气味通常由不饱和烃类、含硫化合物或外加的赋臭剂所致，本附录描述了一种评价商用液化石油气气味的方法。

警告：为了将气味试验人员接触气体的机会降到最小，强烈推荐只有当其他所有性质均符合本标准表1的指标要求时，才开展本试验。在试验中存在对液化石油气中的某些物质接触超过短期或长期（8 h参考周期的加权平均）职业暴露限制的风险，操作者应参考相关安全和健康条例，保证其在液化石油气的取样、处理和试验时，暴露值不超过规定的限值。

当被测试的液化石油气满足本标准中表1所列的质量要求时，在8 h工作制下，如果每小时试验不超过2次，每次试验吸入的液化石油气和空气的混合物的机会不超过3次（每次10 s），一般可以保证操作者对液化石油气接触量在推荐的暴露限值内。这项检测只适用于在气味试验时，操作者接触有关物质的情况。如要评价总的暴露量，其他潜在的暴露需要另外评估。

E.2　试验原理

完全气化的液化气样品，以净化空气稀释，使混合气中的待测气体的浓度为其燃烧下限的20%，至少应由3个测试者来评估混合气体的气味。

注：气体在空气中的燃烧下限：丁烷体积分数为1.9%，丙烷体积分数为2.4%。

E.3　材料

活性炭（颗粒尺寸在1.18 mm～1.70 mm之间），用于净化空气。

E.4　设备

E.4.1　设备图见图D.1，设备所包含的部件见E.4.2～E.4.6。

E.4.2　空气净化柱：容积约为200 mL的干燥塔。

E.4.3　流量计：用于测定空气流量，浮子流量计，测量范围5 L/min～15 L/min。

E.4.4　流量计：用于测定待测气体流量，浮子流量计，测量范围5 mL/min～150 mL/min。

E.4.5　气体混合球：直径为30 mm，带有一个直径为4 mm的喷嘴。

E.4.6　玻璃漏斗：直径为75 mm。

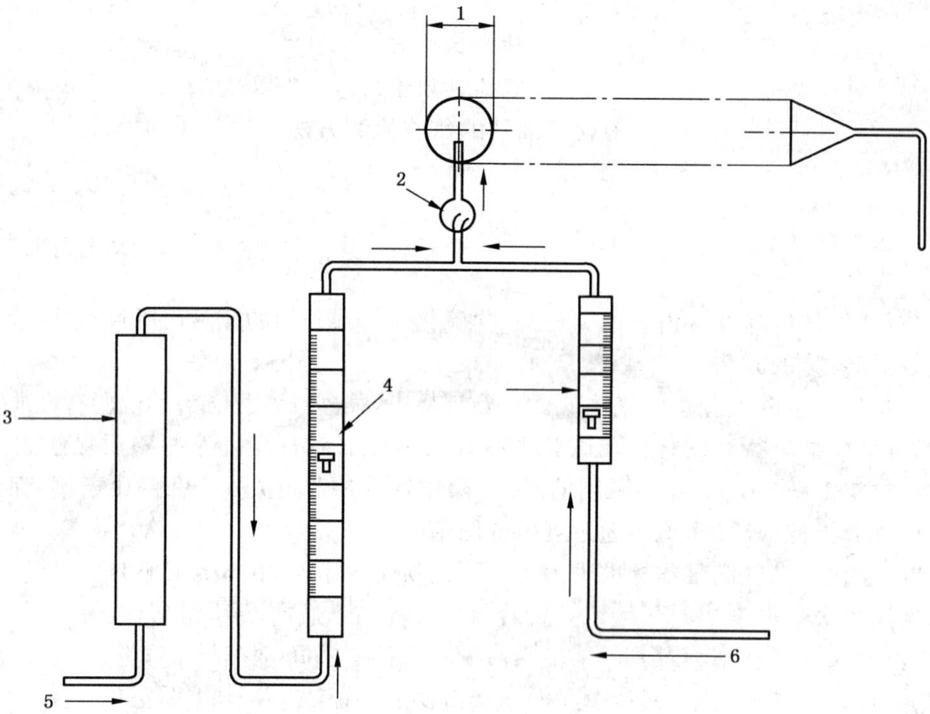

说明：
1——φ75 玻璃漏斗；
2——气体混合球；
3——空气净化柱；
4——流量计；
5——空气；
6——待测气味气体。

图 E.1　液化石油气气味评价装置

E.5　试验步骤

空气以特定的流速（流量计 E.4.3 进行计量）通入空气净化柱（E.4.2）。丙烷的空气流速为 8.5 L/min，丁烷的空气流速为 10.5 L/min。

将鼻子置于玻璃漏斗（E.4.6）的内测边缘，轻轻吸气，确保空气没有异味。

将待测气体以指定的流速（40 mL/min）通过气体流量计（E.4.4），至少由三人评价混合气体的气味。

E.6　结果表示

如果所有测试者都认为气味明显以及难闻，则样品所代表的这批气体符合本标准要求。

ICS 29.180
K 41

中华人民共和国国家标准

GB 19212.2—2012/IEC 61558-2-1:2007
代替 GB 19212.2—2006

电力变压器、电源、电抗器和类似产品的安全 第2部分:一般用途分离变压器和内装分离变压器的电源的特殊要求和试验

Safety of power transformers, power supplies, reactors and similar products—Part 2: Particular requirements and tests for separating transformers and power supplies incorporating separating transformers for general applications

(IEC 61558-2-1:2007, Safety of power transformers, power supplies, reactors and similar products—Part 2-1: Particular requirements and tests for separating transformers and power supplies incorporating separating transformers for general applications, IDT)

2012-06-29 发布　　2013-05-01 实施

中华人民共和国国家质量监督检验检疫总局
中国国家标准化管理委员会 发布

前　言

GB 19212 的本部分的全部技术内容为强制性。

GB 19212《电力变压器、电源、电抗器和类似产品的安全》[1] 目前包括下列部分：

——第 1 部分：通用要求和试验；

——第 2 部分：一般用途分离变压器和内装分离变压器的电源的特殊要求和试验；

——第 3 部分：控制变压器和内装控制变压器的电源的特殊要求和试验；

——第 4 部分：燃气和燃油燃烧器点火变压器的特殊要求；

——第 5 部分：隔离变压器和内装隔离变压器的电源装置的特殊要求和试验；

——第 6 部分：剃须刀用变压器和剃须刀用电源装置的特殊要求；

——第 7 部分：安全隔离变压器和内装安全隔离变压器的电源装置的特殊要求和试验；

——第 8 部分：玩具用变压器和电源的特殊要求和试验；

——第 9 部分：电铃和电钟变压器的特殊要求；

——第 10 部分：Ⅲ类手提钨丝灯用变压器的特殊要求；

——第 13 部分：恒压变压器的特殊要求；

——第 14 部分：自耦变压器和内装自耦变压器的电源装置的特殊要求和试验；

——第 15 部分：调压器的特殊要求；

——第 16 部分：医疗场所供电用隔离变压器的特殊要求；

——第 17 部分：开关型电源装置和开关型电源装置用变压器的特殊要求和试验；

——第 20 部分：干扰衰减变压器的特殊要求；

——第 21 部分：小型电抗器的特殊要求；

——第 24 部分：建筑工地用变压器的特殊要求。

其他部分正在考虑中。

本部分为 GB 19212 的第 2 部分。本部分是在 GB 19212.1—2008 的基础上制定的，本部分需与 GB 19212.1—2008 配合使用。

本部分是对 GB 19212.1—2008 的相应章、条进行补充和修改，以便将 GB 19212.1—2008 的内容转化为本部分的内容。本部分针对 GB 19212.1—2008 新增加的条款从 101 开始编号。

本部分按照 GB/T 1.1—2009 给出的规则起草。

本部分代替 GB 19212.2—2006《电力变压器、电源装置和类似产品的安全　第 2 部分：一般用途分离变压器的特殊要求》，与 GB 19212.2—2006 相比，主要技术变化如下：

a) 标准名称改为《电力变压器、电源、电抗器和类似产品的安全　第 2 部分：一般用途分离变压器和内装分离变压器的电源的特殊要求和试验》；

b) 第 1 章增加了有关内装分离变压器的电源方面的内容；

c) 第 2 章增加了对 GB 1094.11 的引用；

d) 第 3 章修改了术语“变压器”的适用范围；

e) 第 6 章增加了对内部运行频率的要求；

---

1) 本系列标准中，有些部分是在《电力变压器、电源、电抗器和类似产品的安全》标题下，有些部分是在《电源电压为 1 100 V 及以下的变压器、电抗器、电源装置和类似产品的安全》标题下，未来发布的本系列标准的标题可能还会修改。

f) 修改了19.1的内容,补充了对输出电路的要求。

本部分使用翻译法等同采用IEC 61558-2-1:2007《电力变压器、电源、电抗器和类似产品的安全 第2-1部分:一般用途分离变压器和内装分离变压器的电源的特殊要求和试验》(英文版)。

与本标准中规范性引用的国际文件有一致性对应关系的我国文件如下:

GB 1094.11—2007 电力变压器 第11部分:干式变压器(IEC 60076-11:2004,MOD)。

为便于使用,本部分对IEC 61558-2-1:2007还作了下列编辑性修改:

a) "本国际标准"改为"本部分";

b) 删除IEC 61558-2-1:2007的前言。

请注意本文件的某些内容可能涉及专利。本文件的发布机构不承担识别这些专利的责任。

本部分由中国电器工业协会提出。

本部分由全国小型电力变压器、电抗器、电源装置及类似产品标准化技术委员会(SAC/TC 418)归口。

本部分起草单位:沈阳变压器研究院、中国电子技术标准化研究所、工信部电子第五研究所质量检测中心、上海市质量监督检验技术研究院电子电器家用电器质量检验所。

本部分主要起草人:张显忠、张力立、何国锋、俞毅敏、张红。

本部分所代替标准的历次版本发布情况为:

——GB 19212.2—2006。

电力变压器、电源、电抗器和类似产品的安全　第2部分：一般用途分离变压器和内装分离变压器的电源的特殊要求和试验

1　范围

GB 19212.1—2008 的该章用下列内容代替：

GB 19212 的本部分规定了一般用途分离变压器和内装分离变压器的电源的安全规定，例如关于电气、温度和机械方面的安全规定。

本部分适用于分离变压器和内装分离变压器及电子线路的电源。本部分不适用于预定要与变压器和电源的输入和输出端子或输出插座连接的外部电路及其元器件。

本部分不适用于 IEC 60076-11 所包括的变压器。

本部分适用于驻立式或移动式、单相或多相、空气冷却（自冷或风冷）、独立或配套用分离变压器和内装分离变压器的电源，其额定电源电压不超过交流 1 000 V，额定电源频率和内部运行频率不超过 500 Hz。

额定输出不超过：

——对单相分离变压器和内装分离变压器的单相电源，为 1 kVA；

——对多相分离变压器和内装分离变压器的多相电源，为 5 kVA。

如果采购方和制造方另有协议时，则本部分也适用于对额定输出不限制的分离变压器和内装分离变压器的电源。

本部分适用于干式变压器，其绕组可以是包封式或非包封式。

空载输出电压或额定输出电压不超过交流 1 000 V 或无纹波直流 1 415 V。对独立的分离变压器和内装分离变压器的独立的电源，其空载输出电压和/或额定输出电压不低于交流 50 V 或无纹波直流 120 V。

本部分所包括的分离变压器只用于按安装规程或终端产品标准不要求电路之间采用双重绝缘或加强绝缘的场合。

注 1：通常，分离变压器和内装分离变压器的电源预定向与其一起使用的设备提供该设备因功能需要而与电源电压不同的电压。电击防护由该设备的其他部件，例如壳体来提供或完善。部分输出电路可以接到输入电路上或接地保护电路上。

本部分适用于与某一指定设备（其范围由有关技术委员会决定）配套的分离变压器和内装分离变压器的电源。

注 2：注意下列说明：

——对预定要用在车辆、船舶或飞机上的变压器，可能需要一些附加的要求（按其他适用标准、国家规程等）；

——避免外壳和外壳内元器件受诸如霉菌、害虫、白蚁、日辐射和结冰等外界影响的防护措施也应当考虑；

——变压器运输、储存和工作的不同条件也应当考虑；

——对预定要用于特殊环境，例如用于热带环境的变压器，可以采用符合其他适用标准和国家规程规定的附加要求。

注 3：随着今后变压器技术的发展，可能需要提高频率的上限值，而到那时之前，可以将本部分作为导则使用。

2 规范性引用文件

除下列引用文件外,GB 19212.1—2008 电力变压器、电源、电抗器和类似产品的安全第 1 部分:通用要求和试验(IEC 61558-1:2005,IDT)的该章适用:

该章增加下列引用文件:

IEC 60076-11 电力变压器 第 11 部分:干式变压器(Power transformers—Part 11:Dry-type transformers)

3 术语和定义

除下列内容外,GB 19212.1—2008 的该章适用:

该章第 3 段改为:

此后所用的术语"变压器"是指:如适用时,包括了分离变压器和内装分离变压器的电源。

4 一般要求

GB 19212.1—2008 的该章适用。

5 试验的一般说明

GB 19212.1—2008 的该章适用。

6 额定值

GB 19212.1—2008 的该章用下列内容代替:

6.101 额定输出电压不应超过交流 1 000 V 或无纹波直流 1 415 V,对独立变压器,额定输出电压应超过交流 50 V 或无纹波直流 120 V。

对独立变压器,即使不准备互相连接的输出绕组串联连接时,此输出电压限值仍适用。

6.102 额定输出不应超过:

——对单相变压器,为 1 kVA,但采购方和制造方之间另有协议时除外;

——对多相变压器,为 5 kVA,但采购方和制造方之间另有协议时除外。

6.103 额定电源频率和内部运行频率不应超过 500 Hz。

6.104 额定电源电压不应超过交流 1 000 V。

应通过目视检查标记来检验是否符合 6.101～6.104 的要求。

7 分类

GB 19212.1—2008 的该章适用。

8 标志和其他信息

除下列内容外,GB 19212.1—2008 的该章适用:

8.1 h)项用下列内容代替：

变压器应当标有 8.11 所示的图形符号之一。

8.11 该条增加下列内容：

符号或图形符号	说明或名称	标识代号
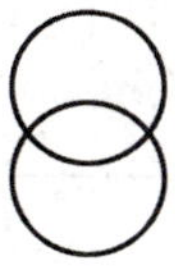 F 或 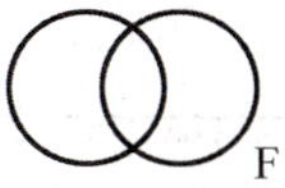 F	无危害式分离变压器	
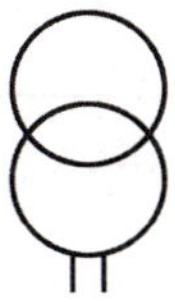 或 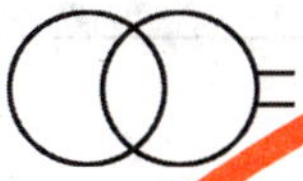	非耐短路分离变压器	IEC 60417-5223 (2002-10)
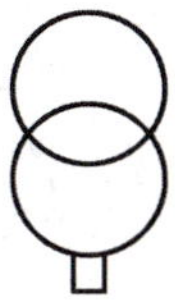 或 	耐短路分离变压器 (固有耐短路或非固有耐短路)	IEC 60417-5220 (2002-10)

9 电击防护

GB 19212.1—2008 的该章适用。

10 输入电压设定值的改变

GB 19212.1—2008 的该章适用。

11 负载输出电压和输出电流

GB 19212.1—2008 的该章适用。

12 空载输出电压

除下列内容外，GB 19212.1—2008 的该章适用。

该章增加下列条款：

12.101 空载输出电压不应超过交流 1 000 V 或无纹波直流 1 415 V。

对独立变压器，此输出电压限值也适用于不准备互相连接的输出绕组呈串联连接的情况。

12.102 空载输出电压与负载输出电压之差不应过大。

按本章测得的空载输出电压与按第 11 章试验时测得的负载输出电压之差，当表示为后者的百分数时，不应超过表 101 所列数值。

注：该比值定义如下：

$$\frac{U_{空载}-U_{负载}}{U_{负载}}\times 100\%$$

式中：

$U_{空载}$——空载输出电压，单位为伏(V)；

$U_{负载}$——负载输出电压，单位为伏(V)。

是否满足12.101和12.102的要求，应在环境温度下将变压器接至额定频率的额定电源电压，测量空载输出电压来检查。

表101 输出电压差

变压器类型 额定输出 VA	空载输出电压与负载输出电压差 %
固有耐短路变压器：	
≤63	100
>63～≤630	50
>630	20
其他变压器：	
≤10	100
>10～≤25	50
>25～≤63	20
>63～≤250	15
>250～≤630	10
>630	5

13 短路电压

GB 19212.1—2008的该章适用。

14 发热

GB 19212.1—2008的该章适用。

15 短路和过载保护

GB 19212.1—2008的该章适用。

16 机械强度

GB 19212.1—2008的该章适用。

17 防止灰尘、固体异物和潮湿有害进入的防护

GB 19212.1—2008的该章适用。

18 绝缘电阻、介电强度和漏电流

GB 19212.1—2008 的该章适用。

19 结构

除下列内容外，GB 19212.1—2008 的该章适用。

GB 19212.1—2008 中 19.1 用下列内容代替：

19.1 输入和输出电路在电气上应彼此隔离。其结构应当使这些电路之间不可能存在任何直接或间接通过其他导电部件的连接，但有意采取时除外。

通过目视检查和测量，并考虑第 18 章和第 26 章的规定来检验是否合格。

19.1.1 输入绕组与输出绕组之间的绝缘应当至少由基本绝缘构成。

此外还要符合下列要求：

——对Ⅰ类变压器，输入绕组与壳体之间的绝缘、输出绕组与壳体之间的绝缘应由基本绝缘构成；

——对Ⅱ类变压器，输入绕组与壳体之间、输出绕组与壳体之间的绝缘应由双重绝缘或加强绝缘构成。

19.1.2 对带有不与壳体相连且位于输入绕组与输出绕组之间的中间导电部件（例如铁心）的变压器，中间导电部件与输入绕组之间的绝缘、中间导电部件与输出绕组之间的绝缘应至少由基本绝缘构成。

注：没有用至少为基本绝缘与输入绕组、输出绕组或壳体隔开的中间导电部件，可认为是与有关部件相连的。

此外还要符合下列要求：

——对Ⅰ类变压器，经过中间导电部件的输入绕组与输出绕组之间的绝缘应由基本绝缘构成；

——对Ⅱ类变压器，经过中间导电部件的输入绕组与壳体之间的绝缘、输出绕组与壳体之间的绝缘应由双重绝缘或加强绝缘构成。

该章增加下列条款：

19.101 输出电路的部件可以接到保护接地。

19.102 输出电路与壳体之间应无连接，但对配套用变压器，当相关的设备标准允许时除外。应通过目视检查来判断是否满足要求。

20 元器件

GB 19212.1—2008 的该章适用。

21 内部布线

GB 19212.1—2008 的该章适用。

22 电源连接和其他外部软电缆或软线

GB 19212.1—2008 的该章适用。

23 外部导线接线端子

GB 19212.1—2008 的该章适用。

24 保护接地装置

GB 19212.1—2008 的该章适用。

25 螺钉和连接

GB 19212.1—2008 的该章适用。

26 爬电距离、电气间隙和贯通绝缘距离

除表 13 中 2)外,GB 19212.1—2008 的该章适用。

27 耐热、耐燃和耐电痕化

GB 19212.1—2008 的该章适用。

28 防锈

GB 19212.1—2008 的该章适用。

附　　录

除下列附录外，GB 19212.1—2008 的附录适用。

附　录　C
（规范性附录）
爬电距离(cr)、电气间隙(cl)和贯通绝缘距离(dti)
材料组别Ⅱ（400≤CTI＜600）

除表 C.1 中 2)的内容外，GB 19212.1—2008 的该附录适用。

附　录　D
（规范性附录）
爬电距离(cr)、电气间隙(cl)和贯通绝缘距离(dti)
材料组别Ⅰ（CTI≥600）

除表 D.1 中的 2)的内容外，GB 19212.1—2008 的该附录适用。

ICS 29.180
K 41

中华人民共和国国家标准

GB 19212.3—2012/IEC 61558-2-2:2007
代替 GB 19212.3—2006

电力变压器、电源、电抗器和类似产品的安全　第3部分:控制变压器和内装控制变压器的电源的特殊要求和试验

Safety of power transformers, power supplies, reactors and similar products—Part 3: Particular requirements and tests for control transformers and power supplies incorporating control transformers

(IEC 61558-2-2:2007, Safety of power transformers, power supplies, reactors and similar products—Part 2-2: Particular requirements and tests for control transformers and power supplies incorporating control transformers, IDT)

2012-06-29 发布　　　　2013-05-01 实施

中华人民共和国国家质量监督检验检疫总局
中国国家标准化管理委员会　发布

前　言

GB 19212 的本部分的全部技术内容为强制性。

GB 19212《电力变压器、电源、电抗器和类似产品的安全》[1)] 目前包括下列部分：

——第 1 部分：通用要求和试验；

——第 2 部分：一般用途分离变压器和内装分离变压器的电源的特殊要求和试验；

——第 3 部分：控制变压器和内装控制变压器的电源的特殊要求和试验；

——第 4 部分：燃气和燃油燃烧器点火变压器的特殊要求；

——第 5 部分：隔离变压器和内装隔离变压器的电源装置的特殊要求和试验；

——第 6 部分：剃须刀用变压器和剃须刀用电源装置的特殊要求；

——第 7 部分：安全隔离变压器和内装安全隔离变压器的电源装置的特殊要求和试验；

——第 8 部分：玩具用变压器和电源的特殊要求和试验；

——第 9 部分：电铃和电钟变压器的特殊要求；

——第 10 部分：Ⅲ类手提钨丝灯用变压器的特殊要求；

——第 13 部分：恒压变压器的特殊要求；

——第 14 部分：自耦变压器和内装自耦变压器的电源装置的特殊要求和试验；

——第 15 部分：调压器的特殊要求；

——第 16 部分：医疗场所供电用隔离变压器的特殊要求；

——第 17 部分：开关型电源装置和开关型电源装置用变压器的特殊要求和试验；

——第 20 部分：干扰衰减变压器的特殊要求；

——第 21 部分：小型电抗器的特殊要求；

——第 24 部分：建筑工地用变压器的特殊要求。

其他部分正在考虑中。

本部分为 GB 19212 的第 3 部分。本部分是在 GB 19212.1—2008 的基础上制定的，本部分需与 GB 19212.1—2008 配合使用。

本部分是对 GB 19212.1—2008 的相应章、条进行补充和修改，以便将 GB 19212.1—2008 的内容转化为本部分的内容。本部分针对 GB 19212.1—2008 新增加的条款从 101 开始编号。

本部分按照 GB/T 1.1—2009 给出的规则起草。

本部分代替 GB 19212.3—2006《电力变压器、电源装置和类似产品的安全　第 3 部分：控制变压器的特殊要求》，与 GB 19212.3—2006 相比，主要技术变化如下：

a)　标准名称改为《电力变压器、电源、电抗器和类似产品的安全　第 3 部分：控制变压器和内装控制变压器的电源的特殊要求和试验》；

b)　第 1 章增加了有关内装控制变压器的电源方面的内容，并规定了控制变压器和内装控制变压器的电源的额定热输出；

c)　第 2 章增加了对 GB 1094.11 的引用；

d)　第 3 章修改了术语"变压器"的适用范围；修改了额定热输出和允许瞬时输出的术语和定义；增

---

1)　本系列标准中，有些部分是在《电力变压器、电源、电抗器和类似产品的安全》标题下，有些部分是在《电源电压为 1 100 V 及以下的变压器、电抗器、电源装置和类似产品的安全》标题下，未来发布的本系列标准的标题可能还会修改。

加了额定瞬时输出电流的术语和定义;

e) 第6章增加了对内部运行频率的要求;

f) 修改了14.1的内容;

g) 修改了19.1的内容,补充了对输出电路的要求。

本部分使用翻译法等同采用IEC 61558-2-2:2007《电力变压器、电源、电抗器和类似产品的安全 第2-2部分:控制变压器和内装控制变压器的电源的特殊要求和试验》(英文版)。

与本标准中规范性引用的国际文件有一致性对应关系的我国文件如下:

GB 1094.11—2007 电力变压器 第11部分:干式变压器(IEC 60076-11:2004,MOD)。

为便于使用,本部分对IEC 61558-2-2:2007还作了下列编辑性修改:

a) "本国际标准"改为"本部分";

b) 删除IEC 61558-2-2:2007的前言。

请注意本文件的某些内容可能涉及专利。本文件的发布机构不承担识别这些专利的责任。

本部分由中国电器工业协会提出。

本部分由全国小型电力变压器、电抗器、电源装置及类似产品标准化技术委员会(SAC/TC 418)归口。

本部分起草单位:沈阳变压器研究院、中国电子技术标准化研究所、国家广播电视产品质量监督检验中心(北京泰瑞特检测技术服务有限责任公司)、信息产业部电子第五研究所质量检测中心、上海市质量监督检验技术研究院电子电器家用电器质量检验所。

本部分主要起草人:张显忠、张力立、张雅芳、何国锋、俞毅敏、张红。

本部分所代替标准的历次版本发布情况为:

——GB 19212.3—2006。

电力变压器、电源、电抗器和类似产品的安全　第3部分：控制变压器和内装控制变压器的电源的特殊要求和试验

1　范围

GB 19212.1—2008 的该章用下列内容代替：

GB 19212 的本部分规定了控制变压器和内装控制变压器的电源的安全规定，例如关于电气、温度和机械方面的安全规定。

本部分适用于控制变压器和内装控制变压器及电子线路的电源。本部分不适用于预定要与变压器和电源的输入和输出端子或输出插座连接的外部电路及其元器件。

本部分不适用于 IEC 60076-11 所包括的变压器。

本部分适用于驻立式或移动式、单相或多相、空气冷却(自冷或风冷)、独立或配套用控制变压器和内装控制变压器的电源，其额定电源电压不超过交流 1 000 V，额定电源频率和内部运行频率不超过 500 Hz。

额定热输出不超过：

——对单相控制变压器和内装控制变压器的单相电源，为 25 kVA；

——对多相控制变压器和内装控制变压器的多相电源，为 40 kVA。

如果采购方和制造方另有协议时，则本部分也适用于对额定输出不限制的控制变压器和内装控制变压器的电源。

本部分适用于干式变压器，其绕组可以是包封式或非包封式。

空载输出电压或额定输出电压不超过交流 1 000 V 或无纹波直流 1 415 V。

对独立的控制变压器和内装控制变压器的独立的电源，其空载输出电压和/或额定输出电压不低于交流 50 V 或无纹波直流 120 V。

本部分所包括的控制变压器只用于按安装规程或终端产品标准不要求电路之间采用双重绝缘或加强绝缘的场合。

注 1：通常，控制变压器和内装控制变压器的电源预定向与其一起使用的设备提供该设备因功能需要而与电源电压不同的电压。电击防护由该设备的其他部件，例如壳体来提供或完善。部分输出电路可以接到输入电路上或接地保护电路上。

本部分适用于与特定设备(其范围由有关技术委员会决定)配套的控制变压器和内装控制变压器的电源。

注 2：注意下列说明：

——对预定要用在车辆、船舶或飞机上的变压器，可能需要一些附加的要求(按其他适用标准、国家规程等)；

——避免外壳和外壳内元器件受诸如霉菌、害虫、白蚁、日辐射和结冰等外界影响的防护措施也应当考虑；

——变压器运输、储存和工作的不同条件也应当考虑；

——对预定要用于特殊环境，例如用于热带环境的变压器，可以采用符合其他适用标准和国家规程规定的附加要求。

注 3：随着今后变压器技术的发展，可能需要提高频率的上限值，而到那时之前，可以将本部分作为导则使用。

2　规范性引用文件

除下列引用文件外，GB 19212.1—2008 电力变压器、电源、电抗器和类似产品的安全　第 1 部分：

通用要求和试验(IEC 61558-1:2005,IDT)的该章适用:

该章增加下列引用文件:

IEC 60076-11 电力变压器 第11部分:干式变压器(Power transformers—Part 11:Dry-type transformers)

3 术语和定义

除下列内容外,GB 19212.1—2008 的该章适用:

该章第3段改为:

此后所用的术语“变压器”是指:如适用时,包括了控制变压器和内装控制变压器的电源。

该章增加下列内容:

3.1.101

控制变压器 control transformer

向控制线路(例如控制、信号、联锁等)提供电源的变压器。

3.5.101

额定热输出 rated thermal output

额定输出电压与额定输出电流之积,或者,对多相变压器,等于额定输出电压与在功率因数为1的连续负载运行下的额定输出电流之积的某一相应倍数值(例如,对三相变压器,其相应倍数为$\sqrt{3}$)。

如果变压器具有多个输出绕组或/和带有分接头的输出绕组时,则其额定输出是指同时供给负载的各绕组各自额定输出电压与额定输出电流之积的总和。

3.5.102

允许瞬时输出 admissible instantaneous output

额定输出电压与额定瞬时输出电流之积,或者,对多相变压器,等于额定输出电压与在功率因数为0.5时得出的额定瞬时输出电流之积的某一相应倍数值(例如对三相变压器,其相应倍数为$\sqrt{3}$)。

如果变压器具有多个输出绕组或/和带有分接头的输出绕组时,则其额定输出是指同时供给瞬时负载的各绕组各自额定输出电压与额定瞬时输出电流之积的总和。

3.5.103

额定瞬时输出电流 rated instantaneous output current

制造方对变压器规定的当功率因数为0.5时的额定输出电压和额定电源频率等特定运行条件下的输出电流。

4 一般要求

GB 19212.1—2008 的该章适用。

5 试验的一般说明

GB 19212.1—2008 的该章适用。

6 额定值

GB 19212.1—2008 的该章用下列内容代替:

6.101 额定输出电压不应超过交流1 000 V或无纹波直流1 415 V,对独立变压器,额定输出电压应超过交流 50 V 或无纹波直流 120 V。

对独立变压器，即使不准备互相连接的输出绕组串联连接时，此输出电压限值仍适用。

6.102 额定热输出不应超过：

——对单相变压器，为 25 kVA，但采购方和制造方之间另有协议时除外；

——对多相变压器，为 40 kVA，但采购方和制造方之间另有协议时除外。

6.103 额定频率和内部运行频率不应超过 500 Hz。

6.104 额定电源电压不应超过交流 1 000 V。

应通过目视检查标记来检验是否符合 6.101 至 6.104 的要求。

7 分类

GB 19212.1—2008 的该章适用。

8 标志和其他信息

除下列内容外，GB 19212.1—2008 的该章适用：

8.1c)项用下列内容代替：

变压器应标出额定热输出和允许瞬时输出的 VA 值，它们之间用短斜线隔开(如 100/300 VA)；

8.1d)项不适用。

8.1h)项用下列内容代替：

变压器应当标有 8.11 所示的图形符号之一。

8.11 该条增加下列内容：

符号或图形符号	说明或名称	标识代号
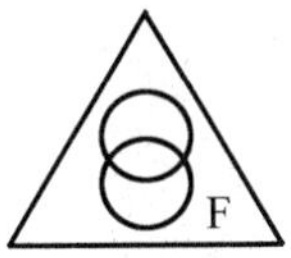	无危害式控制变压器	
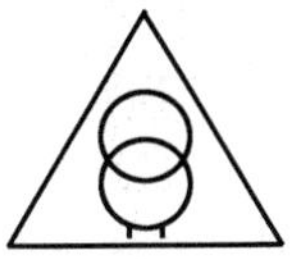	非耐短路控制变压器	
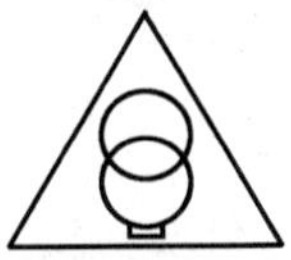	耐短路控制变压器(固有耐短路或非固有耐短路)	

该章增加下列条款：

8.101 如果变压器的电源侧带有允许调节其电源电压的分接，则这些分接头应标有与该分接头相对应的输入电压值或输入电压变化值(例如＋5 V 或－5 V)。

注：如果控制变压器带有调节电源电压的分接，则分接级首选 5%。

9 电击防护

GB 19212.1—2008 的该章适用。

10 输入电压设定值的改变

GB 19212.1—2008 的该章适用。

11 负载输出电压和输出电流

除下列内容外,GB 19212.1—2008 的该章适用。

11.1 该条用下列内容代替:

当变压器接上额定频率的额定电源电压,并用一个能在额定输出电压和额定功率因数为 1(对交流)下产生额定热输出的阻抗作负载,其输出电压值与额定输出电压值的偏差不应超过±5%。

是否满足要求,应在稳态条件下通过测量输出电压来判断。

此后,对变压器施加一个能在额定输出电压及功率因数为 0.5(感性)下产生允许瞬时输出的阻抗作为负载,立即测量输出电压,其值不应低于额定热输出时所测出电压值的 95%。

注:在允许瞬时输出下的输出电压测量应尽量在此过载施加后的 50 ms 内进行,以使变压器上的附加发热影响最小。

对有多个额定电源电压的变压器,本要求对每个额定电源电压都适用。

12 空载输出电压

除下列内容外,GB 19212.1—2008 的该章适用。

该章增加下列条款:

12.101 空载输出电压不应超过交流 1 000 V 或无纹波直流 1 415 V。

对独立变压器,此输出电压限值也适用于不准备互相连接的输出绕组呈串联连接的情况。

12.102 空载输出电压与负载输出电压之差不应过大。

按本章测得的空载输出电压与按第 11 章试验时测得的负载输出电压之差,当表示为后者的百分数时,不应超过 10%。

注:该比值定义如下:

$$\frac{U_{空载}-U_{负载}}{U_{负载}}\times 100\%$$

式中:

$U_{空载}$——空载输出电压,单位为伏(V);

$U_{负载}$——负载输出电压,单位为伏(V)。

是否满足 12.101 和 12.102 的要求,应在环境温度下将变压器接至额定频率的额定电源电压,测量空载输出电压来检查。

13 短路电压

GB 19212.1—2008 的该章适用。

14 发热

除下列内容外,GB 19212.1—2008 的该章适用:

14.1 用下述内容代替该条的第 10 段:

变压器接至额定频率的额定电源电压,并用在额定输出电压以及额定功率因数(仅对交流)下能产生额定热输出的阻抗作负载。在达到稳定状态时,测量输出电流,然后,将电源电压增加 10%,调节输出电流,使其达到此前测出的输出电流值。对独立变压器,不调节输出电流。此后,试验线路不改变。如果认为空载条件是更不利的条件,则还应在空载条件下重复本试验。

15 短路和过载保护

GB 19212.1—2008 的该章适用。

16 机械强度

GB 19212.1—2008 的该章适用。

17 防止灰尘、固体异物和潮湿有害进入的防护

GB 19212.1—2008 的该章适用。

18 绝缘电阻、介电强度和漏电流

除下列内容外,GB 19212.1—2008 的该章适用:

18.3 在表 8a 前增加下列内容:

对变压器,基本绝缘试验电压值(表 8a 中的 1)和 3))还要乘以系数 1.4。

注:因为负载的电感特性使变压器受到了冲击电压,所以基本绝缘提高了。

19 结构

除下列内容外,GB 19212.1—2008 的该章适用。

GB 19212.1—2008 的 19.1 用下列内容代替:

19.1 输入和输出电路在电气上应彼此隔离。其结构应当使这些电路之间不可能存在任何直接或间接通过其他导电零部件的连接,但有意采取时除外。

通过目视检查和测量,并考虑第 18 章和第 26 章的规定来检验是否合格。

19.1.1 输入绕组与输出绕组之间的绝缘应当至少由基本绝缘构成。

此外还要符合下列要求:

——对Ⅰ类变压器,输入绕组与壳体之间的绝缘、输出绕组与壳体之间的绝缘应由基本绝缘构成;

——对Ⅱ类变压器,输入绕组与壳体之间、输出绕组与壳体之间的绝缘应由双重绝缘或加强绝缘构成。

19.1.2 对带有不与壳体相连且位于输入绕组与输出绕组之间的中间导电部件(例如铁心)的变压器,中间导电部件与输入绕组之间的绝缘、中间导电部件与输出绕组之间的绝缘应至少由基本绝缘构成。

注:没有用至少为基本绝缘与输入绕组、输出绕组或壳体隔开的中间导电部件,可认为是与有关部件相连的。

此外还要符合下列要求:

——对Ⅰ类变压器,经过中间导电部件的输入绕组与输出绕组之间的绝缘应由基本绝缘构成;

——对Ⅱ类变压器,经过中间导电部件的输入绕组与壳体之间的绝缘、输出绕组与壳体之间的绝缘应由双重绝缘或加强绝缘构成。

该章增加下列条款:

19.101 输出电路与保护接地之间应无连接,但对配套用变压器,当相关设备标准允许时除外。

19.102 输出电路与壳体之间应无连接,但对配套用变压器,当相关设备标准允许时除外。

应通过目视检查来判断是否满足要求。

20 元器件

GB 19212.1—2008 的该章适用。

21 内部布线

GB 19212.1—2008 的该章适用。

22 电源连接和其他外部软电缆或软线

GB 19212.1—2008 的该章适用。

23 外部导线接线端子

GB 19212.1—2008 的该章适用。

24 保护接地装置

GB 19212.1—2008 的该章适用。

25 螺钉和连接

GB 19212.1—2008 的该章适用。

26 爬电距离、电气间隙和贯通绝缘距离

除下列内容外,GB 19212.1—2008 的该章适用。

26.1 用下列内容代替第1段:

爬电距离、电气间隙和贯通绝缘距离不应小于表 13 中所示的值，基本绝缘的数值(表中的 1)、3)和 5))还要乘以系数 1.4。

注 101：因为负载的电感特性使变压器受到了冲击电压，所以基本绝缘提高了。

27 耐热、耐燃和耐电痕化

GB 19212.1—2008 的该章适用。

28 防锈

GB 19212.1—2008 的该章适用。

附　　录

GB 19212.1—2008 的附录适用。

ICS 29.180
K 41

中华人民共和国国家标准

GB 19212.7—2012/IEC 61558-2-6:2009
代替 GB 19212.7—2006

电源电压为 1 100 V 及以下的变压器、电抗器、电源装置和类似产品的安全 第 7 部分:安全隔离变压器和内装安全隔离变压器的电源装置的特殊要求和试验

Safety of transformers, reactors, power supply units and similar products for supply voltages up to 1 100 V—Part 7: Particular requirements and test for safety isolating transformers and power supply units incorporating safety isolating transformers

(IEC 61558-2-6:2009, Safety of transformers, reactors, power supply units and similar products for supply voltages up to 1 100 V—Part 2-6: Particular requirements and test for safety isolating transformers and power supply units incorporating safety isolating transformers, IDT)

2012-06-29 发布　　　　2013-05-01 实施

中华人民共和国国家质量监督检验检疫总局
中国国家标准化管理委员会　发布

前　　言

GB 19212 的本部分的全部技术内容为强制性。

GB 19212《电力变压器、电源、电抗器和类似产品的安全》[1)]目前包括下列部分：

——第 1 部分：通用要求和试验；

——第 2 部分：一般用途分离变压器和内装分离变压器的电源的特殊要求和试验；

——第 3 部分：控制变压器和内装控制变压器的电源的特殊要求和试验；

——第 4 部分：燃气和燃油燃烧器点火变压器的特殊要求；

——第 5 部分：隔离变压器和内装隔离变压器的电源装置的特殊要求和试验；

——第 6 部分：剃须刀用变压器和剃须刀用电源装置的特殊要求；

——第 7 部分：安全隔离变压器和内装安全隔离变压器的电源装置的特殊要求和试验；

——第 8 部分：玩具用变压器和电源的特殊要求和试验；

——第 9 部分：电铃和电钟变压器的特殊要求；

——第 10 部分：Ⅲ类手提钨丝灯用变压器的特殊要求；

——第 13 部分：恒压变压器的特殊要求；

——第 14 部分：自耦变压器和内装自耦变压器的电源装置的特殊要求和试验；

——第 15 部分：调压器的特殊要求；

——第 16 部分：医疗场所供电用隔离变压器的特殊要求；

——第 17 部分：开关型电源装置和开关型电源装置用变压器的特殊要求和试验；

——第 20 部分：干扰衰减变压器的特殊要求；

——第 21 部分：小型电抗器的特殊要求；

——第 24 部分：建筑工地用变压器的特殊要求。

其他部分正在考虑中。

本部分为 GB 19212 的第 7 部分。本部分是在 GB 19212.1—2008 的基础上制定的，本部分需与 GB 19212.1—2008 及其第 1 号修改单配合使用。

本部分是对 GB 19212.1—2008 的相应章、条进行补充和修改，以便将 GB 19212.1—2008 的内容转化为本部分的内容。本部分针对 GB 19212.1—2008 新增加的内容从 101 开始编号。

本部分按照 GB/T 1.1—2009 给出的规则起草。

本部分代替 GB 19212.7—2006《电力变压器、电源装置和类似产品的安全　第 7 部分：一般用途安全隔离变压器的特殊要求》，与 GB 19212.7—2006 相比，主要技术变化如下：

a） 标准名称改为《电源电压为 1 100 V 及以下的变压器、电抗器、电源装置和类似产品的安全　第 7 部分：安全隔离变压器和内装安全隔离变压器的电源装置的特殊要求和试验》；

b） 第 1 章增加了有关内装安全隔离变压器的电源方面的内容；

c） 本标准将电源电压提高到 1 100 V；

d） 修改了 19.1 的内容，补充了对输出电路的要求；

e） 增加了对附录 R 的修改。

1） 本系列标准中，有些部分是在《电力变压器、电源、电抗器和类似产品的安全》标题下，有些部分是在《电源电压为 1 100 V 及以下的变压器、电抗器、电源装置和类似产品的安全》标题下，未来发布的本系列标准的标题可能还会修改。

本部分使用翻译法等同采用IEC 61558-2-6:2009《电源电压为1 100 V及以下的变压器、电抗器、电源装置和类似产品的安全　第2-6部分:安全隔离变压器和内装安全隔离变压器的电源装置的特殊要求和试验》(英文版)。

为便于使用,本部分对IEC 61558-2-6:2009还作了下列编辑性修改:

a) “本国际标准”改为“本部分”;

b) 删除IEC 61558-2-6:2009的前言。

请注意本文件的某些内容可能涉及专利。本文件的发布机构不承担识别这些专利的责任。

本部分由中国电器工业协会提出。

本部分由全国小型电力变压器、电抗器、电源装置及类似产品标准化技术委员会(SAC/TC 418)归口。

本部分起草单位:沈阳变压器研究院、中国电子技术标准化研究所、国家广播电视产品质量监督检验中心(北京泰瑞特检测技术服务有限责任公司)、工信部电子第五研究所质量检测中心、上海市质量监督检验技术研究院电子电器家用电器质量检验所。

本部分主要起草人:张显忠、罗祖蔚、张雅芳、刘群兴、俞毅敏、张力立、张红。

本部分所代替标准的历次版本发布情况为:

——GB 19212.7—2006。

电源电压为 1 100 V 及以下的变压器、电抗器、电源装置和类似产品的安全 第 7 部分:安全隔离变压器和内装安全隔离变压器的电源装置的特殊要求和试验

1 范围

GB 19212.1—2008 的该章用下列内容代替:

GB 19212 的本部分规定了一般用途安全隔离变压器和内装一般用途安全隔离变压器的电源装置的安全方面的要求。带有电子电路的变压器也包括在本部分中。

注 1:包括电气、温度和机械方面的安全。

除非另有规定,以下"变压器"包括一般用途安全隔离变压器和内装一般用途安全隔离变压器的电源装置。

注 2:对(线性)电源装置,本部分适用。对开关电源装置,IEC 61558-2-16 和本部分适用。

本部分适用于驻立式或移动式、单相或多相、空气冷却(自冷或风冷),独立用和配套用的干式变压器。其绕组可以是包封式或非包封式。

额定电源电压不超过交流 1 100 V,额定频率及内部运行频率不超过 500 Hz。

额定输出不超过:

——对单相变压器,为 10 kVA;

——对多相变压器,为 16 kVA。

如果采购方和制造方另有协议时,本部分也适用于对额定输出不限制的变压器。

注 3:本范围不包括拟用于配电网络的变压器。

空载输出电压或额定输出电压不超过交流 50 V 或无纹波直流 120 V。

本部分不适用于预定要与变压器的输入和输出端子连接的外部电路及其元器件。

本部分适用于在安装规程或设备规范中要求电路间的绝缘为双重绝缘或加强绝缘的变压器。

注 4:注意下列事项:

——对预定要用在车辆、船舶或飞机上的变压器,可能需要一些附加的要求(按其他适用标准、国家规程等);

——避免外壳和外壳内元器件受诸如霉菌、害虫、白蚁、日辐射和结冰等外界影响的防护措施也应当考虑;

——变压器运输、储存和工作的不同条件也应当考虑;

——对预定要用于特殊环境,例如用于热带环境的变压器,可以采用符合其他适用标准和国家规程规定的附加要求。

注 5:随着今后变压器技术的发展,可能需要提高频率的上限值,而到那时之前,可以将本部分作为导则使用。

2 规范性引用文件

除下列引用文件外,GB 19212.1—2008 电力变压器、电源、电抗器和类似产品的安全 第 1 部分:通用要求和试验(IEC 61558-1:2005,IDT)的该章适用。

该章增加下列引用文件:

GB 19212.1—2008/IEC 61558:2005《电力变压器、电源、电抗器和类似产品的安全　第1部分：通用要求和试验》第1号修改单(IEC 61558-1 Ed 2.0 AMENDEMENT 1,IDT)

3　术语和定义

GB 19212.1—2008的该章适用。

4　一般要求

GB 19212.1—2008的该章适用。

5　试验的一般说明

GB 19212.1—2008的该章适用。

6　额定值

除下列内容外,GB 19212.1—2008的该章适用。

该章增加下列条款:

6.101　额定输出电压不应超过交流50 V或无纹波直流120 V。

6.102　额定输出不应超过:

——对单相变压器,为10 kVA;

——对多相变压器,为16 kVA。

采购方和制造方另有协议时,额定输出可不受限制。

6.103　电源额定频率及内部运行频率不应超过500 Hz。

6.104　额定电源电压不应超过交流1 100 V。

通过目视检查标记来检验是否符合6.101～6.104的要求。

7　分类

GB 19212.1—2008的该章适用。

8　标志和其他信息

除下列内容外,GB 19212.1—2008的该章适用。

8.1　h)项的第一句话用下列内容代替:

8.11中所示的表示该种变压器的相关图形符号。

8.11　该条增加下列内容:

符号或图形符号	说明或名称	标识代号
	无危害安全隔离变压器	IEC 60417-5222
	非耐短路安全隔离变压器	IEC 60417-5946
	(固有或非固有)耐短路安全隔离变压器	IEC 60417-5947

9 电击防护

GB 19212.1—2008 的该章适用。

10 输入电压设定值的改变

GB 19212.1—2008 的该章适用。

11 负载输出电压和输出电流

GB 19212.1—2008 的该章适用。

12 空载输出电压

除下列内容外,GB 19212.1—2008 的该章适用。

该章增加下列内容:

当变压器在环境温度下接到额定频率的额定电源电压时,测量空载输出电压。

12.101 空载输出电压不应超过交流 50 V 或无纹波直流 120 V。

对独立用变压器,此输出电压限值也适用于不拟互相连接的输出绕组呈串联连接的情况。

注:串联连接的要求不适用于配套用或 IP00 变压器。

12.102 空载输出电压与负载输出电压之差不应过大。

空载输出电压与负载输出电压之差,按下式用负载输出电压的百分数表示:

$$\frac{U_{空载}-U_{负载}}{U_{负载}}\times 100\%$$

式中:

$U_{空载}$——空载输出电压,单位为伏(V);

$U_{负载}$——负载输出电压,单位为伏(V)。

是否满足 12.101 和 12.102 的要求,应在环境温度下将变压器接至额定频率的额定电源电压,测量空载输出电压来检查。

差值不应超过表 101 所列数值。

表 101 输出电压差

变压器类型 额定输出 VA	空载输出电压与负载输出电压差 %
固有耐短路变压器	
≤63	100
>63～≤630	50
>630	20
其他变压器	
≤10	100
>10～≤25	50
>25～≤63	20
>63～≤250	15
>250～≤630	10
>630	5

13 短路电压

GB 19212.1—2008 的该章适用。

14 发热

GB 19212.1—2008 的该章适用。

15 短路和过载保护

GB 19212.1—2008 的该章适用。

16 机械强度

GB 19212.1—2008 的该章适用。

17 防止灰尘、固体异物和潮湿有害进入的防护

GB 19212.1—2008 的该章适用。

18 绝缘电阻、介电强度和漏电流

GB 19212.1—2008 的该章适用。

19 结构

除下列内容外,GB 19212.1—2008 的该章适用。

GB 19212.1—2008 的 19.1 用下列内容代替:

19.1 输入和输出电路在电气上应彼此隔离。其结构应当使这些电路之间不可能存在任何直接或间接通过其他导电零部件的连接,但有意采取时除外。

通过目视检查和测量,同时考虑第 18 章和第 26 章的规定来检验是否合格。

19.1.1 除符合 19.1.3 的要求外,输入绕组与输出绕组之间的绝缘应当由双重绝缘或加强绝缘(与工作电压相对应的)构成。

此外还要符合下列要求:

——对不准备用插头连接到电网电源的Ⅰ类变压器,其输入绕组和接地的壳体间的绝缘应至少由基本绝缘(与输入电压相对应)构成。输出绕组与接地的壳体间的绝缘应至少由基本绝缘(与输出电压相对应)构成;

——对准备用插头连接到电网电源的Ⅰ类变压器,其输入绕组和壳体间的绝缘应至少由基本绝缘(与工作电压相对应)构成。输出绕组与壳体间的绝缘应至少由附加绝缘(与工作电压相对应)构成;

——对Ⅱ类变压器,其输入绕组和壳体间的绝缘应至少由双重绝缘或加强绝缘(与输入电压相对应)构成。输出绕组与壳体间的绝缘应至少由双重绝缘或加强绝缘(与输出电压相对应)构成,SELV 电路只要求基本绝缘。

19.1.2 对带有不接到壳体上且位于输入绕组和输出绕组间的中间导电部件(如铁心)的变压器,下列要求适用:

19.1.2.1 对Ⅰ类和Ⅱ类变压器,输入绕组和输出绕组间的通过中间导电部件的绝缘应由双重绝缘或加强绝缘(与工作电压相对应)构成;

——对Ⅱ类变压器,输入绕组与壳体间及输出绕组与壳体间经过中间导电部件的绝缘应由双重绝缘或加强绝缘(与输入电压及输出电压相对应)构成。对 SELV 电路,只要求基本绝缘;

——对非独立用变压器(IP00),输入绕组与输出绕组间经过中间导电部件的绝缘应由双重绝缘或加强绝缘(与工作电压相对应)构成。

19.1.2.2 作为 19.1.2.1 的替代,对不准备用插头连接的Ⅰ类变压器及非独立用变压器(IP00),如果结构上保证所有的铁心片都接地(例如通过焊接),同时在说明书或指南中清楚地说明变压器的安全取决于接地连接并且不可能用于Ⅱ类设备,则输入绕组和接地的中间导电部件间的绝缘以及输出绕组和接地的中间导电部件间的绝缘应至少由基本绝缘(与输入电压和输出电压相对应)构成。

19.1.2.3 除 19.1.2.1 和 19.1.2.2 外,中间导电部件与输入绕组间及中间导电部件与输出绕组间的绝缘应至少由基本绝缘(与输入电压和输出电压相对应)构成。不与输入绕组或输出绕组或壳体至少用基本绝缘分开的中间导电部件应认为是接到相应的部件上。

19.1.3 对不准备用插头连接到电网电源的Ⅰ类变压器,输入绕组与输出绕组间的绝缘可以用基本绝缘加上保护屏蔽来替代双重绝缘或加强绝缘,但要符合下列条件:

——输入绕组与保护屏蔽之间的绝缘应满足基本绝缘的要求(与输入电压相对应);

——输出绕组与保护屏蔽之间的绝缘应满足基本绝缘的要求(与输出电压相对应);

——除非另有规定,保护屏蔽应由金属箔片或导线卷制成,屏蔽体至少应延伸到输入绕组的总宽度,不要留有空隙或空洞;

——当保护屏蔽不能覆盖输入绕组的总宽度时,应额外地使用粘带或类似材料,以便在该处构成双重绝缘;

——如果保护屏蔽是由金属箔片制成的,则各匝间应彼此绝缘;如果只有一匝,则其绝缘搭接至少应为 3 mm;

——用导线卷制屏蔽体的导线和保护屏蔽体的引出线,其截面至少应与过载保护装置的额定电流相配合,以确保一旦绝缘发生击穿时,过载保护装置在引出线损坏前先将电路切断;

——引出线应焊接到保护屏上或用具有同样可靠的其他方式固定在保护屏上。

注:本条所指的“绕组”不包括内部电路。

绕组的结构示例见 GB 19212.1—2008 的附录 M。

19.1.4 输出电路和保护接地间应无连接。但对配套用变压器,当相关的设备标准允许时除外。

19.1.5 输出电路和壳体间应无连接,但对配套用变压器,当相关的设备标准允许时除外。

应通过目视检查来检验是否合格。

19.1.6 供外部接线用的输入和输出端子应这样布置,使得在输入和输出端子上导体接入点间的测量距离不应小于 25 mm。如果用隔板来保证此距离,则应跨过和绕过隔板进行测量,隔板应用绝缘材料制作并永久固定到变压器上。

应通过目视检查和测量来检验是否合格,不考虑中间导电部件。

该章增加下列条款:

19.101 额定输出不超过 630 VA 的移动式变压器应是Ⅱ类的。

19.102 输出电路和壳体间应无连接,但对配套用变压器,当相关的设备标准允许时除外。

19.103 对用任何类型的插头(一体的或非一体的)接到电网电源上的变压器,用基本绝缘加保护屏蔽替代是不允许的。

20 元器件

GB 19212.1—2008 的该章适用。

21 内部布线

GB 19212.1—2008 的该章适用。

22 电源连接和其他外部软电缆或软线

GB 19212.1—2008 的该章适用。

23 外部导线接线端子

GB 19212.1—2008 的该章适用。

24 保护接地装置

GB 19212.1—2008 的该章适用。

25 螺钉和连接

GB 19212.1—2008 的该章适用。

26 爬电距离、电气间隙和贯通绝缘距离

除下列内容外,GB 19212.1—2008 的该章适用:

该章增加下列条款:

26.101 工作电压高于 1 000 V 时的爬电距离、电气间隙及贯通绝缘距离可用外推法得到。

27 耐热、耐燃和耐电痕化

GB 19212.1—2008 的该章适用。

28 防锈

GB 19212.1—2008 的该章适用。

附　录

除下列附录外，GB 19212.1—2008 的附录适用：

附　录　C
爬电距离（cr），电气间隙（cl）和贯通绝缘距离（dti）
材料组别Ⅱ（400≤CTI<600）

除下列内容外，GB 19212.1—2008 的该附录适用。

附录 C 增加下列内容：

工作电压高于 1 000 V 时的爬电距离、电气间隙和贯通绝缘距离值可用外推法得到。

附　录　D
爬电距离（cr）、电气间隙（cl）和贯通绝缘距离（dti）
材料组别Ⅰ（CTI≥600）

除下列内容外，GB 19212.1—2008 的该附录适用。

附录 D 增加下列内容：

工作电压高于 1 000 V 时的爬电距离、电气间隙和贯通绝缘距离值可用外推法得到。

附　录　R
IEC 60664-1:2007 中 4.2 的应用说明
（见 GB 19212.1 中 26.2）

除下列内容外，GB 19212.1—2008 的该附录适用。

附录 R 增加下列内容：

工作电压高于 1 000 V 时的值可用外推法得到。

参 考 文 献

[1] IEC 61558-2-16 Safety of transformers, reactors, power supply units and similar products for supply voltages up to 1 100 V—Part 2-16:Particular requirements and tests for switch mode power supply units and transformers for switch mode power supply units[2].

2) 待发布。

ICS 29.180
K 41

中华人民共和国国家标准

GB 19212.8—2012/IEC 61558-2-7:2007
代替 GB 19212.8—2006

电力变压器、电源、电抗器和类似产品的安全　第8部分：玩具用变压器和电源的特殊要求和试验

Safety of power transformers, power supplies, reactors and similar products—Part 8: Particular requirements and tests for transformers and power supplies for toys

(IEC 61558-2-7:2007, Safety of power transformers, power supplies, reactors and similar products—Part 2-7: Particular requirements and tests for transformers and power supplies for toys, IDT)

2012-06-29 发布　　2013-05-01 实施

中华人民共和国国家质量监督检验检疫总局
中国国家标准化管理委员会　发布

前　　言

GB 19212 的本部分的全部技术内容为强制性。

GB 19212《电力变压器、电源、电抗器和类似产品的安全》[1)] 目前包括下列部分：

——第 1 部分：通用要求和试验；

——第 2 部分：一般用途分离变压器和内装分离变压器的电源的特殊要求和试验；

——第 3 部分：控制变压器和内装控制变压器的电源的特殊要求和试验；

——第 4 部分：燃气和燃油燃烧器点火变压器的特殊要求；

——第 5 部分：隔离变压器和内装隔离变压器的电源装置的特殊要求和试验；

——第 6 部分：剃须刀用变压器和剃须刀用电源装置的特殊要求；

——第 7 部分：安全隔离变压器和内装安全隔离变压器的电源装置的特殊要求和试验；

——第 8 部分：玩具用变压器和电源的特殊要求和试验；

——第 9 部分：电铃和电钟变压器的特殊要求；

——第 10 部分：Ⅲ类手提钨丝灯用变压器的特殊要求；

——第 13 部分：恒压变压器的特殊要求；

——第 14 部分：自耦变压器和内装自耦变压器的电源装置的特殊要求和试验；

——第 15 部分：调压器的特殊要求；

——第 16 部分：医疗场所供电用隔离变压器的特殊要求；

——第 17 部分：开关型电源装置和开关型电源装置用变压器的特殊要求和试验；

——第 20 部分：干扰衰减变压器的特殊要求；

——第 21 部分：小型电抗器的特殊要求；

——第 24 部分：建筑工地用变压器的特殊要求。

其他部分正在考虑中。

本部分为 GB 19212 的第 8 部分。本部分是在 GB 19212.1—2008 的基础上制定的，本部分需与 GB 19212.1—2008 配合使用。

本部分是对 GB 19212.1—2008 的相应章、条进行补充和修改，以便将 GB 19212.1—2008 的内容转化为本部分的内容。本部分针对 GB 19212.1—2008 新增加的条款从 101 开始编号。

本部分按照 GB/T 1.1—2009 给出的规则起草。

本部分代替 GB 19212.8—2006《电力变压器、电源装置和类似产品的安全　第 8 部分：玩具用变压器的特殊要求》，与 GB 19212.8—2006 相比，主要技术变化如下：

a)　标准名称改为《电力变压器、电源、电抗器和类似产品的安全　第 8 部分：玩具用变压器和电源的特殊要求和试验》；

b)　第 1 章增加了有关内装玩具用变压器的电源方面的内容，并规定了玩具用电源的额定输出电压；

c)　第 2 章增加了对 IEC 60227-1 和 IEC 60245-1 标准的引用；

d)　第 3 章修改了术语"变压器"的适用范围；修改了玩具用变压器的术语和定义；增加了玩具用电源的术语和定义；

---

1)　本系列标准中，有些部分是在《电力变压器、电源、电抗器和类似产品的安全》标题下，有些部分是在《电源电压为 1 100 V 及以下的变压器、电抗器、电源装置和类似产品的安全》标题下，未来发布的本系列标准的标题可能还会修改。

e) 第6章增加了对额定电源频率的要求;

f) 修改了8.11的内容,补充了对“符号或图形符号”的“说明或名称”及“标识代号”;增加了对父母们的提示的内容;

g) 修改了12.102的内容,补充了比值计算公式;

h) 修改了第14章的内容;

i) 修改并补充了第19章的内容。

本部分使用翻译法等同采用IEC 61558-2-7:2007《电力变压器、电源、电抗器和类似产品的安全 第2-7部分:玩具用变压器和电源的特殊要求和试验》(英文版)。

与本标准中规范性引用的国际文件有一致性对应关系的我国文件如下:

——GB/T 5023.1—2008 额定电压450/750 V及以下聚氯乙烯绝缘电缆 第1部分:一般要求(IEC 60227-1:2007,IDT);

——GB/T 5013.1—2008 额定电压为450/750 V及以下的橡皮绝缘电缆 第1部分:一般要求(IEC 60245-1:2003,IDT)。

为便于使用,本部分对IEC 61558-2-7:2007还作了下列编辑性修改:

a) “本国际标准”改为“本部分”;

b) 删除IEC 61558-2-7:2007的前言。

请注意本文件的某些内容可能涉及专利。本文件的发布机构不承担识别这些专利的责任。

本部分由中国电器工业协会提出。

本部分由全国小型电力变压器、电抗器、电源装置及类似产品标准化技术委员会(SAC/TC 418)归口。

本部分起草单位:沈阳变压器研究院、中国电子技术标准化研究所、工信部电子第五研究所质量检测中心、上海市质量监督检验技术研究院电子电器家用电器质量检验所。

本部分主要起草人:张显忠、罗祖蔚、张力立、何国锋、俞毅敏、张红。

本部分所代替标准的历次版本发布情况为:

——GB 19212.8—2006。

电力变压器、电源、电抗器和类似产品的安全　第8部分：玩具用变压器和电源的特殊要求和试验

1　范围

GB 19212.1—2008 的该章用下列内容代替：

GB 19212 的本部分规定了玩具用变压器和电源的安全规定，例如关于电气、温度和机械方面的安全规定。

本部分适用于玩具用变压器和内装玩具用变压器及电子线路的电源。本部分不适用于预定要与变压器和电源的输入和输出端子或输出插座连接的外部电路及其元器件。

本部分适用于驻立式或移动式、单相、空气冷却(自冷或风冷)玩具用变压器和内装玩具用变压器的电源，其额定电源电压不超过交流 250 V，额定电源频率和内部运行频率不超过 500 Hz，额定输出不超过 200 VA，额定输出电流不超过 10 A。

本部分适用于独立变压器和特殊用途变压器。

本部分适用于干式玩具用变压器，其绕组可以是包封式或非包封式。

对玩具用变压器和内装玩具用变压器的电源，其空载输出电压不超过交流 33 V，或者，对内装玩具用变压器的电源，其空载输出电压不超过无纹波直流 46 V。对玩具用变压器和电源，其额定输出电压不超过交流 24 V，或者，对玩具用电源，其额定输出电压不超过无纹波直流 33 V。

本部分通常不考虑儿童摆弄玩具用变压器和内装玩具用变压器的电源时的专门安全问题。

注 1：注意下列说明：

——对预定要用在车辆、船舶或飞机上的变压器，可能需要一些附加的要求(按其他适用标准、国家规程等)；

——避免外壳和外壳内元器件受诸如霉菌、害虫、白蚁、日辐射和结冰等外界影响的防护措施也应当考虑；

——变压器运输、储存和工作的不同条件也应当考虑；

——对预定要用于特殊环境，例如用于热带环境的变压器，可以采用符合其他适用标准和国家规程规定的附加要求。

注 2：随着今后变压器技术的发展，可能需要提高频率的上限值，而到那时之前，可以将本部分作为导则使用。

2　规范性引用文件

除下列引用文件外，GB 19212.1 的该章适用。

该章增加下列引用文件：

IEC 60227-1　额定电压为 450/750 V 及以下的聚氯乙烯绝缘电缆　第 1 部分：一般要求(Polyvinyl chloride insulated cables of rated voltages up to and including 450/750 V—Part 1:General requirements)

IEC 60245-1　额定电压为 450/750 V 及以下的橡皮绝缘电缆　第 1 部分：一般要求(Rubber insulated cables—Rated voltages up to and including 450/750 V—Part 1:General requirements)

3　术语和定义

除下列内容外，GB 19212.1—2008 电力变压器、电源、电抗器和类似产品的安全　第 1 部分：通用

要求和试验(IEC 61558-1:2005,IDT)的该章适用。

该章第3段改为:

此后所用的术语“变压器”是指:如适用时,包括了玩具用变压器和内装玩具用变压器的电源。

该章增加下列内容:

3.1.101

玩具用变压器　transformers for toys

设计成向玩具供电、但不固定在玩具上或不装入玩具内、额定输出电压不超过交流24 V的独立安全隔离变压器。

3.1.102

玩具用电源　power supplies for toys

不固定在玩具上或不装入玩具内、额定输出电压不超过交流24 V或无纹波直流33 V的内装玩具用变压器的电源。

4 一般要求

GB 19212.1—2008的该章适用。

5 试验的一般说明

GB 19212.1—2008的该章适用。

6 额定值

GB 19212.1的该章用下列内容代替:

6.101 对变压器和电源,额定输出电压不应超过交流24 V,对电源,额定输出电压不应超过无纹波直流33 V。

6.102 额定输出不应超过200 VA。

6.103 额定电源频率不应超过500 Hz。

6.104 只有一个额定电源电压,它不应超过交流250 V。

6.105 额定输出电流不应超过10 A。

应通过目视检查标记来检验是否符合6.101～6.104的要求。

7 分类

除下列规定外,GB 19212.1—2008的该章适用。

7.1 该条用下列内容代替。

按电击防护分类:

——变压器应是Ⅱ类结构。

7.2 该条用下列内容代替。

按短路保护或非正常条件保护分类:

——固有耐短路变压器;

——非固有耐短路变压器;

——无危害式变压器。

7.4 该条用下列内容代替。

按移动方式分类：

——移动式变压器；

——驻立式变压器。

7.5 该条用下列内容代替。

按工作方式分类：

——连续工作。

8 标志和其他信息

除下列内容外，GB 19212.1—2008 的该章适用：

8.1h)项增加下列内容：

变压器应当标有 8.11 所示的图形符号之一。

8.1n)项作如下修改：

户外用变压器应当标有相应的 IP 代码。

8.11 该条增加下列内容：

符号或图形符号	说明或名称	标识代号
	玩具用变压器（固有耐短路变压器、非固有耐短路变压器或无危害式变压器）	IEC 60417-5219(2002-10)

该章增加下列内容：

8.101 使用说明应包括下列内容或与其相当的内容：

对父母们的提示：“玩具用变压器和电源不是当作玩具用的，因此，小孩应在父母充分监管下使用这些产品”。

9 电击防护

除下列内容外，GB 19212.1—2008 的该章适用：

9.1.2 该条作如下修改：

用图 101 所示的小试验指代替图 2 所示的标准试验指。

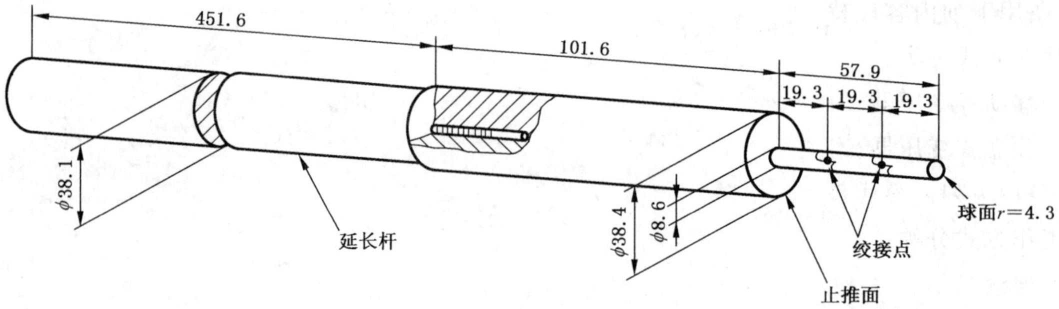

说明：

材料：金属；

尺寸单位：mm；

尺寸偏差：±0.125 mm；

两个绞接点应允许能在同一平面内和同一方向上在90°范围内转动，偏差为0°～+10°。

图 101 小试验指

该条增加下列内容：

输入电路的带电零部件或仅用基本绝缘与带电零部件隔离的金属零件应当是不可触及的，甚至对借助工具能打开的盖子在打开后也应当如此。

10 输入电压设定值的改变

除下列内容外，GB 19212.1—2008 的该章适用：

该章用下列内容代替：

变压器应只有一个额定电源电压或一个额定电源电压范围。

应通过目视检查来确定是否满足要求。

11 负载输出电压和输出电流

除下列内容外，GB 19212.1—2008 的该章适用：

11.1 该条用下列内容代替：

当变压器接上额定频率的额定电源电压，并用一个能在额定输出电压和额定功率因数（对交流）下产生额定输出的阻抗作负载，其输出电压值与额定输出电压值的偏差，对交流不应超过10%，或者，对直流不应超过15%。

本要求对所有输出绕组及其分接头都适用。

12 空载输出电压

除下列内容外，GB 19212.1—2008 的该章适用。

该章增加下列条款：

12.101 空载输出电压不应超过交流1 000 V或无纹波直流1 415 V。

对独立变压器，此输出电压限值也适用于不准备互相连接的输出绕组串联连接的情况。

12.102 空载输出电压与负载输出电压之差不应过大。

是否满足12.101和12.102的要求，应在环境温度下将变压器接至额定频率的额定电源电压，测量空载输出电压来检查。

按本章测得的空载输出电压与按第11章试验时测得的负载输出电压之差，当表示为后者的百分数时，不应超过10%。

注：该比值定义如下：

$$\frac{U_{空载}-U_{负载}}{U_{负载}}\times 100\%$$

式中：

$U_{空载}$——空载输出电压，单位为伏(V)；

$U_{负载}$——负载输出电压，单位为伏(V)。

13 短路电压

GB 19212.1—2008 的该章不适用。

14 发热

除下列内容外，GB 19212.1—2008 的该章适用：

表1作如下修改：

用下列内容代替表1中关于外部外壳的全部要求：

零部件	温度/℃
外部外壳(用图101所示的小试验指能触及到的)、手柄和类似零部件，如果是：	
• 由金属制成；	50
• 由其他材料制成。	60
外部外壳(用图101所示的小试验指不能触及到的)。	85

15 短路和过载保护

除下列内容外，GB 19212.1—2008 的该章适用：

15.1 该条增加下列内容：

变压器应为耐短路或无危害式结构。耐短路变压器应能承受住正常使用时可能出现的过载。变压器不应装有熔断器。

如果短路输出电流超过20 A，则应装有非自复位式过载保护装置。

如果使用了非自复位式过载保护装置，则它应装在输入电路中。

表3作如下修改：

用下列内容代替表3中关于外部外壳的要求：

零部件	最高温度/℃
外部外壳(用图101所示的小试验指能触及到的)：	
• 由金属制成；	50
• 由其他材料制成。	60

该章增加下列条款：

15.3.101 短路电流超过20 A的变压器输入电路，应在冷态条件(即在公认的室温)下接到额定电源电压，且每次应使一个输出电路或输出绕组短路，其余输出电路或输出绕组开路。

在有多个输出电流时，仅应在短路电流超过 20 A 的输出电路上短路。

过载保护装置应在 1 s 内动作。

15.5.2 用下列内容代替第 1 个破折号后的内容：

——用图 101 所示的小试验指能触及到的无危害式变压器外壳的任何部位处的温度均不应超过：

- 如果由金属制成，则为 50 ℃；
- 如果由其他材料制成，则为 60 ℃。

16 机械强度

除下列内容外，GB 19212.1—2008 的该章适用：

16.1 用下列内容代替该条的第 2 段：

是否满足要求，对驻立式变压器，应通过 16.2 的试验来检验；对移动式变压器，按适用的情况，应通过 16.2、16.3、16.4 和 16.101 的试验来检验。

该章增加下列内容：

16.101 此外，变压器还要承受下述试验：

按图 102 所示，将变压器正对着安装在砖、石头、混凝土或类似材料砌成的实心墙壁上的钢条进行跌落撞击试验。

单位为毫米

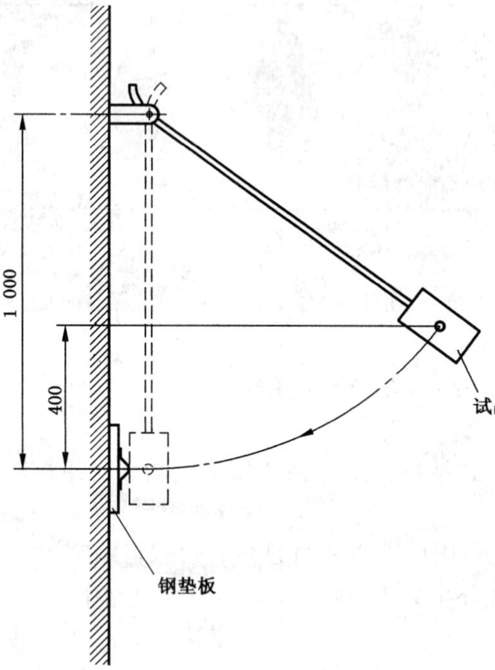

图 102 变压器撞击试验布置

钢条是一根 40 mm×40 mm×5 mm 等边角钢，其尖角的倒角半径为 5 mm。钢条安装在墙壁上，或者，如果有必要，安装在固定于墙壁上的钢垫板上。

变压器用软电缆或软电线悬吊起来，使其静止时正对钢条的直角。悬吊支点处于钢条上方 1 m 处。将变压器沿垂直于墙体的平面拉离钢条，直至升到 40 cm 处停止。

令变压器对着钢条进行跌落。对外形为立方体或平行平面体的变压器，变压器的六个面各撞击一次；对其他外形的变压器，同样使每个外露面各撞击一次。

如果由于变压器形状的原因，当不装有钢垫板时，变压器撞击不到钢条，则此时，才需要安装此钢垫板。

此外，也允许变压器从 40 cm 高度自由跌落到置于平坦水泥支承面上的厚度至少为 5 mm 的钢板上。

如正常使用时那样装好变压器电缆线进行 10 次跌落试验，每次跌落时变压器的方位不同。

试验后，变压器不应出现本部分意义范围内的损坏，特别是变压器的带电部件不能变为可触及的部件。

17 防止灰尘、固体异物和潮湿有害进入的防护

GB 19212.1—2008 的该章适用。

18 绝缘电阻、介电强度和漏电流

GB 19212.1—2008 的该章适用。

19 结构

除下列内容外，GB 19212.1—2008 的该章适用。

GB 19212.1—2008 的 19.1 用下列内容代替：

19.1 输入和输出电路在电气上应彼此隔离。其结构应当使这些电路之间不可能存在任何直接或间接通过其他导电零部件的连接，但有意采取时除外。

通过目视检查和测量，并考虑第 18 章和第 26 章的规定来检验是否合格。

19.1.1 输入绕组与输出绕组之间的绝缘应当至少由双重绝缘或加强绝缘构成。另外，输入绕组与壳体之间的绝缘、输出绕组与壳体之间的绝缘应由双重绝缘或加强绝缘构成。

19.1.2 对带有不与壳体相连且位于输入绕组与输出绕组之间的中间导电部件(例如铁心)的变压器，中间导电部件与输入绕组之间的绝缘、中间导电部件与输出绕组之间的绝缘应至少由基本绝缘构成。

注：没有用至少为基本绝缘与输入绕组、输出绕组或壳体隔开的中间导电部件，可认为是与有关部件相连的。

此外，经过中间导电部件的输入绕组与输出绕组之间的绝缘应由双重绝缘或加强绝缘构成；经过中间导电部件的输入绕组与壳体之间的绝缘、输出绕组与壳体之间的绝缘应由双重绝缘或加强绝缘构成。

19.16 该条增加下列内容：

变压器除了输出端子外，应符合外壳防护等级 IP4X 或更高等级的要求。

户外用变压器应具有 IP65/IP67 或更高等级。

是否满足要求，应通过第 17 章的试验来判断。

该章增加下列条款：

19.101 输出电路与保护接地之间应无连接。

19.102 输出电路与壳体之间应无连接。

应通过目视检查来判断是否满足要求。

19.103 供外部接线用的输入和输出端子应布置成使得在输入和输出端子上导体接入点间的测量距离不应小于 25 mm。如果用隔板来保证此距离，则应跨过和绕过隔板进行测量，隔板应用绝缘材料制作并永久固定到变压器上。

是否符合要求应通过目视检查和测量来确认，不考虑中间导电部件。

19.107 变压器应是Ⅱ类变压器。

19.108 变压器不应固定在玩具上或装于玩具内。

应通过目视检查来判断是否满足要求。

19.111 输出电路中有交流端子的变压器应这样设计：

——当两台或多台变压器的输出电路连接在一起时，和

——当至少有一台变压器的输入电路接到电网电源时，和

——当至少有一台变压器的输入电路不接到电网电源时，

则不接到电网电源的变压器的裸插销之间的电压不应超过交流 33 V。

是否满足要求，应在输出电路接到额定输出电压时，通过测量裸插销之间的电压来判断。

20 元器件

除下列内容外，GB 19212.1—2008 的该章适用：

20.4 该条增加下列内容：

变压器不应装有接到软电缆或软线的开关。

20.5 该条增加下列内容：

能插入变压器输出电路中的插座的插头的插销与符合 IEC 60320 电器耦合器中的连接器不能有永久性的连接。

应通过目视检查来判断是否满足要求。

20.7.1 该条作如下修改：

对非自复位热切断器和非自复位过载保护装置，其操作循环数从 300 次增加到 1 000 次。

该章增加下列条款：

20.101 非自复位热切断器和非自复位过载保护装置应在不去掉盖子的情况下能进行复位。

是否满足要求，应通过将输出端子短路并将变压器接到额定电源，直到该装置动作为止来判断。如果有多组输出端子，则每组应分别进行试验。

应不能通过复位机构的操作使热切断器或过载保护装置处于“通”位。

短路消除后，应能在不去掉盖子的情况下使过载保护装置处于“通”位。必要时，应在冷却后（使过载保护装置处于“通”位）。

20.102 控制装置（如果有）应装在输出电路中且应可靠操作。

是否满足要求，应通过目视检查和下述试验来判断：

控制装置运行 5 000 次。试验时，变压器接至功率因数为 1 的额定输出电流的负载，令控制装置以约 30 次/min 的均匀速率进行操作（每一次是指由操作范围的一端至另一端的全过程）。试验中，不能发生电流中断。试验后，变压器绕组的温度不应超过 14.2 规定的值，且空载输入电流不应因为输出电路绕组匝间短路的出现而发生改变。

20.103 如果控制装置装有操作机构，则它不应固定在变压器上，但轨道玩具用变压器除外。

21 内部布线

GB 19212.1—2008 的该章适用。

22 电源连接和其他外部软电缆或软线

除下列内容外，GB 19212.1—2008 的该章适用：

22.5 该条作如下修改：

防护等级为 IP4X 的变压器，其电源软线不应轻于普通强度橡套软线（IEC 60245-1 中的标准代码为 60245 IEC 53）或不应轻于普通聚氯乙烯护套软线（IEC 60227-1 中的标准代码为 60227 IEC 53）。

防护等级为 IP67 的变压器，其电源软线不应轻于普通氯丁橡套软线（IEC 60245-1 中的标准代码为 60245 IEC 57）。

22.6 该条用下列内容代替：

变压器输入电路中不允许装有器具耦合器。

22.7 该条作如下修改：

对去掉电缆或电线后质量超过 500 g 的变压器，其电缆或电线的截面积应至少为 1 mm^2。

22.9 该条作如下修改：

电源线可以用 Y 型和 Z 型连接接到变压器上。不允许用 X 型连接。

23 外部导线接线端子

GB 19212.1—2008 的该章适用。

24 保护接地装置

GB 19212.1—2008 的该章适用。

25 螺钉和连接

GB 19212.1—2008 的该章适用。

26 爬电距离、电气间隙和贯通绝缘距离

GB 19212.1—2008 的该章适用。

27 耐热、耐燃和耐电痕化

GB 19212.1—2008 的该章适用。

28 防锈

GB 19212.1—2008 的该章适用。

附　　录

GB 19212.1—2008 的附录适用。

ICS 29.180
K 41

中华人民共和国国家标准

GB 19212.14—2012/IEC 61558-2-13:2009
代替 GB 19212.14—2007

电源电压为 1 100 V 及以下的变压器、电抗器、电源装置和类似产品的安全 第 14 部分:自耦变压器和内装自耦变压器的电源装置的特殊要求和试验

Safety of transformers, reactors, power supply units and similar products for supply voltages up to 1 100 V—Part 14: Particular requirements and tests for auto transformers and power supply units incorporating auto transformers

(IEC 61558-2-13:2009, Safety of transformers, reactors, power supply units and similar products for supply voltages up to 1 100 V—Part 2-13: Particular requirements and tests for auto transformers and power supply units incorporating auto transformers, IDT)

2012-06-29 发布　　　　2013-05-01 实施

中华人民共和国国家质量监督检验检疫总局
中国国家标准化管理委员会　发布

前　　言

GB 19212 的本部分的全部技术内容为强制性。

GB 19212《电力变压器、电源、电抗器和类似产品的安全》[1)]目前包括下列部分：

——第 1 部分：通用要求和试验；

——第 2 部分：一般用途分离变压器和内装分离变压器的电源的特殊要求和试验；

——第 3 部分：控制变压器和内装控制变压器的电源的特殊要求和试验；

——第 4 部分：燃气和燃油燃烧器点火变压器的特殊要求；

——第 5 部分：隔离变压器和内装隔离变压器的电源装置的特殊要求和试验；

——第 6 部分：剃须刀用变压器和剃须刀用电源装置的特殊要求；

——第 7 部分：安全隔离变压器和内装安全隔离变压器的电源装置的特殊要求和试验；

——第 8 部分：玩具用变压器和电源的特殊要求和试验；

——第 9 部分：电铃和电钟变压器的特殊要求；

——第 10 部分：Ⅲ类手提钨丝灯用变压器的特殊要求；

——第 13 部分：恒压变压器的特殊要求；

——第 14 部分：自耦变压器和内装自耦变压器的电源装置的特殊要求和试验；

——第 15 部分：调压器的特殊要求；

——第 16 部分：医疗场所供电用隔离变压器的特殊要求；

——第 17 部分：开关型电源装置和开关型电源装置用变压器的特殊要求和试验；

——第 20 部分：干扰衰减变压器的特殊要求；

——第 21 部分：小型电抗器的特殊要求；

——第 24 部分：建筑工地用变压器的特殊要求。

其他部分正在考虑中。

本部分为 GB 19212 的第 14 部分。本部分是在 GB 19212.1—2008 的基础上制定的，本部分需与 GB 19212.1—2008 及其第 1 号修改单配合使用。

本部分是对 GB 19212.1—2008 的相应章、条进行补充和修改，以便将 GB 19212.1—2008 的内容转化为本部分的内容。本部分针对 GB 19212.1—2008 新增加的内容从 101 开始编号。

本部分按照 GB/T 1.1—2009 给出的规则起草。

本部分代替 GB 19212.14—2007《电力变压器、电源装置和类似产品的安全　第 14 部分：一般用途自耦变压器的特殊要求》，与 GB 19212.14—2007 相比，主要技术变化如下：

a)　标准名称改为《电源电压为 1 100 V 及以下的变压器、电抗器、电源装置和类似产品的安全　第 14 部分：自耦变压器和内装自耦变压器的电源装置的特殊要求和试验》；

b)　第 1 章增加了有关内装自耦变压器的电源方面的内容；

c)　本标准将电源电压提高到 1 100 V；

d)　修改了 19.1 的内容；

e)　增加了对附录 R 的修改。

---

1)　本系列标准中，有些部分是在《电力变压器、电源、电抗器和类似产品的安全》标题下，有些部分是在《电源电压为 1 100 V 及以下的变压器、电抗器、电源装置和类似产品的安全》标题下，未来发布的本系列标准的标题可能还会修改。

本部分使用翻译法等同采用IEC 61558-2-13:2009《电源电压为1 100 V及以下的变压器、电抗器、电源装置和类似产品的安全　第2-13部分:自耦变压器和内装自耦变压器的电源装置的特殊要求和试验》(英文版)。

为便于使用,本部分对IEC 61558-2-13:2009还作了下列编辑性修改:

a) “本国际标准”改为“本部分”;

b) 删除IEC 61558-2-13:2009的前言。

请注意本文件的某些内容可能涉及专利。本文件的发布机构不承担识别这些专利的责任。

本部分由中国电器工业协会提出。

本部分由全国小型电力变压器、电抗器、电源装置及类似产品标准化技术委员会(SAC/TC 418)归口。

本部分起草单位:沈阳变压器研究院、中国电子技术标准化研究所、国家广播电视产品质量监督检验中心(北京泰瑞特检测技术服务有限责任公司)、工信部电子第五研究所质量检测中心、上海市质量监督检验技术研究院电子电器家用电器质量检验所。

本部分主要起草人:张显忠、罗祖蔚、张雅芳、刘群兴、俞毅敏、张力立、张红。

本部分所代替标准的历次版本发布情况为:

——GB 19212.14—2007。

电源电压为 1 100 V 及以下的变压器、电抗器、电源装置和类似产品的安全 第 14 部分:自耦变压器和内装自耦变压器的电源装置的特殊要求和试验

1 范围

GB 19212.1—2008 的该章用下列内容代替:

本部分规定了一般用途自耦变压器和内装一般用途自耦变压器的电源装置的安全方面的要求。带有电子电路的变压器也包括在本部分中。

注 1:包括电气、温度和机械方面的安全。

除非另有规定,以下“变压器”包括一般用途自耦变压器和内装一般用途自耦变压器的电源装置。

注 2:对(线性)电源装置,本部分适用。对开关电源装置,IEC 61558-2-16 和本部分适用。

本部分适用于驻立式或移动式、单相或多相、空气冷却(自冷却或风冷)独立用和配套用的干式变压器。绕组可以是包封式的或非包封式的。

额定电源电压不超过交流 1 100 V,额定频率及内部运行频率不超过 500 Hz。

铁心容量不超过:

——对单相变压器,为 2 kVA;

——对多相变压器,为 10 kVA。

额定输出不超过:

——对单相变压器,为 40 kVA;

——对多相变压器,为 200 kVA。

如果采购方和制造方另有协议时,本部分也适用于对铁心容量和额定输出不限制的变压器。

如果适用时,空载输出电压或额定输出电压不超过交流 1 000 V 或无纹波直流 1 415 V,且对独立用变压器,空载输出电压及额定输出电压应超过交流 50 V 或无纹波直流 120 V。

本部分不适用于预定要与变压器的输入和输出端子连接的外部电路及其元器件。

本部分包括的变压器只适用于安装规程或最终产品标准要求电路间不绝缘的场合。

注 3:注意下列说明:

——对预定要用在车辆、船舶或飞机上的变压器,可能需要一些附加的要求(按其他适用标准、国家规程等);

——避免外壳和外壳内元器件受诸如霉菌、害虫、白蚁、日辐射和结冰等外界影响的防护措施也应当考虑;

——变压器运输、储存和工作的不同条件也应当考虑;

——对预定要用于特殊环境,例如用于热带环境的变压器,可以采用符合其他适用标准和国家规程规定的附加要求。

注 4:随着今后变压器技术的发展,可能需要提高频率的上限值,而到那时之前,可以将本部分作为导则使用。

2 规范性引用文件

除下列引用文件外,GB 19212.1—2008 电力变压器、电源、电抗器和类似产品的安全　第 1 部分:通用要求和试验(IEC 61558-1:2005,IDT)的该章适用。

该章增加下列引用文件:

GB 19212.1—2008/IEC 61558:2005《电力变压器、电源、电抗器和类似产品的安全 第1部分:通用要求和试验》第1号修改单(IEC 61558-1 Ed 2.0 AMENDEMENT 1,IDT)

3 术语和定义

除下列内容外,GB 19212.1—2008 的该章适用:

删除第三段。

3.7.22 的注 2 不适用。

该章增加下列内容:

3.1.101

自耦变压器 auto-transformer

输入和输出绕组有公共部分的变压器。

注 1:自耦变压器可以具有用于调节目的的辅助绕组(见图 101)或分接(见图 102)。

注 2:如果变压器各绕组间至少用功能绝缘隔开且又有电气连接,则可以认为是自耦变压器(见图 103)。

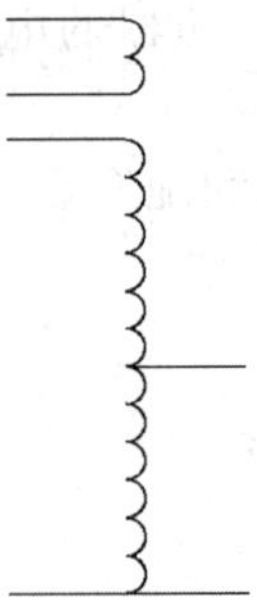

图 101 绕组

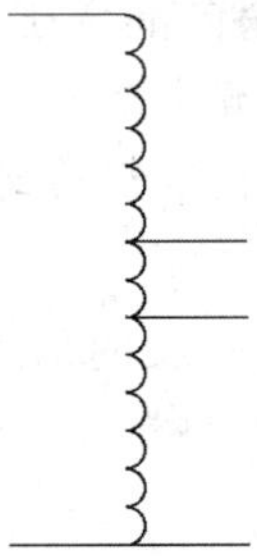

图 102 分接

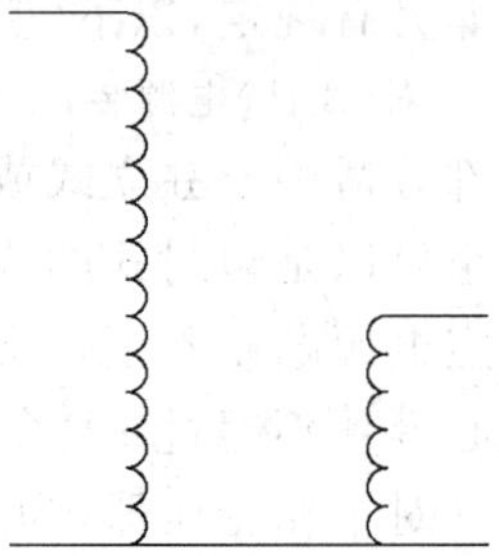

图 103 用功能绝缘隔开的绕组

3.5.101

铁心容量 core power

在相同的电源电压、输出电压、频率、功率因数和热特性下,如果自耦变压器的铁心用于独立绕组变压器时,该铁心能够传递的功率。

4 一般要求

GB 19212.1—2008 的该章适用。

5 试验的一般说明

GB 19212.1—2008 的该章适用。

6 额定值

GB 19212.1—2008 的该章用下列内容代替:

6.101 额定输出电压不应超过交流 1 000 V 或无纹波直流 1 415 V。对独立用变压器,额定输出电压应超过交流 50 V 或无纹波直流 120 V。

6.102　额定输出不应超过：

——对单相变压器，为 40 kVA；

——对多相变压器，为 200 kVA。

采购方和制造方另有协议时，额定输出可不受限制。

6.103　额定电源频率及内部运行频率不应超过 500 Hz。

6.104　额定电源电压不应超过交流 1 100 V。

6.105　铁心容量不应超过：

——对单相变压器，为 2 kVA；

——对多相变压器，为 10 kVA。

采购方和制造方另有协议时，铁心容量可不受限制。

铁心容量和额定输出间的关系用下式表达：

$$P_c = \frac{V_{max} - V_{min}}{V_{max}} \times P_r$$

式中：

P_c ——铁心容量，单位为伏安(VA)；

P_r ——额定输出，单位为伏安(VA)；

V_{max} 和 V_{min} ——额定电源电压或额定输出电压的最大值和最小值。

注：在此情况下，铁心容量限值适用于额定输出。

本公式不适用于有电气连接的独立绕组的自耦变压器(见图 103)。在这种情况下，变压器的铁心容量等于额定输出。

通过目视检查标记来检验是否符合 6.101～6.105 的要求。

7　分类

GB 19212.1—2008 的该章适用。

8　标志和其他信息

除下列内容外，GB 19212.1—2008 的该章适用。

8.1　h)项用下列内容代替：

变压器应标有 8.11 中所示的表示该种变压器的相关图形符号。

8.11　该条增加下列内容：

符号或图形符号	说明或名称	标识代号
 或 	无危害式自耦变压器	IEC 60417-5941
 或 	非耐短路自耦变压器	IEC 60417-5942

表（续）

符号或图形符号	说明或名称	标识代号
 或 	（固有或非固有）耐短路自耦变压器	IEC 60417-5943

该章增加下列条款：

8.101　如果有星接端子，应标出星接端子的最大电流。

9　电击防护

GB 19212.1—2008 的该章适用。

10　输入电压设定值的改变

GB 19212.1—2008 的该章适用。

11　负载输出电压和输出电流

GB 19212.1—2008 的该章适用。

12　空载输出电压

除下列内容外，GB 19212.1—2008 的该章适用。

该章增加下列内容：

当变压器在环境温度下接到额定频率的额定电源电压时，测量空载输出电压。

12.101　对独立用变压器，空载输出电压应超过交流 50 V 或无纹波直流 120 V。但不应超过交流 1 000 V 或无纹波直流 1 415 V。

对独立用变压器，此输出电压限值也适用于不拟互相连接的输出绕组呈串联连接的情况。

注：由于调节上的原因，自耦变压器可以有一个以上的输出绕组。

12.102　空载输出电压与负载输出电压之差不应过大。

空载输出电压与负载输出电压之差，按下式用后者的百分数表示：

$$\frac{U_{空载}-U_{负载}}{U_{负载}}\times 100\%$$

式中：

$U_{空载}$——空载输出电压，单位为伏（V）；

$U_{负载}$——负载输出电压，单位为伏（V）。

是否满足 12.101 和 12.102 的要求，应在环境温度下将变压器接至额定频率的额定电源电压，测量空载输出电压来检查。

差值不应超过表 101 所列数值。

表 101 输出电压差

自耦变压器类型 额定输出 VA	空载输出电压与负载输出电压差 %
固有耐短路自耦变压器	
≤63	100
>63～≤630	50
>630	20
其他自耦变压器	
≤10	100
>10～≤25	50
>25～≤63	20
>63～≤250	15
>250～≤630	10
>630	5

13 短路电压

GB 19212.1—2008 的该章适用。

14 发热

GB 19212.1—2008 的该章适用。

15 短路和过载保护

GB 19212.1—2008 的该章适用。

16 机械强度

GB 19212.1—2008 的该章适用。

17 防止灰尘、固体异物和潮湿有害进入的防护

GB 19212.1—2008 的该章适用。

18 绝缘电阻、介电强度和漏电流

除下列内容外，GB 19212.1—2008 的该章适用：

该章作如下修改：

18.2 表7：输入电路与输出电路间、每个输入电路与所有其他输入电路间、每个输出电路与所有其他输出电路间的值不适用。

18.3 表8a：第1行和第2行不适用。

19 结构

除下列内容外，GB 19212.1—2008 的该章适用。

该章增加下列条款：

19.106 对额定输入电压高于额定输出电压的用插头连接的自耦变压器，其输出插座处的对地电压不应大于额定输出电压。

应使用下列方法之一来满足该要求：

19.106.1 有极性输入和输出插头及插座系统

在此情况下，对不使用带有无极性插头和插座系统的变压器，应给出说明。

19.106.2 极性检测装置（对无极性输入和输出插头及插座系统）

只有当输出插座中的各极对地电压不超过额定输出电压时，极性检测装置才能对输出电路供电。分断装置的触头开距为每个极至少为3 mm。

注：磁继电器就是极性检测装置的例子。

是否满足要求，应通过下列试验来检查。

在最不利的负载条件和输出电压条件下，将自耦变压器接到电压为1.1倍额定输入电压的电源。然后在输入电压极性反接下重复进行本试验。在试验中，测得的每极对地电压不应超过该负载下的最大输出电压（考虑到第11章的允许偏差，它为1.1倍额定输出电压）。

是否满足要求，应通过测量来检查。

如果极性检测装置利用流过的对地电流来检测，则此电流不应超过0.75 mA，而且只应在测量期间流过，直到极性反转为止。

是否满足要求，通过测量来检查。

按GB 19212.1—2008 附录H中H.2的故障条件，重复进行试验。在这种情况下，加载超过5 s时，每极对地电压不应超过1.1倍的最大输出电压。

是否满足要求，应通过测量来检查。

19.111 应保证防止直接接触带电部件（接触通道和驱动）的防护。

应通过目视检查来检验是否合格。

20 元器件

GB 19212.1—2008 的该章适用。

21 内部布线

GB 19212.1—2008 的该章适用。

22 电源连接和其他外部软电缆或软线

GB 19212.1—2008 的该章适用。

23 外部导线接线端子

GB 19212.1—2008 的该章适用。

24 保护接地装置

GB 19212.1—2008 的该章适用。

25 螺钉和连接

GB 19212.1—2008 的该章适用。

26 爬电距离、电气间隙和贯通绝缘距离

除下列内容外，GB 19212.1—2008 的该章适用：

该章增加下列条款：

26.101 工作电压高于 1 000 V 时的爬电距离、电气间隙及贯通绝缘距离可用外推法得到。

27 耐热、耐燃和耐电痕化

GB 19212.1—2008 的该章适用。

28 防锈

GB 19212.1—2008 的该章适用。

附　　录

除下列附录外,GB 19212.1—2008 的附录适用。

附　录　C
爬电距离(cr)、电气间隙(cl)和贯通绝缘距离(dti)
材料组别 II(400≤CTI<600)

除下列内容外,GB 19212.1—2008 的该附录适用。

附录 C 增加下列内容:

工作电压高于 1 000 V 时的爬电距离、电气间隙和贯通绝缘距离值可用外推法得到。

附　录　D
爬电距离(cr)、电气间隙(cl)和贯通绝缘距离(dti)
材料组别 I(CTI≥600)

除下列内容外,GB 19212.1—2008 的该附录适用。

附录 D 增加下列内容:

工作电压高于 1 000 V 时的爬电距离、电气间隙和贯通绝缘距离值可用外推法得到。

附　录　R
IEC 60664-1:2007 中 4.2 的应用说明
(见 GB 19212.1 中 26.2)

除下列内容外,GB 19212.1—2008 的该附录适用。

附录 R 增加下列内容:

工作电压高于 1 000 V 时的值可用外推法得到。

参 考 文 献

[1] IEC 61558-2-16 Safety of transformers, reactors, power supply units and similar products for supply voltages up to 1 100 V—Part 2-16: Particular requirements and tests for switch mode power supply units and transformers for switch mode power supply units[2)]

2) 待发布

ICS 29.120.10
K 65

中华人民共和国国家标准

GB 19215.3—2012/IEC 61084-2-2:2003

电气安装用电缆槽管系统 第2部分:特殊要求 第2节:安装在地板下和与地板齐平的电缆槽管系统

Cable trunking and ducting systems for electrical installations—Part 2:Particular requirements—Section 2:Cable trunking systems and cable ducting systems intended for underfloor and flushfloor installations

(IEC 61084-2-2:2003,IDT)

2012-11-05 发布

2013-05-01 实施

中华人民共和国国家质量监督检验检疫总局
中国国家标准化管理委员会 发布

前　　言

本部分的第 9 章、第 10 章、第 11 章、第 12 章、第 13 章为强制性，其余为推荐性。

GB 19215《电气安装用电缆槽管系统》分为 2 个部分：

——第 1 部分：通用要求

——第 2 部分：特殊要求

　　——第 1 节：用于安装在墙上或天花板上的电缆槽管系统

　　——第 2 节：安装在地板下和与地板齐平的电缆槽管系统

　　——第 3 节：(为以后文件留空)

　　——第 4 节：入户电柱

本部分是 GB 19215 第 2 部分第 2 节。

本部分按照 GB/T 1.1—2009 给出的规则起草。

本部分使用翻译法等同采用 IEC 61084-2-2:2003(第 1 版)《电气安装用电缆槽管系统　第 2-2 部分：特殊要求　安装在地板下和与地板齐平的电缆槽管系统》。

与本部分中规范性引用文件的国际文件有一致性对应关系的我国文件如下：

——GB/T 19215.1　电气安装用电缆槽管系统　第 1 部分：通用要求(GB/T 19215.1—2003，IEC 61084-1:1991+A1:1993，MOD)

本部分对 IEC 61084-2-2:2003 做了下列编辑性修改：

——根据 GB/T 1.1 有关规定，在第 1 章“范围”中第 1 行补充了“本部分规定了装在地板下和与地板齐平的电缆槽管系统的分类、结构要求、防火焰蔓延、机械性能、外部影响的技术要求。”

——根据 GB/T 1.1 有关规定，在第 2 章“规范性引用文件”中补充了 IEC 61084-1 的名称。

——增加了国家标准的前言；

——“本标准”一词改为“本部分”。

本部分由中国电器工业协会提出。

本部分由全国电器附件标准化技术委员会(SAC/TC 67)归口。

本部分起草单位：中国电器科学研究院有限公司、杭州鸿雁电器有限公司、佛山高明顾地塑胶有限公司、广东联塑科技实业有限公司、公牛集团有限公司、浙江跃华电讯有限公司、TCL-罗格朗国际电工(惠州)有限公司、浙江恒泰电工有限公司。

本部分主要起草人：罗怀平、吴明、钱峰、赵侠、林少全、阮立平、王朝圣、刘开喜、骆德元、宋波、宋科明、蔡映峰、周晓清、罗时明。

电气安装用电缆槽管系统 第2部分:特殊要求 第2节:安装在地板下和与地板齐平的电缆槽管系统

1 范围

替代:

本部分规定了装在地板下和与地板齐平的电缆槽管系统的分类、结构要求、防火焰蔓延、机械性能、外部影响的技术要求。

本部分适用于安装在地板下和与地板齐平的电缆槽管系统。这个槽管系统用于容纳且必要时用于分隔导体、电缆或软线和/或其他电气设备。

本部分适用于安装在已完工地板下方或与已完工地板齐平安装的电缆槽管系统及其系统元件。

本部分不适用于导管、电缆托架或梯架(电缆桥架),以及在本系统中的载流部件。

注1:型号和用法见图101和图102。

注2:图101中示出的许多系统型式和设计,分标准正在考虑中。

注3:地面上的部分或全部系统未包括在本部分标准中,但可能包括在标准修正部分或第2部分其他标准中。

2 规范性引用文件

下列文件对于本文件的应用是必不可少的。凡是注日期的引用文件,仅注日期的版本适用于本文件。凡是不注日期的引用文件,其最新版本(包括所有的修改单)适用于本文件。

IEC 61084-1 电气安装用电缆槽管系统 第1部分:通用要求(Cable trunking and ducting systems for electrical installations—Part 1:General requirements)的本章作下列修改后适用:

增加:

GB/T 2423.51—2000 电工电子产品环境试验 第2部分:试验方法 试验Ke:流动混合气体腐蚀试验(idt IEC 60068-2-60:1995)

3 术语和定义

IEC 61084-1的本章作下列修改后适用:

增加定义:

3.101

地板下电缆槽管系统 underfloor cable trunking system or cable ducting system

一种安装在地板下的电缆槽管系统,其除了地板安装件之外的其他元件能通过上部已完工地板材料的保护而经受外部机械载荷,地板材料在正常使用中能减轻槽管使用条件下的载重负荷(见图103)。

3.102

与地板齐平的电缆槽管系统 flushfloor cable trunking system or cable ducting system

一种与地板齐平安装的电缆槽管系统,其除了地板安装件之外的其他元件能通过所有除上部以外的已完工地板材料的保护而经受外部机械载荷,且齐平安装在已完工地板上表面内。无防护面被视为承受载重负荷面(见图104)。

3.103

已完工地板　finished floor

可能由混凝土、木板或类似的材料制成的承受负荷的地板，并且覆盖有地毯、地砖、油漆、镶木地板或类似的配套地板覆盖材料。地板覆盖材料可能固定于由水泥或沥青组成的复合地板上。

3.104

与地板齐平系统元件　flushfloor system component

一种在正常使用中能通过所有除上部以外的已完工地板材料的保护而免受外部机械载荷影响的系统元件，且其标称齐平安装在已完工地板上表面内。无防护面被视为承受载重负荷面。

3.105

地板安装件(闲置时)　floor service unit(when not in use)

没有电缆和/或电线连接到电器上的地板安装件。

3.106

地板安装件(使用时)　floor service unit(when in use)

有电缆和/或电线连接到电器上的地板安装件。

3.107

电缆锚具　cable anchorage

用以减少导体尤其是端子或端头上的变形或防止电缆从外壳中分离的一种装置。

3.108

地板干式处理　dry-treatment of floor

不用液体或仅有少量液体来清洁和/或护理地板的过程。所需要的清洁剂要能达到这样一种质量：不会形成水洼并且不会浸湿地板覆盖材料。

注：干式处理示例：用扫帚或扫毯器清扫，真空吸尘器打扫，刷洗，干洗粉清洁，干洗剂处理，地毯清洗剂清洗和清除废物处理(含有化学清洁剂的固体材料，如湿锯屑和湿衣物等)。

3.109

地板湿式处理　wet-treatment of floor

采用液体清洁剂来清洁和/或护理地板的过程。这样处理后一段时间内不可避免的形成水洼或者会浸湿地板覆盖材料。

注：湿式处理示例：水洗、人工或机器擦洗。

4　一般要求

IEC 61084-1 的本章作下列修改后适用：

第三段增加：

构成系统元件必需的设备应遵守相关的最新标准。

5　试验的一般要求

IEC 61084-1 的本章作下列修改后适用：

5.1　替代第二段如下：

对于包含绝缘和合成材料的系统元件的试验，试样应在温度 60 ℃±2 ℃下连续保持 240 h 后再操作。

6 分类

IEC 61084-1 的本章作下列修改后适用：

增加条款：

6.101 按地板处理方式分类

6.101.1 地板干式处理的电缆槽管系统。

6.101.2 地板安装件闲置时，地板湿式处理的电缆槽管系统。

6.101.3 地板安装件使用时，地板湿式处理的电缆槽管系统。

6.102 按使用时的地板安装件免受碰撞的保护特性分类

6.102.1 地板安装件有保护的电缆槽管系统。

6.102.2 地板安装件无保护的电缆槽管系统。

7 标志

IEC 61084-1 的本章作下列修改后适用：

7.1 替代第一段如下：

每一个电缆槽/管段和电缆槽/管配件应标明制造商或责任销售商的名称或商标和产品标识。

增加条款：

7.101 制造商应该在他们的资料中提供必要的有关如何正确安全地组装和使用的全部信息。资料应该包括：

——系统的各个组成元件；

——系统元件及其组装件的功能；

——管段或者槽段的可用横截面；

注：某些附件的安装将会减少提供给电缆安置的内部使用空间。

——附件安装和使用对可用空间上的任何限制；

——根据第 6 章的系统分类；

——达到所公告性能的指导。

7.102 符合 6.101.1 分类，地板干式处理的与地板齐平的系统元件应该被明显标记，说明他们不适合安装在湿式处理的地板中。这些标记在电气安装结束以后应依然清晰可见。可用一个图形符号或者象形图案作为标识。

7.103 地板安装件应被清楚地标记，警告避免使用不合适的插件，其可能损坏插件设备，电线或插座。该警告可以用一个图形标志或者象形图表示。

7.104 通过观察来检查是否符合 7.1 和 7.101～7.103 的要求。

8 尺寸

IEC 61084-1 的该章不适用。

9 结构

IEC 61084-1 的本章作下列修改后适用：

9.4.1 在第二段中将“安装好”替代为“正常使用”。

9.6.2 在第一段中将“40 ℃”替代为“60 ℃”。

增加条款：

9.101 安装在地板下和与地板齐平的电缆槽系统和电缆管系统的电缆通道盖，在正常的使用过程中经常受到外界的机械载荷，应避免移动和偶然性的打开。

是否合格通过观察和10.5规定的试验来检查。

9.102 符合6.102.1类型的地板安装件应保护电器和插座在使用过程中免受直接碰撞冲击。这个保护应该是有效的并且不会对电器、插座和电缆造成损坏。

是否合格通过10.3规定的试验来检查。

9.103 应可以安全地进行以下安装：

——把与地板齐平的电缆槽管系统安装在地板中；

——把地板安装件安装在系统和/或地板中；

——将电器连接到地板安装件上。

是否合格通过10.5.102和10.5.103规定的试验来检查。

9.104 制造商应在安装期间提供有效的方式来遮盖裸露的地板下电缆槽管系统，以防止损害。

是否合格通过10.5.101规定的试验来检查。

9.105 地板下和与地板齐平的电缆槽管系统中，为电线和电缆通过而打开的开口应切实得到保护以防止损坏。当不用的时候，它应该完全可以用周围的遮盖面加以封闭。

注：一个周围遮盖面的实例就是地板安装件的框架。

地板下和与地板齐平的电缆槽管系统中，为电线和电缆通过而打开的开口，如果它在一个方向上的尺寸不超过20 mm的话，在使用时不应该被封闭。

是否合格通过观察和测量来检查。

9.106 与地板齐平安装的电缆槽管系统，地板安装件和附件应符合6.6.1，6.6.2和6.101规定的分类标准。

是否合格通过GB 4208和13.101规定的试验来检查。

9.107 对于地板安装件装备空间的防护等级至少应达到IP20。

是否合格通过GB 4208规定的试验来检查。

9.108 对那些正常使用过程中经常移动的特定器件，应采取防护措施，以确保其元件不会因为长期使用而遭到损坏。

是否合格通过观察来检查。

9.109 如果有电缆锚具，则应适用于依据制造商说明可能连接的各种型号的线缆。[1)]

是否合格通过观察以及下述试验来检查：

用一根符合电缆锚具最大设计外径的电缆或电线装配在电缆锚具上。有夹紧螺钉时，施加IEC 61084-1表2列出值三分之二的扭矩拧紧螺钉。

样品要在60 ℃±2 ℃的温度下保持30 min～31 min。同样使样品在这个温度下，用20^{+1}_{0}N的拉力作用于电缆或电线保持60 s～65 s。

用一根符合电缆锚具最小设计外径的电缆或电线装配在电缆锚具上，重复进行一次该试验。

每次试验过后，电缆或电线不应在电缆锚具内移动超过3mm且电缆或电线的绝缘层不应有磨损。

9.110 在正常使用过程中经常嵌入砂浆碎屑材料的地板下和与地板齐平的电缆槽管系统，应给予保护防止砂浆碎屑材料的进入。

在正常使用过程中，通向安装在地板下和与地板齐平的电缆槽管系统内部的开口，应设置在低于已

---

1) 此处原文有“注：在英国，附件电缆锚具遵从他们自己的标准而没有必要遵守本条款所提出的要求。”

完工地板的最高边缘，且在一个方向上不应宽于 7 mm。

是否合格通过观察和测量来检查。

注 1：最大开口的截面宽度尺寸基于于水泥砂浆的如下混合比例：水泥 1 份，沙子(颗粒尺寸达到 7 mm)两份以及适量的水(水-水泥比值：0.4 L/kg ～0.5 L/kg)。

注 2：水和水泥的比例(L/kg)表明的是水的体积和水泥质量的比。

150 L 水 /300 kg 水泥 = 0.5 L/kg

注 3：当使用的砂浆材料不是按照注 1 和注 2 的比例时，参照制造商的说明书确定开口宽度值。

10 机械性能

IEC 61084-1 的本章作下列修改后适用：

10.1 替代：

安装在地板下和与地板齐平的电缆槽管系统应有足够的机械强度。

是否合格由 10.2～10.5 规定的试验来检查。

10.2 不适用

10.3 冲击试验

替代：

10.3.1 储存和运输过程中的冲击试验

10.3.1.1 该试验是在三个长度为 250 mm±5 mm 的电缆槽段或者电缆管段上进行的。

在试验前，绝缘系统和复合材料元件应在表 1 规定的长期使用温度范围内最高的温度下连续处理 240 h～250 h。

10.3.1.2 将图 2 所示试验装置放置在一块发泡二元乙丙橡胶海绵垫上，海绵垫在未经压缩时厚 40 mm±1 mm，密度为 450 kg/m^3～550 kg/m^3。

将试样放进冷冻箱里，箱内温度应保持在表 1 中规定的样品储存和运输过程中相应的温度。

10.3.1.3 120 min～125 min 之后，依次将每个试样从冷冻箱里面拿出来并立即放在试验装置中的正常位置里。

在试样从冷冻箱里拿出来的 10 s 内，让锤子跌落在可达试样最薄弱的区域实施一次冲击。锤子的重量是 0.5 kg～0.505 kg，下落高度为 100 mm±1 mm。

该试验不适合脱落孔、膜片等类似部位。

10.3.1.4 试验之后，试样不得出现碎裂的迹象，亦不得出现在正常或纠正视力无放大的情况下可见的任何有可能会减小安全性的裂痕或类似损伤。

注：内隔板的任何裂缝，如不会损害电气安全或正常使用者，可忽略不计。

10.3.2 安装和使用过程中的冲击试验

10.3.2.1 试验在三个长度为 250 mm±5 mm 的槽段或者管段上进行，如果有的话，也提供系统元件。样品按照制造商说明书的规定组装和固定在一块厚 20 mm±2 mm 的木质纤维板上。

在试验前，绝缘系统元件和复合材料元件应在表 1 规定的长期使用温度范围内最高的温度下连续处理 240 h～250 h。

10.3.2.2 冲击试验装置结构如图 105，将其安装在一个坚实的墙壁上或有足够支撑强度的结构上。

10.3.2.3 将试样放置在一个冷冻箱里，温度保持在表 1 中所规定的使用和安装过程中的相应温度。

120 min～125 min 之后，依次将每个试样从冷冻箱里面拿出来并立即放在试验装置中的正常位置里。

在把试样从冷冻柜里面拿出来的 10 s 内，让锤子在与样品上表面尽可能垂直的方向下落，在试样最薄弱的区域实施一次冲击。

该试验是根据表 101 规定的冲击试验值进行的。

表 101 冲击试验值

按 6.2 机械性能分类	能量值(约) J	锤的质量 (容许偏差 $^{+1}_{0}$%) kg	跌落高度±1% mm
非常小	0.5	0.5	100
小	1.0	1.0	100
中等	2.0	2.0	100
大	6.0	2.0	300
非常大	20.0	6.7	300

该试验不适合脱落孔、膜片等端部厚度 50 mm 以内的类似部位。

10.3.2.4 试验之后，试样不得出现碎裂的迹象，亦不得出现在正常或纠正视力无放大的情况下可见的任何有可能会减小安全性的裂痕或损伤。且盖子和配件都不应被冲射出去。

注：内隔板的任何裂缝，如不会损害电气安全或正常使用者，可忽略不计。

10.4 线性弯曲试验

不适用

10.5 外部负载试验

替代：

10.5.101 对外部机械负载的应力强度

安装在地板下的和与地板齐平的电缆槽管系统应该具有足够的机械强度，以承受在运输，储存，安装和正常使用过程中的外部机械载荷。

是否合格通过 10.5.102～10.5.104 规定的试验来检查。

有关试验的概要在附录 AA 中给出。

10.5.102 地板下和与地板齐平的电缆槽段和管段在安装过程中的外部负载试验

地板下的电缆槽段及管段按 10.5.102.1 的规定进行试验，与地板齐平的电缆槽段和管段按 10.5.102.2 的规定进行试验。

每个试验需要三个试样。试样的长度为 250 mm±5 mm。

样品根据表 1 按永久使用分类的温度条件下处理 120 min～125 min 后进行 10.5.102.1 和 10.5.102.2 规定的试验。

10.5.102.1 在对安装于地板下的电缆槽段和管段的外部负载试验中，试样被放置在一个平置的钢板上。试样中间放置一个棱长为 50 mm±1 mm 而且棱角半径约为 1 mm 的钢制立方体。

在安装于地板下电缆管段有多重间隔，其分隔墙有静力作用的情况下，选择最大间隔的中央位置。将一个大小为 750 N±10 N 的垂直作用力作用在立方体中央，时间持续 2 min(见图 106)。

10.5.102.2 在与地板齐平的电缆槽段和管段外部负载试验中，样品被放在一个支撑垫脚上，根据制造商的说明，同侧的支撑垫脚的距离为 L。支撑垫脚能使样品底部与平面钢板的距离调整为 10 mm±2 mm。将一个大小 750 N±10 N 的垂直作用力施加在立方体的中央，时间持续 2 min±5 s(见图 107)。

10.5.102.3 在 10.5.102.1 和 10.5.102.2 的试验后，试样不得出现碎裂的迹象，亦不得出现在正常视力或纠正视力无附加放大的情况下可见的任何裂痕。外部负载被移除 1min 之后永久变形不应超过 3 mm。

10.5.103 地板下和与地板齐平的电缆槽段和管段在持续使用中的载重负荷试验

如果与系统相关的元件是槽段或者管段，该试样长应为 250 mm±5 mm。三个试样应在表 1 中规定的长期使用最高温度下持续处理 120 min～125 min。在样品易被踩踏的表面中央根据表 102 所规定力的大小用试验滚轴实施一个外部负载，时间循序超过 60 s±1 s，在与表面垂直的方向实施负载时间为 2 min±5 s。在样品有多重间隔，其分隔元件有静力作用的情况下，选择最大间隔的中央位置。该试验滚轴直径为 50 mm±0.5 mm，长为 20 mm±1 mm，棱角半径约为 1 mm(见图 108)。

注：周围砂浆材料提供的支承和静力支持可以在试验中通过合适的方法被模拟出来。

试验过后，试样不得出现碎裂的迹象，亦不得出现在正常或纠正视力无放大的情况下可见的任何裂痕，出现偏转变型不得超过 4 mm。外部负载被移除 1 min 之后永久变形不应超过 3 mm。

电气安全不得受到损害。

表 102 外部负载试验施力大小

力的分类	力的大小(±10 N) N
轻	1 500
中等	2 000
重	2 500
很重	3 000

10.5.104 电器安装的固定试验

10.5.104.1 输出插座安装

按照制造商说明安装好三个地板安装件样品。

在一个地板安装件或相关系统元件样品上安装一个电器安装装置。当这个系统元件是一个槽段或者管段时，那么试样的长度要比电器安装装置长 100 mm±5 mm，且不少于 250 mm。

注：如果需要，其他系统元件可能也包括在内以防止电器安装装置活动。

如果该试验的结果取决于温度，则在 60 ℃±2 ℃的温度下进行试验。

以插头最大拔出力的 1.5 倍的拉力和压力，以电器安装平面夹角为 45°～90°的方向，依次作用于电器安装装置的电器安装件的最不利的位置上，持续作用时间 60 s～65 s(见图 109)。

插头的最大拔出力参照相关的标准。

试验后，电气安全性不应削弱。

上述试验之后，立即在电器安装装置上依次以顺时针和逆时针方向作用一个大小为 3.0 Nm±0.2 Nm 的扭矩，每个方向上的作用时间为 60 s 到 65 s。

在试验过程中，电器安装装置不应从其原来的位置上扭曲超过 15°角，试验结束后电气安全性不应削弱。

10.5.104.2 输出插座以外的电器安装

对于其他电器来说，只要根据 10.5.104.1 的规定施加大小为 50 N±2 N 的力做拉力和压力试验。

11 防火焰蔓延

IEC 61084-1 的本章作下列修改后适用：

11.1.1 火焰试验

在第四段第三句中将“任何夹紧件”替代为“低位夹紧件”。

12 电气性能

IEC 61084-1 的该章均适用。

13 外部影响

替代：

13.101 防水保护

根据 6.101 的规定符合 6.101.2 或者 6.101.3 条款类属的电缆槽管系统应该得到保护以防止进水带来的危害，防护等级至少要达到 GB 4208 规定的 IPX4。

是否合格通过以下试验来检查：

试验中，根据制造商说明组装好与地板齐平的电缆槽管系统、地板安装件和安装在地板下的电缆槽管系统的与地板齐平系统元件的试样，测试地板平整且延伸超过样品边缘 100 mm±10 mm。

根据 GB 4208 的规定用喷嘴对组装试样进行规定的检测。

将组装试样放置在地板上，地板的上表面保持水平。

如果有密封材料的话，应根据 13.102 做耐久试验。

固定螺钉和螺母应根据制造商说明的应用力矩拧紧，如果制造商没有特别说明力矩，参照表 2 规定的数值。

试验后应无影响电器安全使用的进水。

13.102 密封材料的耐久试验

正在考虑中。

13.103 抗蚀保护

全部或者部分由金属制造的电缆槽管系统，应具有抗腐蚀性能。

对于小型固定件，如螺丝、螺母等，油脂涂层被认为是充分有效的抗蚀保护。

是否合格通过 13.103.1 和 13.103.2 规定的试验来检查。

13.103.1 不与砂浆材料接触的元件的试验

将试样先浸入考立丁醇值(KB 值)为 35±5 的白油溶剂或者同等效果的脱脂试剂里 10 min 进行脱脂处理，再放入浓度为 10%的氯化铵溶液在温度为 20 ℃±5 ℃条件下浸泡 10 min。取出后不用干燥，把液滴甩干后，将试样放在一个温度为 20 ℃±5 ℃充满潮湿空气的狭小房间里，时间为 10 min。

然后把试样放在温度为 100 ℃±5 ℃的加热箱里面烘 10 min。

当该试样冷却至室温时，应没有任何区域显示生锈的迹象。

在尖锐的边缘生锈的痕迹和任何可擦除的微黄痕迹可被忽略。

13.103.2 与砂浆材料接触的元件的试验

将试样先浸入考立丁醇值(KB值)为35±5的白油溶剂或者同等效果的脱脂试剂里10 min进行脱脂处理。

脱脂过后,根据GB/T 2423.51应用方法1进行试验,持续测验时间为4 d。

暴露到空气中以后,试样表面不应有任何红色的锈斑。任何可擦除的白色锈迹(氧化锌)和红色锈以及螺母表面、边缘和焊接节点的锈痕可被忽略。

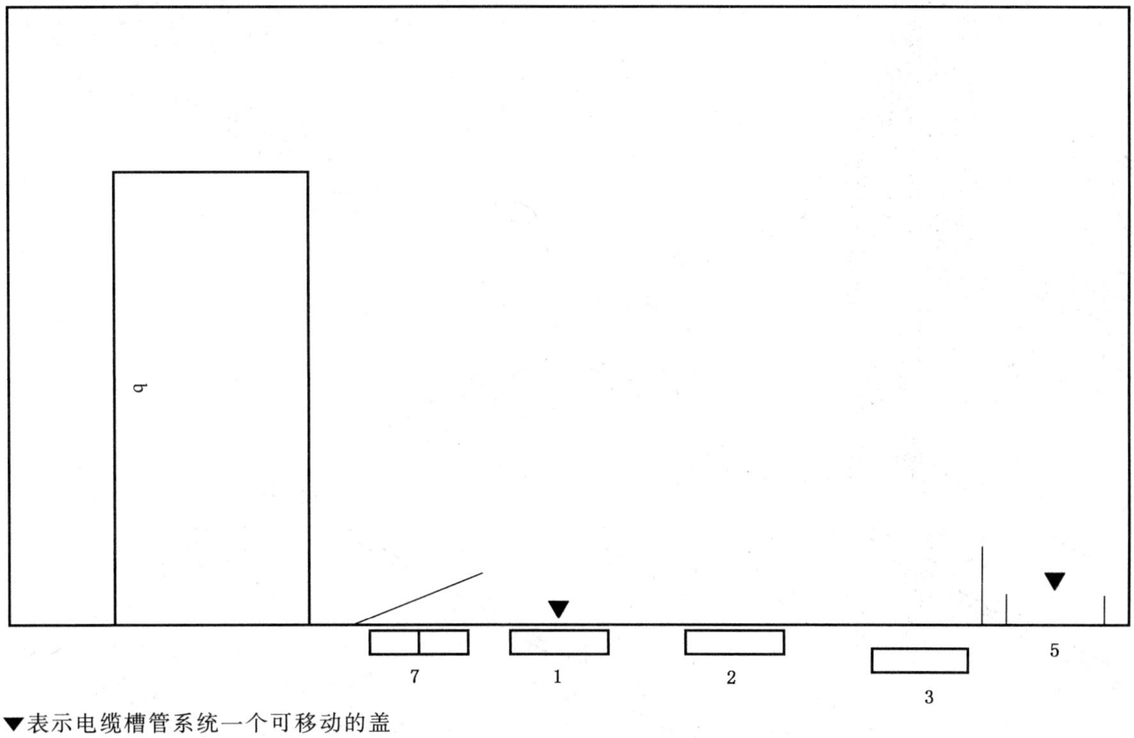

▼表示电缆槽管系统一个可移动的盖

图101上的号码	类型	用途	安装方式
1	电缆槽系统	绝缘导体,电缆,软线	与地板齐平
2	电缆管系统	绝缘导体,电缆,软线	与地板齐平
3	电缆管系统	绝缘导体,电缆,软线	埋在地板里
5	电缆槽系统	绝缘导体,电缆,软线	明装在地板上
7	安装件	电器	与地板齐平

图101 安装在地板下和与地板齐平的电缆槽管系统的类型和应用

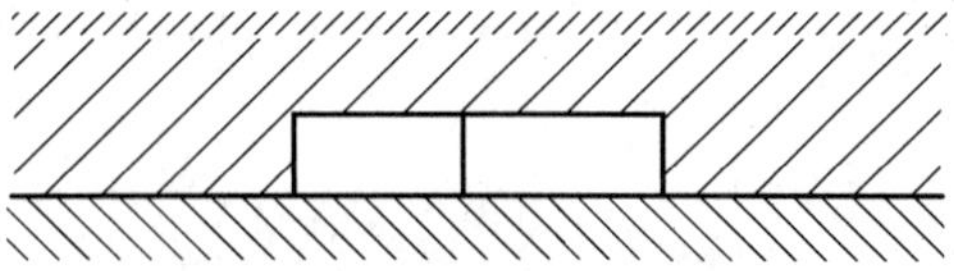

a) 嵌入式地板下电缆管系统

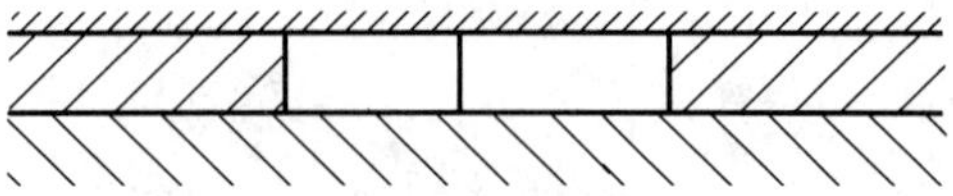

b) 与地板齐平安装的电缆槽管系统

图102 槽管系统安装实例

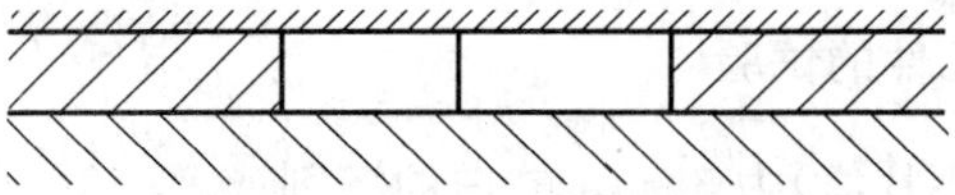

c） 安装在架空地板下的电缆槽管系统

图 102（续）

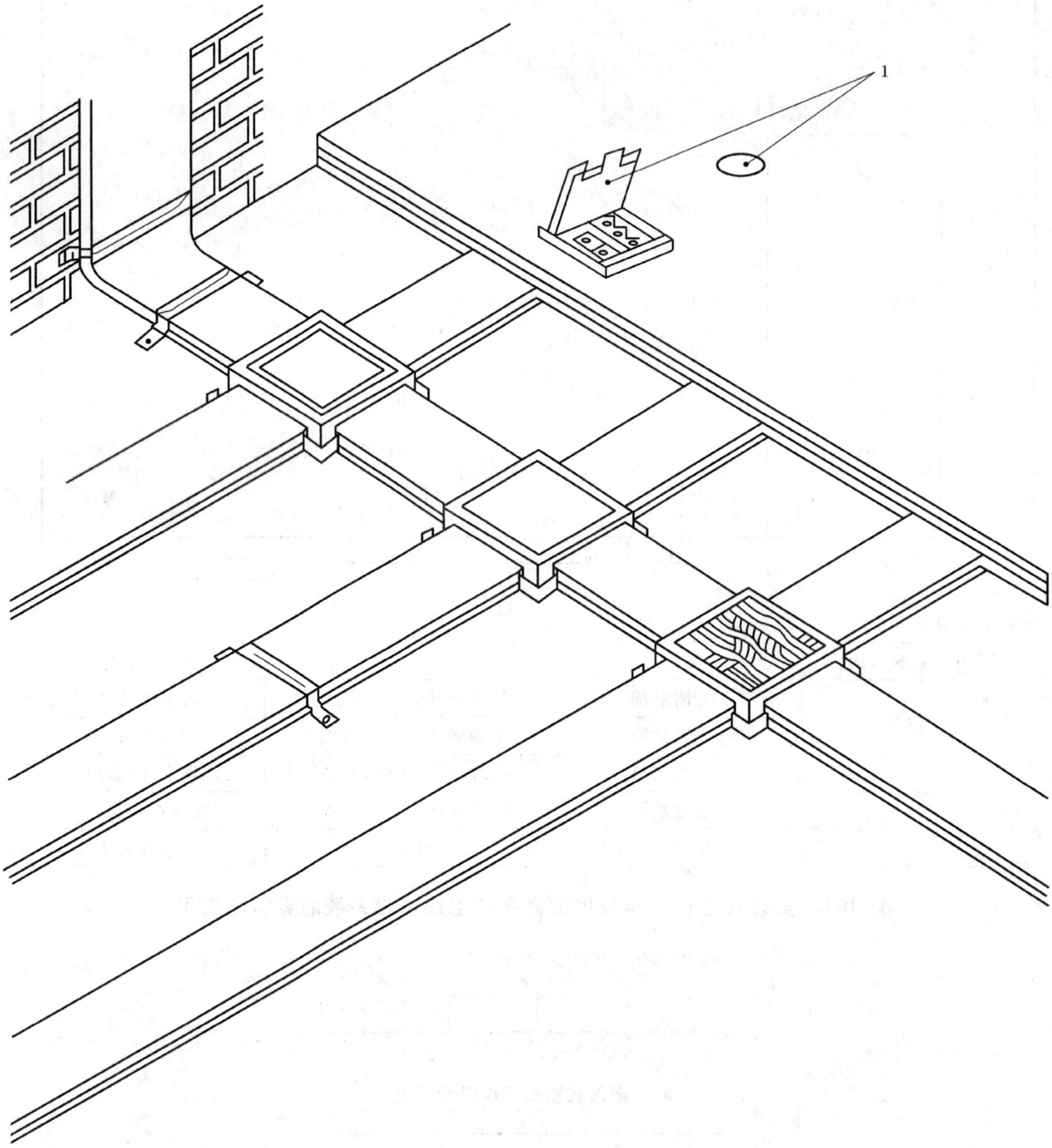

说明：

1——地板安装件。

图 103 3.101 定义的地板下电缆槽管系统实例

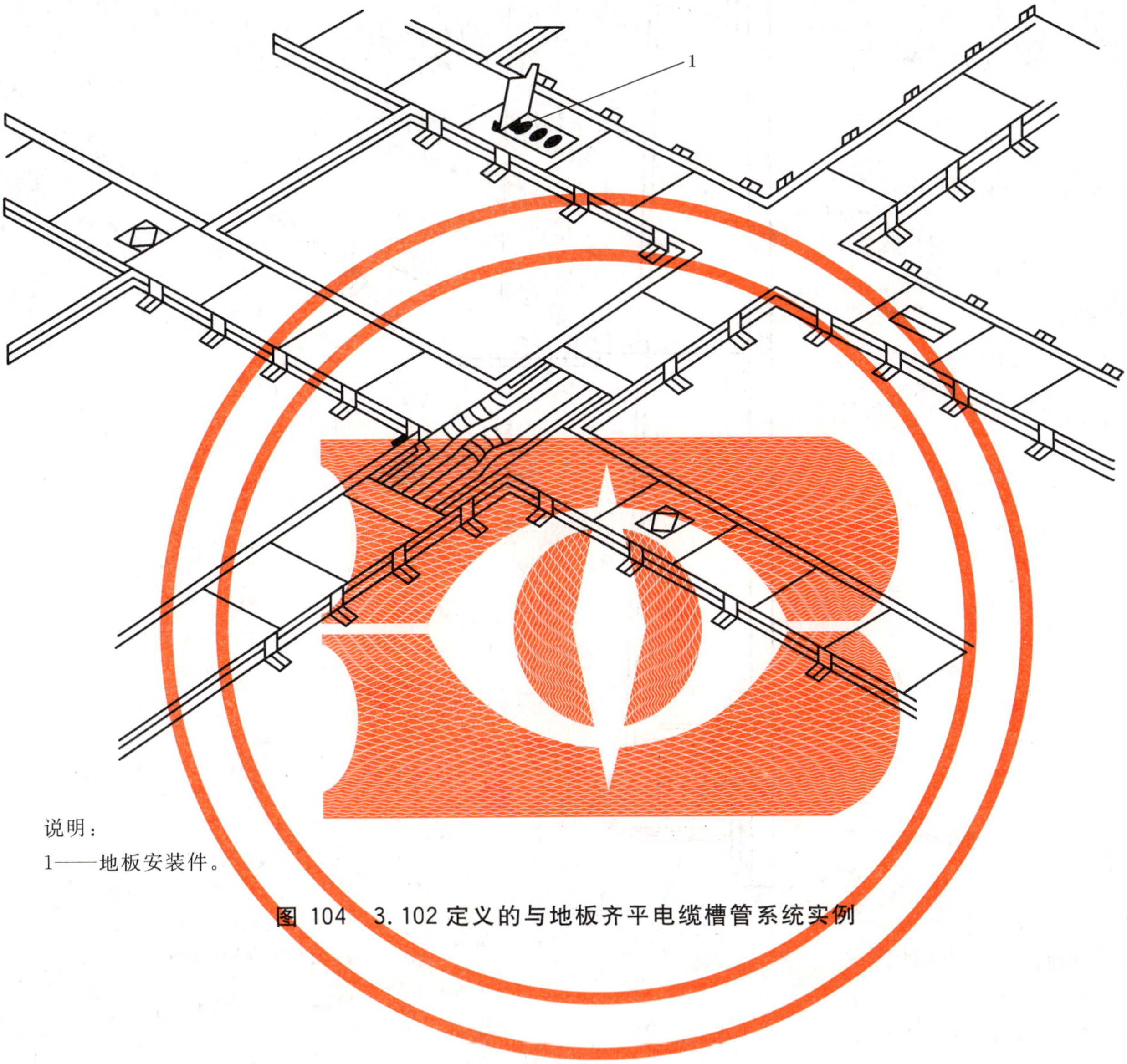

说明：

1——地板安装件。

图 104　3.102 定义的与地板齐平电缆槽管系统实例

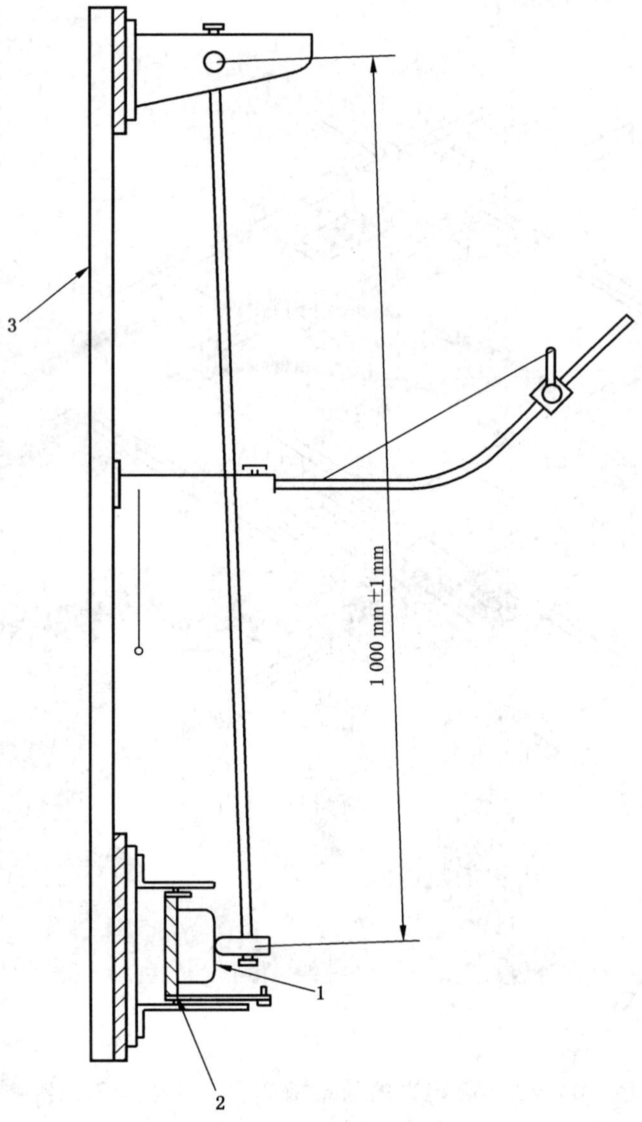

说明：

1——试样；

2——安装支架；

3——框架。

图 105 10.3.2.2 中摆锤型冲击试验装置

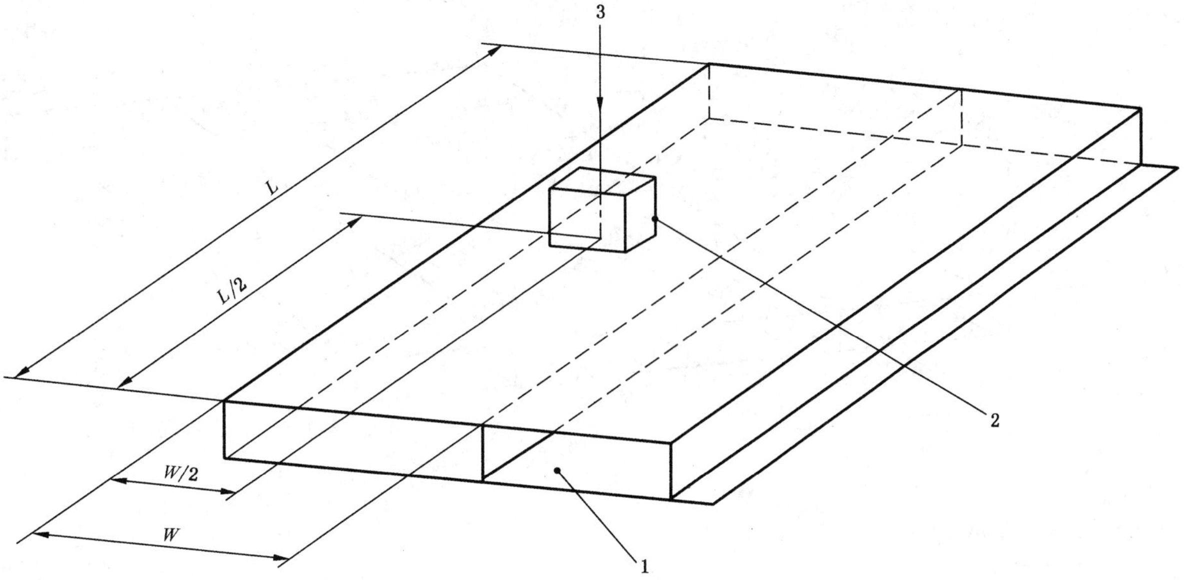

说明：
1——试样；
2——中间钢铁立方体，棱角半径为 1 mm；
3——750 N 的垂直压力；
L——试样的长度；
W——最大间隔的宽度。

图 106　按照 10.5.102.1 设置的地板下电缆管段外部负载试验示意图

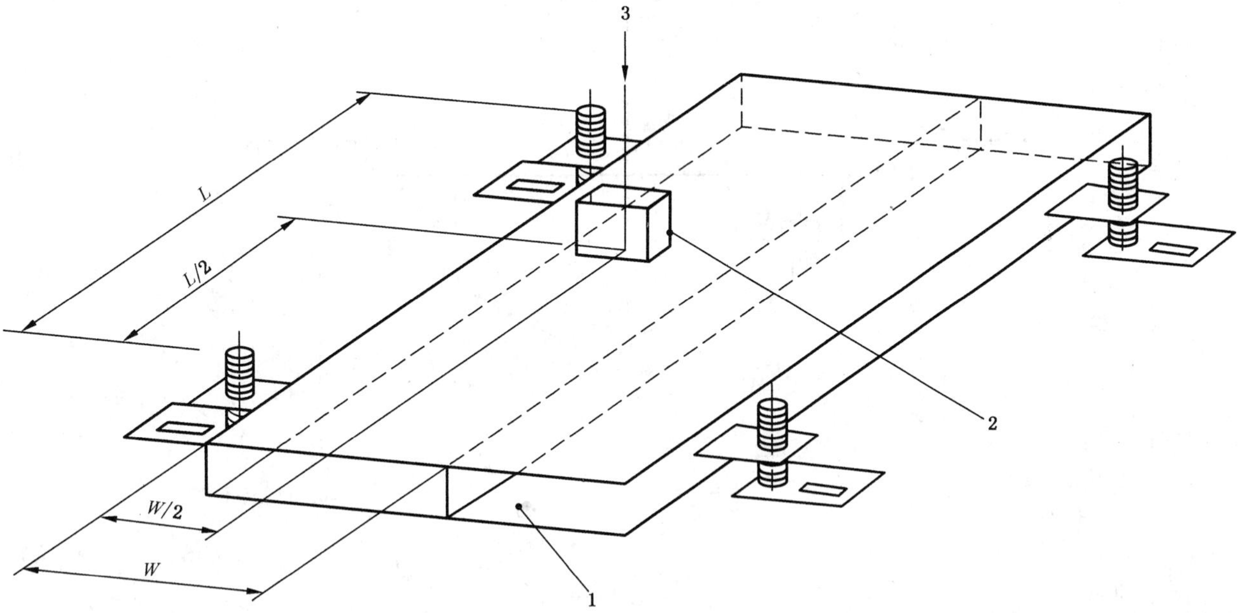

说明：
1——管段或者槽段试样；
2——中间钢铁立方体，棱角半径为 1 mm；
3——750 N 的垂直压力；
L——支撑脚垫之间的距离；
W——最大间隔的宽度。

图 107　根据 10.5.102.2 设置的与地板齐平电缆槽段和管段外部负载试验示意图

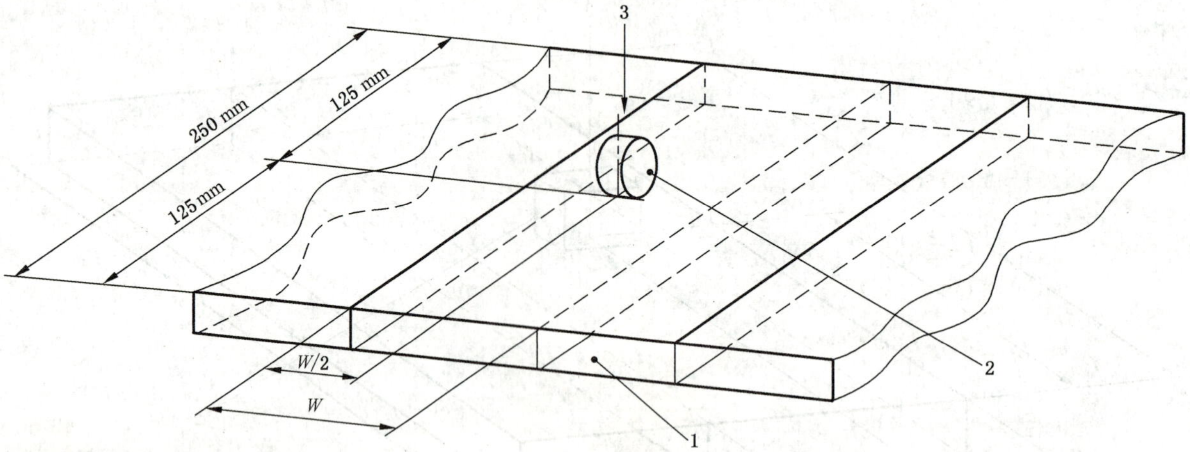

说明：

1——管段和槽段试样；

2——试验滚轴；

3——垂直压力；

W——最大隔间的宽度。

图 108　根据 10.5.103 设置的与地板齐平电缆槽段和管段的外部负载试验示意图

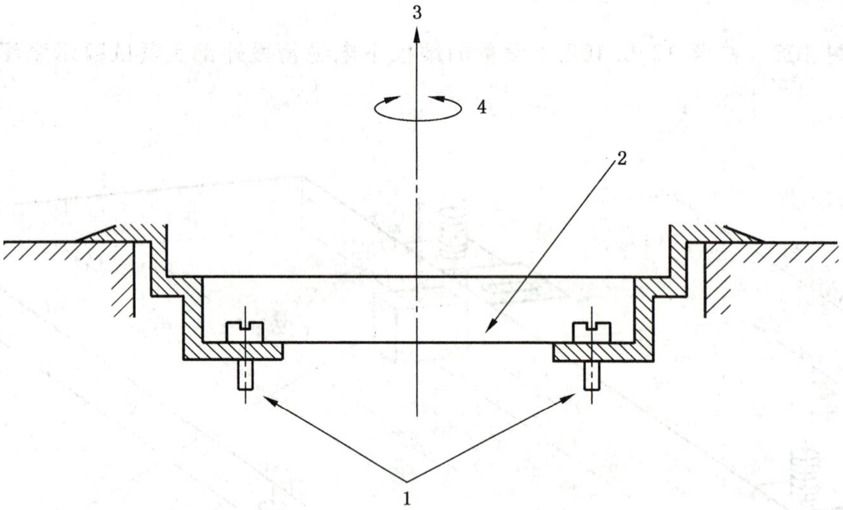

说明：

1——电器的固定件；

2——钢铁托架；

3——拉力；

4——扭矩。

图 109　根据 10.5.104 设置的电器安装的固定试验示意图

附　录　A
（资料性附录）

IEC 61084-1 的该附录除下述内容外均适用：

增加附录：

附 录 AA
(资料性附录)
地板下和与地板齐平的电缆槽管系统载重负荷试验

	冲击试验		安装过程中的负载试验	持续使用中的载重负荷试验	电器安装的固定试验
	运输和储存	安装和使用			
分类	10.3.1	10.3.2	10.5.102	10.5.103	10.5.104
与地板齐平系统	× (仅仅是段)	×	× (仅仅是段)	×	×
地板下系统	× (仅仅是段)	×	× (仅仅是段)	×	
与地板齐平安装件		×		×	×
试验值	能量 0.5 J	表 101 分类	750 N	表 102 分类	

ICS 23.040.60
J 15

中华人民共和国国家标准

GB/T 19228.3—2012
代替 GB/T 19228.3—2003

不锈钢卡压式管件组件
第3部分:O形橡胶密封圈

Stainless steel press-fitting assemblies—
Part 3:Rubber O-rings

2012-09-03 发布　　　　2013-03-01 实施

中华人民共和国国家质量监督检验检疫总局
中国国家标准化管理委员会　发布

前 言

GB/T 19228《不锈钢卡压式管件组件》由以下三部分组成：

——第1部分：卡压式管件；

——第2部分：连接用薄壁不锈钢管；

——第3部分：O形橡胶密封圈。

本部分是GB/T 19228的第3部分。

本部分按GB/T 1.1—2009所给出的规则起草。

本部分代替GB/T 19228.3—2003《不锈钢卡压式管件用橡胶O形密封圈》，与原标准相比，主要变化如下：

——修改了标准名称；

——增加了DN10和DN60的卡压式管件用密封圈的尺寸；

——增加了S型卡压式管件用密封圈的尺寸；

——增加了适用于饮用水、燃气、燃油和一般石油类等介质的橡胶圈的硅橡胶和丁腈橡胶材料及物理性能要求；

——删除了原标准中表3“密封圈的物理性能”，直接引用相关密封件国家标准中规定的物理性能要求；

——修改了第5章“试验与检验”的内容。

本部分由中国机械工业联合会提出。

本部分由全国管路附件标准化技术委员会(SAC/TC 237)归口。

本部分主要起草单位：无锡金羊管件有限公司、中机生产力促进中心、西北橡胶塑料研究设计院、深圳雅昌管业有限公司、中国建筑设计研究院、浙江正康实业有限公司、广州美亚股份有限公司、宁波福兰特管业有限公司、浙江格锐管业有限公司。

本部分主要起草人：袁雪峰、李俊英、高静茹、陈卫东、赵锂、黄建聪、牟海峰、严国标、巫伟、沈峰、冯峰。

本部分所代替标准的历次版本发布情况为：

GB/T 19228.3—2003。

不锈钢卡压式管件组件
第3部分:O形橡胶密封圈

1 范围

GB/T 19228的本部分规定了卡压式管件用O形橡胶密封圈(以下简称O形圈)的型式与尺寸系列、要求、试验与检验、检验规则、标志、包装和贮运。

本部分适用于GB/T 19228.1中规定的不锈钢卡压式管件用O形圈,其他管件用密封圈亦可参照采用。

2 规范性引用文件

下列文件对于本文件的应用是必不可少的。凡是注日期的引用文件,仅注日期的版本适用于本文件。凡是不注日期的引用文件,其最新版本(包括所有的修改单)适用于本文件。

GB/T 2828.1—2003 计数抽样检验程序 第1部分:按接收质量限(AQL)检索的逐批检验抽样计划(ISO 2859-1:1999,IDT)

GB/T 5721 橡胶密封制品标志、包装、运输、贮存的一般规定

GB/T 17219—1998 生活饮用水输配水设备及防护材料的安全性评价规范

GB/T 19228.1 不锈钢卡压式管件组件 第1部分:卡压式管件

GB/T 21873—2008 橡胶密封件 给、排水管及污水管道用接口密封圈 材料规范(ISO 4633:2002,MOD)

GB/T 23658—2009 弹性体密封圈 输送气体燃料和烃类液体的管道和配件用密封圈的材料要求(ISO 16010)

GB/T 27572—2011 橡胶密封件 110 ℃热水供应管道的管接口密封圈 材料规范(ISO 9631:2003,MOD)

GB/T 28604—2012 生活饮用水管道系统用橡胶密封件

3 型式与尺寸系列

3.1 结构型式

O形圈的结构型式见图1。

3.2 尺寸系列

3.2.1 D型 Ⅰ系列卡压式管件用O形圈的基本尺寸和公差见表1;Ⅱ系列卡压式管件用O形圈的基本尺寸和公差见表2。

3.2.2 S型 Ⅰ系列卡压式管件用O形圈的基本尺寸和公差见表3;Ⅱ系列卡压式管件用O形圈的基本尺寸和公差见表2。

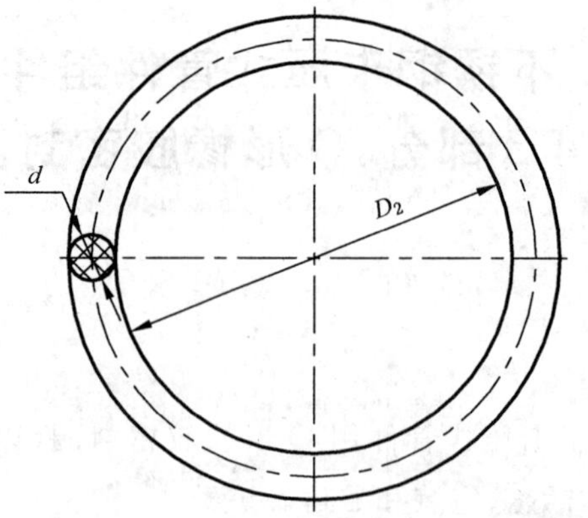

图 1　O 形橡胶密封圈

表 1　D 型　Ⅰ系列卡压式管件用 O 形圈的基本尺寸

单位为毫米

公称尺寸 DN	内径 D_2		截面直径 d	
15	18.2	$^{+0.15}_{-0.05}$	2.5	$^{+0.15}_{-0.05}$
20	22.2	$^{+0.2}_{0}$	3.2	
25	28.2		3.0	
32	35.3		3.0	
40	42.3	$^{+0.3}_{0}$	4.0	
50	54.3		4.0	
65	77.0	$^{+0.2}_{-0.1}$	7.0	$^{+0.2}_{0}$
80	90.0		8.0	
100	109.0		10.0	

表 2　D 型和 S 型　Ⅱ系列卡压管件用 O 形圈的基本尺寸

单位为毫米

公称尺寸 DN	内径 D_2		截面直径 d	
12	12.75	±0.10	2.0	±0.07
15	16.04	±0.12	2.5	
20	22.45	±0.15	3.0	±0.10
25	28.85		3.0	
32	34.50	±0.3	4.0	±0.15
40	43.30	±0.5	5.0	
50	49.30		5.5	
60	61.50		6.5	

表 3　S 型　Ⅰ系列卡压管件用 O 形圈的基本尺寸

单位为毫米

公称尺寸 DN	内径 D_2		截面直径 d	
10	12.75	±0.15	2.0	±0.1
15	16.15		2.5	
20	20.2		3.0	
25	25.7		3.0	
32	32.3	±0.3	4.5	±0.12
40	40.4		5.5	
50	51.2		6.2	
60	63.9	±1.0	6.2	±0.16
65	77.0		7.0	
80	90.0		8.0	
100	102.6		10.0	

4　要求

4.1　材料

密封圈材料可选用氯化丁基橡胶、三元乙丙橡胶、硅橡胶或丁腈橡胶等，所用的原材料中应不含对输送介质、密封圈的使用寿命及管材和管件有危害作用的物质。

4.2　外观

O 形圈的外观平整，不允许有气泡、裂口及影响其性能的其他缺陷。

4.3　物理性能

供水系统（饮用水、自来水、≤110 ℃热水等）用密封圈材料为氯化丁基橡胶、三元乙丙橡胶时，其材料物理性能应满足 GB/T 27572—2011 或 GB/T 21873—2008 中硬度级别为 70 或 80 的性能要求；生活饮用水供应系统用硅橡胶密封圈时，其物理性能应满足 GB/T 28604—2012 中硬度级别为 60 或 70 的性能要求。

燃气、燃油类、石油等介质用橡胶圈材料为丁腈橡胶时，其材料物理性能应满足 GB/T 23658—2009 中硬度级别为 70 或 80 的性能要求。

4.4　卫生性能

用于生活饮用水的 O 形圈的卫生性能应符合 GB/T 17219—1998 中表 1 规定的要求。

5　试验与检验

5.1　材料

检查 O 形圈所用材料及材质报告，结果应符合 4.1 的要求。

5.2 外观

在日光或灯光照明下用目测法检验，结果应符合4.2的要求。

5.3 尺寸

用精度符合极限偏差要求的通用量具检查O形圈的尺寸和公差，结果应符合表1～表4的要求。

5.4 物理性能

O形圈物理性能的检验按4.3相关标准的规定进行。

5.5 卫生性能

卫生性能的检验按GB/T 17219附录A的规定进行。

6 检验规则

6.1 出厂检验

出厂检验以每批胶料为一个检验批。外观应全数检验；其余项目每批产品抽样按GB/T 2828.1，采用检验水平S-2，AQL2.5%的抽样方案，进行硬度、拉伸强度、拉断伸长率和压缩永久变形的检验。检验结果如有一项不合格时，应加倍对该项进行复检，若合格，则判为出厂检验合格；若复检时仍有不符合要求的项目，则判为出厂检验不合格。

6.2 型式检验

6.2.1 检验时机

有下列情况之一时，应进行型式检验：

a) 首次产生或转厂生产；

b) 正式生产后，如工艺有较大改变，可能影响产品性能；

c) 长期停产后恢复生产；

d) 上级质量监督机构提出要求时。

6.2.2 检验项目

O形圈的型式检验项目按5.1～5.5及相关标准的规定。

6.2.3 抽样数量

型式检验在同规格产品中每批抽取5%(不少于5只)的试样。

6.2.4 判定规则

O形圈型式检验全部项目符合要求判为型式检验合格，当检验结果出现一项不合格时，应在审查设计、工艺等基础上抽取双倍试样对不合格的项目进行复检，若仍有不符合要求的项目，则判为型式检验不合格。其中卫生性能不得复检。

7 标志、包装和贮运

7.1 O 形圈的标志、包装、运输和贮存按 GB/T 5721 规定进行。

7.2 用于生活饮用水的 O 形圈应在外包装和合格证上标明卫生许可批件文号。

7.3 O 形圈不得与有毒、有害物混合运输和贮存。

ICS 13.030.40
J 88

中华人民共和国国家标准

GB/T 19229.3—2012

燃煤烟气脱硫设备
第3部分：燃煤烟气海水脱硫设备

Coal-fired flue gas desulphurization equipment—
Part 3:The equipment for coal-fired flue gas desulphurization by seawater

2012-11-05 发布　　　　2013-06-01 实施

中华人民共和国国家质量监督检验检疫总局
中国国家标准化管理委员会　发布

前　言

GB/T 19229《燃煤烟气脱硫设备》分为4个部分：

——第1部分：燃煤烟气湿法脱硫设备；

——第2部分：燃煤烟气干法/半干法脱硫设备；

——第3部分：燃煤烟气海水脱硫设备；

——第4部分：燃煤烟气氨法脱硫设备。

本部分为GB/T 19229的第3部分。

本部分按照GB/T 1.1—2009给出的规则起草。

本部分由中华人民共和国国家发展和改革委员会提出。

本部分由全国环保产品标准化技术委员会环境保护机械分技术委员会(SAC/TC 275/SC 1)归口。

本部分起草单位：北京博奇电力科技有限公司、浙江大学热能工程研究所、机械科学研究总院、北京龙源环保工程有限公司、浙江菲达环保科技股份有限公司、武汉凯迪电力工程有限公司、浙江天地环保工程有限公司、中国华电工程(集团)有限公司、东方锅炉(集团)股份有限公司、蓝天环保设备工程有限公司、深圳能源集团股份有限公司、中国科学院城市环境研究所。

本部分主要起草人：吴树志、高翔、陈玉乐、路增林、葛介龙、赵辉、李雄浩、刘柏辉、沈明忠、杨志忠、张涌新、吴来贵、陈进生。

燃煤烟气脱硫设备
第3部分：燃煤烟气海水脱硫设备

1 范围

GB/T 19229的本部分规定了燃煤烟气海水脱硫设备的术语和定义、工艺系统、技术要求、检验验收、标牌、标志、包装、运输和贮存等内容。

本部分适用于新建、扩建和改建燃煤火电厂锅炉或供热锅炉同期建设或已建锅炉海水脱硫工程所采用的设备。其他行业的燃煤、燃油、燃气锅炉尾气处理适合采用烟气海水脱硫措施时可以参考执行。

2 规范性引用文件

下列文件对于本文件的应用是必不可少的。凡是注日期的引用文件，仅注日期的版本适用于本文件。凡是不注日期的引用文件，其最新版本(包括所有的修改单)适用于本文件。

GB/T 191 包装储运图示标志

GB/T 985.1 气焊、焊条电弧焊、气体保护焊和高能束焊的推荐坡口

GB 4053.1 固定式钢梯及平台安全要求 第1部分：钢直梯

GB 4053.2 固定式钢梯及平台安全要求 第2部分：钢斜梯

GB 4053.3 固定式钢梯及平台安全要求 第3部分：工业防护栏杆及钢平台

GB/T 5117 碳钢焊条

GB/T 5118 低合金钢焊条

GB/T 6388 运输包装收发货标志

GB/T 9969 工业产品使用说明书 总则

GB 12348 工业企业厂界环境噪声排放标准

GB 13223 火电厂大气污染物排放标准

GB/T 13306 标牌

GB/T 13384 机电产品包装通用技术条件

GB 50010 混凝土结构设计规范

GB 50016 建筑设计防火规范

GB 50017 钢结构设计规范

GB 50057 建筑物防雷设计规范

GB 50128 立式圆筒形钢制焊接储罐施工及验收规范

GB 50205 钢结构工程施工质量验收规范

GB 50222 建筑内部装修设计防火规范

GB 50229 火力发电厂与变电站设计防火规范

GB 50236 现场设备、工业管道焊接工程施工规范

GB 50254 电气装置安装工程低压电器施工及验收规范

GB 50255 电气装置安装工程电力变流设备施工及验收规范

GB 50256 电气安置安装工程起重机电气装置施工及验收规范

GB 50257 电气装置安装工程爆炸和火灾危险环境电气装置施工及验收规范

GB 50273 锅炉安装工程施工及验收规范

GBZ 1 工业企业设计卫生标准

GBZ 2(所有部分) 工业场所有害因素职业接触限值

DL/T 869 火力发电厂焊接技术规程

DL/T 1083 火力发电厂分散控制系统技术条件

DL 5009.1 电力建设安全工作规程(火力发电厂部分)

DL/T 5032 火力发电厂总图运输设计技术规程

DL 5053 火力发电厂职业安全设计规程

DL/T 5153 火力发电厂厂用电设计技术规定

DL/T 5161.17 电气装置安装工程 质量检验及评定规程 第17部分:电气照明装置施工质量检验

DL/T 5175 火力发电厂热工控制系统设计技术规定

DL/T 5190.5 电力建设施工技术规范 第5部分:管道及系统

DL/T 5196 火力发电厂烟气脱硫设计技术规程

DL/T 5339 火力发电厂水工设计规范

HG/T 21633 玻璃钢管和管件

HGJ 229 工业设备、管道防腐蚀工程施工及验收规范

HJ/T 75 固定污染源烟气排放连续监测技术规范(试行)

HJ/T 76 固定污染源烟气排放连续监测系统技术要求及检测方法(试行)

JB/T 4735 钢制焊接常压容器

建设项目竣工环境保护验收管理办法(国家环境保护总局令2001年第13号)

3 术语和定义

下列术语和定义适用于本文件。

3.1

燃煤烟气海水脱硫设备 equipment for coal-fired flue gas desulphurization by seawater

大气污染控制设备的一种。使用海水作为吸收剂的用于从燃煤烟气中除去SO_2(二氧化硫)所需要的装置、组件及系统集成。

3.2

吸收塔 absorber

使用物理和化学的处理方法,除去烟气中的SO_2的装置。

3.3

海水恢复系统 seawater recovery system

通过曝气等办法对来自海水脱硫吸收塔的海水进行恢复处理并与来自凝汽器的其余海水混合,以达到所处海域海水水质标准的系统,通常包括曝气池、曝气风机及曝气管网等设备及构筑物。

3.4

曝气池 aeration basin

海水恢复系统中对海水水质进行曝气恢复处理的构筑物。

3.5

曝气风机 aeration blower

输送曝气池氧化所用空气的装置。

3.6

稀释比　dilution ratio

用于稀释的新鲜海水与来自脱硫吸收塔的海水的比率。

3.7

曝气时间　exposed period

来自脱硫吸收塔的海水在曝气池中的平均停留时间。

3.8

海水供应系统　seawater supply system

为海水脱硫吸收塔提供脱硫用海水的系统，主要包括海水升压泵、海水管道及阀门等。

3.9

海水升压泵　seawater pump

为海水脱硫吸收塔提供脱硫用海水的升压装置，以克服管道和设备阻力。

3.10

虹吸井　siphon well

采用开式冷却水的汽轮机凝汽器维持凝汽器真空稳定的溢流堰，以降低开式循环水系统的几何供水高程。当采用海水冷却时，去脱硫吸收塔的海水通常取自虹吸井下游。

3.11

循环水排水沟　drainage ditch for circular water

用于排放汽轮机凝汽器冷却水的沟渠。

3.12

装置可用率　equipment availability

脱硫设备每年正常运行时间与主体工程每年总运行时间的百分比。按式(1)计算：

$$Y=\frac{A-B}{A}\times 100 \qquad \cdots\cdots\cdots\cdots (1)$$

式中：

Y——装置可用率，%；

A——主体工程每年可运行的总时间，单位为小时(h)；

B——脱硫设备每年因脱硫系统故障导致的停运时间，单位为小时(h)。

3.13

脱硫效率　removal efficiency

脱硫设备脱除的 SO_2 浓度与未经脱硫前烟气中所含 SO_2 浓度的百分比。按式(2)计算：

$$\eta_{SO_2}=\frac{C_1-C_2}{C_1}\times 100 \qquad \cdots\cdots\cdots\cdots (2)$$

式中：

η_{SO_2}——脱硫效率，%；

C_1——脱硫设备进口 SO_2 的折算浓度(空气过量系数 1.4，标准工况，干基)，单位为毫克每立方米(mg/m^3)；

C_2——脱硫设备出口 SO_2 的折算浓度(空气过量系数 1.4，标准工况，干基)，单位为毫克每立方米(mg/m^3)。

4　工艺系统

4.1　总体布置

4.1.1　烟气海水脱硫设备的总平面设计应符合 GB 50016、GB 50222、GB 50229 和 DL 5032 等防火、防爆规范的规定。

4.1.2 海水供应系统升压泵的布置应根据全厂海水循环系统布置，宜靠近虹吸井或循环水排水沟。

4.1.3 海水排放系统的排水口潮位可以根据电厂具体情况按照1%～10%高潮位选取。

4.1.4 曝气池布置应靠近排水方向，宜与循环水排水沟位置相结合布置。

4.1.5 对改造机组，海水恢复系统布置应尽量接近现有的循环水排水水道，并根据DL/T 5339核算是否需要对现有机组循环水泵进行改造。

4.2 烟气系统

4.2.1 烟气系统包括增压风机、烟气换热器、烟气挡板门和烟道等。该系统中设备容量选择和型式确定按照DL/T 5196执行。

4.2.2 当不设烟气换热器时，应考虑在吸收塔入口的烟道上采取降温措施。在吸收塔进、出口烟道及烟囱应设排水设施。

4.2.3 烟气换热器中与净烟气接触的部分应考虑防止低温湿烟气腐蚀的措施。

4.2.4 烟气挡板门应采取密封措施，以避免烟气泄漏。

4.3 SO_2 吸收系统

4.3.1 SO_2 吸收系统包括吸收塔本体和塔内设备，其工艺流程参见附录A。

4.3.2 吸收塔形式可选用填料塔或空塔喷淋，宜采用气液逆流方式。对填料塔，填料材质应能适应塔内温度和腐蚀的要求。

4.3.3 吸收塔的数量应根据锅炉容量和运行可靠性等确定，宜一炉配一塔。

4.3.4 吸收塔宜采用钢结构或混凝土结构，内部结构应考虑烟气流动的要求和湿烟气及海水防腐技术要求，塔内防腐可采用金属或非金属材料。钢结构设计和混凝土设计应分别满足GB 50017和GB 50010要求。

4.3.5 采用空塔喷淋时，喷淋层数量可根据脱硫烟气量、烟气 SO_2 浓度、脱硫效率、海水温度、海水水质及季节变化特点和技术特点配置；采用填料塔时，填料塔的填料层至少设一层，空塔喷淋应根据工艺条件选定并考虑安全因素，不宜少于两层。

4.3.6 吸收塔应装设除雾器，除雾器应设水冲洗装置。装在吸收塔内的除雾器和喷淋层应考虑足够强度的检修维护措施。

4.3.7 吸收塔应设置足够数量和大小的人孔与顶部排气门，以满足检修维护的要求。吸收塔应有停运后塔底海水排空措施。

4.4 海水供应系统

4.4.1 海水供应系统包括海水升压泵、海水升压泵进出口阀门和供水管道等。

4.4.2 300 MW及以上机组海水脱硫设备宜为每套吸收塔设置独立的供水系统。海水升压泵的数量应按照吸收塔的数量及喷淋层数和运行可靠性确定。

4.4.3 海水升压泵宜设取水前池。

4.4.4 海水升压泵出口处应设防水锤的措施。

4.4.5 吸收塔的供、排水管道可采用玻璃钢管，当需要通过道路等设施敷设时可采用直埋方式，在可能承压的直埋管道上方应采取保护措施，并符合DL/T 5339的规定。管路上应装设压力和/或流量表计。

4.4.6 海水升压泵过流部件材质应能满足海水腐蚀环境运行要求，可参照主机组循环水泵材质选用。

4.5 海水恢复系统

4.5.1 海水恢复系统包括吸收塔至曝气池的排水管道、曝气池和曝气风机等。

4.5.2 海水恢复系统可采用纯塔外曝气、塔内辅助曝气加塔外曝气、塔内一体式曝气等方式。

4.5.3 曝气池的配置，300 MW 及以上机组宜采用一炉配一池的方式。

4.5.4 曝气池内有效曝气区域的大小应根据脱硫装置入口烟气参数、脱硫效率、海水水质条件、海水排水水质要求和环境温度等因素确定，应有良好的运行经济性。

4.5.5 曝气池内液位应根据虹吸井堰上水头和循环水排水沟出口处的设计高潮位以及海水排水水道的阻力等因素确定。海水潮位变化不应影响曝气池的正常运行，曝气池应有和虹吸井同等的防止高潮位海水外溢的措施。

4.5.6 海水恢复系统不设曝气池外旁路。

4.5.7 曝气池出口应设有 pH 和 DO 的在线监测仪表，COD 测量可设置手动取样点人工分析。在池内排水区或合适的位置应设在线液位监测仪表。吸收塔排水点可以根据需要预留手动取样点。

4.5.8 应尽量避免将易受腐蚀的设备布置在曝气池附近。曝气池内所有暴露于盐雾和水气的设备、管道和支架都应有防盐雾腐蚀措施。

4.5.9 曝气风机选型应该按照曝气池设计液位进行选型计算，可不设置备用，数量不少于两台。

4.5.10 所有接触海水的水道、管道都应按照运行环境采取防腐措施。对仅接触原海水的水道，应使用耐海水腐蚀的混凝土；对接触脱硫后海水的水道、曝气池体内壁，应采取耐酸腐蚀防腐设计。

5 技术要求

5.1 基本要求

5.1.1 对于地处沿海的燃煤锅炉，当燃用中低硫煤并采用开式冷却水系统时，在其海域环境影响评价取得国家有关部门审查通过，并经全面技术经济比较合理后，可以选用燃煤烟气海水脱硫设备以控制 SO_2 排放。

5.1.2 按照经过规定程序批准的图纸和设计文件要求对燃煤烟气脱硫设备进行制造、安装、调试及验收。

5.2 技术性能要求

5.2.1 设计海水脱硫设备出口烟气 SO_2 排放浓度应满足国家与地方环保排放要求和环境评价排放要求，执行 GB 13223 的要求，设计脱硫效率一般不宜低于 85%。

5.2.2 脱硫设备设计使用寿命应与主机组一致，装置可用率应保证在 95%以上。

5.3 材料和制造要求

5.3.1 烟气海水脱硫设备所用钢材应符合 JB/T 4735 的规定，并应附有钢材生产单位的钢材质量证明书。脱硫系统设备的生产厂家应按钢材质量证明书对钢材进行验收，必要时进行复验。

5.3.2 脱硫系统设备的加工、成形、焊接、检验与验收应按 JB/T 4735、GB/T 5117、GB/T 5118、GB/T 985.1和 HG/T 21633 的规定进行。

5.3.3 对填料塔，填料应采用聚丙烯或其他能耐受海水工作环境的材料。

5.4 电气与控制要求

5.4.1 脱硫设备的电气部分应符合 DL/T 5153、DL/T 1083 的规定，控制部分应符合 DL/T 5175 的要求。

5.4.2 脱硫设备的控制水平要和主机组相当，可采用分散控制系统(DCS)或可编程逻辑控制系统(PLC)，脱硫操作员站宜布置在主机组控制室内。若单独设置脱硫控制系统，则应将脱硫设备与机组相互影响较大的重要信号，以硬接线方式与机组 DCS 相连接。

5.4.3 脱硫系统设备应有防雷、接地的措施，并符合 GB 50057 的规定。

5.4.4 随辅机设备本体成套提供及装设的检测仪表和执行装置，应满足脱硫系统运行和热控整体自动化的功能与接口要求。

5.4.5 烟气分析仪设计安装应符合 HJ/T 75、HJ/T 76 规定，宜按脱硫设备运行监控需要独立装设在进/出口烟道上。用于环保部门监测的烟气分析系统宜装设在烟囱上，并留有通讯接口，定时传输数据和图表。

5.4.6 曝气池出口应装设海水排水水质检测取样泵和在线检测仪表，监测内容应包括 pH、DO 和 COD，COD 也可通过手动取样点人工分析。

5.5 职业安全卫生

5.5.1 脱硫系统中的工作平台、扶梯、栏杆等应符合 GB 4053.1～4053.3 的规定。

5.5.2 脱硫系统在正常工作时的噪声应符合 GB 12348 的要求。

5.5.3 脱硫系统的建设安全管理应符合 DL 5009.1 的规定。

5.5.4 脱硫系统的劳动安全和工业卫生设计应符合 DL 5053 的要求。

5.6 消防要求

5.6.1 消防水源宜由电厂管网主消防系统供给。消防水系统的设置应覆盖烟气海水脱硫工艺系统中的所有设备。

5.6.2 消火栓应根据需要沿道路设置，并宜靠近路口，若厂内主消防系统在烟气海水脱硫工艺系统区域附近设有消火栓，可考虑利用其保护范围，相应减少消火栓的数量。

5.6.3 建构筑物的室内消防，按照 GB 50016 执行，电气设备和设备间消防按照 GB 50229 执行。

6 检验验收

6.1 设备验收

6.1.1 在设备制造工作完成时，应进行试验以证明其性能符合设备规范、合同要求、适应标准的条款。

6.1.2 脱硫设备竣工环境保护验收按《建设项目竣工环境保护验收管理办法》的规定进行。

6.1.3 设备及相关工业管道、钢结构在建设工地焊接安装完毕后，应按 GB 50236、GB 50205 进行验收，单体设备应验收合格。

6.1.4 工程安装、施工完成后应进行调试前的启动验收，启动验收应合格。

6.1.5 通过脱硫系统整体 168 h 试运行，各子系统应运转正常，技术指标（含设备阻力）应达到设计和合同要求。

6.1.6 脱硫设备验收按照下列标准执行：

——吸收塔的制造和安装按 JB/T 4735 和 GB 50128 执行，混凝土塔按照 GB 50010 执行；

——烟道的验收按 GB 50273 执行；

——钢结构及附属机械、设备的钢结构验收按 GB 50205 执行；

——承压管道配制和安装中的焊接工作按 DL/T 869 执行；

——玻璃钢管道验收按 HG/T 21633 执行；

——设备、管道的保温和油漆工程验收按 GB 50273 执行；

——电气设备验收按 GB 50254～50257，DL/T 5161.17 执行；

——热工控制仪器、仪表、设备验收按 DL/T 5190.5 执行；

——消防、环境保护、劳动安全卫生、防腐按 GB 12348、GB 50016、GBZ 1、GBZ 2（所有部分）和

HGJ 229 执行；
——中国以外的专有技术和设备，应按照提供方的设计技术文件、设备技术规范、合同规定及商检文件执行，并应符合中国现行国家或行业工程施工及验收标准的要求。

6.2 性能验收

海水脱硫设备性能试验包括：功能试验、技术性能试验、设备试验。其中，技术性能试验至少应包括：脱硫效率、系统压力降、电能消耗量、海水排水水质指标等。

7 标牌、标志、包装、运输和贮存

7.1 标牌和标志

7.1.1 标牌应符合 GB/T 13306 的规定。
7.1.2 海水脱硫设备在明显位置应装有固定标志，一般应包括：制造厂名或商标，产品型号及名称，额定处理能力，设备外形尺寸，执行标准号及产品编号，制造日期。

7.2 包装、运输和贮存

7.2.1 燃煤烟气脱硫设备包装应符合 GB/T 13384 的规定，保证在正常运输条件下不致因包装不善而损坏，包装与运输的标志应符合 GB/T 6388 和 GB/T 191 的规定。
7.2.2 每台设备应附有下列图样和随机文件：
——设备总清单；
——设备总图、基础图、管路图及安装图；
——产品合格证；
——使用说明书，说明书应符合 GB/T 9969 的规定；
——包装清单及备品备件清单；
——上述图样及技术文件清单。
7.2.3 运输时应对设备的接管法兰表面加以保护，采用合理装载加固措施，依次码好，法兰面不受损坏。
7.2.4 衬里的燃煤烟气脱硫设备要轻装轻放，防止剧烈震动和机械损伤。
7.2.5 燃煤烟气脱硫设备本体允许露天贮存，电子设备及保温材料等不允许露天贮存，设备配件装箱库存。

附 录 A
（资料性附录）
典型工艺流程和工艺描述

A.1 组成和典型工艺流程

典型的燃煤烟气海水脱硫工艺系统一般包括烟气系统、SO_2 吸收系统、海水供应系统和海水恢复系统等。典型工艺流程图如图 A.1 所示。

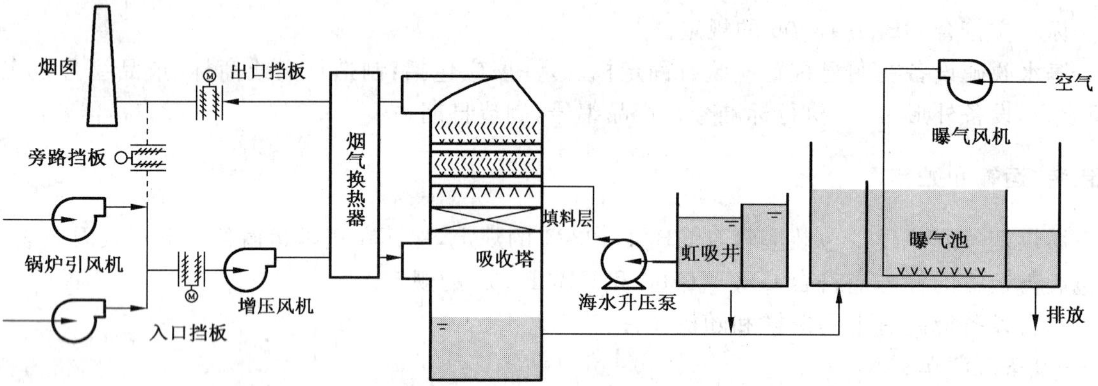

图 A.1 典型燃煤烟气海水脱硫设备工艺流程图

A.2 海水脱硫原理

在吸收塔中，经过除尘处理的烟气与来自电厂开式冷却水系统的海水逆向充分接触混合，海水将烟气中的二氧化硫有效地吸收生成亚硫酸根离子；来自海水脱硫吸收塔的海水流入海水恢复系统，与来自凝汽器的其余海水混合并鼓入一定量的空气，使亚硫酸根离子氧化转变为硫酸根离子，同时使海水的 pH 升高至排放标准以上，达到海水排放指标后排入大海。见式(A.1)、式(A.2)：

$$SO_2(gas)+H_2O+\frac{1}{2}O_2 \rightarrow SO_4^{2-}+2H^+ \quad \cdots\cdots (A.1)$$

$$HCO_3^- + H^+ \rightarrow CO_2 + H_2O \quad \cdots\cdots (A.2)$$

A.3 工艺描述

A.3.1 烟气系统

烟气系统主要由进出口挡板、增压风机、烟气换热器(GGH)、旁路挡板和将设备连接起来的烟道组成。来自主机组的烟气经进口挡板，通过增压风机升压，送入 GGH 冷却后，从吸收塔底部自下而上进入吸收塔，被洗涤后的洁净烟气再次进入 GGH 加热升温至 70 ℃以上，经出口挡板门由烟囱排入大气。

A.3.2 SO_2 吸收系统

吸收塔形式可选用填料塔或空塔喷淋，一般采用气液逆流方式。

采用填料塔时，吸收塔内一般包括海水分配器、填料、除雾器等设备或组件。来自海水升压泵的海水进入海水分配器，通过海水分配器在吸收塔截面上均匀地流经填料层。未处理烟气则由塔下部进入，逆流向上通过填料层，在填料层中与海水进行充分接触，脱除 SO_2。

采用喷淋塔时，来自海水升压泵的海水通过雾化喷嘴形成吸收液膜或雾化液滴，与逆流向上流动的烟气充分混合接触，吸收 SO_2。有的技术为提高烟气分布均匀性，强化气液接触，在塔内设置一层或多层筛板。

A.3.3 海水供应系统

脱硫用海水一般取自主机组开式冷却水系统，取水点可以为虹吸井或循环水排水渠，具体位置根据全厂布置情况综合确定。海水升压泵从虹吸井或循环水渠吸取海水，升压后送至吸收塔洗涤烟气中的 SO_2，洗涤烟气后的酸性海水，从吸收塔底部靠重力流至海水恢复系统的曝气池。从海水升压泵到吸收塔的供水管以及从吸收塔到曝气池的排水管的管道材质通常采用加强型玻璃钢管(FRP)。

A.3.4 海水恢复系统

吸收塔内洗涤烟气后排出的海水呈酸性，而且含有大量不稳定的 SO_3^{2-}，不能直接排入大海，必须与未经脱硫的海水混合，并鼓入大量空气，以产生大量细碎的气泡使易分解的亚硫酸盐氧化成稳定的硫酸盐。通过曝气还可以使水中的碳酸根 CO_3^{2-} 和碳酸氢根 HCO_3^- 与吸收塔排出的 H^+ 加速进行中和反应，释放出 CO_2，使得海水的 pH 得以恢复，并使 pH、COD、DO 等满足排放标准的要求。

A.3.5 海水水质参数表

海水水质参数表参见表 A.1。

表 A.1 海水水质参数表

序号	内　容	单位	入口水质	排水水质	脱硫增量值
1	pH	—			
2	总碱度(以碳酸钙当量来计算)	毫克当量/升			
3	盐度	%			
4	海水温度(冬季/夏季)	℃			
5	溶解氧(DO)	mg/L			
6	化学耗氧量(COD)	mg/L			
7	固体悬浮物	mg/L			

ICS 29.140.30
K 71

中华人民共和国国家标准

GB 19258—2012
代替 GB 19258—2003

紫外线杀菌灯

Ultraviolet germicidal lamp

2012-11-05 发布　　2013-09-01 实施

中华人民共和国国家质量监督检验检疫总局
中国国家标准化管理委员会　发布

前 言

本标准的5.1、5.3、5.6、5.7、5.9、5.10和8.2中的a)、b)、c)为强制性,其余为推荐性。

本标准按照GB/T 1.1—2009给出的规则起草。

本标准代替GB 19258—2003《紫外线杀菌灯》。

本标准与GB 19258—2003的区别如下:

——对每个规格紫外线照度进行了重新测试;

——对紫外的维持率以及寿终的维持率给出了相关规定。

本标准由中国轻工业联合会提出。

本标准由全国照明电器标准化技术委员会(SAC/TC 224)归口。

本标准起草单位:浙江晨辉照明有限公司、广东雪莱特光电科技股份有限公司、北京电光源研究所。

本标准主要起草人:陆光明、郭朋鑫、彭海军、高光义、李其瑾。

本标准于2003年首次发布,本次为第一次修订。

紫外线杀菌灯

1 范围

本标准规定了低气压汞蒸气放电紫外线杀菌灯(以下简称“灯”)的产品分类、技术要求、试验方法、检验规则及标志、包装、运输和贮存。

本标准适用于采用石英玻璃生产的有臭氧或无臭氧,紫外辐射峰值波长为253.7 nm的双端、单端或自镇流灯。

本标准适用于功率为65 W以下的灯。

2 规范性引用文件

下列文件对于本文件的应用是必不可少的。凡是注日期的引用文件,仅注日期的版本适用于本文件。凡是不注日期的引用文件,其最新版本(包括所有的修改单)适用于本文件。

GB/T 1406.1 灯头的型式和尺寸 第1部分:螺口式灯头(IEC 60061-1:2005,MOD)

GB/T 1406.2 灯头的型式和尺寸 第2部分:插脚式灯头(IEC 60061-1:2005,MOD)

GB/T 1406.5 灯头的型式和尺寸 第5部分:卡口式灯头(IEC 60061-1:2005,MOD)

GB/T 2828.1 计数抽样检验程序 第1部分:按接收质量限(AQL)检索的逐批检验抽样计划(ISO 2859-1:1999,IDT)

GB/T 2829 周期检验计数抽样程序及表(适用于对过程稳定性的检验)

GB/T 10682 双端荧光灯 性能要求

GB 16843 单端荧光灯的安全要求(IEC 1199:1993,IDT)

GB 16844 普通照明用自镇流灯的安全要求(IEC 60968:1988,IDT)

GB/T 17262 单端荧光灯性能要求

GB/T 17263 普通照明用自镇流荧光灯性能要求

GB 18774 双端荧光灯 安全要求(IEC 61195:1999,IDT)

HJ/T 47—1999 烟气采样器技术条件

3 术语和定义

下列术语和定义适用于本文件。

3.1

紫外线杀菌灯 ultraviolet germicidal lamp

一种采用石英玻璃或其他透紫玻璃的低气压汞蒸气放电灯,放电产生以波长为253.7 nm为主的紫外辐射,其紫外辐射能杀灭细菌和病毒。

3.2

臭氧产出率 ozone output efficacy

灯在规定的条件下燃点时,单位时间产生的臭氧量与灯消耗的功率之比,单位为g/(kW·h)。

3.3

标称值 nominal value

灯上标明的数值。

3.4

额定值　rated value

灯在规定的工作条件下其特定的数值，该值及条件由本标准中规定或由制造商、销售商规定。

3.5

初始值　initial readings

灯在老练之前所测的启动特性及老练 100 h 时所测的紫外辐射光、电特性和臭氧特性。

3.6

辐射通量　radiant flux

Φ_e

以辐射的形式发射、传播或接收的功率，单位为 W。

3.7

紫外线辐射通量　ultraviolet radiation flux

($\Phi_{e253.7}$)

以 253.7 nm 为主波长的紫外线辐射通量，单位为 W。

3.8

辐射照度　irrandiance

E_e

投射到包含该点的面元上的辐射通量 $d\Phi_e$ 除以该面元面积 dA。单位为 $\mu W/cm^2$。

3.9

紫外线辐射照度　ultraviolet radiation luminance

$E_{e253.7}$

以 253.7 nm 为主波长的紫外线辐射照度，单位为 $\mu W/cm^2$。

3.10

辐射效率　radiant efficiency

η_e

辐射源发出的辐射通量与其所耗功率之比。

3.11

紫外线辐射效率　ultraviolet radiation efficiency

$\eta_{e253.7}$

灯初始紫外线辐射通量与实际输入的电功率之比，用百分数表示。

3.12

单端灯　single-capped ultraviolet germicidal lamp

一种具有单灯头的装有内启动装置或使用外启动装置并连接在外电路上工作的灯。

3.13

自镇流灯　self-ballasted ultraviolet germicidal lamp

含有灯头、镇流器和灯管，并使之为一体的灯，这种灯在不损坏其结构时是不可拆卸的。

3.14

双端灯　double-capped ultraviolet germicidal lamp

双灯头管形灯。

3.15

寿命(单只灯的)　life (of individual lamp)

一只灯从燃点至“烧毁”或灯的紫外线辐射通量维持率下降到本标准所规定值时的累计时间。

3.16

平均寿命(50%的灯失效时的寿命) average life (life to 50% failures)

灯的紫外线辐射通量维持率达到本标准的要求,并能继续燃点至50%的灯达到单只灯寿命时的累计时间。

3.17

紫外线辐射通量维持率 ultraviolate radiation flux maintenance

灯在规定的条件下燃点,在寿命期间一特定时间的紫外线辐射通量与该灯的初始紫外线辐射通量之比,用百分数表示。

3.18

基准镇流器 refernce ballast

为采用交流电源频率工作的灯而特殊设计的电感型镇流器或为采用高频工作的灯而设计的电阻型镇流器。它在检验其他镇流器、选择基准灯及检验其标准化条件下正常生产的灯时作为比较的标准。基准镇流器的基本特性如有关镇流器标准中所述,该镇流器在额定频率下具有稳定的电压/电流比,相对不受电流、温度和周围磁场变化的影响。

3.19

基准镇流器的校准电流 calibration current of a reference ballast

基准镇流器在校准或调整时所依据的电流值。

4 产品分类

4.1 分类和标记

灯按灯外形可以分为双端灯(以“S”表示)、单端灯(以“D”表示)和自镇流灯(以“Z”表示)三类;按是否含臭氧类型分为含臭氧(以“Y”表示)和不含臭氧(以“W”表示)两种。

4.2 型号命名方法

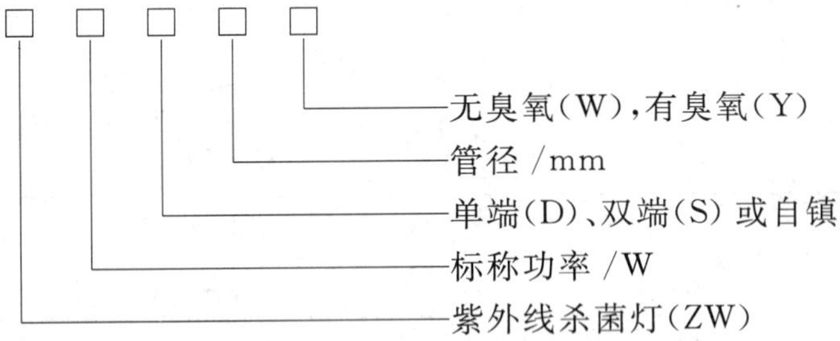

示例:ZW15S26W 表示管径为26 mm的15 W双端无臭氧紫外线杀菌灯;
ZW7D12Y 表示管径为12 mm的7 W单端有臭氧紫外线杀菌灯。

5 技术要求

灯的设计及其结构、性能应使其在正常使用中性能可靠,对使用者和周围环境不产生危险,其杀菌作用一般通过进行所有规定的试验来检验合格性。

5.1 安全要求

单端灯、自镇流灯和双端灯的安全要求分别应符合GB 16843、GB 16844和GB 18774的相应规定。

5.2 玻管

灯的玻管应透明、洁净、平直，不应有影响紫外线透过的缺陷。

5.3 灯头

成品灯应配备符合相应光源标准的灯头。

插脚式、螺口式、卡口式灯头的型式和尺寸应分别符合 GB/T 1406.2、GB/T 1406.1、GB/T 1406.5 灯头的绝缘材料应能耐紫外辐射，抗紫外老化和脆化。在完成 6.8 的试验后，试样不应有任何削弱其安全性的变化，绝缘材料的防电击性能不应降低，灯头及灯头插脚等不应松动，绝缘材料不应有破裂、鼓胀和皱缩。

5.4 灯的外形尺寸

双端灯、单端灯和自镇流灯的外形尺寸分别应符合 GB/T 10682、GB/T 17262 和 GB/T 17263 中相对应功率灯的规定。

5.5 启动特性

灯应具有良好的启动特性，双端灯、单端灯和自镇流灯的启动特性分别应符合 GB/T 10682、GB/T 17262 和 GB/T 17263 中相对应功率灯的规定。

5.6 初始电参数

双端灯和单端灯初始灯电压分别应符合 GB/T 10682 和 GB/T 17262 中相对应功率灯的规定。

自镇流灯的初始功率与额定功率之差应不大于 15%，单端和双端灯的初始功率应不大于额定功率的 105%+0.5 W。

5.7 紫外线辐射效率/辐射通量

双端灯和单端灯初始紫外线辐射效率不应低于表 1 的规定。自镇流灯的紫外线辐射效率应不低于单端灯规定值的 85%。

表 1

标称功率范围 W	灯的紫外线辐射效率/%		
	双端灯	单端灯	自镇流灯
<9	12	12	10.2
9～17	18	16	13.6
≥18	23	20	17

表 1 中值为双管类参数，四管、多管、方形和环形灯的数据按表中规定值 90%考核。

辐射通量可由制造商和销售商标称，但其实测值应不低于标称值的 90%。

5.8 紫外线辐射照度

双端灯和单端灯的初始紫外线辐射照度分别应不低于表 2、表 3 中规定值的 93%。

自镇流灯的数据待定。

表 2

标称功率/W	4	6	8	13	15	18	30	36
双端灯紫外线辐射照度/($\mu W/cm^2$)	11	17	22	35	50	62	100	135

表 3

标称功率/W	7	9	11	18	24	36	55(T5)
单端灯紫外线辐射照度/($\mu W/cm^2$)	18	28	40	52	100	150	185
注：表 2、表 3 中值为双管灯参数，四管、多管、方形和环形灯的数据待定。							

5.9 初始臭氧产出率

无臭氧灯的初始臭氧产出率应低于 0.05 g/(kW·h)。

有臭氧灯的初始臭氧产出率应不低于标称值的 80%。

5.10 紫外线辐射通量维持率/寿命

灯的平均寿命应不低于 5 000 h。2 000 h 紫外辐射通量维持率不低于 85%，寿终时紫外线辐射通量的维持率不低于 65%。

6 试验方法

6.1 玻管的表面质量(5.2)

用目视法检验。

6.2 灯头(5.3)

应采用相应的量规检验。

对于绝缘材料的抗紫外老化，在按 6.8 试验后，采用目视和专用量规检验。

6.3 外形尺寸(5.4)

应采用精度不低于 0.05 mm 的通用量具或专用量规检验。

6.4 启动性能、电参数和功率(5.5,5.6)

单端灯按 GB/T 17262 规定的方法测试。

自镇流灯按 GB/T 17263 规定的方法测试。

双端灯按 GB/T 10682 规定的方法测试。

6.5 紫外线辐射效率/辐射通量(5.7)

按附录 B 规定的方法测试。

6.6 紫外线辐射照度(5.8)

按附录 A 规定的方法测试。

6.7 臭氧产出率(5.9)

按附录D规定的方法测试。

6.8 紫外线辐射通量维持率/寿命(5.10)

按附录C的规定燃点计时,按附录B测试并计算。

6.9 标志(8.1)

灯上标志的正确性和清晰度用外观法检查。

牢固度的测试方法,单端灯按GB/T 17262中规定方法测试,自镇流灯按GB/T 17263中规定方法测试,双端灯按GB/T 10682中规定方法测试。

7 检验规则

7.1 为了检验灯的质量是否符合本标准的要求,生产企业的检验部门应对灯进行交收试验和例行试验。

7.2 交收试验的样本应从每日(批)生产的同一型号灯中均匀地抽取。交收试验按GB/T 2828.1执行,其试验项目、抽样方案检验水平及合格质量水平应符合表4规定。同时提交验收的同一型号产品为一批。交收试验中安全项目的检验规则应按照相应安全标准规定。

表4 交收试验的项目、抽样方案、检验水平及合格质量水平

序号	试验项目	验收条款		抽样方案	检查水平 IL	AQL/%	
		技术要求	试验方法			单项	综合
1	标志	8.1	6.9	一次	S-2	4.0	6 5
2	玻管	5 2	6.1				
3	灯头	5.3	6.2				
4	外形尺寸	5.4	6.3				
5	启动特性	5.5	6.4		S-3		
6	灯电压和功率	5.6	6.4				
7	紫外线辐射效率/辐射通量	5.7	6.5				
8	紫外线辐射照度	5.8	6.6				

7.3 例行试验每年应不少于一次。例行试验的样本应从交收试验合格的灯中均匀抽取。当产品生产停产半年以上,或当产品的结构、主要原材料或生产工艺变更可能影响灯的性能时,都应进行例行试验。例行试验按GB/T 2829判别水平1的一次抽样方案执行,其试验项目、不合格质量水平、抽检数量和合格判定数组应符合表5规定。质量监督抽查的检验应按照例行检验的规定。

表 5　例行试验的试验项目、不合格质量水平、抽检数量和判定数组

<table>
<tr><th>序号</th><th colspan="2">试验项目</th><th>技术要求</th><th>试验方法</th><th>RQL</th><th>n</th><th>(Ac,Re)</th></tr>
<tr><td>1</td><td colspan="2">臭氧产出率</td><td>5.9</td><td>6.7</td><td>40</td><td>5</td><td>(1,2)</td></tr>
<tr><td rowspan="2">2</td><td rowspan="2">紫外线辐射通量维持率</td><td>2 000 h</td><td rowspan="3">5.10</td><td rowspan="3">6.8</td><td rowspan="3">30</td><td rowspan="3">10</td><td rowspan="2">(2.3)</td></tr>
<tr><td>全寿命</td></tr>
<tr><td>3</td><td colspan="2">平均寿命</td><td>[a]</td></tr>
<tr><td colspan="8">[a] 按 6.8 规定的试验方法确定其平均寿命，然后再与 5.10 比较判断其合格性。</td></tr>
</table>

例行试验若不合格，则应停止生产和验收，直至新的例行试验合格后，才可恢复生产和验收。例行试验还应对全部安全项目进行检验。

8　标志、包装、运输和贮存

8.1　标志

每只灯上应有下列清晰而牢固的标志：

a)　制造厂名称或商标；

b)　灯的型号或功率及有关光电特性、臭氧特性；

c)　制造日期(年、季或月)。

注：年、月用数字表示，季用罗马字表示。

8.2　附加内容

除上述标志内容外，为保证正确的安装和使用所必需的详细说明均应在灯上或与灯一起提供的制造厂说明书中给出。例如：

a)　直接暴露在灯辐射中可能给人体皮肤和眼睛造成伤害的警告；

b)　紫外线辐射量不足时可能达不到杀菌效果的警告；

c)　对有臭氧的灯，臭氧对人体黏膜伤害的警告；

d)　对有臭氧的灯，臭氧的产出率；

e)　紫外线辐射通量。

8.3　包装

每只灯用小包装盒包装，然后再用包装箱集装。包装应安全可靠。包装箱内应附有制造厂产品合格证或符合 8.4 要求的合格印章。

8.4　合格证

合格证上应标明：

a)　制造厂名称或注册商标；

b)　检验日期；

c)　检验员签章。

8.5　包装盒和包装箱

包装盒和包装箱上应使用汉字标明：

a）制造厂名称或注册商标；

b）产品名称和型号；

c）包装箱内灯的数量；

d）厂址；

e）产品标准号；

f）其他有关标志。

8.6 贮存

灯应贮存在相对湿度不大于85％通风室内，空气中不应有腐蚀性气体。

8.7 运输

灯在运输过程中应避免雨雪淋袭和强烈的机械振动。

附 录 A
（规范性附录）
紫外线辐射照度的测量方法

A.1 紫外线辐射照度的测量系统

A.1.1 紫外线辐射照度的测量系统

紫外线辐射照度的测量需在光度测量台上进行。测量时，灯以及紫外线辐射照度探头要精确的安装在测量台上，灯至探头的距离要可以自由变化并可被准确测量。如图 A.1 所示。

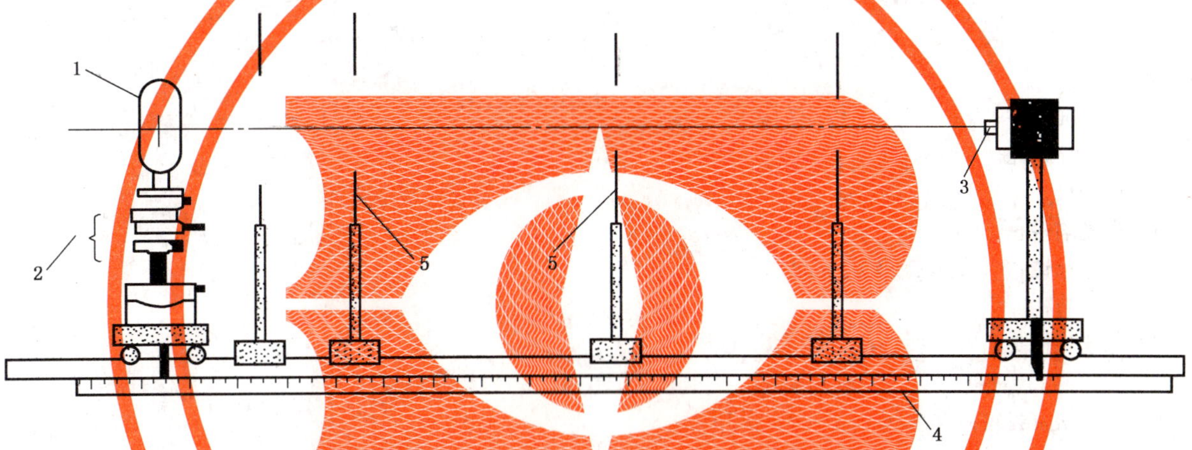

说明：
1——灯；
2——定位台；
3——紫外探头；
4——光轨；
5——光阑。

图 A.1 紫外线辐射照度测试系统

在光度台的一端，测试灯安装在一个定位台上，以便对之进行旋转和在两个水平方向进行平移，或对其高度、灯的角度进行调整，应能上、下、左、右、俯、仰调节。台子的另一端安装的是光度计头，它与标准灯的光轴对准。

为避免杂散光误差，整个光度台通常需置于墙壁刷为黑色的暗室中。如果没有暗室，则需将光度台置于不透光的箱子中，箱子的所有内壁都要贴上黑色丝绒布料。如图 A.2 所示。

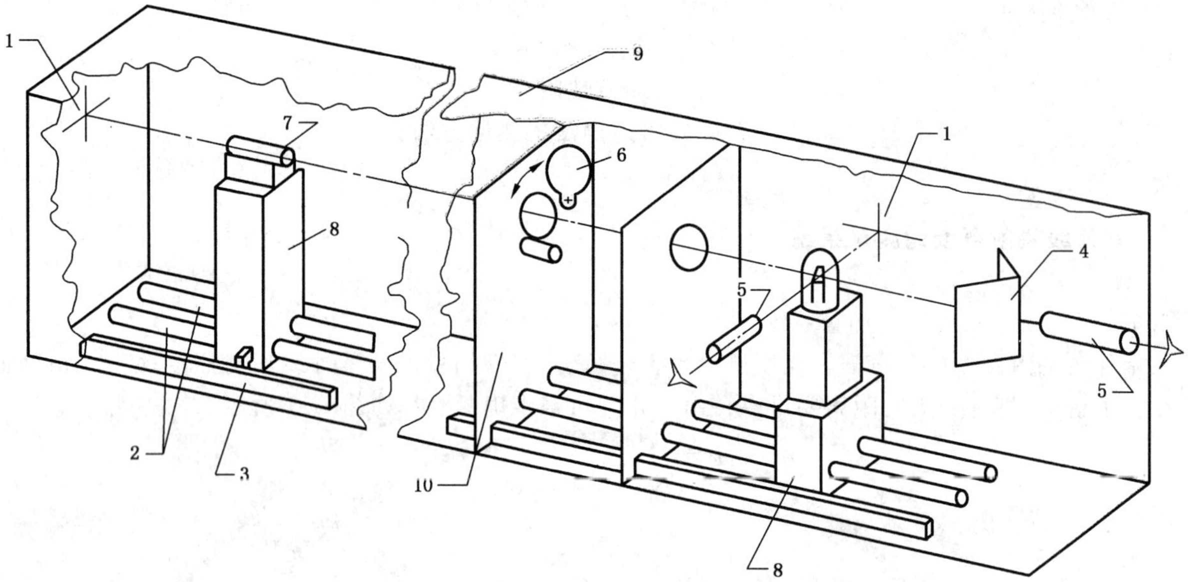

说明：

1——基准十字；

2——双导轨光轨；

3——标尺；

4——光陷阱；

5——望远镜；

6——光闸；

7——紫外探头；

8——托架；

9——光学密封箱；

10——光阑。

图 A.2 光学密封箱式辐射照度测试系统

调整光阑的位置，以保证不会有来自周围墙壁和物体的光线直接进入光度计，且灯光也不会直接泄漏到周围空间中。光阑应为黑色。随台距的不同，一般会用到三个或三个以上的光阑。

A.1.2 光轨（光具座）

A.1.2.1 光轨应平直，其长度不小于 1.5 m，其长度最小刻度为 1 mm。

A.1.2.2 装被测灯管的灯架应能上、下、左、右、俯、仰调节。

A.1.2.3 用黑丝绒布的围帐罩住整个系统。

A.1.2.4 所有部件应尽可能是黑色，以屏蔽杂散辐射。

A.1.3 辐射照度计

使用由国家认可的计量部门标定的，中心波长为 253.7 nm 紫外线辐射照度计测定。

A.1.4 试验电路

灯应在下述电路中进行试验：

带内启动装置的预热阴极灯采用图 A.3 所示电路；带外启动装置的预热阴极灯（包括双端灯）采用图 A.4 所示电路。

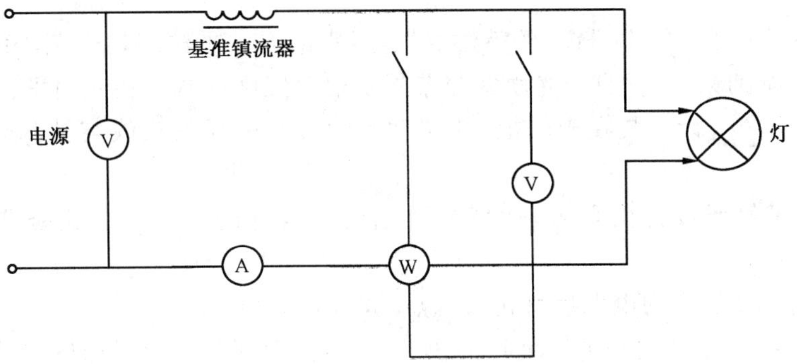

图 A.3　内启动灯光电特性测量用线路图

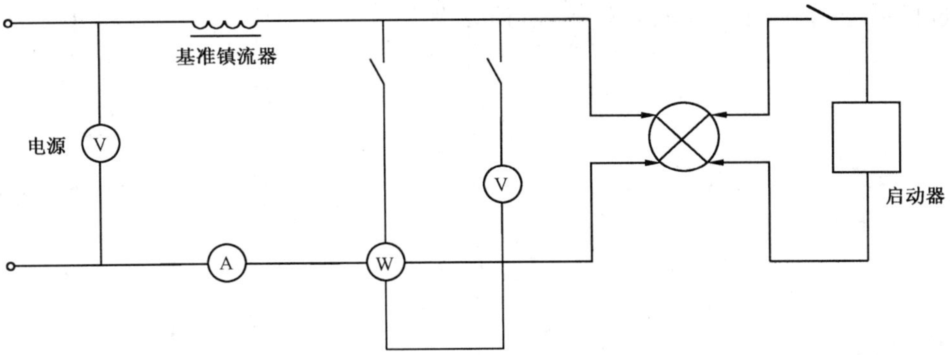

图 A.4　外启动预热阴极灯光电特性测量用线路图

A.2　测试条件

A.2.1　供电电源

电源频率应稳定在 50 Hz±0.5 Hz 灯管在老炼时的电源电压波动应不大于±0.5%,测量时则应不大于±0.2%。电源电压的谐波含量应不超过基波的 3%(谐波含量为各次谐波分量有效值之和)。

A.2.2　电测仪表

电测仪表的精度应不低于 0.5 级,且不应有波形误差。与灯并联的仪表,从线路上分取的电流应不超过灯正常工作的电流值的 3%;与灯串联的仪表,其电压降应不超过灯的工作电压的 2%。

A.2.3　基准镇流器

单端灯基准镇流器见 GB/T 17262。

双端灯基准镇流器见 GB/T 10682。

A.2.4　测试环境

测试所有光电参数时的环境温度均应保持在 25 ℃±1 ℃。

A.3 测量步骤

A.3.1 将受试灯管固定在光轨上，按灯的特性点燃，灯中部的水平法线通过紫外线辐射照度计探头燃点时，灯的发光面（如有的话）应垂直于光轨并与紫外线辐射照度计探头接收面平行。

A.3.2 将紫外线辐射照度计安装在光轨上，使照度计的接受平面的法线与被测灯管中部的水平法线相重合。

A.3.3 调节紫外线辐射照度计的位置，使紫外线辐射照度计的接受表面距被测灯管表面的距离为 1 000 mm±1 mm。

A.3.4 按 A.2 接通受试灯管的电源使灯正常燃点，并预热 20 min。

A.3.5 待灯稳定后，打开紫外线辐射照度计的快门，直接读取紫外线辐射照度计的读数。

A.4 安全操作要求

在测试过程中，操作人员应采取有效措施，防止紫外线辐射使眼睛和人体裸露部分受到紫外线灼伤。

附 录 B
（规范性附录）
紫外线辐射通量、电参数测试方法

B.1 测试条件

测试条件应符合 A.2。

B.2 测量系统

辐射通量的测量系统应符合图 B.1 所示。

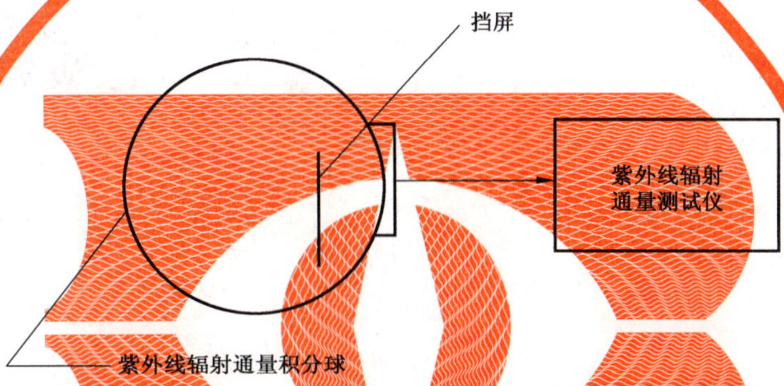

图 B.1 辐射通量的测量系统

B.3 仪表设备

B.3.1 积分球

积分球内壁应为对紫外无吸收、无荧光的漫反射涂层。

B.3.2 紫外线辐射通量测试仪

辐射通量测试仪的中心波长为 253.7 nm。

B.3.3 紫外线辐射通量标准灯

辐射通量检测时要选用与待测灯形状相似的辐射通量标准灯。如果形状不一样则要进行吸收修正。

B.4 测量方法

B.4.1 使用积分球，将待测紫外线灯管与紫外线总辐射通量已知的标准灯进行比较测量，测量出待测紫外线灯管总的紫外线辐射通量值。

灯的总紫外线辐射通量按式(B.1)计算。

$$\Phi_{e253.7} = (I_x / I_e) \times \Phi_{s253.7} \times \alpha \quad \cdots\cdots\cdots\cdots (B.1)$$

式中：

$\Phi_{e253.7}$——待测灯在波长为253.7的总辐通量；

I_x/I_e——分别为标准灯和待测灯的光电流值的实测值；

$\Phi_{s253.7}$——标准灯在波长为253.7的总辐通量；

α——吸收修正系数。

灯的紫外线辐射效率按式(B.2)计算。

$$\eta_{e253.7} = \Phi_{e253.7} / P \quad \cdots\cdots\cdots\cdots (B.2)$$

式中：

$\eta_{e253.7}$——灯在波长253.7 nm处的紫外线辐射效率；

P——灯的输入功率。

B.4.2 试验电路

同A.1.4。

附 录 C
（规范性附录）
寿命试验方法

C.1 测试条件

C.1.1 试验环境

试验应在 15 ℃～50 ℃无对流风的环境中进行，灯在燃点时不应受到剧烈的振动和碰撞。

C.1.2 电源

50×(1±0.5%)Hz，220×(1±2%)V。

C.1.3 寿命镇流器

C.1.3.1 镇流器应符合 GB/T 10682 和 GB/T 17262 的规定，并与灯的启动条件相符合。

C.1.3.2 镇流器在其额定电压下与试验灯配套工作时，该灯所消耗的功率与其额定值的之差应不得超过 4%，试验灯是当其与基准镇流器配套工作时，灯两端电压与额定值的偏差应不超过 2%的灯。

C.1.3.3 镇流器与带启动器的灯一起工作时，额定电压下的预热电流与相应参数表规定值的偏差应小于 10%。

C.2 燃点时间控制

灯燃点 165 min 之后关闭 15 min，关闭时间不计入寿命时间之内。

C.3 试验方法和电路

灯的寿命试验方法和试验电路应分别符合 GB/T 10682、GB/T 17262 以及 GB/T 17263 中的规定。

C.4 寿命计算方法

单只灯的寿命按灯从燃点至"烧毁"或紫外线辐射通量维持率下降至本标准规定值时的累计时间计算，平均寿命按 $n(n \leqslant 10)$只灯的紫外线辐通量维持率符合本标准要求并继续燃点至 50%的灯达到单只灯寿命时的时间计算。

附 录 D
（规范性附录）
臭氧产出率的测试方法

D.1 测试原理

臭氧(O_3)是一种强氧化剂，臭氧对波长为 253.7 nm 的紫外线有特征吸收。测量臭氧气体的 253.7 nm 的光谱透射率 τ，臭氧浓度与透射率的关系见式(D.1)。

$$\tau = e^{-\alpha c} \quad \cdots\cdots\cdots\cdots (D.1)$$

式中：

τ——臭氧气体在波长 253.7 nm 的光透射率；

c——臭氧浓度；

α——仪器的吸收系数。

D.2 试验条件

D.2.1 点灯线路按附录 A 规定的测试线路，应使用基准镇流器。

D.2.2 测试环境：温度：25 ℃±1 ℃；相对湿度：40%±10%；气压：101.3 kPa。

D.3 测试系统

臭氧产出率测试系统应符合图 D.1 所示。臭氧采集器为一密闭容器。用抗紫外老化，无臭氧吸附的材料制成。

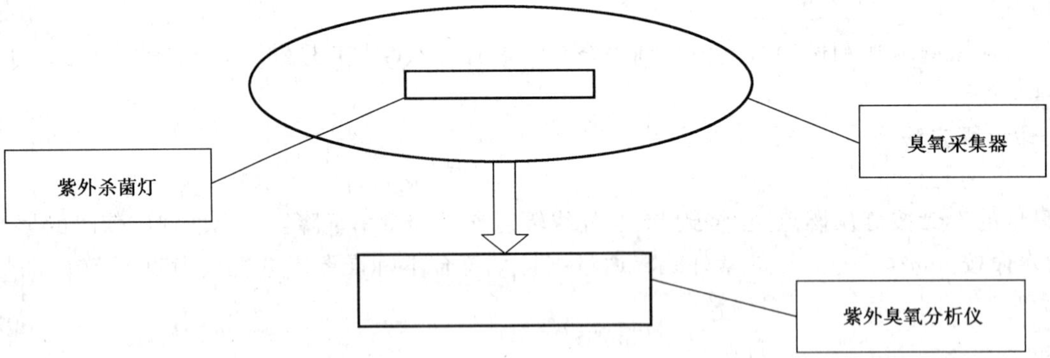

图 D.1 臭氧产出率测试系统

D.4 测试操作

将紫外杀菌灯点燃后放入臭氧采集器密闭。采样方法详见 HJ/T 47—1999。

为了保证测试精度，无臭氧紫外杀菌灯的测试时间应不少于 2 h。

D.4.1 臭氧产出率的计算

臭氧产出率的计算见式(D.2)。

$$N = 3\,600c \times V/(t \times P) \qquad \cdots\cdots\cdots\cdots (D.2)$$

式中：

N ——臭氧产出率，g/(kW·h)；

c ——臭氧浓度，mg/m^3；

V ——臭氧采集器容积，m^3；

t ——时间，s；

P ——灯功率，W。

ICS 47.080
U 37

中华人民共和国国家标准

GB/T 19317.2—2012/ISO 9093-2:2002

小艇　通海旋塞及贯穿艇体的附件 第2部分:非金属件

Small craft—Seacocks and through-hull fittings—Part 2:Non-metallic

(ISO 9093-2:2002,IDT)

2012-12-31 发布　　2013-07-01 实施

中华人民共和国国家质量监督检验检疫总局
中国国家标准化管理委员会　发布

前　言

本部分按照 GB/T 1.1—2009 给出的规则起草。

本部分使用翻译法等同采用 ISO 9093-2:2002《小艇　通海旋塞及贯穿艇体的附件　第 2 部分:非金属件》。

本部分由中国船舶工业集团公司提出。

本部分由全国小艇标准化技术委员会(SAC/TC 241)归口。

本部分起草单位:中国船舶工业综合技术经济研究院。

本部分主要起草人:王俊、老轶佳、赵华。

小艇　通海旋塞及贯穿艇体的附件
第2部分:非金属件

1　范围

GB/T 19317 的本部分规定了在艇体长度不大于 24 m 的小艇上使用的非金属贯穿艇体附件和/或装配件的制造和安装要求,包括贯穿艇体的附件、通海旋塞、软管附件和/或排水塞及其附带组件。

GB/T 19317 的本部分不适用于发动机排气附件和贯穿艇体的航行驾驶连接件。

2　规范性引用文件

下列文件对于本文件的应用是必不可少的。凡是注日期的引用文件,仅注日期的版本适用于本文件。凡是不注日期的引用文件,其最新版本(包括所有的修改单)适用于本文件。

GB/T 19916—2005　小艇　主要数据(ISO 8666:2002,IDT)

ISO 7-1:1994　螺纹制成的压紧式接头螺纹管　第1部分:尺寸、公差和标志(Pipe thread where pressure-tight joints are made on the thread—Part 1:Dimensions,tolerances and designation)

ISO 178:2001　塑料　弯曲特性测定(Plastics—Determination of flexural properties)

ISO 180:2000　塑料　冲击强度测定(Plastics—Determination of impact strength)

ISO 228-1:2000　非螺纹制成的压紧式接头螺纹管　第1部分:尺寸、公差和标志(Pipe thread where pressure-tight joints are not made on the thread—Part 1:Dimensions,tolerances and designation)

ISO 527(所有部分)　塑料　拉伸特性测定(Plastics—Determination of tensile properties)

3　术语和定义

下列术语和定义适用于本文件。

3.1

贯穿艇体的附件　through-hull fitting

设计用于允许带有固体悬浮物的液体或气体通过艇体的附件。

3.2

通海旋塞　seacock

直接安装在艇体或贯穿艇体附件上的,用于防止进水的关闭设备。

3.3

软管附件　hose fitting

用于将贯穿艇体的附件或通海旋塞连接至相关软管的构件。

3.4

泄水塞　drain plug

由塞子和相关的贯穿艇体的附件组成的泄水塞子。

3.5

易达性　readily accessible

无需拆除任何艇体结构或使用任何工具,或移动堆置在预定用于贮存可携式设备部位(诸如柜子、抽屉或搁架)的任何可携式设备,即能到达进行使用、检查或维护的能力。

3.6

横倾水线 heeled waterline

按 GB/T 19916—2005 中 7.2 规定的备用状态，当小艇在下列横倾状态时，满载状态下艇体的水线：

——机动艇和多体艇倾角为 7°。；或

——对帆艇和机动帆艇，船舯水平线或 30°，取低者。

4 材料要求

4.1 一般要求

用于附件的材料不应有任何会削弱密性、强度或功能的可见的缺陷。

注：本部分中“附件”是指所有贯穿艇体的附件、通海旋塞、软管附件或泄水塞。

4.2 材料的连接

材料的连接应考虑膨胀或收缩的可能性。

互相接触的材料不应妨碍设备和/或系统的工作。

4.3 抗衰退性

考虑到外部环境和流经附件的不同介质的改变（例如：淡水、含有杂质的海水或盐水；厕所系统的废水、含有油污和/或燃料品以及清洁剂的舱底水），所使用的材料应有防腐功能。

4.4 防止 UV 辐射和氧化

按 GB/T 19317 的本部分用于制造贯穿艇体的附件的材料应为 UV 稳定的。

所有部件应具有能抗氧化性能。

4.5 物理性能

在室温和干燥条件下，附件材料应满足下列最低物理性能：

——拉伸强度：60 MPa（ISO 527）；

——弯曲模量：2 700 MPa（ISO 178：2001）；

——冲击强度：9 kJ/m^2（ISO 180：2000）。

注：上述物理性能是指材料在未经增强条件下的物理性能。

4.6 工作温度范围

4.6.1 总体工作要求

通海旋塞应能在完整温度范围内工作，且不应出现削弱其功能的缺陷。

4.6.2 贮存温度要求

保持干燥时，通海旋塞应能经受－40 ℃～60 ℃的贮存温度。

4.6.3 高温工作试验

在 60 ℃时将通海旋塞充满水 24 h 后，其应能正常工作。

4.6.4 低温工作试验

在 0 ℃时将通海旋塞充满水 24 h 后，其应能正常工作。

5 螺纹

5.1 螺纹型式

附件应具有下列螺纹型式中的一种：

——带有符合 ISO 7-1 的圆锥形管螺纹接头的，符合 ISO 228-1 的圆柱形管螺纹，且管螺纹直径为 G ⅜，G ½，G ¾，G 1，G 1¼，G 1½，G 2，G 2½，G 3 和 G 4；或

——相同尺寸范围的其他螺纹(例如：符合 ASME B1.9-1992 或其他适用的国家标准的梯形螺纹)。

5.2 螺纹鉴别

若未使用 ISO 228-1 或 ISO 7-1 规定的其他螺纹型式，则制造厂应通过在附件或外包装上打上永久性标记来鉴别螺纹型式。

6 贯穿艇体的附件——要求

6.1 制造厂应在构件或其外包装上标明附件的最小内径。

6.2 与通海旋塞相连的贯穿艇体的附件的最小螺距应使螺纹连接法兰螺母(若配有)后，剩余的螺纹长度不小于 L_1 +5 mm，见表 1。

表 1 通海旋塞的最小螺纹长度

公称直径 D_{thread}	最小螺纹长度 L_1 mm
G ⅜	11
G ½	12
G ¾	13
G 1	16
G 1¼	18
G 1½	20
G 2	22
G 2½	25
G 3	28
G 4	30

7 通海旋塞——要求

7.1 通海旋塞的设计应允许：

a) 在正常服役期间的任何条件下工作；

b) 开启和关闭位置的视觉指示，例如通过扳手位置或其他适合的方式来表示。

7.2 贯穿艇体的附件、软管附件和其他相连部件装配的最小螺纹长度应按表1的规定。

8 软管附件——要求

8.1 软管附件

软管附件应有棱纹、锯齿纹或有加强筋。

软管附件的末端应加工成光滑表面,以确保水密并防止软管损坏。

8.2 夹紧长度

夹紧长度应足够长,以允许软管双向夹紧,且不应小于软管附件的外径,也不能小于25 mm。

9 泄水塞——要求

9.1 所有泄水塞均应设计为紧固后是水密的。

9.2 膨胀型泄水塞应为可调的,且应设计为能防止无意中脱落的,例如由于水压。

10 安装

10.1 一般要求

10.1.1 艇体加强

在通海旋塞的附件、贯穿艇体的附件或泄水塞使艇体的强度削弱之处,应加强艇体以补偿损失的强度。

10.1.2 安装要求

安装时,贯穿艇体的附件、通海旋塞和泄水塞在艇体上应为水密的且确保在正常工作条件下不会松动。

安装时,装置或附件应可靠、耐用且水密,以使其不能由其附带的附件或组件操作时产生的外力发生移动。

10.1.3 耐腐蚀

金属构件和紧固件,例如螺钉应为耐腐蚀的,并且互相之间、与艇体之间或者与他们接触的任何其他附件不应发生电化学反应。

10.1.4 配合垫片

用于安装的附件配合垫片不应削弱附件的机械性能。

10.2 通海旋塞、贯穿艇体的附件、软管组件

10.2.1 通海旋塞一般情况下应直接与艇体或贯穿艇体的附件连接。应具有易达性。

10.2.2 在任何工作条件下,应确保装配的通海旋塞无部件产生松动。

10.2.3 通海旋塞和贯穿艇体的附件应布置于能使他们被损坏或误操作可能性最小之处。

10.2.4 安装于倾斜水线之下的通海旋塞、贯穿艇体的附件和软管附件应满足强度试验要求,见附件A。

10.3 软管连接

软管的尺寸应与软管附件一致且应允许紧密配合。

10.4 软管的紧固

金属软管夹应能重复使用，且应完全由Cr18Ni8型或强度或耐腐蚀性等同或者更高的其他不锈钢制造。不应使用依靠弹簧拉紧的管夹。

11 制造厂安装说明书

对任一装置附件制造厂应提供以下信息：

a) 附件材料；

b) 螺纹型式和相应的国际标准或其他标准，见5.2；

c) 公称直径或螺纹尺寸；

d) 可以使用的或不相容的配合垫片的化学型式；

e) 安装要求；

f) 安装期间的最大紧固扭矩；

g) 安装限制(若相关)。

12 艇主手册

艇主手册至少应包括下列信息：

a) 通海旋塞的位置；

b) 操作说明书，若相关；

c) 不需要操作时保持通海旋塞关闭的警告标识，以使溢水的风险最小化(例如厕所冲水管线的入水口)。

13 服务手册

若提供了艇的服务手册，其应包括下列信息：

a) 公称直径或螺纹尺寸；

b) 维护要求；

c) 替换要求。

附 录 A
（规范性附录）
强度试验

试验应在室温下进行。

将贯穿艇体的附件安装于试验夹具平台上，充分绑扎以防止试验中夹具弯曲。从距离末端 20 mm 的位置沿附件最薄弱的方向或装配件最内侧的部位施加不小于 1 500 N 的力 10 个周期。例如：

a） 贯穿艇体的附件；或

b） 通海旋塞；或

c） 软管附件。

当经受 0.1 MPa（1 bar）的内部水压时装配不应出现向外泄漏，在此强度试验之后应能正常使用。

拆开装配组件。附件或者装配件的任何部分不应显示任何影响其功能的损坏迹象，且通海旋塞应仍能正常工作。

参 考 文 献

[1] ISO 75-1:1993,Plastics—Determination of temperature of deflection under load—Part 1:General test method

[2] ISO 75-2:1993,Plastics—Determination of temperature of deflection under load—Part 1:Plastic and ebonite

[3] ISO 75-3:1993,Plastics—Determination of temperature of deflection under load—Part 1:Hull strength thermosetting laminates and long-fibre-reinforced plastics

[4] ASME B1.9:1992,Buttress Incn Screw Thread 7°/45°Form with 0.6 Pitch Basic Height of Thread Engagement

ICS 23.040.60
J 15

中华人民共和国国家标准

GB/T 19326—2012
代替 GB/T 19326—2003

锻制承插焊、螺纹和对焊支管座

Forged branch outlet fittings, socket-welding, threaded and buttwelding

2012-12-31 发布　　　　2013-10-01 实施

中华人民共和国国家质量监督检验检疫总局
中国国家标准化管理委员会　发布

前　言

本标准按照GB/T 1.1—2009给出的规则起草。

本标准代替GB/T 19326—2003《钢制承插焊、螺纹和对焊支管座》。与GB/T 19326—2003相比，本标准除编辑性修改外主要技术变化如下：

——为方便采购信息的电子化应用，增加了产品代号；

——增加了订货内容的条款和选择性的附加要求；

——修订了部分管子外径，相应地与接管有关的参数也进行了修订；

——将接管外径分为两个系列；

——增加了压力级别为XXS的对焊支管座尺寸；

——对材料、制造、热处理、检验、试验、标志和产品质量证明书等内容进行了修订。

本标准使用重新起草法修改采用MSS SP-97:2006《承插焊、螺纹和对焊的整体加强式锻制支管座》。

本标准与MSS SP-97:2006相比除在结构上有较多调整外，主要技术性差异如下：

——增加了支管座的代号；

——修改了个别接管尺寸，增加了附录B中系列Ⅱ(非通用系列)的管子外径；

——增加了订货内容的规定；

——修改了对支管座主管焊接坡口的要求；

——增加了支管座的相关尺寸与极限偏差，删除了等径支管座的型式与尺寸；

——增加了对材料进行验证的要求和热处理及力学性能等规定；

——增加了表面防护与包装的要求和对质量证明书的要求；

——增加了标志示例。

为便于使用，本标准还对MSS SP-97:2006《承插焊、螺纹和对焊的整体加强式锻制支管座》做了下列编辑性修改：

——修改了标准名称；

——增加资料性附录；

——增加了单位换算的内容。

本标准由中国机械工业联合会提出。

本标准由全国管路附件标准化技术委员会(SAC/TC 237)归口。

本标准起草单位：江阴市南方管件制造有限公司、江苏海达管件集团有限公司、江阴金童石化管件有限公司、无锡市新峰管业股份有限公司、江阴海陆高压管件有限公司、湖州久立管件有限公司、江苏福吉特管业有限公司、江阴黄山管件制造有限公司、扬州市管件厂有限公司、中机生产力促进中心、中国石油工程建设公司华东设计分公司、中国天辰工程有限公司。

本标准主要起草人：郭顺显、李俊英、王汉清、李之海、姚明华、朱晓锋、刘洪福、刘建欣、杨立建、李乃明、唐玉金、周家峰。

本标准所代替标准的历次版本发布情况为：

——GB/T 19326—2003。

锻制承插焊、螺纹和对焊支管座

1 范围

本标准规定了锻制承插焊、螺纹和对焊支管座的订货内容、尺寸、材料、制造、检验、试验以及标志等要求。

本标准适用于工业管道系统中使用的由金属材料锻制的承插焊、螺纹和对焊支管座。

2 规范性引用文件

下列文件对于本文件的应用是必不可少的。凡是注日期的引用文件，仅注日期的版本适用于本文件。凡是不注日期的引用文件，其最新版本(包括所有的修改单)适用于本文件。

GB/T 222 钢的成品化学成分允许偏差

GB/T 223(所有部分) 钢铁及合金化学分析方法

GB/T 228.1 金属材料 拉伸试验 第1部分:室温试验方法

GB/T 229 金属材料 夏比摆锤冲击试验方法

GB/T 699 优质碳素结构钢

GB/T 1220 不锈钢棒

GB/T 1221 耐热钢棒

GB/T 2975 钢及钢产品 力学性能试验取样位置及试样制备

GB/T 3077 合金结构钢

GB/T 4334—2008 金属和合金的腐蚀 不锈钢腐蚀试验方法

GB/T 4338 金属材料 高温拉伸试验方法

GB/T 6394 金属平均晶粒度测定方法

GB/T 10561 钢中非金属夹杂物含量的测定 标准评级图显微检验法

GB/T 12459 钢制对焊无缝管件

GB/T 12716 60°密封管螺纹

GB/T 18253—2000 钢及钢产品 检验文件的类型

GB/T 20066 钢和铁 化学成分测定用试样的取样和制样方法

JB/T 4730.3 承压设备无损检测 第3部分:超声检测

JB/T 4730.4 承压设备无损检测 第4部分:磁粉检测

JB/T 4730.5 承压设备无损检测 第5部分:渗透检测

NB/T 47008—2010 承压设备用碳素钢和合金钢锻件

NB/T 47009—2010 低温承压设备用低合金钢锻件

NB/T 47010—2010 承压设备用不锈钢和耐热钢锻件

3 品种与代号

支管座的品种与代号见表1。

表 1　支管座的品种与代号

品　　种	代　　号
承插焊支管座	SOL
螺纹支管座	TOL
对焊支管座	WOL

4　压力级别

承插焊和螺纹支管座的压力级别(Class)分为 3 000 和 6 000;对焊支管座的压力级别用管子壁厚代号表示,分为 STD、XS、Sch160 和 XXS;与支管座适配的管子壁厚代号见表 2。

表 2　支管座压力级别和与之适配的管子壁厚代号的关系

支管公称尺寸		连接形式	压力级别代号	适配的管子壁厚代号[a]
DN	NPS			
6～100	1/8～4	承插焊和螺纹	3 000	XS
15～50	1/2～2	承插焊和螺纹	6 000	Sch160
6～600	1/8～24	对焊	STD	STD
6～600	1/8～24	对焊	XS	XS
15～150	1/2～6	对焊	Sch160	Sch160
15～150	1/2～6	对焊	XXS	XXS

[a] 当所连接的主管或支管壁厚薄于或厚于本表规定时,按第 6 章的规定。

5　接管尺寸

与支管座连接的管子尺寸见附录 A,附录 A 中的外径为通用系列外径(系列Ⅰ)。

根据需要,也可采用其他外径,参见附录 B,附录 B 中的外径为非通用系列外径(系列Ⅱ)。

6　特殊的支管座

根据采购方与制造商的协议,支管座可以按特殊的尺寸、形状和公差制造。

根据采购方需要,当采用附录 B 规定的外径时,采购方应按第 7 章中的要求注明系列Ⅱ。

7 订货内容

采购方应在订单中提供采购货物所需的全部信息，这些信息包括但不限于以下内容：

a） 品种或代号；

b） 材料牌号和材料标准编号；

c） 压力级别代号（当主管和支管不一致时应分别提供）；

d） 公称尺寸（主管×支管；如选用系列Ⅱ外径时注明系列Ⅱ）；

e） 本标准编号；

f） 数量；

g） 需要的附加要求（参见附录C）或补充规定。

8 形状、尺寸与公差

8.1 支管座与主管连接部位的轮廓半径应与主管外径相符，以实现与主管开孔处的良好配合，其最大间隙不大于1.6 mm，见图1。

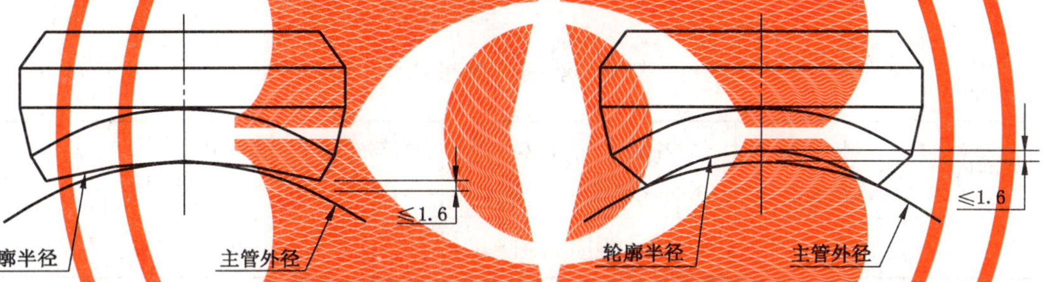

图1 支管座与主管连接间隙示意图

8.2 支管座与主管轴向截面处的焊接坡口角度宜在35°～50°之间，与主管径向截面处的焊接坡口角度宜为35°。为保证焊接作业对坡口角度的要求，整个焊接坡口角度之间要均匀过渡。

8.3 螺纹支管座的螺纹按GB/T 12716中60°圆锥管螺纹（NPT）制造。当采购方要求选用其他螺纹时，应按第6章补充规定的形式注明选用的螺纹标准和形式。螺纹端部应进行倒角，内螺纹的倒角直径不应大于螺纹大径，深度不应小于螺距的1/2，并与螺纹轴向呈约为45°的夹角，倒角应与螺纹同轴。

8.4 对焊支管座的支管端部应符合GB/T 12459中的焊接坡口型式及钝边的相关规定。

8.5 承插焊支管座的尺寸应符合图2及表3的规定，螺纹支管座的尺寸应符合图3及表4的规定，对焊支管座的尺寸应符合图4及表5的规定，极限偏差应符合表6的规定。其中，对于图2、图3和图4中的开孔直径 d_1 的说明见10.4。

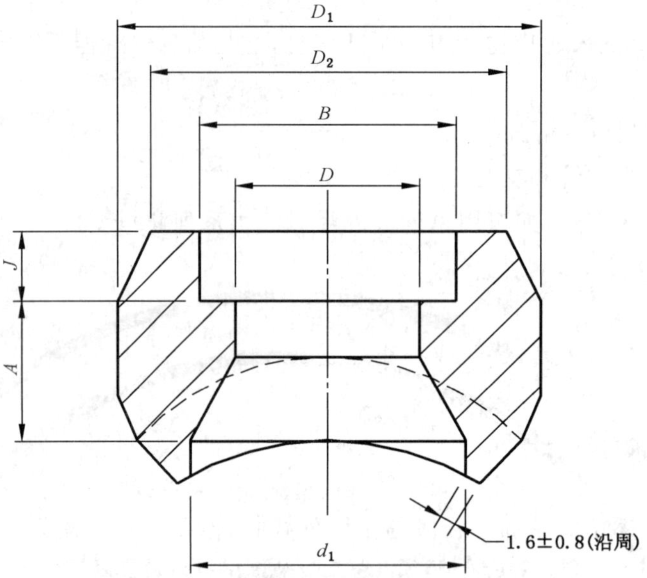

图 2 承插焊支管座

表 3 承插焊支管座尺寸

单位为毫米

主管公称尺寸		支管公称尺寸		结构高度 A_{max}		本体外径 D_1		端部外径 D_2		流通孔径 D		承插孔径 B	承插孔深度 J_{min}
DN	NPS	DN	NPS	3 000	6 000	3 000	6 000	3 000	6 000	3 000	6 000		
8～900	1/4～36	6	1/8	10	—	27	—	22	—	6.1	—	10.8	9.5
10～900	3/8～36	8	1/4	10	—	27	—	22	—	8.5	—	14.1	9.5
15～900	1/2～36	10	3/8	13	—	30	—	26	—	11.8	—	17.8	9.5
20～900	3/4～36	15	1/2	16	24	38	47	33	42	15.0	11.0	21.9	9.5
25～900	1～36	20	3/4	16	25	47	53	39	48	20.2	14.8	27.5	12.5
32～900	1¼～36	25	1	22	29	56	63	48	58	25.9	19.9	34.3	12.5
40～900	1½～36	32	1¼	22	30	66	74	58	67	34.3	28.7	43.0	12.5
50～900	2～36	40	1½	24	32	75	83	64	77	40.1	33.2	48.9	12.5
65～900	2½～36	50	2	24	37	90	104	77	93	51.7	42.1	61.2	16.0
80～900	3～36	65	2½	25	—	105	—	94	—	61.2	—	73.9	16.0
100～900	4～36	80	3	30	—	124	—	114	—	76.4	—	89.9	16.0
125～900	5～36	100	4	30	—	154	—	140	—	100.7	—	115.5	19.0

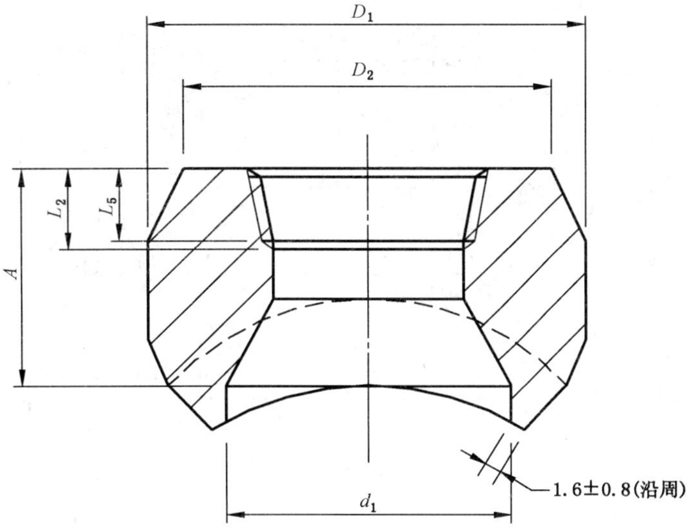

图 3 螺纹支管座

表 4 螺纹支管座尺寸

单位为毫米

主管公称尺寸		支管公称尺寸		结构高度 A		本体外径 D_1		端部外径 D_2		完整螺纹长度[a] $L_{5\ min}$	有效螺纹长度[a] $L_{2\ min}$
DN	NPS	DN	NPS	3 000	6 000	3 000	6 000	3 000	6 000		
8～900	1/4～36	6	1/8	19	—	27	—	22	—	6.4	6.7
10～900	3/8～36	8	1/4	19	—	27	—	22	—	8.1	10.2
15～900	1/2～36	10	3/8	21	—	30	—	25	—	9.1	10.4
20～900	3/4～36	15	1/2	25	32	38	45	33	42	10.9	13.6
25～900	1～36	20	3/4	27	37	47	52	39	48	12.7	13.9
32～900	1¼～36	25	1	33	40	56	63	48	58	14.7	17.3
40～900	1½～36	32	1¼	33	41	66	72	58	67	17.0	18.0
50～900	2～36	40	1½	35	43	75	83	64	77	17.8	18.4
65～900	2½～36	50	2	38	52	90	104	77	93	19.0	19.2
80～900	3～36	65	2½	46	—	105	—	94	—	23.6	28.9
100～900	4～36	80	3	51	—	124	—	114	—	25.9	30.5
125～900	5～36	100	4	57	—	154	—	140	—	27.7	33.0

[a] 螺纹测量长度中包括了倒角的深度。

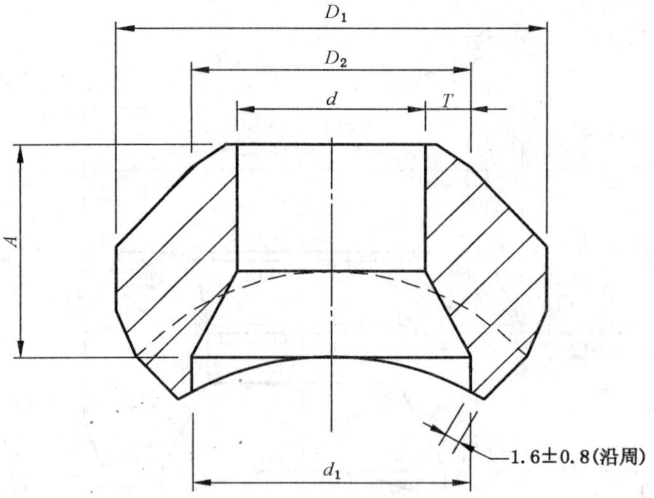

图 4 对焊支管座

表 5 对焊支管座尺寸

单位为毫米

主管公称尺寸		支管公称尺寸		结构高度 A				本体外径 D_1				端部外径 D_2
DN	NPS	DN	NPS	STD	XS	Sch160	XXS	STD	XS	Sch160	XXS	
8～900	1/4～36	6	1/8	16	16	—	—	24	24	—	—	10.2
10～900	3/8～36	8	1/4	16	16	—	—	26	26	—	—	13.5
15～900	1/2～36	10	3/8	19	19	—	—	30	30	—	—	17.2
20～900	3/4～36	15	1/2	19	19	28	28	36	36	36	36	21.3
25～900	1～36	20	3/4	22	22	32	32	43	43	46	46	26.9
32～900	1¼～36	25	1	27	27	38	38	55	55	51	51	33.7
40～900	1½～36	32	1¼	32	32	44	44	66	66	63	63	42.4
50～900	2～36	40	1½	33	33	51	51	74	74	71	71	48.3
65～900	2½～36	50	2	38	38	55	55	90	90	82	82	60.3
80～900	3～36	65	2½	41	41	62	62	104	104	98	98	73.0
90～900	3½～36	80	3	44	44	73	73	124	124	122	122	88.9
100～900	4～36	90	3½	48	48	—	—	138	138	—	—	101.6
125～900	5～36	100	4	51	51	84	84	154	154	154	154	114.3
150～900	6～36	125	5	57	57	94	94	187	187	188	188	141.3
200～900	8～36	150	6	60	78	105	105	213	227	222	222	168.3
250～900	10～36	200	8	70	99	—	—	265	292	—	—	219.1
300～900	12～36	250	10	78	94	—	—	323	325	—	—	273.0
350～900	14～36	300	12	86	103	—	—	379	381	—	—	323.9
400～900	16～36	350	14	89	100	—	—	411	416	—	—	355.6
450～900	18～36	400	16	94	106	—	—	465	468	—	—	406.4
500～900	20～36	450	18	97	111	—	—	522	525	—	—	457
550～900	22～36	500	20	102	119	—	—	573	584	—	—	508
650～900	26～36	600	24	116	140	—	—	690	708	—	—	610

注：d 为端部内径，与所连接的管子内径相等；T 为端部壁厚，与所连接的管子壁厚相等；$d=D_2-2T$。

表 6 极限偏差

单位为毫米

支管公称尺寸		承插焊支管座		螺纹支管座	对焊支管座		
DN	NPS	承插孔径 B	流通孔径 D	结构高度 A	结构高度 A	端部外径 D_2	端部内径 d
6～20	1/8～3/4	$^{+0.4}_{0}$	$^{+1.5}_{0}$	±0.8	±0.8	$^{+0.8}_{-0.4}$	±0.4
25～40	1～1½	$^{+0.4}_{0}$	$^{+1.5}_{0}$	±1.6	±1.6	$^{+0.8}_{-0.4}$	±0.4
50	2	$^{+0.5}_{0}$	$^{+1.5}_{0}$	±1.6	±1.6	$^{+0.8}_{-0.4}$	±0.4
65～100	2½～4	$^{+0.5}_{0}$	$^{+3.0}_{0}$	±1.6	±1.6	$^{+0.8}_{-0.4}$	±0.4
125～300	5～12	—	—	—	±3.2	$^{+1.6}_{-0.8}$	±0.8
350～600	14～24	—	—	—	±4.8	$^{+1.6}_{-0.8}$	±0.8

9 材料

9.1 支管座的材料包括锻件、厚壁无缝管或棒材等金属材料。制造商应对所用材料进行验证，以确定材料符合订货技术要求和相关材料标准规定。

9.2 支管座的常用材料列于表 7。本标准并不限制采用表 7 以外的其他材料。

表 7 常用的材料牌号及材料标准编号

材料牌号	材料标准编号	材料牌号	材料标准编号
20	GB/T 699 NB/T 47008	06Cr19Ni10(0Cr18Ni9) 06Cr17Ni12Mo2(0Cr17Ni12Mo2) 06Cr18Ni11Ti(0Cr18Ni10Ti)	GB/T 1220 GB/T 1221
16Mn	NB/T 47008		
16MnD、09MnNiD	NB/T 47009	022Cr19Ni10(00Cr19Ni10) 022Cr17Ni12Mo2(00Cr17Ni14Mo2)	GB/T 1220
15CrMo、12Cr1MoV	GB/T 3077 NB/T 47008		
12Cr5Mo(1Cr5Mo)	GB/T 1221	S30408、S31608、S32168	NB/T 47010
1Cr5Mo	NB/T 47008	S30403、S31603	NB/T 47010

10 设计与制造

10.1 与支管座连接的主管管道由于开孔而导致强度降低，故应在分支连接部位进行补强。采用整体加强的支管座和将其与主管焊接相连所沉积的焊接金属可在无需附加补强圈的情况下，满足相应管道规范所规定的补强要求。

10.2 按本标准制造的支管座，其许用压力值按同等材料的受内压的无缝管直管(与支管座焊接相连的主管)计算。

10.3 可按相应管道规范规定的开孔补强计算或附录D验证试验对支管座进行可靠性评定。制造商应保存补强计算或验证试验的文件,需要时提供给采购方查验。

10.4 支管座与主管连接处的开孔直径 d_1 由制造商确定;d_1 应大于支管座所连接支管的内径。

10.5 支管座可由锻件、厚壁无缝管或棒材经切削加工完成。采用锻件制造时,应把材料尽量锻成接近规定的形状和尺寸。

11 热处理

11.1 常用材料的支管座热处理要求见表8。对于表8以外的金属材料制造的支管座,其热处理要求由制造商制定或供需双方商定。

表8 常用材料的支管座热处理要求和硬度值

材料牌号	材料标准编号	热处理要求	硬度值
20	GB/T 699	正火	≤160 HB
20	NB/T 47008	正火	110 HB～160 HB
16Mn	NB/T 47008	正火或正火+回火	128 HB～180 HB
16MnD、09MnNiD	NB/T 47009	正火+回火	128 HB～180 HB
15CrMo、12Cr1MoV	GB/T 3077	正火+回火	≤180 HB
15CrMo、12Cr1MoV	NB/T 47008	正火+回火	≤180 HB
12Cr5Mo(1Cr5Mo)	GB/T 1221	正火+回火	≤230 HB
1Cr5Mo	NB/T 47008	正火+回火	≤230 HB
06Cr19Ni10(0Cr18Ni9) 06Cr17Ni12Mo2(0Cr17Ni12Mo2) 06Cr18Ni11Ti(0Cr18Ni10Ti)	GB/T 1220 GB/T 1221	固溶	≤187 HB
022Cr19Ni10(00Cr19Ni10) 022Cr17Ni12Mo2(00Cr17Ni14Mo2)	GB/T 1220	固溶	≤187 HB
S30408	NB/T 47010	固溶	139 HB～192 HB
S31608、S32168、S30403、S31603	NB/T 47010	固溶	≤187 HB
注:对含Ti的不锈钢支管座,根据合同要求可在固溶处理后进行稳定化热处理。			

11.2 作为例外,当制造条件满足下列要求时,可不进行热处理:

a) 对于采用GB/T 699中材料牌号20制造的不大于DN 100(NPS 4)的支管座,其终锻温度不低于700 ℃且不高于980 ℃,并置于静止的空气中冷却;

b) 直接用棒材或无缝管切削加工制造的支管座,其材料出厂时已经过热处理。

11.3 对于需要进行热处理的支管座,如果订货技术要求或相关材料标准对热处理制度有规定的,应按订货技术要求或相关材料标准规定的热处理制度进行;如果订货技术要求或相关材料标准没有对热处理制度做出规定,制造商应制定相应的热处理工艺。不论何种情况,制造商均应对所采用的热处理工艺进行评定,以验证所采用的热处理工艺满足材料的性能要求。并且制造商应保存热处理工艺评定文件,需要时提供给采购方查验,以证明所采用的热处理工艺的正确性。

12 检验与试验

12.1 力学性能

12.1.1 力学性能试样

12.1.1.1 在尺寸允许的情况下，试样应从热处理后的支管座上制取。当支管座尺寸过小，无法制取试样时，按 12.1.1.2 的规定锻制单独的样坯制取试样。

12.1.1.2 采用锻制单独样坯的方式制取试样时应满足以下要求：

a) 样坯与所代表的支管座为同一熔炼炉号的材料；

b) 样坯应有与所代表的支管座相似的锻造工艺；

c) 样坯厚度应与所代表的支管座的最大热处理厚度相同；

d) 样坯应与所代表的支管座同炉热处理；当满足 11.2 a)规定的条件时除外。

12.1.1.3 当支管座是符合 11.2 b)规定用棒材或无缝管直接切削加工制成时，力学性能试样可在材料上制取，试样应与支管座具有相同的热处理状态。

12.1.1.4 试样的取样位置按订货技术要求执行。如果订货技术要求没有规定的，参照 GB/T 2975 的规定。

12.1.2 拉伸试验

12.1.2.1 拉伸试验按 GB/T 228.1 的规定进行。

12.1.2.2 对于碳素钢、奥氏体不锈钢材料制造的支管座，如果支管座的热处理工艺相同、炉温控制在±14 ℃的范围并通过自动的温度-时间记录装置可获得完整记录，则同一材料熔炼炉号的支管座应进行一次拉伸试验。如果不能满足上述条件，则每一材料熔炼炉号、每一热处理炉次的支管座均应进行一次拉伸试验。

12.1.2.3 对于低合金钢制造的支管座，如果支管座的热处理工艺相同、炉温控制在±14 ℃的范围并通过自动的温度-时间记录装置可获得完整记录，则同一材料熔炼炉号的不同截面尺寸的支管座应进行一次拉伸试验。如果不能满足上述条件，则每一材料熔炼炉号、每一热处理炉次的不同截面尺寸的支管座均应进行一次拉伸试验。

12.1.2.4 对于除 12.1.2.2 和 12.1.2.3 以外的金属材料制造的支管座，其拉伸要求由供需双方商定。

12.1.2.5 如果拉伸试验结果不符合规定，允许再取两个拉伸试样进行复验，复验结果均符合规定时为合格。

12.1.3 冲击试验

12.1.3.1 当订货技术要求或相关材料标准对冲击试验有规定时，应进行冲击试验，试验按 GB/T 229 的规定进行。

12.1.3.2 如果支管座的热处理工艺相同、炉温控制在±14 ℃的范围并通过自动的温度-时间记录装置可获得完整记录，则同一材料熔炼炉号的支管座应取 3 个试样构成一组进行冲击试验。如果不能满足上述条件，则每一材料熔炼炉号、每一热处理炉次的支管座均应进行一组冲击试验。

12.1.3.3 如果冲击试验结果不符合规定，可从样坯原取样部位附近再取 3 个冲击试样进行复验，合格条件为前后两组共 6 个试样的试验数据平均值不得低于规定值，允许有两个试验数据低于规定值，其中低于规定值 70%的数据只允许有一个。

12.1.4 硬度试验

12.1.4.1 常用材料的硬度值应符合表 8 规定。

12.1.4.2 硬度试验应在支管座本体上进行。硬度试验的抽样比例为，对每一材料熔炼炉号、每一热处理炉次的支管座应按3%且不少于两件进行试验。如有一件不合格，应加倍抽样试验；若仍有一件不合格，则应逐件进行硬度试验。

12.1.5 重新热处理

当力学性能试验或复验不合格时，允许对该批产品重新热处理后进行检验，但重新热处理的次数不得超过两次。

12.2 形状和尺寸

12.2.1 支管座的形状和尺寸应进行检验，并应符合第8章的规定。

12.2.2 应使用螺纹量规对支管座的螺纹进行检验，测量的参照平面为内螺纹的外端面，极限偏差为正负一个螺距。

12.3 表面质量

12.3.1 支管座表面应逐件进行检验，应无裂纹、夹层等缺陷，并应无毛刺、氧化皮及其他附着物。

12.3.2 支管座表面允许有零星而不是大面积出现的疤痕、皱折、凹坑、划痕等，但其深度不应大于最小接管壁厚的5%且不大于0.8 mm；超过这一限度时应打磨去除。

12.4 水压试验

本标准不要求对支管座进行水压试验。但按本标准制造的支管座应能通过与支管座压力级别相适应的水压试验。

12.5 验证试验

验证试验见附录D。

13 标志

13.1 每个支管座均应采用低应力钢印等永久性标志的方法，在支管座的最大外径处或斜面部位标出清晰可见的标志，以保证在焊接安装后标志不会消失。

13.2 支管座标志应包括下列内容：

a) 制造商名称或商标；
b) 材料牌号；
c) 材料熔炼炉号；
d) 压力级别代号；
e) 公称尺寸(主管×支管)；
f) 本标准编号(可不包括年代号)；
g) 合同要求的其他标志内容。

因支管座尺寸原因无法标出全部标志内容时，可按上述相反的顺序省略，但永久性标志至少应标出制造商名称或商标和材料牌号两项内容，同时应以附加标牌的方式标出全部标志内容。

13.3 标志示例：

示例1：材料牌号为06Cr19Ni10、压力级别为3000、公称尺寸为DN 200×40的承插焊或螺纹支管座标志为：

制造商名称或商标　06Cr19Ni10　材料熔炼炉号　3000　DN 200×40　GB/T 19326

示例2：材料牌号为15CrMo、压力级别为XS、公称尺寸为NPS 16×8的对焊支管座标志为：

制造商名称或商标　15CrMo　材料熔炼炉号　XS　NPS 16×8　GB/T 19326

示例 3：材料牌号为 20、压力级别为 STD、公称尺寸为 DN 150×50、管子外径为系列Ⅱ的对焊支管座标志为：

制造商名称或商标　20　材料熔炼炉号　STD　DN 150×50-Ⅱ　GB/T 19326

14　表面防护与包装

14.1　产品表面应清洁，无锈迹、毛刺及附着物。外表面为锻制表面的产品宜喷砂或抛丸处理。不锈钢类产品的非切削加工表面应酸洗、钝化处理；其余材料的产品可采用涂防锈油的方法，或采用表面发黑、涂可焊性油漆等方法进行表面防护。

14.2　支管座应按不同材料分别包装，并注意防潮。包装箱内应附有装箱单。

15　产品质量证明书

按本标准生产的支管座，应提供产品质量证明书。产品质量证明书按 GB/T 18253—2000 中的 5.1B 证书类型（同 ISO 10474：1991 中的 3.1.B 证书类型）的规定。产品质量证明书至少应包括以下内容：

a）　制造商名称和地址；

b）　产品名称、规格、数量和本标准编号；

c）　材料牌号、材料标准编号和熔炼炉号；

d）　化学成分、力学性能和其他检验、试验结果；

e）　独立于生产部门的制造商授权代表的签字。

附　录　A
（规范性附录）
系列Ⅰ(通用系列)管子尺寸表

系列Ⅰ(通用系列)管子尺寸表见表A.1。

表A.1　系列Ⅰ(通用系列)管子尺寸表

单位为毫米

公称尺寸		外径	公称壁厚			
DN	NPS		STD	XS	Sch160	XXS
6	1/8	10.2	1.73	2.41	3.15	—
8	1/4	13.5	2.24	3.02	3.68	—
10	3/8	17.2	2.31	3.20	4.01	—
15	1/2	21.3	2.77	3.73	4.78	7.47
20	3/4	26.9	2.87	3.91	5.56	7.82
25	1	33.7	3.38	4.55	6.35	9.09
32	1¼	42.4	3.56	4.85	6.35	9.70
40	1½	48.3	3.68	5.08	7.14	10.15
50	2	60.3	3.91	5.54	8.74	11.07
65	2½	73.0	5.16	7.01	9.53	14.02
80	3	88.9	5.49	7.62	11.13	15.24
90	3½	101.6	5.74	8.08	—	—
100	4	114.3	6.02	8.56	13.49	17.12
125	5	141.3	6.55	9.53	15.88	19.05
150	6	168.3	7.11	10.97	18.26	21.95
200	8	219.1	8.18	12.70	23.01	22.23
250	10	273.0	9.27	12.70	28.58	25.40
300	12	323.9	9.53	12.70	33.32	25.40
350	14	355.6	9.53	12.70	35.71	—
400	16	406.4	9.53	12.70	40.49	—
450	18	457	9.53	12.70	45.24	—
500	20	508	9.53	12.70	50.01	—
550	22	559	9.53	12.70	53.98	—
600	24	610	9.53	12.70	59.54	—
650	26	660	9.53	12.70	—	—
700	28	711	9.53	12.70	—	—
750	30	762	9.53	12.70	—	—
800	32	813	9.53	12.70	—	—
850	34	864	9.53	12.70	—	—
900	36	914	9.53	12.70	—	—
注：本标准并不限制采用表A.1以外的接管壁厚；当采用表A.1以外的接管壁厚时，见表2中的注。						

附 录 B
（资料性附录）
系列Ⅱ（非通用系列）管子外径表

系列Ⅱ（非通用系列）管子外径表见表B.1。

表B.1 系列Ⅱ（非通用系列）管子外径表

单位为毫米

公称尺寸 DN	外径
6	—
8	—
10	14
15	18
20	25
25	32
32	38
40	45
50	57
65	76
80	89
90	—
100	108
125	133
150	159
200	219
250	273
300	325
350	377
400	426
450	480
500	530
550	—
600	630
650	—
700	720
750	—
800	820
850	—
900	920
注：需要注意的是，支管座的相关参数是参照系列Ⅰ的外径给出的，当采用系列Ⅱ的外径时部分参数会发生改变。	

附　录　C
（资料性附录）
附 加 要 求

本附录规定的附加要求仅在订货合同中规定时才适用，可采用其中的一项或几项。附加要求中的细节由供需双方协商确定。

C.1　成品化学分析

对交货的同一材料熔炼炉号的支管座应进行一次成品化学分析，取样方法按 GB/T 20066 的规定，分析方法按 GB/T 223 的规定，允许偏差按 GB/T 222 的规定；或采用光谱分析等由供需双方商定的方法。

化学分析结果应符合订货技术要求或相关材料标准规定。如果成品分析的任何一个结果不符合规定，则应从同一材料熔炼炉号的支管座中另取两个支管座或其代表性试样重新进行分析，复验结果符合相应规定时为合格。

C.2　拉伸试验

C.2.1　除满足 12.1.2 的规定外，每一材料熔炼炉号、每一热处理炉次的支管座均应进行一次拉伸试验；试样的制取由供需双方商定。

C.2.2　除满足 12.1.2 的规定外，每一材料熔炼炉号、每一热处理炉次的不同截面尺寸的支管座均应进行一次拉伸试验；试样的制取由供需双方商定。

C.2.3　对支管座进行高温拉伸试验，试验按 GB/T 4338 的规定。试验温度、试样的制取及拉伸的次数等由供需双方商定。

C.3　硬度试验

对支管座逐件进行硬度试验，每个支管座的硬度值应符合订货技术要求或相关标准规定。

C.4　热处理

C.4.1　所有经过锻制变形加工的支管座均应进行热处理。

C.4.2　支管座的热处理要求由采购方指定。

C.5　碳当量

C.5.1　碳素钢材料的最大碳当量(CE)规定为：在锻件截面厚度不大于 50 mm 时为 0.47，在锻件截面厚度大于 50 mm 时为 0.48。碳当量按式(C.1)计算(式中各元素的含量为质量百分比)：

$$CE = C + Mn/6 + (Cr + Mo + V)/5 + (Ni + Cu)/15 \qquad (C.1)$$

C.5.2　当要求的最大碳当量(CE)低于 C.5.1 的规定时，由供需双方商定。

C.6 超声检测

对支管座进行超声检测，检测按 JB/T 4730.3 的规定。检测的时机、比例、评定压力级别等由供需双方商定。

C.7 磁粉检测

对支管座进行磁粉检测，检测按 JB/T 4730.4 的规定。检测比例、评定压力级别等由供需双方商定。

C.8 渗透检测

对支管座进行渗透检测，检测按 JB/T 4730.5 的规定。检测比例、评定压力级别等由供需双方商定。

C.9 腐蚀试验

C.9.1 对不锈钢支管座进行腐蚀试验，试验按 GB/T 4334—2008 中方法 E 的规定。取样方法由供需双方商定。

C.9.2 当采用 GB/T 4334 中的其他试验方法或采用其他标准的试验方法时，由供需双方商定。

C.10 非金属夹杂物检验

对支管座进行非金属夹杂物的检验，检验方法按 GB/T 10561 的规定。取样方法和非金属夹杂物等级由供需双方商定。

C.11 晶粒度测定

对支管座进行平均晶粒度测定，测定方法按 GB/T 6394 的规定。取样方法和晶粒度等级由供需双方商定。

C.12 材料确认(PMI)

在支管座的全部制造工序完成之后，在包装之前使用光谱检验的方法对支管座进行材料确认。检测的材料类别、使用的仪器、检测的元素、检测比例和检测后的标志等要求由供需双方商定。

附 录 D
（规范性附录）
验证试验

D.1 当制造商选择采用验证试验对支管座进行可靠性评定时，应按本标准的规定。验证试验采用爆破试验的方法进行。

D.2 试验程序

D.2.1 样品件

用于验证试验的支管座样品件，应查验材料牌号和压力级别，并应经过尺寸检验，各项要求应符合本标准的规定。

D.2.2 主管和支管组件

与支管座连接的主管和支管，其材料应与支管座相同，壁厚应与支管座标志的压力级别相适应，同时还应满足相应管子标准的要求。

D.2.3 试验要求

将试验所用支管座焊接于主管上，主管的分支开孔直径应与 d_1 相等。主管的长度自与支管座连接的焊缝边缘任一侧起不小于管子外径的两倍，或能保证加强焊接后的效果不会影响验证试验的适宜长度。与支管座焊接相连的支管长度至少为其外径的两倍。主管至少应具有按 D.3 计算的验证试验压力相等的爆破强度。

D.3 试验方法和验收标准

试验使用的流体应为水或其他用于水压试验的液体。水压试验施加在组合件上。在组合件破裂前的实际水压试验压力不小于按式(D.1)计算的验证试验压力：

$$P = 2ST/D \qquad \cdots\cdots\cdots\cdots (D.1)$$

式中：

P ——计算的验证试验压力，单位为兆帕(MPa)；

S ——主管的实际抗拉强度，单位为兆帕(MPa)；

T ——主管的公称壁厚，单位为毫米(mm)；

D ——主管的外径，单位为毫米(mm)。

D.4 试验结果的适用范围

D.4.1 不需要对不同品种、尺寸和压力级别的支管座逐一进行试验，一个代表性支管座的成功的验证试验可以代表以下范围的支管座：

a) 支管尺寸相同，所连接的主管尺寸大于试验支管座主管尺寸的其他支管座；
b) 主管与支管尺寸之比等于或大于试验支管座的主管与支管尺寸之比，支管尺寸不小于试验支管座支管规格的一半，也不大于其两倍的其他支管座；
c) 未试验支管座的支管壁厚与外径(T/D)之比不小于试验支管座的一半，也不大于 3 倍。
d) 由力学性能近似的不同材料制造的支管座的承压能力与其材料的拉伸强度成正比，因此，可选择一种材料进行典型试验以验证支管座的几何设计。

   对于力学性能明显不同的材料(如碳钢与不锈钢)制造的支管座，其承压能力也是与试验管件的材料成比例的，制造商应具备验证能力或增加另外的试验。

D.4.2 在本标准发布之前进行的验证试验，如果试验符合上述要求且试验结果形成文件，应认为符合本标准的要求。

ISC 25.220.40
A 29

中华人民共和国国家标准

GB/T 19349—2012/ISO 9587:2007
代替 GB/T 19349—2003

金属和其他无机覆盖层
为减少氢脆危险的钢铁预处理

Metallic and other inorganic coatings—Pretreatment of iron or steel to reduce the risk of hydrogen embrittlement

(ISO 9587:2007,IDT)

2012-12-31 发布　　2013-10-01 实施

中华人民共和国国家质量监督检验检疫总局
中国国家标准化管理委员会 发布

前　言

本标准按照 GB/T 1.1—2009 给出的规则起草。

本标准代替 GB/T 19349—2003《金属和其他无机覆盖层　为减少氢脆危险的钢铁预处理》，与 GB/T 19349—2003 相比，主要技术变化如下：

——修改了引言；

——修改了第 1 章范围；

——规范性引用文件做了重新调整；

——修改了第 6.1；

——修改了表 1，增加了表 2。

本标准使用翻译法等同采用 ISO 9587:2007《金属和其他无机覆盖层　为减少氢脆危险的钢铁预处理》。

与本标准中规范性引用的国际文件有一致性对应关系的我国文件见附录 NA。

本标准做了下列编辑性修改：

——用国家标准的前言代替了国际标准的前言；

——用“本标准”代替“本国际标准”。

——增加了资料性附录 NA，与本标准中规范性引用的国际文件有一致性对应关系的我国文件。

本标准由中国机械工业联合会提出。

本标准由全国金属与非金属覆盖层标准化技术委员会(SAC/TC 57)归口。

本标准起草单位：武汉材料保护研究所、武汉材保电镀技术生产力促进中心。

本标准主要起草人：黄业荣、佘静、徐燕飞、潘邻、贾建新。

引　言

当原子氢进入钢和其他某些金属，如铝和钛合金时，能造成其韧性或承载能力的损失或者发生开裂（通常为亚微观裂纹），或在外加应力远低于合金的屈服强度甚至低于合金通常的设计强度时使合金灾难性地脆性破坏。这种现象往往发生在采用传统的抗拉试验测定时合金韧性并无显著损失的情况下，合金的这种现象，通常称为氢致滞后破坏、氢致破裂或氢脆。清洗、酸洗、磷化、电镀、自催化过程以及材料服役中的腐蚀反应或阴极保护会使氢渗入金属；在清洗、酸洗、涂覆覆盖层前的加工过程，如轧制成型、机械加工和钻孔中，由于润滑剂的选用不当造成分解会导致氢渗入金属；焊接或钎焊的过程也能使氢渗入。硬化热处理后经机械加工、磨削、冷成型或冷矫直处理的制件对氢脆损伤特别敏感。

热处理能降低吸收的原子氢和（或）加工过程产生的拉应力引起的氢脆敏感性。热处理的时间-温度关系取决于钢的成分、结构及涂覆的覆盖层类型与涂覆方法。对大多数高强度钢来说，其热处理效果随处理时间的减少和温度的下降而急剧降低。

本标准拟用于需方向电镀方、供应方或加工方提出技术要求，这些要求标示于零件图或购货单上。

金属和其他无机覆盖层 为减少氢脆危险的钢铁预处理

1 范围

本标准规定了高强度钢消除应力热处理的要求，以便降低随后进行的预处理、电镀、化学镀、化学转化及磷化过程中的氢脆敏感性或敏感性程度。本标准适用于在 190 ℃～230 ℃或更高的温度下对其热处理而不导致其性能降低的钢(参见 6.2)。

本标准规定的热处理工序对减少抗拉强度等于或高于 1 000 MPa 并在热处理后经机械加工、磨削、冷成型或冷矫直处理的钢的氢脆敏感性是有效的。该热处理工序用在可能出现零件渗氢的任一工序之前，就如同清洗工序用于电镀、化学镀和其他化学覆盖层操作之前一样。

本标准不适用于紧固件。

2 规范性引用文件

下列文件对于本文件的应用是必不可少的。凡是注日期的引用文件，仅注日期的版本适用于本文件。凡是不注日期的引用文件，其最新版本(包括所有的修改单)适用于本文件。

ISO 2080 金属和其他无机覆盖层 表面处理、金属和其他无机覆盖层 术语(Metallic and other inorganic coatings—Surface treatment, metallic and other inorganic coatings—Vocabulary)

ISO 12686 金属和其他无机覆盖层 电镀镍、自催化镀镍、电镀铬及最后精饰 自动控制喷丸硬化前处理(Metallic and other inorganic coatings—Automated controlled shot-peening of metallic articles prior to nickel, autocatalytic nickel or chromium plating, or as a final finish)

3 术语及定义

ISO 2080 界定的以及下列术语和定义适用于本文件。

3.1

消除应力热处理 stress-relief heat treatment

在一定温度范围和一定处理时间内实现的不改变基体金属冶金结构(如再结晶)而消除待镀零件应力的热处理。

4 要求

应对基体金属按表 1 和表 2 要求进行减少氢脆危险的热处理。在任何情况下，应在每个零件整体都达到规定温度时才开始计算热处理时间。

表 1　高强度钢消除应力要求等级(细节参见 4、5 和 6)

等级	钢的抗拉强度 R_m/MPa	温度/℃	最短时间/h
SR-0	不用消除应力热处理		
SR-1	R_m>1 800	200～230	24
SR-3	1 401≤R_m≤1 800	200～230	18
SR-6	1 000≤R_m≤1 400	200～230	3
SR-8	表面硬化零件<1 400	130～160	8

表 2　某些国家的标准推荐的传统处理高强度钢消除应力要求等级(细节参见 4、5 和 6)

等级	钢的抗拉强度 R_m/MPa	温度/℃	最短时间/h
SR-0	不用消除应力热处理		
SR-2[a]	R_m>1 800	190～220	24
SR-4[a]	1 450≤R_m≤1 800	190～220	18
SR-5[a]	R_m≥1 034	177～205	3
SR-7[a]	1 050≤R_m≤1 450	190～220	1
[a] 传统处理。			

实际抗拉强度高于或等于 1 000 MPa(相应硬度值 300 HV10,303 HB 或 31 HRC)的钢零件和表面硬化的零件应要求热处理,除非它们的消除应力热处理等级规定为 SR-0 级。应避免在含有碱或酸液中进行阴极处理工序的预处理。

表 1 和表 2 列出消除应力热处理等级,可由需方根据表 1 和表 2 在零件图或购货单上向电镀方、供应方或加工方作出规定。若需方没有规定消除应力处理等级,则应采用 SR-1 级。

注 1:处理等级的选择是根据零件或相似零件以及采用的特定合金的经验或实验数据来确定。因合金成分和结构、尺寸、质量或设计参数等因素,一些零件不经消除应力处理也能获得满意的使用性能,所以对需方希望不作热处理的零件定为 SR-0 级。

注 2:酸洗时使用缓蚀剂不一定能保证氢脆减至最低限度。

注 3:当需方不规定等级时,采用处理时间最长的 SR-1 级是一种缺憾。电镀方、供应方或加工方一般不掌握有关正确消除应力处理的必要信息,如设计依据、制造过程引起的应力等。由需方的零件设计者、制造工程师或其他有资格的技术人员在零件图或购货单上规定处理等级,以避免不合理的处理导致的额外费用,是符合需方利益的。

5　钢的分类

除表面硬化零件外,应根据实际抗拉强度选择热处理工艺。若只给定了最低抗拉强度,或者抗拉强度未知,则热处理工艺应根据由相关的已知的或测量的硬度值换算出的实际抗拉强度来选择。抗拉强度或由已知的或由测量的硬度值换算出的相应抗拉强度值,应由需方提供。

对已完全或部分表面硬化处理的钢,应根据其表面硬化层的硬度值来进行相应的归类。

6　消除应力

6.1　高强度钢按下列规定进行处理。实际抗拉强度低于 1 000 MPa 的钢,没有必要进行消除应力处理;实际抗拉强度高于或等于 1 000 MPa 的钢,应采用表 1 和表 2 中列出的工艺条件进行处理。消除应力热处理应在采用水溶液作任何清洗预处理或易引起氢脆的其他任何处理之前进行。

6.2 若适当提高处理温度以缩短处理时间的工艺无不利影响,则可以采用这种工艺。回火钢零件加热温度至少应低于回火温度 50 ℃。

6.3 如果消除应力过程在按 ISO 12686 进行的喷丸后或在其他为引入有利的压应力而进行的冷加工处理后进行,则其热处理温度不应超过 230 ℃。

6.4 用实际抗拉强度低于 1 400 MPa 的钢制造的零件,若其已具有一些表面硬化区域,在按表 1 和表 2 要求处理时会使表面硬化区域的硬度降低,这时则应在较低温度下热处理,但不应低于 130 ℃,最短处理时间为 8 h。较低温度热处理能对零件的疲劳强度产生不利影响。

附 录 NA
（资料性附录）
与本标准中规范性引用的国际文件有一致性对应关系的我国文件

GB/T 3138 金属镀覆和化学处理与有关过程术语（GB/T 3138-1995，ISO 2080:1981,NEQ）

GB/T 20015 金属和其他无机覆盖层 电镀镍、自催化镀镍、电镀铬及最后精饰 自动控制喷丸硬化前处理(GB/T 20015—2005,ISO 12686:1999,MOD)

ICS 25.220.40
A 29

中华人民共和国国家标准

GB/T 19350—2012/ISO 9588:2007
代替 GB/T 19350—2003

金属和其他无机覆盖层
为减少氢脆危险的涂覆后钢铁的处理

Metallic and other inorganic coatings—Post-coating treatments of iron or steel to reduce the risk of hydrogen embrittlement

(ISO 9588:2007,IDT)

2012-12-31 发布　　2013-10-01 实施

中华人民共和国国家质量监督检验检疫总局
中国国家标准化管理委员会　发布

前　言

本标准按照 GB/T 1.1—2009 给出的规则起草。

本标准代替 GB/T 19350—2003《金属和其他无机覆盖层　为减少氢脆危险的涂覆后钢铁的处理》,与 GB/T 19350—2003 相比,主要技术变化如下:

——修改了引言部分内容;

——修改了第 1 章范围;

——规范性引用文件作了重新调整;

——修改了第 4 章要求;

——修改了第 6.1;

——修改了第 6.5 的注;

——修改了表 1,增加了表 2;

——修改了图 1。

本标准使用翻译法等同采用 ISO 9588:2007《金属和其他无机覆盖层　为减少氢脆危险的涂覆后钢铁的处理》。

与本标准中规范性引用的国际文件有一致性对应关系的我国文件见附录 NA。

本标准做了下列编辑性修改:

——用国家标准前言替代了国际标准的前言;

——用"本标准"代替"本国际标准";

——增加了资料性附录 NA,与本标准中规范性引用的国际文件有一致性对应关系的我国文件。

本标准由中国机械工业联合会提出。

本标准由全国金属与非金属覆盖层标准化技术委员会(SAC/TC 57)归口。

本标准起草单位:武汉材料保护研究所、武汉材保电镀技术生产力促进中心。

本标准主要起草人:余静、黄业荣、徐燕飞、潘邻、贾建新。

本标准所代替标准的历次版本发布情况为:

——GB/T 19350—2003。

引　言

当原子氢进入钢和其他某些金属，如铝和钛合金时，能造成其韧性或承载能力的损失，或者发生开裂（通常为亚微观裂纹），或在外加应力远低于合金的屈服强度甚至低于合金通常的设计强度时使合金灾难性地脆性破坏。这种现象往往发生在采用传统的抗拉试验测定时合金韧性并无显著损失的情况下，合金的这种现象，通常称为氢致滞后破坏、氢致破裂或氢脆。清洗、酸洗、磷化、电镀、自催化过程以及材料服役中的腐蚀反应或阴极保护会使氢渗入金属；在清洗、酸洗、涂覆覆盖层前的加工过程，如轧制成型、机械加工和钻孔中，由于润滑剂的选用不当造成分解会导致氢渗入金属；焊接或钎焊的过程也能使氢渗入。

热处理能降低吸收的原子氢和（或）加工过程产生的拉应力引起的氢脆敏感性。热处理的时间—温度关系取决于钢的成分、结构及涂覆的覆盖层类型与涂覆方法。对大多数高强度钢来说，其热处理效果随处理时间的减少和温度的下降而急剧降低。

本标准拟用于需方向电镀方、供应方或加工方提出技术要求，这些要求标示于零件图或购货单上。

金属和其他无机覆盖层
为减少氢脆危险的涂覆后钢铁的处理

1 范围

本标准规定了减少表面精饰过程中可能出现的氢脆敏感性或敏感性程度的方法。

本标准规定的钢铁热处理工序能有效地减少氢脆敏感性。这些热处理工序在表面精饰之后，但在任何二次转化膜工序之前。

在加工过程之后但在表面精饰之前使用的消除应力热处理工序在ISO 9587中作了规定。

本标准不适用于紧固件。

注：热处理不保证完全消除氢脆的有害影响。

2 规范性引用文件

下列文件对于本文件的应用是必不可少的。凡是注日期的引用文件，仅注日期的版本适用于本文件。凡是不注日期的引用文件，其最新版本(包括所有的修改单)适用于本文件。

ISO 2080 金属和其他无机覆盖层 表面处理、金属和其他无机覆盖层 术语(Metallic and other inorganic coatings—Surface treatment, metallic and other inorganic coatings—Vocabulary)

ISO 9587 金属和其他无机覆盖层 为减少氢脆危险的钢铁预处理(Metallic and other inorganic coatings—Pretreatment of iron or steel to reduce the risk of hydrogen embrittlement)

3 术语和定义

ISO 2080界定的以及下列术语和定义适用于本文件。

3.1

消除脆性热处理 embrittlement-relief heat treatment

在一定温度范围和一定处理时间内实现的不改变基体金属冶金结构(如再结晶)而消除已镀零件脆性的热处理。

4 要求

应对有涂层的金属进行减少氢脆危险的热处理。在任何情况下，应在每个制件整体都达到规定温度时才开始计算热处理时间。

实际抗拉强度高于或等于1 000 MPa(相应硬度值300 HV10，303 HB或31 HRC)的钢制件和表面硬化零件应要求热处理，除非它们的消除脆性热处理等级规定为ER-0级。应避免在含有碱或酸液中进行阴极处理工序的预处理。另外，对于抗拉强度高于1 400 MPa(相应硬度值425 HV10，401 HB或43 HRC)的钢零件建议选用高阴极效率的电镀液。

表1和表2列出消除脆性热处理等级，可由需方根据表1和表2在零件图或购货单上向电镀方、供应方或加工方做出规定。若需方没有规定消除脆性处理等级，则应采用ER-1级。

注1：处理等级的选择是根据零件或相似零件以及采用的特定合金的经验或实验数据来确定。因合金成分和结构、

位错分布密度、尺寸、质量或设计参数等因素，一些零件不经消除脆性处理也能获得满意的使用性能，所以对需方希望不作热处理的零件定为 ER-0 级。

注 2：当需方不规定等级时，采用处理时间属最长之一的 ER-1 级是一种缺憾。电镀方、供应方或加工方一般不掌握有关正确消除应力处理的必要信息，如设计依据、制造操作引起的应力等。由需方的零件设计者、制造工程师或其他有资格的技术人员在零件图或购货单上规定处理等级，以避免不合理的处理导致的额外费用，是符合需方利益的。

注 3：酸洗时使用缓蚀剂不一定能保证氢脆减至最低限度。

5 消除脆性处理等级

5.1 除表面硬化零件外，应根据实际抗拉强度选择热处理工艺。若只给定了最低抗拉强度，或者抗拉强度未知，则热处理工艺应根据由相关的已知的或测量的硬度值换算出的实际抗拉强度来选择。抗拉强度或由已知的或由测量的硬度值换算出的相应抗拉强度值，应由需方提供。

对已完全或部分表面硬化处理的钢，应根据其表面硬化层的硬度值来进行相应的归类。

5.2 若需方要求进行任何试验，以检验消除脆性处理的效果，则应规定所采用的抽样和试验方法。

6 加工后热处理

6.1 表面精饰后应尽早(不得超过 3 h)进行热处理，最好在表面精饰后 1 h 内进行；该热处理应是在表面精饰后并在任何磨削或其他加工之前进行。对需铬酸盐处理的镉、锡、锌及它们的合金镀层或任何其他涂层，应在铬酸盐处理前进行热处理；但锌-钴合金镀层例外，它应在钝化后进行消除氢致脆性热处理。

注 1：温度超过 66 ℃时铬酸盐涂层将由非晶体结构转变为晶体结构，并且不再具有“自修复”特性。虽然晶态铬酸盐涂层在大多数自然环境下能提供满意的腐蚀保护，但它将不能再通过加速腐蚀试验。

注 2：本条款所指的时间是电镀操作结束和相应制件装炉开始热处理之间的时间。

6.2 高强度钢采用表 1、表 2 和图 1 列出的工艺条件进行消除脆性热处理。实际抗拉强度低于 1 000 MPa 的钢，电镀后不需进行热处理。

6.3 对存在螺纹或锐角的凹槽或者厚度超过 25 mm 的制件，镀镉或镀锌后应立即进行热处理并且最少处理 24 h。

6.4 对于实际抗拉强度超过 1 800 MPa 的钢，其热处理最短持续时间可按图 1 确定，即式(1)：

$$t=0.02R_m-12 \qquad \cdots\cdots(1)$$

式中：

t ——最短持续时间，单位为小时(h)；

R_m——实际抗拉强度，单位为兆帕(MPa)。

6.5 对于电镀、化学镀或磷化的表面硬化(部分或全部表面硬化)制件或轴承钢，若按表 1、表 2 和图 1 进行处理，将造成表面硬度不可接受的降低；此时应选择在较低温度下进行热处理，但不应低于 130 ℃，最短处理时间为 8 h；这种热处理适用于实际抗拉强度低于 1 400 MPa 的钢制件。对于镀镉、锡、锌或其合金的制件，其抗拉强度低于 1 400 MPa 时，热处理最短时间应为 16 h；其抗拉强度在 1 400 MPa～1 800 MPa 范围内则为 22 h。

注：较低温度处理对制件的疲劳强度会产生不利影响。

6.6 在 440 ℃～480 ℃进行热处理会使铬镀层的硬度降低。若此温度对钢的性能有不利影响，则对于此类钢不应采用这样高的温度处理，而应采用较低的温度即 190 ℃～220 ℃进行处理。回火钢制件热处理温度应低于回火温度 50 ℃。

表 1　高强度钢消除脆性热处理等级(细节参见第 4、5 和 6 章)

等　级	钢的抗拉强度 R_m/MPa	温度/℃	最短时间(参见第 4 章)/h
ER-0	不要求热处理(参见第 4 章的注 1)		
ER-1	1 701≤R_m≤1 800	190～220	22
ER-2	1 601≤R_m≤1 700	190～220	20
ER-3	1 501≤R_m≤1 600	190～220	18
ER-4	1 401≤R_m≤1 500	190～220	16
ER-5	1 301≤R_m≤1 400	190～220	14
ER-6	1 201≤R_m≤1 300	190～220	12
ER-8	1 101≤R_m≤1 200	190～220	10
ER-9	1 000≤R_m≤1 100	190～220	8
ER-13	未喷丸强化制件和工程镀铬制件 1 000≤R_m≤1 800	440～480	1
ER-16	镀镉、锡、锌或其合金的表面硬化制件 R_m<1 400	130～180	16
ER-17	零件厚度>25 mm 和存在螺纹或尖锐凹槽的制件	190～220	24

表 2　某些国家的标准推荐的传统处理高强度钢消除脆性热处理等级(细节参见第 4、5 和 6 章)

等　级	钢的抗拉强度 R_m/MPa	温度/℃	最短时间(参见第 4 章)/h
ER-0	不要求热处理(参见第 4 章的注 1)		
ER-7	R_m≥1 525	177～205	12
ER-10	1 250≤R_m≤1 525	177～205	8
ER-11	1 450≤R_m≤1 800	190～220	6
ER-12	1 000≤R_m≤1 500	177～205	4
ER-14	表面硬化制件 R_m<1 401	130～160	8
ER-15	镀镉、锡、锌或其合金的表面硬化制件 1 401≤R_m≤1 800	130～160	8

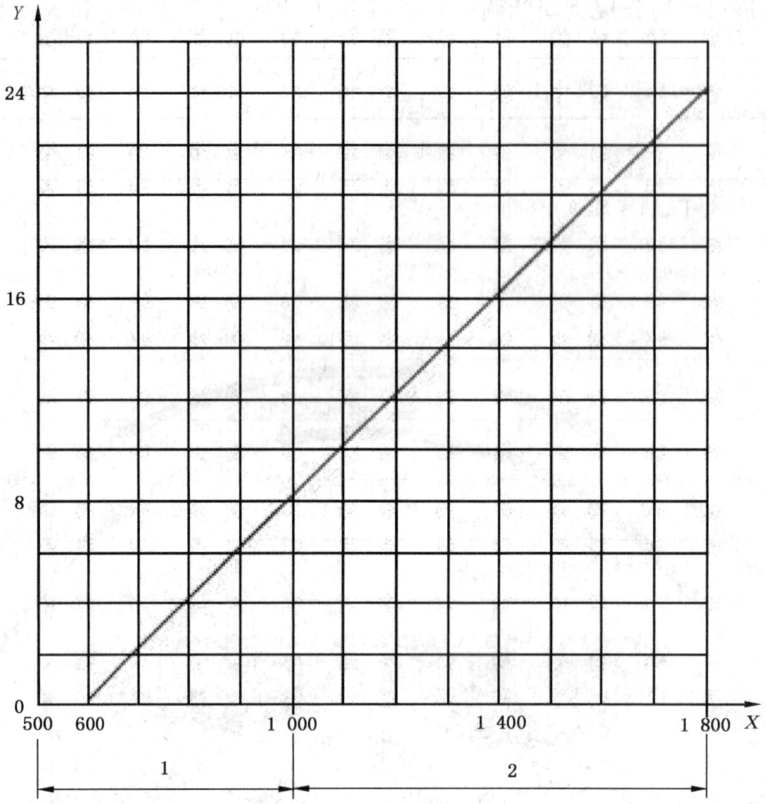

说明：

1——非强制性的；

2——强制性的；

X——实际抗拉强度(MPa)；

Y——最短持续时间(h)。

图1 处理温度为190 ℃～220 ℃的热处理时间-抗拉强度曲线

附　录　NA
（资料性附录）
与本标准中规范性引用的国际文件有一致性对应关系的我国文件

GB/T 3138—1995　金属镀覆和化学处理与有关过程术语（ISO 2080:1981,NEQ）

GB/T 19349—2012　金属和其他无机覆盖层　为减少氢脆危险的钢铁预处理（ISO 9587:2007,IDT）

ICS 65.060.80
B 95

中华人民共和国国家标准

GB/T 19365—2012/ISO 6814:2009
代替 GB/T 19365—2003

林业机械 移动式和自行式林业机械 术语、定义和分类

Machinery for forestry—Mobile and self-propelled forestry machinery—Terms, definitions and classification

(ISO 6814:2009, IDT)

2012-05-11 发布　　2012-10-01 实施

中华人民共和国国家质量监督检验检疫总局
中国国家标准化管理委员会　发布

前　言

本标准按照GB/T 1.1—2009给出的规则起草。

本标准代替GB/T 19365—2003《自行式林业机械　术语、定义和分类》，与GB/T 19365—2003相比主要技术变化如下：

——修改了标准的中英文名称，由"自行式林业机械　术语、定义和分类"改为"林业机械　移动式和自行式林业机械　术语、定义和分类"，英文名称由"Self-propelled forestry machinery—Terms，definitions and classification"改为"Machinery for forestry—Mobile and self-propelled forestry machinery—Terms，definitions and classification"；

——修改了"范围"的内容；

——新增"打捆"、"粉碎"、"横截"、"造材"、"打捆机"、"粉碎机"、"粉碎抛撒机"、"伐打造集运联合机"这八个词汇的术语及其定义；

——修改了原"索道集材"、"横截机"这两个词汇的定义及"翻地"、"造材"、"缆索起重机"这三个词汇的英文术语，修改了原"覆盖"的术语和定义；

——删除了原"造材、归堆机"的术语及其定义。

本标准采用翻译法等同采用ISO 6814:2009《林业机械　移动式和自行式林业机械　术语、定义和分类》。

本标准由国家林业局提出。

本标准由全国林业机械标准化技术委员会(SAC/TC 61)归口。

本标准负责起草单位：国家林业局哈尔滨林业机械研究所、福建省晋江市三力机车有限公司。

本标准参加起草单位：东北林业大学。

本标准主要起草人：马志远、胡定生、于建国、樊冬温。

本标准于2003年11月首次发布，本次为第一次修订。

林业机械　移动式和自行式林业机械 术语、定义和分类

1　范围

本标准界定了自行式林业机械的术语并给出了分类的指导性意见。这些术语和定义是依据生产商对机械的最终用途来确定的。这些术语和定义未能包括所有的林区作业内容及机械，也未表述任何专用机械，但可作为其命名的参考。

本标准适用于林地中整地、植树、采伐、木材加工和木材运输而设计的林业机械，而不适用于为伐木厂或贮木场而设计的机械及公路运输车辆或航空运输工具。

2　术语和定义

下列术语和定义适用于本文件。

2.1　整地、栽植和抚育作业

2.1.1

整地　ground preparation，bedding

为提供栽植林木场地而对土壤进行调理的作业。

2.1.2

切块　chopping

将林木材料加工成较小尺寸规格材料的作业。

2.1.3

清林　cleaning

有选择地去除不需要的灌木和生长不良林木的作业。

2.1.4

林地清理　clearing

清除无用的采伐废弃物、灌木、树根和树桩的作业。

2.1.5

挖根　grubbing

切断地表面以下的侧根，将树木或树桩连根挖起的作业。

2.1.6

粉碎抛撒　mulching

将树木、灌木或枝丫粉碎后抛撒，并散铺在林地表面的作业。

2.1.7

栽植　planting

将树木或树苗植入其生长的土壤里的作业。

2.1.8

翻耕　ploughing

沿直线方向切开并翻转土壤的作业。

2.1.9

修枝 pruning

从立木的主干或分枝上去除多余或枯死树枝丫的作业。

2.1.10

耙地 raking

使用齿状或梳状机具将土块粉碎,使其松软的作业。

2.1.11

松土 scarifying

为栽植苗木或更新林作业而疏松地表土层的作业。

2.2 森林采伐作业

2.2.1

归堆 bunching

将伐倒木或枝丫材有序地堆放在一起的作业。

2.2.2

打捆 bundling,baling

将汇集的树木或枝丫挤压并捆紧的作业。

2.2.3

索道集材 cable yarding

利用林地索道系统半悬或全悬方式运集原木、原条或枝丫的作业。

2.2.4

削片 chipping

将树木切削成规定尺寸木片的作业。

2.2.5

挤压 crushing

通过挤压的方式减小树木或枝丫体积的作业。

2.2.6

剥皮 debarking

剥去树木枝干树皮的作业。

2.2.7

打枝 delimbing

除掉树木上枝丫的作业。

2.2.8

伐木 felling

将立木伐倒的作业过程。

2.2.9

集运 forwarding

通过装载的方式来运集树木或枝丫的作业。

2.2.10

粉碎 grinding

通过撕裂、切片、冲击或剪切的方式将树木、灌木或枝丫变成均匀小碎料的作业。

2.2.11

伐木联合作业　harvesting

与其他加工工艺联合的伐木作业。

2.2.12

装载　loading

从地面或车辆上将树木或枝丫材堆放到运材车辆上的作业。

2.2.13

归楞　stacking

有序地将树木或枝丫的材堆放成楞堆的作业。

2.2.14

联合作业　processing

除伐木作业外的其他加工功能或功能组合的联合作业方式。

2.2.15

集材　skidding

通过拖曳的方式运集树木或枝丫材的作业。

2.2.16

横向锯切　cross-cutting

将伐倒的树、带根的树木或者其主干部分截成不同长度的原木的作业。

2.2.16.1

横截　slashing

将原条锯截成适当长度的作业。

2.2.16.2

造材　bucking

将原条按规格要求横向锯切成原木的作业。

2.2.17

分级　sorting

按树木和枝丫材的特性进行分类的作业。

2.2.18

制材　splitting

沿纵向将原条或原木锯切成型材的作业。

2.2.19

间伐　thinning

有选择地伐掉幼林林分中部分林木，以促进保留下来的林木更好地生长的作业。

2.2.20

去冠　topping

在预定的位置截去树冠的作业。

2.2.21

全树采伐　uprooting

通过切断地表以下的侧根将树木连根一同拔出的作业。

2.3 林业机械

2.3.1 单功能机械

2.3.1.1

打捆机 bundler

用于将堆积的树木或枝丫材收集并挤压捆紧的机械设备。

2.3.1.2

集材索道 cable yarder

运集树木或枝丫材的具有动力装置的索道系统。该系统可以是整体结构的,也可以是分体结构的。

2.3.1.3

削片机 chipper

用于将树木或枝丫切削成木片的机械设备。

2.3.1.4

清林机械 cleaner

进行有选择地去除不需要的灌木和树木的机械设备。

2.3.1.5

挤压机 crusher

通过挤压或冲击方式减小树木或枝丫体积的机械设备。

2.3.1.6

剥皮机 debarker

用于剥去树木和枝丫树皮的机械设备。

2.3.1.7

打枝机 delimber

用于去除枝丫的机械设备。

2.3.1.8

伐木机 feller

用于伐木的自行式机械设备。

2.3.1.9

集运机 forwarder

用于采用载运的方式运集树木或枝丫的自行式机械设备。

2.3.1.10

粉碎机 grinder

用于通过撕裂、切片、冲击或剪切的方式将树木、灌木或枝丫变成粒度均匀的小颗粒的自行式或便携式机械设备。

2.3.1.11

木材装载机 log loader

用于装卸树木或枝丫,实现归堆或装载目的的机械设备。

2.3.1.12

粉碎抛撒机 mulcher

将树木、灌木或枝丫材通过现场粉碎后,将其抛撒散铺在林地表面的自行式机械设备。

2.3.1.13

采伐迹地更新机械 regeneration equipment

用于在采伐迹地造林的机械设备。

2.3.1.14

局部整地机械 site preparation equipment

为植苗或播种而调理林地局部土壤的机械设备。

2.3.1.15

集材机 skidder

通过拖曳的方式运集树木或枝丫的自行式机械设备。

2.3.1.16

横截锯 slasher

将伐倒木截成一定长度的机械。

2.3.2 多功能机械

2.3.2.1

打枝归堆机 delimber-buncher

用于打枝、归堆的机械设备。

2.3.2.2

伐木归堆机 feller-buncher

用于伐木和归堆的自行式机械设备。

2.3.2.3

伐木集运机 feller-forwarder

用于伐木并通过装载方式运集的具有自行和自装功能的机械设备。

2.3.2.4

伐木集材机 feller-skidder

用于伐木并通过拖曳方式运集的具有自行功能的机械设备。

2.3.2.5

联合伐木机 harvester

具有伐木和其他加工功能的自行式多功能机械设备。

2.3.2.6

伐打造集运联合机 harwarder

具有伐木及其他作业和运集功能的自行式机械设备。

2.3.2.7

联合作业机 processor

除伐木作业外，通过两项或多项连续功能来改变木材形态的机械设备。

3 分类原则

3.1 按一般技术准则分类

3.1.1 总则

根据一般技术概念，下列通用标准可用于林业机械的分类。下列条款所给出的示例不包括所有林业机械的分类。

在本标准中，仅那些需要进一步识别的机械才列出子分类。例如，轮式抓钩集材机、履带摆动关节臂式木材装载机。

3.1.2 移动方式

按行走系统的型式分类,可以是自行式的或牵引式的。如:履带系统,轮式系统,牵引系统。

3.1.3 操作方式

按所实现功能的方式分类。如:抓钩式、单握式、剪式、摆动臂装载式。

3.1.4 伐木联合作业系统

按机械系统和工艺形式分类。如:原木生产,原条生产,全树生产,木片生产。

3.1.5 转向型式

按机械转向系统的型式分类。如:前轴或后轴转向,铰接车架转向,滑道转向。

3.2 按功能分类

3.2.1 总则

下列标准可根据机械设备的特殊功能或其所能执行的综合功能(如,集材机)进行林业机械分类。为了不影响对执行同一基本功能的两种机械的辨别和操作,可根据其基本概念作进一步分类(如,集材索道和抓钩式集材机)。

3.2.2 伐木机

伐木机可按其切割的方式分类。例如:剪式伐木机,链锯式伐木机,圆盘锯式伐木机。

3.2.3 木材装载机

木材装载机可按其装载系统和结构分类。例如:关节臂式装载机,缆索装载机,前置式装载机。

3.2.4 栽植设备

栽植设备可按其工作方式分类。例如:手工种植设备,机械种植设备和直接播种机械设备。

3.2.5 集材机

集材机可按其集材或抓取树木的系统分类。例如:放索式集材机,抓钩式集材机,夹钳式集材机。

3.2.6 造材设备

造材设备可按其切割方式分类。例如:剪式横截机,链锯式横截机,圆锯片式横截机。

3.2.7 整地设备

整地设备可按其型式分类。例如:松土机,深松机,草灌地圆盘耙,林用犁,开沟机,堆土机,苗床耙。

3.2.8 伐木-归堆机

伐木-归堆机可按其靠近树木的方式分类。例如:移动靠近树木式,摆动靠近树木式。

3.2.9 联合作业机

联合作业机可按其型式和作业顺序分类。例如:打枝-剥皮机,打枝-剥皮-削片机;打枝-造材机,打枝-造材-归堆机。

3.2.10 联合伐木机

3.2.10.1 基本概念

联合伐木机可按其伐木和加工树木时如何抓紧树木的基本概念分类。例如:单握式联合伐木机,双握式联合伐木机。

3.2.10.2 伐木和其他作业功能的组合

伐木联合机还可按伐木和其他作业功能的组合分类。例如:伐木-削片机,伐木-打枝机,伐木-打枝-归堆机,伐木-打枝-造材-归堆机,伐木-打枝-造材-集运机。

ICS 13.020
C 51

中华人民共和国国家标准

GB 19379—2012
代替 GB 19379—2003

农村户厕卫生规范

Hygienic specification for rural household latrine

2012-11-20 发布　　　　2013-05-01 实施

中华人民共和国卫生部
中国国家标准化管理委员会　发布

前　言

本标准的全部技术内容为强制性。

本标准按照 GB/T 1.1—2009 给出的规则起草。

本标准代替 GB 19379—2003《农村户厕卫生标准》。

本标准与 GB 19379—2003 相比主要变化如下：

——依据 GB/T 1.1—2009《标准化工作导则　第1部分：标准的结构和编写规则》调整了结构；

——删除了农村户厕分级的内容；

——提出“无害化卫生厕所”的概念；

——偏重厕所功能的基本要求，减少了农村户厕中难以达到的舒适度指标；

——按建筑特点，提出附建式与独立结构农村户厕的卫生要求；

——按我国实际应用厕所贮粪池类型进行农村户厕的分类；

——明确了户厕管理者的义务和卫生监测的部门责任；

——增加了各类无害化卫生厕所结构的附录。

本标准由中华人民共和国卫生部和全国爱国卫生运动委员会提出并归口。

本标准负责起草单位：中国疾病预防控制中心环境与健康相关产品安全所。

本标准参加起草单位：河南省疾病预防控制中心、四川省疾病预防控制中心、辽宁省疾病预防控制中心、农业部沼气研究所、湖北省疾病预防控制中心、重庆市疾病预防控制中心、中国疾病预防控制中心农村改水技术指导中心、安徽省阜阳市爱国卫生运动委员会办公室。

本标准主要起草人：王俊起、张本界、潘力军、孙凤英、王友斌、纪忠义、田洪春、郑时选、孔林汛、洪燕峰、付彦芬、王宝利、韩克勤、汪新丽、李乃林、潘顺昌。

农村户厕卫生规范

1 范围

本标准规定了农村户厕卫生要求及卫生评价方法。

本标准适用于农村户厕的规划、设计、建筑、管理和卫生监督、监测。

2 规范性引用文件

下列文件对于本文件的应用是必不可少的。凡是注日期的引用文件，仅注日期的版本适用于本文件。凡是不注日期的引用文件，其最新版本(包括所有的修改单)适用于本文件。

GB 7959 粪便无害化卫生要求

HJ 534 环境空气 氨的测定 次氯酸钠-水杨酸分光光度法

3 术语和定义

下列术语和定义适用于本文件。

3.1

户厕 household latrine

供家庭成员大小便用的场所，由厕屋、便器、贮粪池等组成。户厕分为附建式与独立式户厕，建在住宅内为附建式户厕，建在住宅等生活用房外为独立式户厕。

3.2

无害化卫生厕所 innocuous-sanitary latrine

按照规范要求使用时，具备有效降低粪便中生物性致病因子传染性设施的卫生厕所，包括三格化粪池厕所、双瓮漏斗式厕所、三联通式沼气池厕所、粪尿分集式厕所、双坑交替式厕所和具有完整上下水道系统及污水处理设施的水冲式厕所。

3.3

窗地面积比值 ratio of glazing to floor area

窗户的有效透光面积(A_w)与该室内的地面积(A_f)之比(A_w/A_f)。

4 卫生要求

4.1 户厕建筑的卫生要求

4.1.1 附建式户厕：首选三格化粪池式(见附录A)、双瓮漏斗式(见附录B)、三联通沼气池式(见附录C)及具有上下水道系统的水冲式厕所(见附录D)并应采用节水型便器与冲水器(见附录D)。

附建式厕所的建筑应符合表1的卫生要求。

表 1 附建式户厕的建筑卫生要求

序号	项　目	要　求
1	厕屋面积/m^2	≥1.2
2	厕窗、门	有通风、防蚊蝇措施
3	人工照明/lx	≥40
4	通风设施	自然或机械通风(满足换气次数 6 次/h)
5	便器	陶瓷坐便或蹲便器;坐便器高度 350 mm; 宜设置男用小便设施
6	洗手设施	应设置洗手设施

4.1.2 独立式户厕,应建在庭院内,方便使用与管理;厕屋内地坪的高度至少应高于庭院地坪 100 mm,以防止雨水淹没。其建筑应符合表 2 的卫生要求。

表 2 独立式户厕的建筑卫生要求

序号	项　目	要　求
1	厕屋净高/m	≥2.00
2	厕屋面积/m^2	≥1.20
3	人工照明/lx	≥40
4	厕窗、门	有通风、防蚊蝇措施
5	厕屋顶	防雨、轻体,雨水流向不进入贮粪池
6	通风设施	通风窗或排风扇等机械通风
7	排气管	高出厕屋 50 cm,宜有防蝇措施
8	厕屋地面	硬化处理
9	便器	陶瓷与其他坚固、宜清洁材料制坐便、蹲便器; 蹲便器长度不宜太短,应满足粪便收集的需要(建议 50 cm 左右); 宜设置男用小便设施
10	贮粪池	密闭、不渗漏、容积符合同类模式厕所要求
11	卫生设施	便器盖或水封等密闭设施、专用清扫工具、盛放手纸容器等
12	洗手设施	有
13	过粪坡度	便器与贮粪池连接的进粪管坡度≥1/5

4.1.3 应因地制宜地从三格化粪池式、双瓮漏斗式、三联通沼气池式、粪尿分集式和双坑交替式厕所中选择农村户厕模式,贮粪池类型见附录 A、附录 B、附录 C、附录 E、附录 F。

4.1.4 禁止设计、建造应用人粪便饲养畜、禽、鱼的户厕模式;禁止设计、建造粪便直接排入水体的厕所;现有使用的粪便直接排入水体的厕所应限期改造。

4.1.5 在血吸虫病流行地区和肠道传染病高发地区,沼气池的设计禁止采用可随时取沼液或沼液随意溢流排放的模式;禁止将沼渣、沼液用于养殖;禁止向水体直接排放粪便污水。

4.1.6 户厕的设计、建造应选择粪便污水与生活污水分流的模式，厕屋内设置洗浴设施的应避免水流入到贮粪池。与下水道连通处应设置水封。

4.1.7 在高寒地区，贮粪池、便器、冲水与贮水设备应采取相应的保温措施。

4.1.8 规模使用的预制式贮粪池、便器等设备和建造厕所的主要材料，应进行质量鉴定。

4.2 户厕卫生状况与粪便处理的卫生标准值

户厕与粪便处理效果应符合表3的要求。

表3 户厕卫生状况与粪便处理的卫生要求

序号	项　目	卫生标准值
1	成蝇/只	0
2	蝇蛆/尾	0
3	臭味强度/级	≤2
4	氨(NH_3)/(mg/m^3)	≤0.3
5	窗地面积比值	≥1/8
6	粪大肠菌值	湿式设施>10^{-4} 干式设施>10^{-2}
7	沙门氏菌	不得检出
8	湿式贮粪池蛔虫卵沉降率/% 干式贮粪池蛔虫卵死亡率/%	≥95
9	血吸虫卵	不得检出活虫卵

4.3 户厕管理维护的卫生要求

4.3.1 应保持厕屋内清洁卫生，厕室地面无积水、无垃圾；便器无粪迹、尿垢、杂物。

4.3.2 附建式户厕内部须设置贮水设施、盛水容器、纸篓和清扫工具，以便维护户厕的清洁卫生。

4.3.3 双瓮漏斗式厕所贮粪池后瓮、三格式化粪池厕所贮粪池第三格的粪液应适时清掏。

4.3.4 贮粪池的粪皮、粪渣与沼气池的沼渣，应定期清掏并必须进行高温堆肥处理，达到GB 7959高温堆肥卫生标准要求。

4.3.5 农村户厕应按要求使用并定期维护。

5 监督、技术指导

5.1 卫生机构应对农村户厕的规划、设计，进行监督与技术指导。

5.2 农户对卫生设施具有管理义务。

6 检验方法

6.1 臭气强度

四级臭味强度法，按表4执行。

表 4　4 级臭味强度和判定标准

臭气等级	判 定
1	无臭
2	感觉出气味(阈值)
3	明显感觉的气味
4	强的气味

6.2　氨浓度测定

按 HJ 534 标准执行。

6.3　粪大肠菌值、沙门氏菌、蛔虫卵、钩虫卵、血吸虫卵、蚊蝇密度测定

按 GB 7959 的相关要求执行。

附 录 A
（规范性附录）
三格化粪池厕所

A.1 基本结构

三格化粪池厕所由厕屋、蹲（坐）便器、冲水设备、三格化粪池等部分组成。

A.2 建筑设计要求

A.2.1 三格化粪池容积≥1.5 m^3；1、2、3 池容积比原则为 2∶1∶3；第二池宽度不足 50 cm 可加大至 50 cm。三格化粪池贮留粪便的有效时间，第一池不少于 20 d，第二池不少于 10 d，第三池原则要求一、二池有效时间之和。

A.2.2 三格池的深度相同，不应小于 1 200 mm；北方地区应考虑当地冻层厚度确定池深。

A.2.3 排粪管：采用管材内壁应光滑，内径≥100 mm，应避免拐弯并尽可能减少长度。进粪管上端与便器下口连接紧密，下端出口超出第一池池壁 5 cm 左右。

A.2.4 过粪管：要求选用内径 100 mm 内壁光滑管材，设置成“I”或倒“L”型；连接一池至二池的过粪管入口应在第一池池壁的下三分之一处，溢出口应在第二池距池上沿至少保留 100 mm；二池至三池的过粪管入口可在第二池池壁的下三分之一或二分之一处，溢口同一池至二池的过粪管。一池至二池的过粪管与二池至三池的过粪管可交错安装。

A.2.5 排粪管、过粪管的安装位置应错开并保持一定距离。

A.2.6 三格池的盖板上必须留有一、二和三池维护口并应当加盖板密封。

A.2.7 排气管：应在第一池安装排气管，圆形管径 100 mm、方形面积不小于 225 cm^2，高于厕屋 500 mm 或以上，加防雨（防蝇、防风）帽。

A.3 卫生管理

A.3.1 化粪池经确认无渗漏方可投入使用。

A.3.2 化粪池投入运行，向第一池注水至浸没第一池过粪管口。

A.3.3 禁止取用一、二池的粪液施肥；禁止向二、三池倒入新鲜粪液；避免生活污水流入贮粪池。

A.3.4 应防止将便纸等杂物扔入化粪池。

A.3.5 按 4.3 户厕管理维护的卫生要求进行管理。

附 录 B
（规范性附录）
双瓮漏斗式厕所

B.1 基本结构

由厕屋、漏斗型便器、瓮形贮粪池等组成。

B.2 建筑设计要求

B.2.1 前、后粪池呈瓮形，中间大口小，可采用砖混砌筑，也可采用混凝土或其他建筑材料预制后安装。

B.2.2 前瓮：前瓮瓮体中部内径不得小于 800 mm，瓮体上口内径不得小于 360 mm，瓮体底部内径不得小于 450 mm，前瓮的瓮深不得小于 1 500 mm。确定前瓮的有效容积时，可根据家庭人口数和粪便排泄量、冲洗漏斗用水量〔南方地区按 3 L/（人・日）；北方地区按 2 L/（人・日）〕、总容积 1/3 用前加水量之和计算，要求粪便必须在前瓮贮存 30 d 以上。

B.2.3 后瓮：后瓮瓮体中部内径不得小于 900 mm，瓮体上口内径不得小于 360 mm，瓮体底部内径不得小于 450 mm. 后瓮瓮深不得小于 1 650 mm。确定后瓮的容积时，可根据当地用肥习惯而定。

B.2.4 三瓮贮粪池：可在双瓮式贮粪池的基础上增加一个瓮体，形成前、中、后三个瓮体，要求粪便必须在前、中瓮贮存 30 d 以上，其他要求同双瓮式厕所。

B.2.5 过粪管：可采用塑料、水泥等管件，要求内壁光滑，管内径为 120 mm，长度可根据实际需要而定，一般为 550 mm～600 mm。

B.2.6 漏斗便器的安装要求：漏斗便器应安放在前瓮的上口，与瓮体连接紧密但不应固定死，以方便清除前瓮的粪便和粪渣。

B.2.7 过粪管的安装：要求过粪管前端安装于前瓮距瓮底 550 mm 处，前端伸出瓮壁不应超出50 mm；后端安装于后瓮上部距后瓮底 110 mm 处。

B.2.8 非水封漏斗便器的漏斗口应加盖或麻刷椎椎紧漏斗口，用时拿开，用后加盖或椎紧。

B.2.9 后瓮的上口应高出地坪 100 mm 以上，并密闭加盖。

B.2.10 排气管：可在前瓮上口安装排气管，直径 100 mm 的硬质塑料管，其长度要高于厕所 500 mm～1 000 mm。

B.3 卫生管理

B.3.1 双瓮漏斗式厕所建好后，应先加水试渗漏，确定不渗漏后方可投入运行。

B.3.2 双瓮漏斗式厕所在启用前，应向前瓮加清水至浸没前瓮过粪管口。

B.3.3 禁止向后瓮倒入新鲜粪液及其他杂物，禁止取用前瓮的粪液施肥。

B.3.4 定期检查过粪管是否阻塞，阻塞时应进行疏通。

B.3.5 按 4.3 户厕管理维护的卫生要求进行管理。

附 录 C
（规范性附录）
三联通沼气池式厕所

C.1 基本结构

三联式沼气池厕所由沼气池、厕所和畜禽舍组成（参见图 C.1 和图 C.2）。

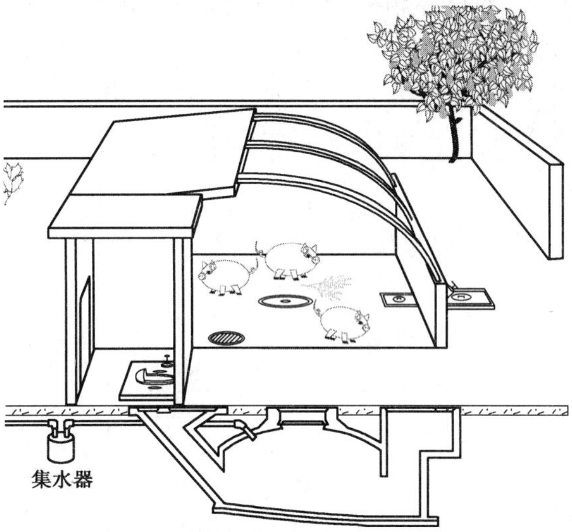

图 C.1 沼气池、厕所和畜禽舍的布局和联接示意图

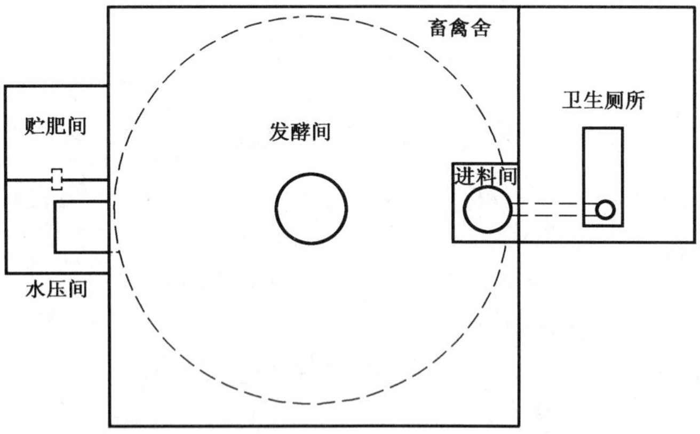

图 C.2 三联式沼气池厕所平面布局图

C.2 建筑设计要求

C.2.1 三联通沼气池式厕所要把建厕与建池工作同步进行，沼气池型选择和设计、施工、质量验收可参照 GB/T 4750、GB/T 4752 和 GB/T 4751 标准执行。

C.2.2 进粪（料）口与出粪（料）口应有盖，人、畜粪便均不得裸露；厕屋、畜圈建设、质量和管理要求参照 NY/T 1639 中畜禽舍,厕所的规定执行。

C.2.3 在血吸虫病流行区域、肠道寄生虫病、肠道传染病高发区,不采用可随时抽取沼液(手动随意出料)、沼液随意溢流排放、污泥电动泵进行回流搅拌或底层出料的设计模式,应采用中层出料方式。沼气池发酵工艺和管理参照 GB 9958 执行。

C.2.4 粪便在沼气消化池内滞留时间至少保持 45 d。

C.3 卫生管理

C.3.1 生产用肥需要大出料或维修沼气池时,15 d 前禁止新鲜原料入池。

C.3.2 沼气池池底污泥留用 1/3 作接种物外,剩余部分应按 GB 7959 标准要求执行。

C.3.3 按 4.3 户厕管理维护的卫生要求进行管理。

附 录 D
（规范性附录）
完整上下水道水冲式厕所与节水型高压水冲装置

D.1 水冲式厕所

须有完整上下水道系统，为附建式厕所的主要应用的模式。

D.2 节水型高压水冲装置

D.2.1 应用范围

与附建式、独立式户厕的三格化粪池、双瓮漏斗式、三联通沼气池式、水冲粪尿分集式和水冲式厕所配套应用。

D.2.2 基本结构

抽水装置（蓄水缸、抽水机、过滤器）、厕井等。

D.2.3 建筑设计要求

D.2.3.1 厕井建筑要求应与采用的节水型高压水冲装置相符合。

D.2.3.2 冲水量：三格化粪池、双瓮漏斗式、水冲式粪尿分集式厕所每次 1 L～3 L；三联通沼气池式厕所不大于 1 L。

D.2.3.3 与之配套的三格化粪池建筑要求见附录 A、双瓮漏斗式厕所建筑要求见附录 B、三联通沼气池式厕所建筑要求见附录 C、水冲式粪尿分集式厕所建筑要求见附录 E。

D.3 卫生管理

D.3.1 三格化粪池要求见附录 A，双瓮漏斗式厕所要求见附录 B，三联通沼气池式厕所要求见附录 C，水冲式粪尿分集式厕所要求见附录 E。

D.3.2 按 4.3 户厕管理维护的卫生要求进行管理。

附 录 E
（规范性附录）
粪尿分集式厕所

E.1 基本结构

由厕屋、粪尿分集式便器、贮粪池、贮尿池等组成。按结构可分为干燥式粪尿分集式厕所，与双瓮、三格贮粪池，沼气消化池相连接的水冲式粪尿分集式厕所两种类型。

E.2 建筑设计要求

E.2.1 干燥式粪尿分集式厕所

E.2.1.1 便器：首选粪尿分集式瓷质便器，便器分别有粪、尿两个收集口。寒冷地区室外户厕便器排尿口，内径不小于 50 mm，潮湿闷热地区排尿口内径在 30 mm 为宜；排粪口内径 160 mm～180 mm；便器长度 500 mm 为宜。

E.2.1.2 男式小便器：应单独设置并与尿收集管或贮尿池连通。

E.2.1.3 尿收集管：与排尿口器紧密相接，可选用塑料、缸管与陶管；寒冷地区宜用直径 100 mm 的缸管与陶管。

E.2.1.4 贮尿池：容积约为 0.5 m^3，建于阳光非直射面，冻层以下，适用于应用尿肥农户。

E.2.1.5 贮粪池：依据地下水位的高低选择建于地上、地下或半地上。单贮粪池不小于 0.8 m^3，建议长 1 200 mm、宽 1 000 mm、高 800 mm；双贮粪池，长度 1 500 mm，宽 1 000 mm、高 800 mm，每池有效体积应不小于 0.5 m^3。

E.2.1.6 排气管：直径 100 mm 的硬质塑料管，其长度要高于厕屋 500 mm～1 000 mm。

E.2.1.7 晒板：贮粪池安装晒板，应用正反涂黑的金属板制作，斜度 45°左右。

E.2.1.8 注意避免洗浴水进入贮粪池。

E.2.2 水冲式粪尿分集式厕所

E.2.2.1 便器

首选粪尿分集式瓷质便器，便器分别有粪、尿两个收集口。寒冷地区室外户厕便器排尿口，内径不小于 50 mm，潮湿闷热地区排尿口内径在 30 mm 为宜；排粪口与水冲式厕所便器相同；便器长度 500 mm 为宜。

E.2.2.2 男式小便器

应单独设置并与尿收集管或贮尿池连通。

E.2.2.3 尿收集管

与排尿口器紧密相接，可选用塑料、缸管与陶管；寒冷地区宜用直径 100 mm 的缸管与陶管。

E.2.2.4 贮尿池

容积约为 0.5 m^3，建于阳光非直射面，冻层以下，适用于应用尿肥农户。

E.2.2.5 贮粪池

便器与三格、双瓮贮粪池、三联通沼气池用过粪管连接,连接方法、要求与三格化粪池、双瓮漏斗式、三联通沼气池厕所同。

E.2.2.6 排气管

内径 100 mm 的硬质塑料管,其长度要高于厕屋 500 mm~1 000 mm。

E.3 卫生管理

E.3.1 干燥式粪尿分集式厕所应按以下要求管理:

——该厕无害化的途径是覆盖、脱水,要求粪、尿完全分开,避免用水。便后在粪坑内加入干灰(草木灰、炉灰、庭院土等),用量多于粪量直至贮粪池保持干燥。草木灰的覆盖时间不少于 3 个月,炉灰、黄土等的覆盖时间不少于 10 个月。

——新厕应用前在坑内垫入厚度不少于 100 mm 的干灰。

——单坑在使用过程中,定时将粪坑堆积的粪便向外翻倒,适时将外侧储存的干粪清出。

——尿的贮存期不少于 10 d,疾病流行时按疾病控制部门的要求执行。

——便器要加盖,保持厕所清洁卫生。

——厕坑潮湿时,需大量的加入干灰予以调整。

E.3.2 水冲式粪尿分集式厕所的要求与三格化粪池、双瓮漏斗式、三联通沼气池厕所同。

E.3.3 按 4.3 户厕管理维护的卫生要求进行管理。

附　录　F
（规范性附录）
双坑交替式厕所

F.1　基本结构

双坑交替式厕所由厕屋、两个相同便器与贮粪池组成。

F.2　建筑设计要求

F.2.1　厕房

建筑面积 2.0 m^2 以上。

F.2.2　贮粪坑

建于地平面上，由两个互不相通，但结构完全相同的方形厕坑组成。两坑轮换交替使用，一坑使用时另一坑为粪便封存坑。厕坑高度 600 mm～800 mm。每个厕坑后墙各有一个宽 300 mm、高 300 mm 的方形出粪口，厕坑容积不小于 0.6 m^3。

F.2.3　便器和厕坑盖板

每个厕坑上部设置一个便器。便器可修建为厕坑上部混凝土预制盖板一体式，修建时还应考虑粪便封存阶段的封闭措施。厕坑盖板可用钢筋混凝土预制，厚度 50 mm～60 mm。

F.2.4　排气管

可用内径 100 mm 塑料或其他管材，下端安装在厕坑上部盖板处，管体安装在厕房外墙固定，上端高度以高出厕房顶 500 mm 为宜。

F.3　卫生管理

F.3.1　便后用干细土覆盖，吸收粪尿水分并使粪尿与空气隔开。

F.3.2　贮粪坑应集中使用其中一个，待粪便贮满后，将坑封闭；同时启用另一个厕坑；该坑粪便贮满后时，封闭停用；再将第一坑粪便清掏使用，实现双坑交替使用。

F.3.3　厕坑粪便封存半年以后，可直接用做肥料；如果不足半年需清掏，应进行高温堆肥等方式的无害化处理。

F.3.4　按 4.3 户厕管理维护的卫生要求进行管理。

ICS 59.120.10
W 91

GB

中华人民共和国国家标准

GB/T 19382.1—2012/ISO 93-1:2006
代替 GB/T 19382.1—2003

纺织机械与附件　圆柱形条筒
第1部分:主要尺寸

**Textile machinery and accessories—Cylindrical sliver cans—
Part 1:Main dimensions**

(ISO 93-1:2006,IDT)

2012-12-31 发布　　2013-06-01 实施

中华人民共和国国家质量监督检验检疫总局
中国国家标准化管理委员会　发布

前　言

GB/T 19382《纺织机械与附件　圆柱形条筒》分为以下两部分：

——第1部分：主要尺寸；

——第2部分：弹簧托盘。

本部分为GB/T 19382的第1部分。

本部分按照GB/T 1.1—2009、GB/T 20000.2—2009给出的规则起草。

本部分代替GB/T 19382.1—2003《纺织机械与附件　圆柱形条筒　第1部分：主要尺寸》。本部分与GB/T 19382.1—2003相比，除编辑性修改外主要技术变化如下：

——增加符号列项的引导语(见2.1、3.1，2003年版的2.1、3.1)；

——修改了术语“底部外径”为“底箍外径”(见2.1、3.1，2003年版的2.1、3.1)；

——增加了条筒上口箍外径符号，规定了其最大尺寸和注；

——删除了图2对凹底条筒的凹座深 h_1 规定尺寸及偏差；

——增加表1、表2的引导语；

——修改了表1、表2中脚注中描述，“直径超过”修改为“内径 d 大于”，“高度超过”修改为“高度 h 大于”；

——增加了标记应依次包括的内容列项及引导语(见第4章，2003年版的第4章)。

本部分使用翻译法等同采用ISO 93-1:2006《纺织机械与附件　圆柱形条筒　第1部分：主要尺寸》(英文版)。为便于使用，本部分对ISO 93-1:2006做了下列编辑性修改：

a) 删除了ISO 93-1:2006的前言；

b) 用“GB/T 19382”代替“ISO 93”；

c) “2.1 符号”中尺寸符号与其释义之间增加破折号“——”，并在释义之后增加句号“。”；

d) 图1～图3中垂直度基准A符号和图1、图2中条筒筒体等非金属材料剖面符号改为我国标准规定画法，补画图2中上口箍的相贯线；

e) “3.1 符号”中尺寸符号与其释义之间增加破折号“——”，并在释义之后增加句号“。”，增加“d_3——脚轮组中心圆直径”；

f) 表1和表2的脚注“[a]”、“[b]”文字后面的标点符号改为“。”；

g) “4 标记”中示例1的描述段后增加“(凹底)”，在“ISO 93-1”前增加本国家标准编号，即示例1中“无脚轮条筒 ISO 93-1……”改为“无脚轮条筒(凹底) GB/T 19382.1/ISO 93-1……”。

本部分由中国纺织工业联合会提出。

本部分由全国纺织机械与附件标准化技术委员会纺织器材分技术委员会(SAC/TC 215/SC 2)归口。

本部分起草单位：无锡市明达纺织器材有限公司、陕西纺织器材研究所。

本部分主要起草人：秋黎凤、颜景明、陆丰、赵玉生。

GB/T 19382.1于2003年首次发布，本次为第一次修订。

纺织机械与附件　圆柱形条筒
第1部分:主要尺寸

1　范围

GB/T 19382的本部分规定了圆柱形条筒的主要尺寸。

2　无脚轮条筒

2.1　符号

符号应包括:

d ——内径。

d_1——底箍外径,$d_1=d+15$ mm。

d_2——凹座直径,$d_2=d-15$ mm。

d_5——条筒上口箍外径:

d_5 不大于700 mm:$d_{5,\max}=d+30$ mm;

d_5 不大于1 200 mm:$d_{5,\max}=d+40$ mm;

d_5 大于1 200 mm:$d_{5,\max}=d+50$ mm。

注:条筒稳定性要求较大直径条筒的上口箍直径较大。

h ——总高。

h_1——凹座深。

见图1和图2。

单位为毫米

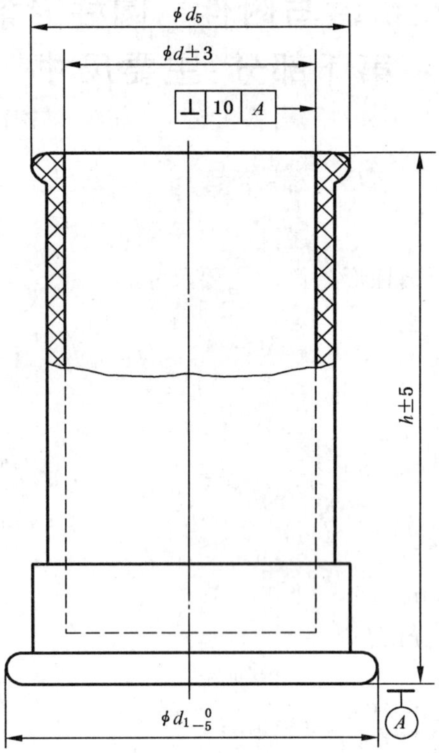

图 1 平底条筒

单位为毫米

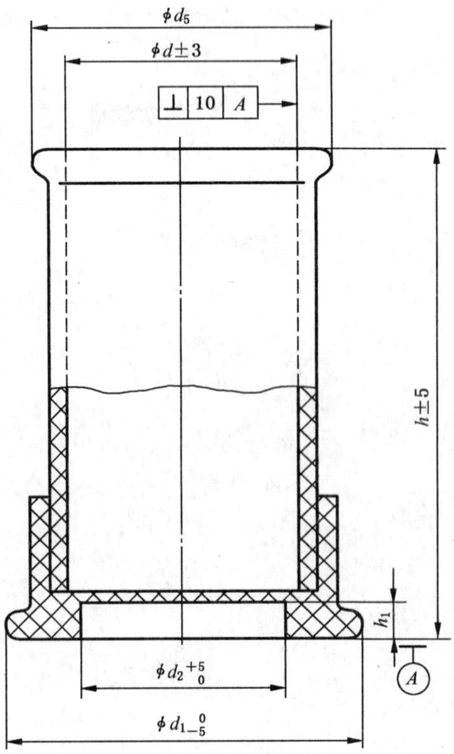

图 2 凹底条筒

2.2 主要尺寸

主要尺寸见表 1。

表 1 无脚轮条筒的尺寸及偏差

单位为毫米

d ±3	h
300 350 400 450 500 600 700	900
300 350 400 450 500 600 700	1 000
400 450 500 600 700	1 100
450 500 600 700[a]	1 200[b]

[a] 内径 d 大于 700 mm 时，每档增加 100 mm。

[b] 高度 h 大于 1 200 mm 时，每档增加 100 mm。

3 有脚轮条筒

3.1 符号

符号应包括：

d ——内径。

d_1——底箍外径，$d_1=d+15$ mm。

d_2——凹座直径，$d_2=d-15$ mm。

d_3——脚轮组中心圆直径。

d_5——条筒上口箍外径：

d_5 不大于 700 mm：$d_{5,\max}=d+30$ mm；

d_5 不大于 1 200 mm：$d_{5,\max}=d+40$ mm；

d_5 大于 1 200 mm：$d_{5,\max}=d+50$ mm。

注：条筒稳定性要求较大直径条筒的上口箍直径较大。

h ——总高(包括脚轮)。

见图 3。

单位为毫米

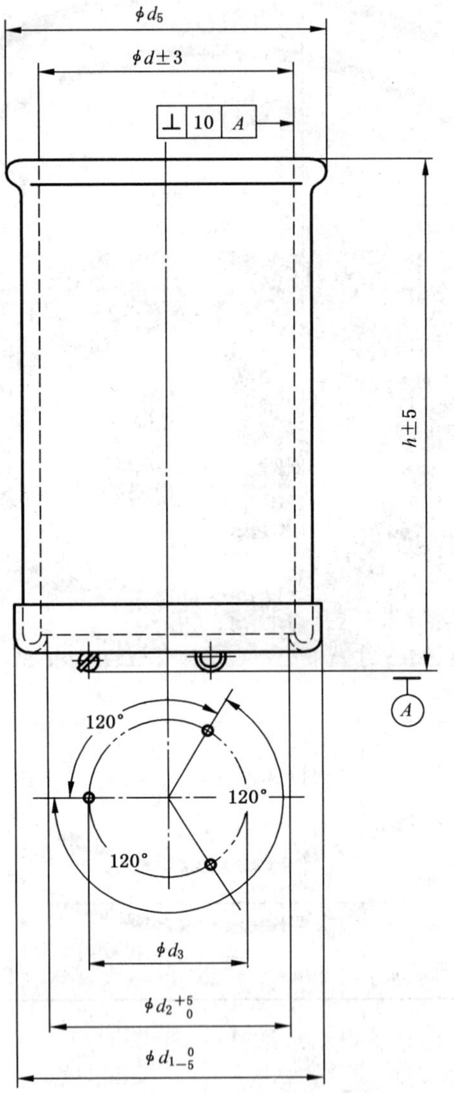

注：图示是三脚轮条筒，但也可安装四个脚轮，特别是内径大于 700 mm 的条筒。参见表 2。

图 3　有脚轮条筒

3.2　主要尺寸

主要尺寸见表 2。

表 2　有脚轮条筒尺寸及偏差

单位为毫米

d ±3	h	d_3
400 450 500 600	900	280 330 380 480
400 450 500 600 700 800 900	1 000	280 330 380 480 540 640 740
450 500 600 700 800 900 1 000	1 100	330 380 480 540 640 740 840
450 500 600 700 800 900 1 000[a]	1 200[b]	330 380 480 540 640 740 840

[a] 内径 d 大于 1 000 mm 时，每档增加 200 mm。

[b] 高度 h 大于 1 200 mm 时，每档增加 100 mm。

4　标记

圆柱形条筒的标记应依次包括以下内容：

a)　型式(有无脚轮)；

b)　标准编号，即 GB/T 19382.1；

c)　脚轮数量(R)，如果需要的话；

d)　内径 d；

e) 总高 h。

示例 1：

内径 d=600 mm，总高 h=1 200 mm 的凹底无脚轮条筒应标记为：

无脚轮条筒(凹底) GB/T 19382.1/ISO 93-1-600×1 200

示例 2：

内径 d=600 mm，总高 h=1 200 mm 的三脚轮条筒应标记为：

三脚轮条筒 GB/T 19382.1/ISO 93-1-3R-600×1 200

ICS 59.120.10
W 91

中华人民共和国国家标准

GB/T 19382.2—2012/ISO 93-2:2006
代替 GB/T 19382.2—2003

纺织机械与附件 圆柱形条筒 第2部分:弹簧托盘

Textile machinery and accessories—Cylindrical sliver cans—Part 2: Spring bottoms

(ISO 93-2:2006, IDT)

2012-12-31 发布　　　　2013-06-01 实施

中华人民共和国国家质量监督检验检疫总局
中国国家标准化管理委员会　发布

前　言

GB/T 19382《纺织机械与附件　圆柱形条筒》分为以下两部分：

——第1部分：主要尺寸；

——第2部分：弹簧托盘。

本部分为GB/T 19382的第2部分。

本部分按照GB/T 1.1—2009、GB/T 20000.2—2009给出的规则起草。

本部分代替GB/T 19382.2—2003《纺织机械与附件　圆柱形条筒　第2部分：弹簧托盘》。本部分与GB/T 19382.2—2003相比，除编辑性修改外主要技术变化如下：

——修改了弹簧弹力的要求（见4.1，2003年版的4.1）；

——增加了标记内容列项（见第5章，2003年版的第5章）。

本部分使用翻译法等同采用ISO 93-2:2006《纺织机械与附件　圆柱形条筒　第2部分：弹簧托盘》（英文版）。为便于使用，本部分对ISO 93-2:2006做了下列编辑性修改：

a) 删除了ISO 93-2:2006的前言；

b) 用"GB/T 19382"代替"ISO 93"；

c) "3 符号"后增加"（见图1～图4）"，尺寸符号与其释义之间增加破折号"——"，并在释义之后增加分号"；"，最后一个释义之后增加句号"。"；

d) 图1～图4中条筒筒体等非金属材料的剖面符号改为我国标准规定画法；

e) 表1和表2的脚注"a"、"b"、"c"文字后面的标点符号改为"。"；

f) "5 标记"中，其标记示例中"ISO 93-2"前增加本国家标准编号，即改为"GB/T 19382.2/ISO 93-2"。

本部分由中国纺织工业联合会提出。

本部分由全国纺织机械与附件标准化技术委员会纺织器材分技术委员会（SAC/TC 215/SC 2）归口。

本部分起草单位：无锡市明达纺织器材有限公司、陕西纺织器材研究所。

本部分主要起草人：秋黎凤、颜景明、陆丰、赵玉生。

GB/T 19382.2于2003年首次发布，本次为第一次修订。

纺织机械与附件　圆柱形条筒
第2部分:弹簧托盘

1　范围

GB/T 19382的本部分规定了有预应力弹簧托盘和无预应力弹簧托盘的主要特征。此弹簧托盘用于GB/T 19382.1中所规定的圆柱形条筒。

2　规范性引用文件

下列文件对于本文件的应用是必不可少的。凡是注日期的引用文件,仅注日期的版本适用于本文件。凡是不注日期的引用文件,其最新版本(包括所有的修改单)适用于本文件。

GB/T 19382.1　纺织机械与附件　圆柱形条筒　第1部分:主要尺寸(GB/T 19382.1—2012,ISO 93-1:2006,IDT)

3　符号(见图1～图4)

d ——条筒内径;

d_4——弹簧托盘外径;

h ——总高;

h_2——条筒上缘到弹簧托盘顶面的距离;

h_3——弹簧托盘高度;

F_n——弹力;

F_v——弹簧在顶部工作位置的弹力;

L_0——无载荷时的弹簧长度;

L_v——弹簧在顶部工作位置的长度(即限定时)。

4　主要特征

4.1　无脚轮圆柱形条筒的弹簧托盘

见图1、图2和表1。

对于A型条筒(见图1),弹力F_n和弹簧托盘平行度误差应由供应商、机械制造商和买方商定。

对于B型条筒(见图2),弹力F_n和弹簧在顶部工作位置的弹力F_v和弹簧托盘平行度误差应由供应商、机械制造商和买方商定。

条筒上缘到弹簧托盘顶面的距离h_2应为:

——A型:5 mm≤h_2≤70 mm;

——B型:h_2=20 mm。

单位为毫米

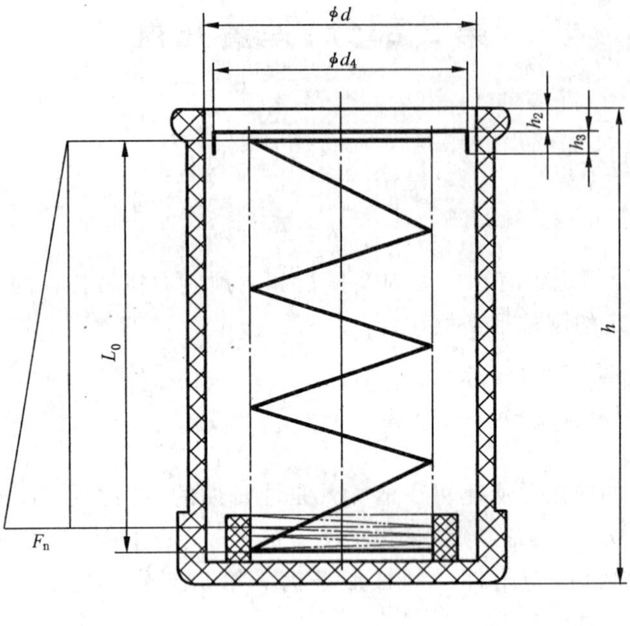

图 1 无预应力弹簧托盘——A 型

单位为毫米

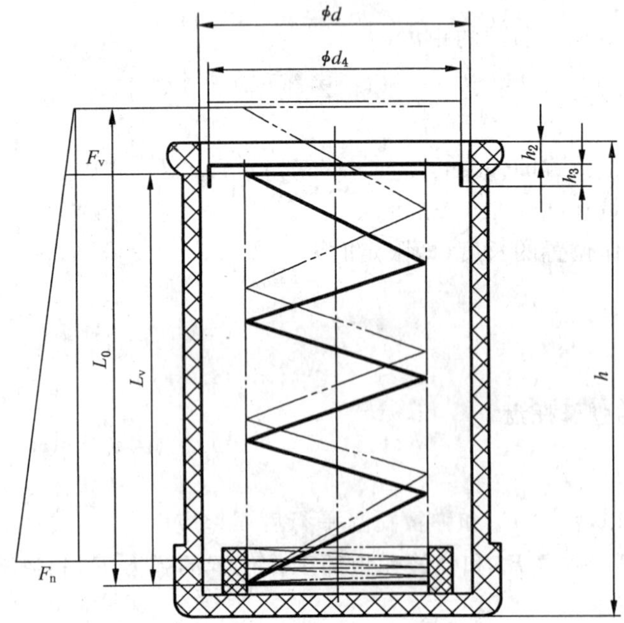

图 2 有预应力弹簧托盘——B 型

表 1　A 型和 B 型弹簧托盘的主要特征

单位为毫米

条筒尺寸[a]		弹簧特性		托盘	
d ±3	h	A 型 L_0±30	B 型 L_0±30	d_4	h_3
300	900	840	940	285	50
350				335	50
400				385	50
450				435	50
500				485	55
600				585	60
700				682	70
300	1 000	940	1 040	285	50
350				335	50
400				385	50
450				435	50
500				485	55
600				585	60
700				682	70
400	1 100	1 040	1 140	385	50
450				435	50
500				485	55
600				585	60
700				682	70
450	1 200[c]	1 140	1 240	435	50
500				485	55
600				585	60
700 [b]				682	70

[a] 按照 GB/T 19382.1。

[b] 内径 d 大于 700 mm 时，每档应增加 100 mm。

[c] 总高 h 大于 1 200 mm 时，每档应增加 100 mm。

4.2　有脚轮圆柱形条筒的弹簧托盘

见图 3、图 4 和表 2。

对于 C 型(见图 3)条筒，弹力 F_n 和弹簧托盘平行度误差应由供应商，机械制造商和买方商定。

对于 D 型(见图 4)条筒，弹力 F_n 和弹簧在顶部工作位置的弹力 F_v 和弹簧托盘平行度误差应由供应商、机械制造商和买方商定。

条筒上缘到弹簧托盘顶面的距离 h_2 应为：

——C 型：5 mm≤h_2≤70 mm；

——D 型：h_2=20 mm。

单位为毫米

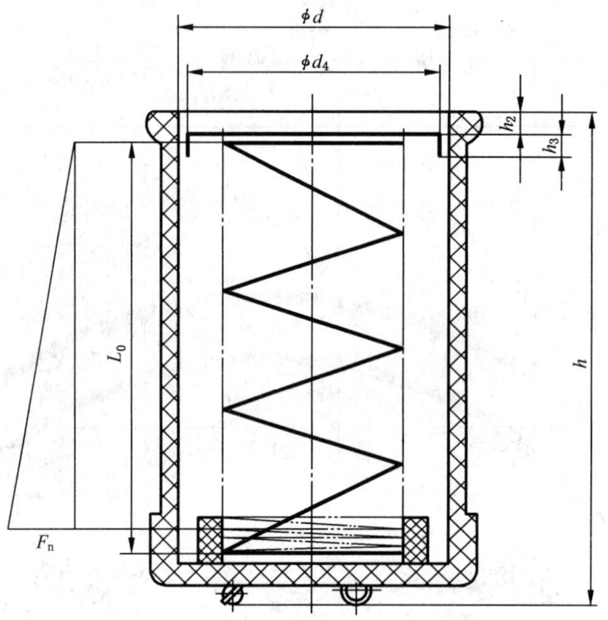

图 3　无预应力弹簧托盘——C 型

单位为毫米

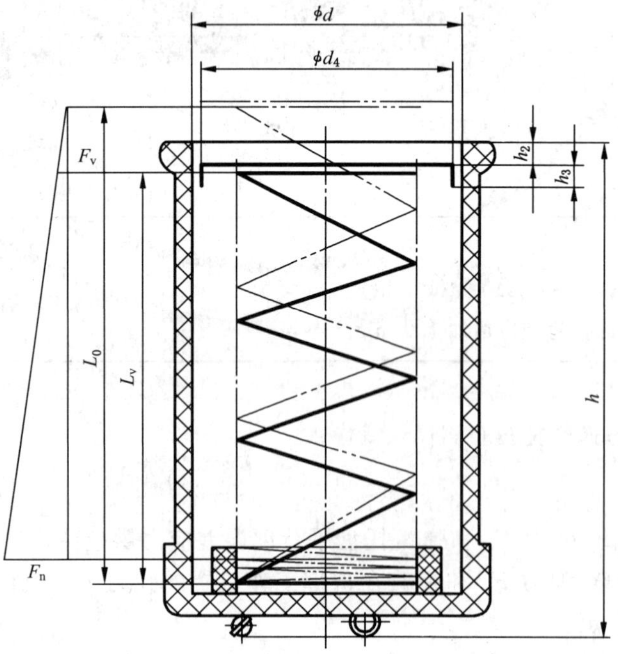

图 4　有预应力弹簧托盘——D 型

表2　C型和D型弹簧托盘主要特征

单位为毫米

条筒尺寸[a]		弹簧特性		托盘	
d ±3	h	C型 L_0±30	D型 L_0±30	d_4	h_3
400 600	900	770	870	385 585	50 60
400 450 500 600 700 800 900	1 000	870	970	385 435 485 585 682 780 880	50 50 55 60 70 85 100
450 500 600 700 800 900 1 000	1 100	970	1 070	435 485 585 682 780 880 980	50 55 60 70 85 100 100
450 500 600 700 800 900 1 000[b]	1 200[c]	1 070	1 170	435 485 585 682 780 880 980	50 55 60 70 85 100 100

[a] 按照GB/T 19382.1。

[b] 内径 d 大于1 000 mm时，每档应增加200 mm。

[c] 总高 h 大于1 200 mm时，每档应增加100 mm。

5　标记

圆柱形条筒用弹簧托盘的标记应依次包括以下内容：

a)　标准编号，即GB/T 19382.2；

b)　型式(即A,B,C或D)；

c)　弹簧特性，即 L_0 和 F_n；

d)　托盘尺寸，即 d_4 和 h_3。

示例：

圆柱形条筒的D型弹簧托盘，无载荷时弹簧长度 L_0=1 170 mm，弹力 F_n=34 daN，托盘外径 d_4=780 mm，托盘高度 h_3=85 mm，其标记如下：

弹簧托盘 GB/T 19382.2/ISO 93-2 D 1 170×34-780/85

ICS 59.120.40
W 90

中华人民共和国国家标准

GB/T 19384.1—2012/ISO 13990-1:2006
代替 GB/T 19384—2003

纺织机械与附件 针织机用输纱器与纱线控制装置 第1部分:术语

Textile machinery and accessories—
Yarn feeders and yarn control for knitting machines—
Part 1: Vocabulary

(ISO 13990-1:2006,IDT)

2012-12-31 发布　　2013-06-01 实施

中华人民共和国国家质量监督检验检疫总局
中国国家标准化管理委员会　发布

前　言

GB/T 19384《纺织机械与附件　针织机用输纱器与纱线控制装置》分为以下三个部分：

——第1部分：术语；

——第2部分：关联尺寸；

——第3部分：连接电缆和互联电缆尺寸。

本部分为GB/T 19384的第1部分。

本部分按照GB/T 1.1—2009、GB/T 20000.2—2009给出的规则起草。

本部分代替GB/T 19384—2003《纺织机械与附件　针织机用输纱器　词汇》。

本部分与GB/T 19384—2003的主要差异如下：

——更改了标准的名称(见2003版的封面及本版的封面)；

——修改并增加了组合式输纱器的内容(见2.2.10)；

——增加了纱线控制装置类型(见2.3)；

——增加了关联尺寸及电缆(见2.4)；

——修改了输纱器在圆型针织机上的配置并改为附录A；

——增加了汉语拼音索引。

本部分使用翻译法等同采用国际标准ISO 13990-1:2006《纺织机械与附件　针织机用输纱器与纱线控制装置　第1部分：术语》(英文版)。

为了方便使用，本部分作了下列编辑性修改：

——“本国际标准”一词改为“本部分”；

——删除ISO前言；

——章、条编号及其层次按GB/T 1.1—2009的规定重新进行了编排；

——增加了汉语拼音索引内容。

本部分由中国纺织工业联合会提出。

本部分由全国纺织机械与附件标准化技术委员会(SAC/TC 215)归口。

本部分由宁波慈星股份有限公司、慈溪太阳洲纺织科技有限公司、浙江恒强科技股份有限公司、浙江省质量技术监督检测研究院、中国纺织机械器材工业协会负责起草。

本部分主要起草人：李岱、孙平范、徐海平、高山、胡军祥。

本部分所代替标准的历次版本发布情况为：

GB/T 19384—2003。

纺织机械与附件 针织机用输纱器与纱线控制装置 第1部分:术语

1 范围

GB/T 19384 的本部分规定了与针织机用输纱器与纱线控制装置有关的术语和定义。

注:附图只阐明各种形式输纱器和纱线控制装置的工作原理,不表示这是唯一的,或者是最普遍的结构形式。

2 术语和定义

下列术语和定义适用于本文件。

2.1 输纱器及分类

2.1.1

输纱器 yarn feeder

安装在纱筒和织针之间的纱线路径上,用于输送纱线的装置。

2.1.2

积极式输纱器 positive feeder

输送预定长度纱线的输纱器。

2.1.3

消极式输纱器 passive feeder

按照纱线张力和(或)织针的要求,喂入一定长度纱线的输纱器。

2.1.4

张力控制式输纱器 yarn tension-controlled thread feeder

按照预先设定纱线张力参数输送纱线的输纱器。

2.2 输纱器型式

2.2.1

罗拉夹持式输纱器 nip roller feeder

通过两个反向旋转的罗拉夹持输送纱线的一种积极式输纱器,见图1。

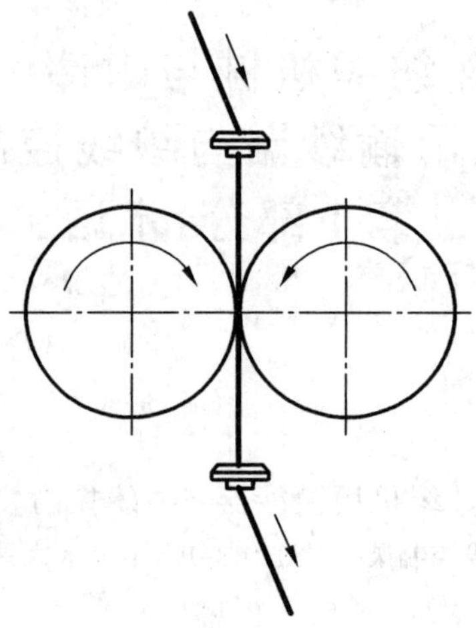

图1　罗拉夹持式输纱器

2.2.2

圆盘、罗拉夹持式输纱器　disc nip roller feeder

通过圆盘与罗拉间的夹持并输送纱线的一种积极式输纱器,见图2。

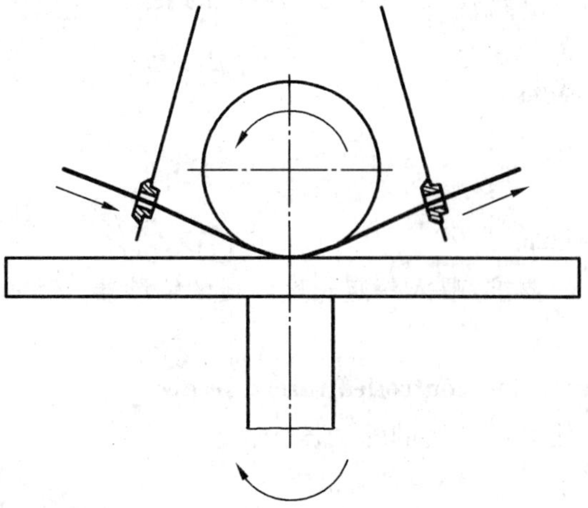

图2　圆盘、罗拉夹持式输纱器

2.2.3

齿轮式输纱器　gearwheel feeder

通过两个反向旋转的啮合齿轮夹持输送纱线的一种积极式输纱器,见图3。

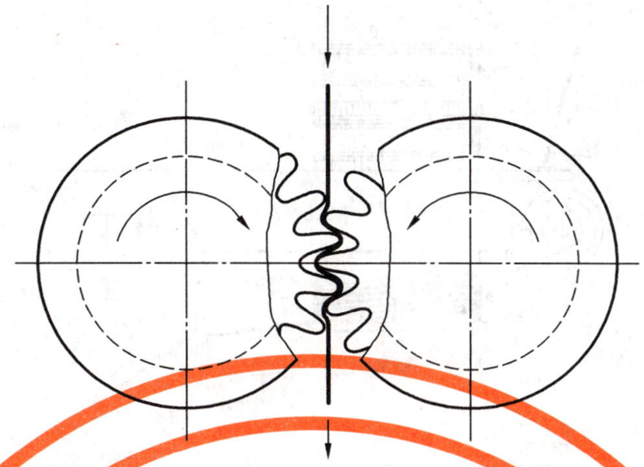

图 3　齿轮式输纱器

2.2.4

条带式输纱器　tape feeder

通过一根主动输纱带(传动带)和一个从动输纱轮的夹持输送纱线的一种积极式输纱器,见图 4。

注:变速盘、传动带张紧装置和输纱器支架配置示例,见图 A.1。

说明:

1——输纱轮;

2——输纱带(传动带)。

图 4　条带式输纱器

2.2.5

绞盘式输纱器　capstan feeder

通过多圈纱卷绕在从动绞盘式储纱轮上实现无滑动输送纱线的一种积极式输纱器,见图 5。

注:变速盘、传动带张紧装置和输纱器支架配置示例,见图 A.1。

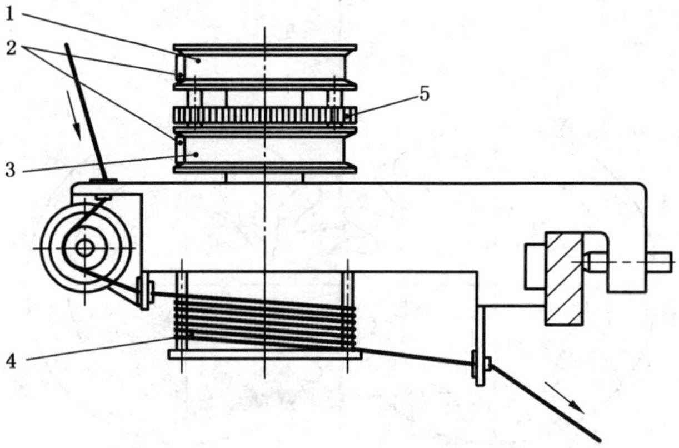

说明：
1——驱动轮 1；
2——传动带；
3——驱动轮 2；
4——储纱轮(绞盘)；
5——离合轮。

图 5 绞盘式输纱器

2.2.6

弹性纱输纱器 elastomer feeder

退卷式输纱器 unrolling feeder

通过弹性纱线在从动纱筒上退绕输送弹性纱线的一种积极式输纱器，见图 6。

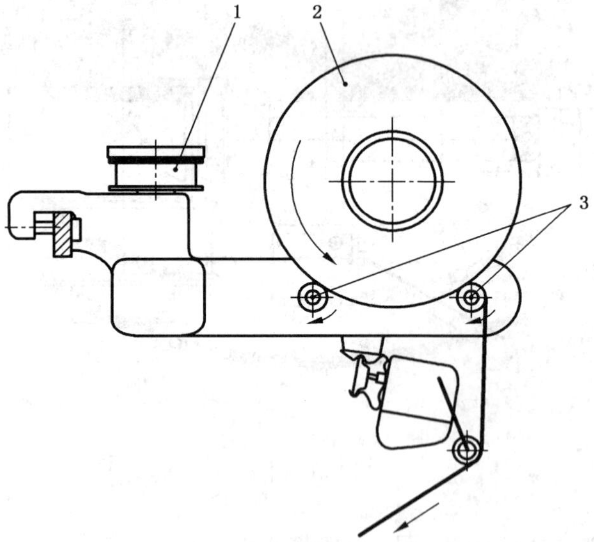

说明：
1——驱动轮；
2——纱筒；
3——退绕辊。

图 6 弹性纱输纱器

2.2.7

摩擦式输纱器 friction feeder

通过将纱线绕在输纱轮上来输送一定长度纱线的一种输纱器。输纱轮线速度大于纱线速度,两者之间有滑动,见图7。

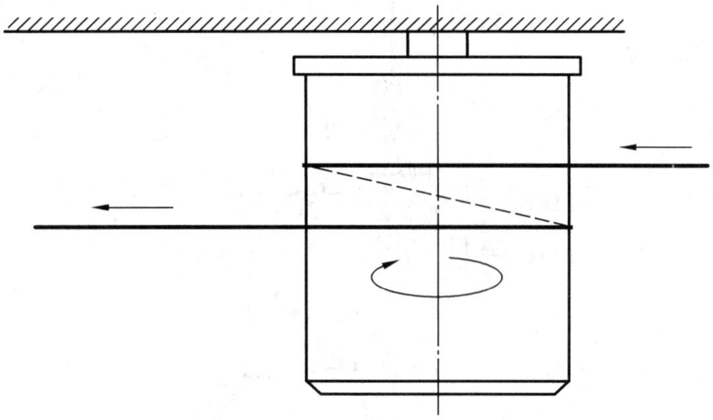

图7 摩擦式输纱器

2.2.8

储存式输纱器 storage feeder

通过将纱线绕在转动的和(或)静止的储纱轮上,提供一定长度纱线的一种输纱器,见图8。

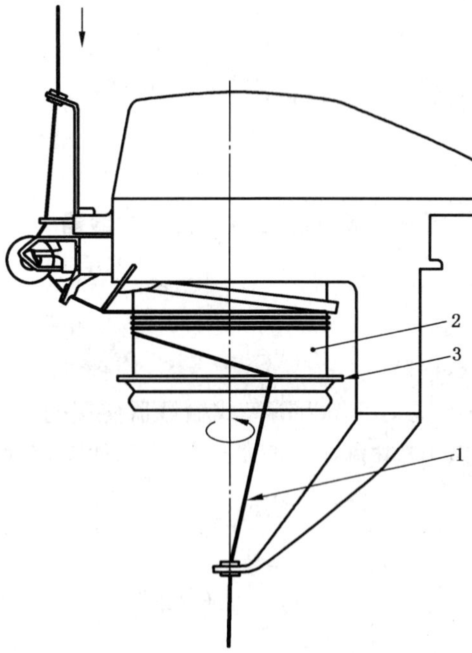

说明:

1——纱线;

2——储纱轮;

3——张力环。

图8 储存式输纱器

2.2.9

张力控制的绞盘式输纱器　tension-controlled capstan feeder

通过有张力控制的从动绞盘(罗拉),实现无滑动输送一定长度纱线的一种输纱器,见图 9。

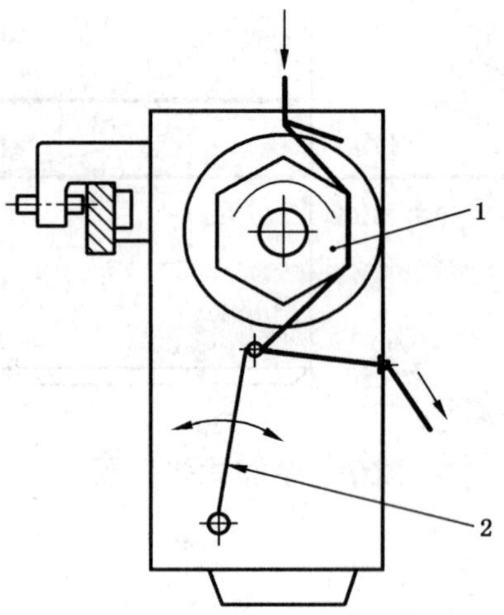

说明:

1——储纱轮;

2——张力控制装置。

图 9　张力控制的绞盘式输纱器

2.2.10

组合式输纱器　combined feeder

通过转换,既可作为积极式输纱器又可作为消极式输纱器使用的一种输纱器,见图 10。

注:驱动轮 1、驱动轮 2、传动带见图 5;变速盘、传动带张紧装置和输纱器支架配置示例,见图 A.1。

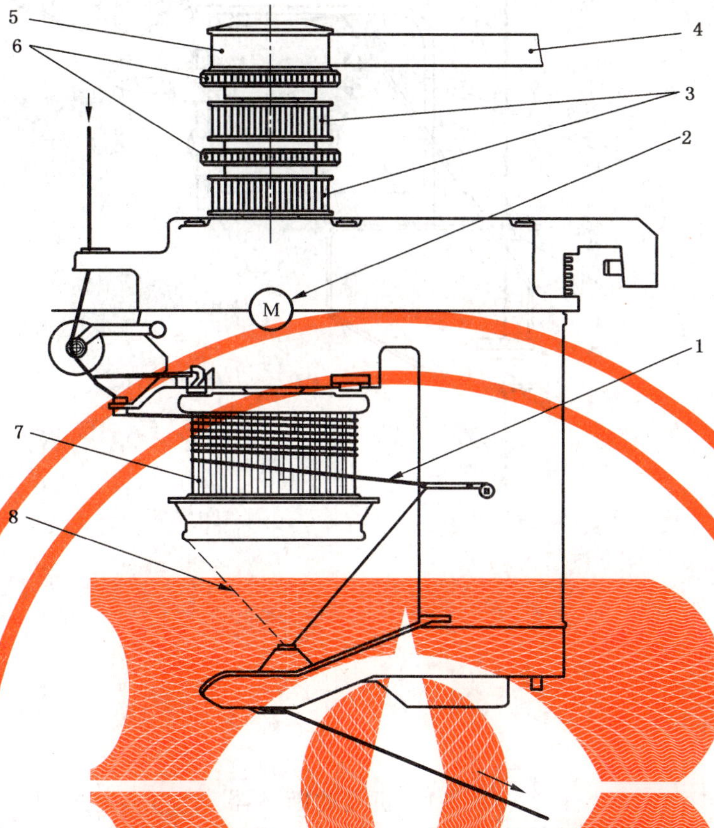

说明：
1——积极式输纱；
2——电机；
3——驱动轮 2；
4——传动带；
5——驱动轮 1；
6——离合轮；
7——储纱轮；
8——消极式输纱。

图 10 组合式输纱器

2.3 纱线控制装置类型

2.3.1

断纱器 thread-break control device

识别断纱的装置。

2.3.1.1

机电式断纱器 electro-mechanical thread-break control device

当断纱或纱线张力过小时发出报警信号的一种机电式装置，见图 11。

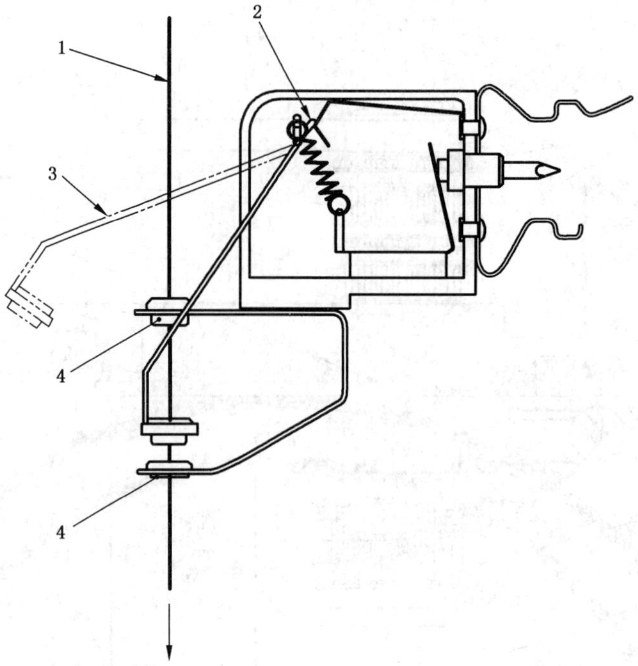

说明：
1——纱线；
2——触点；
3——探杆；
4——导纱器。

图 11 机电式断纱器

2.3.1.2

光感应式断纱器 optical thread-break control device

当断纱、纱线静止或无纱线时发出报警信号的一种光感应式装置，见图 12。

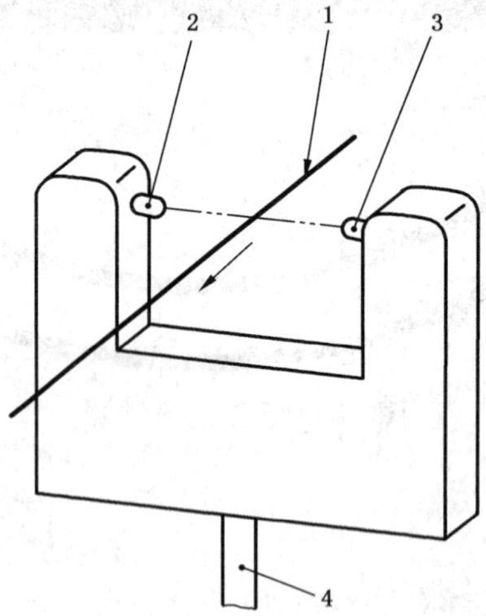

说明：
1——纱线；
2——发射器；
3——接收器；
4——连接电缆。

图 12 光感应式断纱器

2.3.1.3

电容式断纱器　capacitance thread-break control device

当断纱、纱线静止或无纱线时发出报警信号的一种电容式装置,见图13。

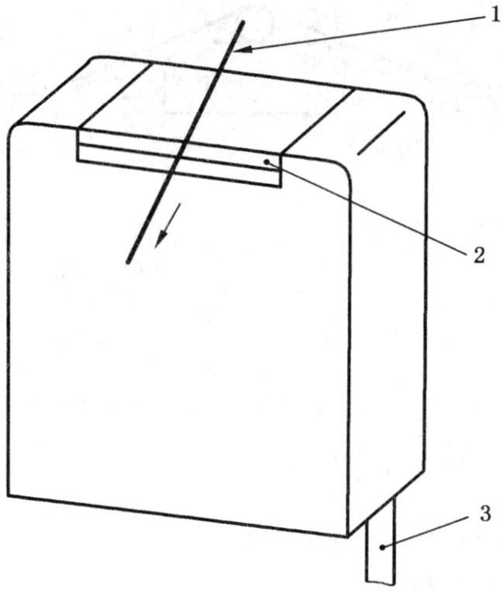

说明:

1——纱线;

2——感应器;

3——连接电缆。

图13　电容式断纱器

2.3.2

纱线移动检测器　thread-movement control device

能识别纱线移动的机电式、光感应式或电容式装置。

2.3.3

纱线张力控制器　thread-tension control device

控制纱线张力的装置。

2.3.3.1

机电式纱线张力控制器　electro-mechanical thread-tension control device

当纱线张力过大或过小时能发出信号的机电装置,见图14。

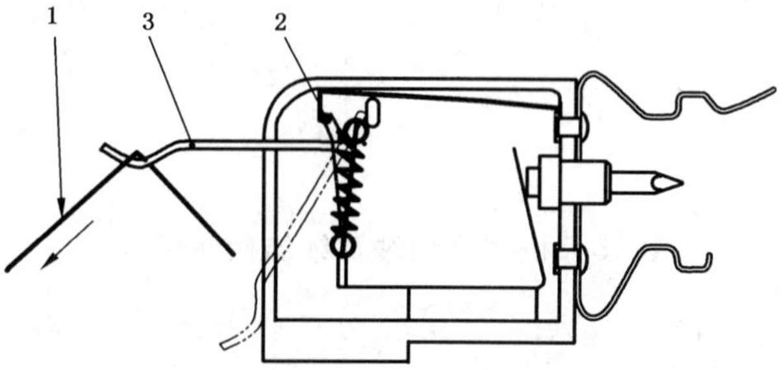

说明:

1——纱线;

2——触点;

3——探杆。

图14　机电式纱线张力控制器

2.3.3.2

电子式纱线张力控制器　electronic thread-tension control device

带电子感应器的纱线张力控制装置，见图15。

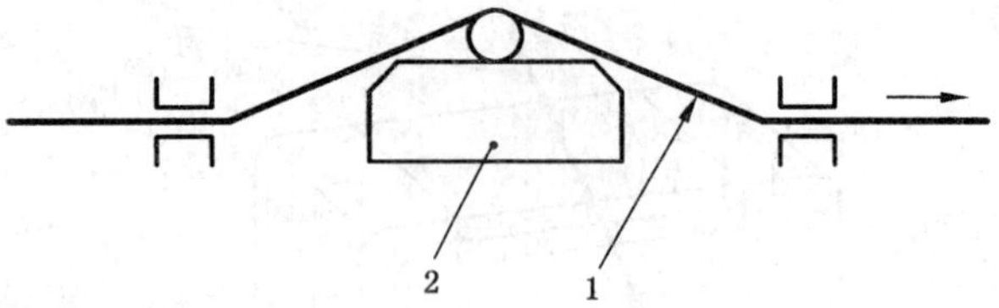

说明：

1——纱线；

2——感应器。

图15　电子式纱线张力控制器

2.3.4

纱线细度检测装置　thread-thickness control device

在纱线行进中，对纱线细度进行检测的装置。

2.3.4.1

机械式粗纱及纱结检测装置　mechanical thread-thickness control device knot catcher

通过纱路上具有一定宽度的检测槽，限制粗纱及纱结通过的装置，见图16。

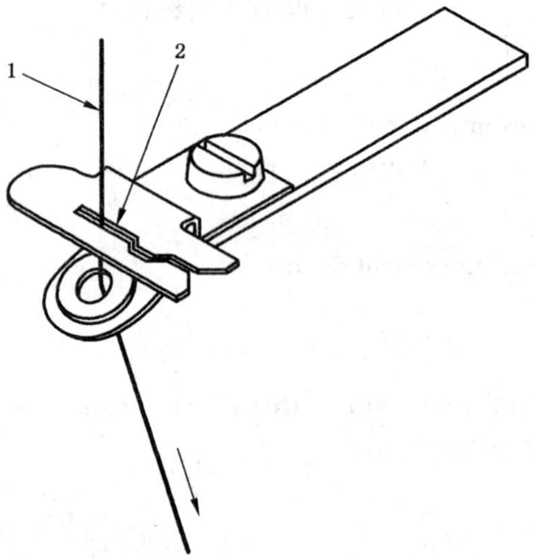

说明：

1——纱线；

2——纱线检测槽。

图16　机械式粗纱及纱结检测装置

2.3.4.2

机电式粗纱检测装置　electro-mechanical thread-thickness control device

通过纱路上一个可动的检测槽，限制粗纱通过的装置。

注：过粗纱线不能通过检测槽，但能使检测槽移动，随之触发报警。

2.3.4.3

电子式粗纱检测装置　electronic thread-thickness control device

通过电子式感应器实现粗纱检测的一种装置。

2.4 关联尺寸及电缆

2.4.1

关联尺寸 connecting dimensions

针织机用输纱器和纱线控制装置的连接尺寸。

2.4.2

互连电缆 interconnection cable

用于纱线控制装置电气安装的一面开槽的扁平电缆。

2.4.3

连接电缆 connecting cable

用于输纱器电气安装的连接电缆。

注：输纱器的插针刺穿连接电缆的绝缘层接触芯线而导电。

附 录 A
（资料性附录）
输纱器在圆型针织机上的配置示例

输纱器在圆型针织机上的配置示例见图 A.1。

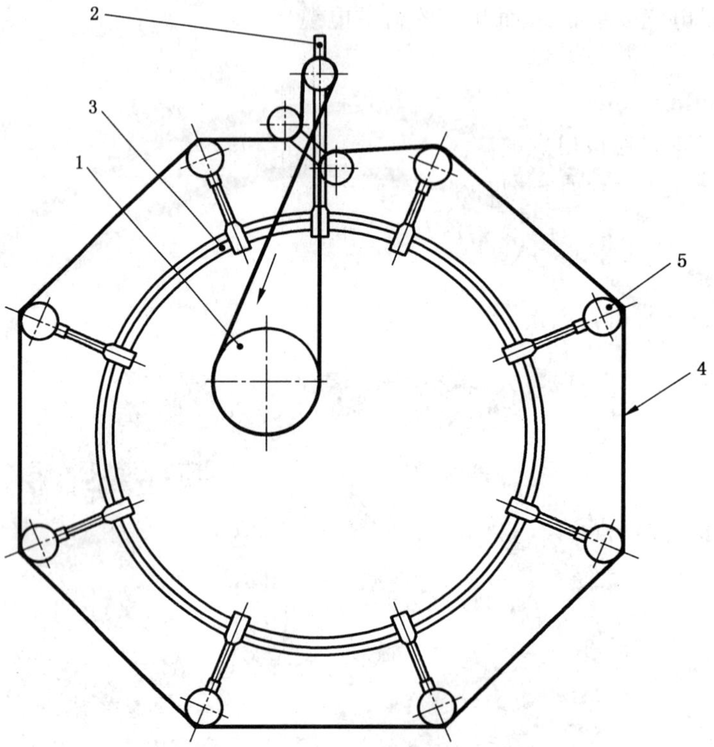

说明：

1——变速盘；

2——传动带张紧装置；

3——输纱器支架；

4——传动带；

5——输纱器。

注：一个或多个输纱速度需要对应一个或多个变速盘及传动带。

图 A.1　输纱器在圆型针织机上的配置示例

索　引

汉语拼音索引

英文对应词索引

C

D

E

F

G

I

M

N

O

P

S

T

U

Y

ICS 59.120.40
W 90

中华人民共和国国家标准

GB/T 19384.2—2012/ISO 13990-2:2006

纺织机械与附件 针织机用输纱器与纱线控制装置 第2部分:关联尺寸

Textile machinery and accessories—Yarn feeders and yarn control for knitting machines—Part 2:Connecting dimensions for yarn feeders and yarn control devices

(ISO 13990-2:2006,IDT)

2012-12-31 发布　　2013-06-01 实施

中华人民共和国国家质量监督检验检疫总局
中国国家标准化管理委员会　发布

前　言

GB/T 19384《纺织机械与附件　针织机用输纱器与纱线控制装置》分为以下三个部分：

——第1部分：术语；

——第2部分：关联尺寸；

——第3部分：连接电缆和互联电缆尺寸。

本部分为GB/T 19384的第2部分。

本部分按照GB/T 1.1—2009、GB/T 20000.2—2009给出的规则起草。

本部分使用翻译法等同采用国际标准ISO 13990-2:2006《纺织机械与附件　针织机用输纱器与纱线控制装置　第2部分：关联尺寸》(英文版)。

与本部分中规范性引用的国际文件有一致性对应关系的我国文件如下：

——GB/T 1804—2000　一般公差　未注公差的线性和角度尺寸的公差(eqv ISO 2768-1:1989)；

——GB/T 19384.1—2012　纺织机械与附件　针织机用输纱器与纱线控制装置　第1部分：术语(ISO 13990-1:2006,IDT)；

——GB/T 19384.3—2012　纺织机械与附件　针织机用输纱器与纱线控制装置　第3部分：连接电缆和互联电缆尺寸(ISO 13990-3:2006,IDT)；

为了方便使用，本部分作了下列编辑性修改：

——"本国际标准"一词改为"本部分"；

——删除ISO前言。

本部分由中国纺织工业联合会提出。

本部分由全国纺织机械与附件标准化技术委员会(SAC/TC 215)归口。

本部分由宁波慈星股份有限公司、浙江省质量技术监督检测研究院、慈溪太阳洲纺织科技有限公司、浙江恒强科技股份有限公司、中国纺织机械器材工业协会负责起草。

本部分主要起草人：高山、徐海平、孙平范、李岱、胡军祥。

纺织机械与附件
针织机用输纱器与纱线控制装置
第2部分:关联尺寸

1 范围

GB/T 19384 的本部分规定了针织机用输纱器与纱线控制装置的关联安装尺寸。

2 规范性引用文件

下列文件对于本文件的应用是必不可少的。凡是注日期的引用文件,仅注日期的版本适用于本文件。凡是不注日期的引用文件,其最新版本(包括所有的修改单)适用于本文件。

ISO 2768-1:1989 一般公差 第1部分:未注公差的线性和角度尺寸的公差(General tolerances—Part 1:Tolerances for linear and angular dimensions without individual tolerance indications)

ISO 13990-1 纺织机械与附件 针织机用输纱器与纱线控制装置 第1部分:术语(Textile machinery and accessories—Yarn feeders and yarn control for knitting machines—Part 1:Vocabulary)

ISO 13990-3 纺织机械与附件 针织机用输纱器与纱线控制装置 第3部分:连接电缆和互联电缆尺寸(Textile machinery and accessories—Yarn feeders and yarn control for knitting machines—Part 3:Dimensions for connecting and interconnection cables)

3 术语和定义

ISO 13990-1 界定的术语和定义适用于本文件。

4 关联尺寸

4.1 输纱器的关联尺寸

输纱器的关联尺寸应符合图1、图2和表1的规定。

除非另有说明,未注尺寸公差应符合 ISO 2768-1:1989 中C级的规定。

图2中所示的输纱器外形仅供参考。

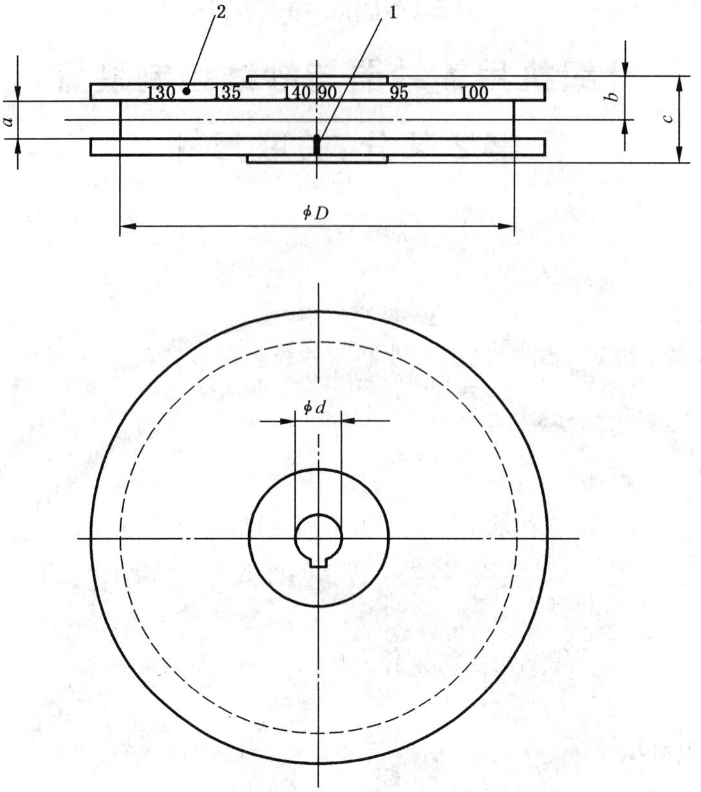

说明：

1——标记；

2——刻度。

图1　变速盘的关联尺寸

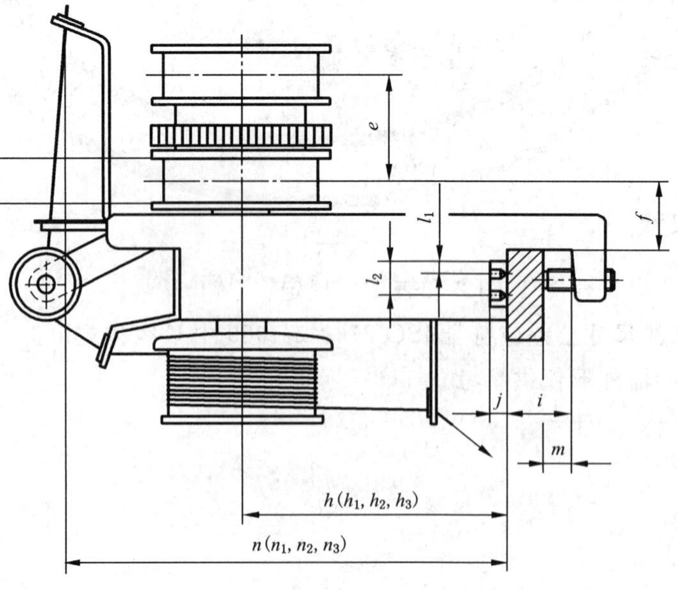

图2　输纱器的关联尺寸

表 1　关联尺寸

单位为毫米

符　号	描　　述	尺　寸
a	变速盘带槽宽度	(18)20
b	变速盘带槽中心线至刻度侧凸边的距离	(18)19
c	变速盘高度	45
d	变速盘的孔径	17H7
e	两驱动轮之间的距离	30
f	下驱动轮中心线至支架上安装面的距离	21
g	驱动轮带槽宽度	13
h	驱动轮轴线与支架安装面的距离	—
h_1	适用于绞盘式输纱器	75
h_2	适用于弹性纱输纱器	49
h_3	适用于组合式输纱器	>98
i	支架槽宽度	≤20
j,l_1,l_2	连接电缆的尺寸	[a]
m	输纱器安装距离	$\geqslant j$
n	进纱口至支架安装面的距离	—
n_1	适用于绞盘式输纱器	≤123
n_2	适用于弹性纱输纱器	—
n_3	适用于组合式输纱器	≤180
D	变速盘的直径	90～280
注：括号中的尺寸在新设计时不推荐使用。		
[a] 见 ISO 13990-3。		

4.2　纱线控制和输纱装置的关联尺寸

互连电缆的关联安装尺寸应符合图 3 和表 2 的规定。

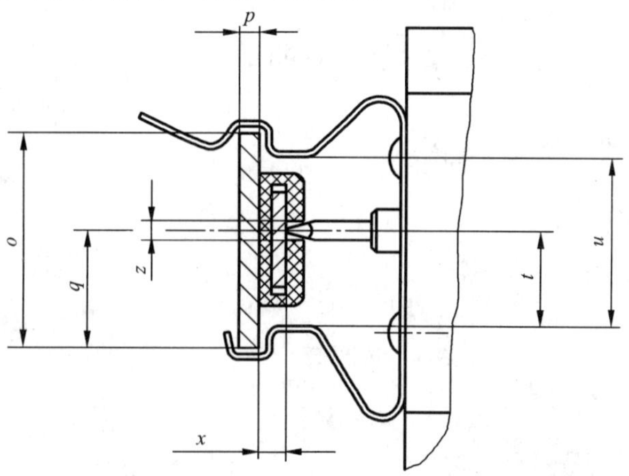

图 3　互连电缆应用示例

表2 互连电缆的关联安装尺寸

单位为毫米

符号	描述	尺寸
o	支架宽度	25 h11
p	支架厚度	3 h11
q	支架底边至接触面中心线的距离	14±0.5
t	触针与夹子的距离	9.5±0.5
u	夹子张开的距离	17
x	支架右边至接触面的距离	1.5～3
z	开口宽度	<2.5

ICS 59.120.40
W 90

中华人民共和国国家标准

GB/T 19384.3—2012/ISO 13990-3:2006

纺织机械与附件 针织机用输纱器与纱线控制装置 第3部分:连接电缆和互联电缆尺寸

Textile machinery and accessories—Yarn feeders and yarn control for knitting machines—Part 3: Dimensions for connecting and interconnection cables

(ISO 13990-3:2006,IDT)

2012-12-31 发布　　2013-06-01 实施

中华人民共和国国家质量监督检验检疫总局
中国国家标准化管理委员会　发布

前　言

GB/T 19384《纺织机械与附件　针织机用输纱器与纱线控制装置》分为以下三个部分：

——第1部分：术语；

——第2部分：关联尺寸；

——第3部分：连接电缆和互联电缆尺寸。

本部分为GB/T 19384的第3部分。

本部分按照GB/T 1.1—2009、GB/T 20000.2—2009给出的规则起草。

本部分使用翻译法等同采用国际标准ISO 13990-3:2006《纺织机械与附件　针织机用输纱器与纱线控制装置　第3部分：连接电缆和互联电缆尺寸》(英文版)。

与本部分中规范性引用的国际文件有一致性对应关系的我国文件如下：

——GB/T 19384.1—2012　纺织机械与附件　针织机用输纱器与纱线控制装置　第1部分：术语(ISO 13990-1:2006,IDT)。

为了方便使用，本部分作了下列编辑性修改：

——"本国际标准"一词改为"本部分"；

——删除ISO前言。

本部分由中国纺织工业联合会提出。

本部分由全国纺织机械与附件标准化技术委员会(SAC/TC 215)归口。

本部分由慈溪太阳洲纺织科技有限公司、宁波慈星股份有限公司、浙江省质量技术监督检测研究院、浙江恒强科技股份有限公司、中国纺织机械器材工业协会负责起草。

本部分主要起草人：徐海平、高山、孙平范、胡军祥、李岱。

纺织机械与附件 针织机用输纱器与纱线控制装置 第3部分:连接电缆和互联电缆尺寸

1 范围

GB/T 19384的本部分规定了针织机用输纱器与纱线控制装置的电气安装所用的多芯连接电缆和低压互联电缆的尺寸。

2 规范性引用文件

下列文件对于本文件的应用是必不可少的。凡是注日期的引用文件,仅注日期的版本适用于本文件。凡是不注日期的引用文件,其最新版本(包括所有的修改单)适用于本文件。

ISO 13990-1 纺织机械与附件 针织机用输纱器与纱线控制装置 第1部分:术语(Textile machinery and accessories—Yarn feeders and yarn control for knitting machines—Part 1: Vocabulary)

3 术语和定义

ISO 13990-1界定的术语和定义适用于本文件。

4 关联尺寸

4.1 连接电缆

为确保电缆在线槽中的正确位置以及实现无故障接触所需的电缆芯线距离,连接电缆的外形尺寸公差应符合表1的规定。图1为一种连接电缆的尺寸示例。

表1 连接电缆的尺寸

单位为毫米

符号	尺寸和公差			
	2芯	3芯	4芯	5芯
j	5±0.2	5±0.3	6±0.2	5±0.3
k	12.5±0.3	$17.9^{+0.2}_{-0.3}$	18±0.3	17.9±0.25
l_1	3.25±0.3	2.95±0.3	3±0.3	2.6±0.3
l_2	9.25±0.3	8.95±0.3	7±0.3	5.95±0.3
l_3	—	14.95±0.3	11±0.3	8.95±0.3
l_4	—	—	15±0.3	11.95±0.3
l_5	—	—	—	15.3±0.3

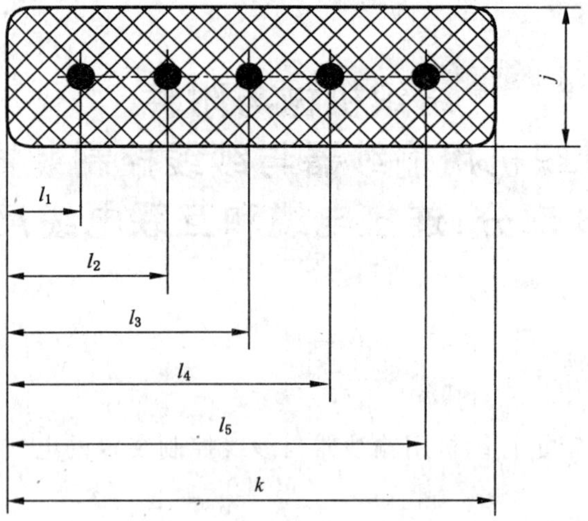

图1　五芯电缆示例

4.2　互连电缆

互连电缆的尺寸应符合图2和表2的规定。

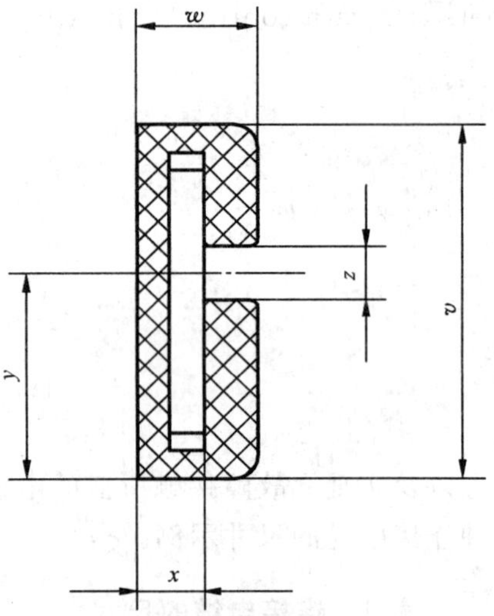

图2　互连电缆的尺寸

表2　互连电缆的尺寸

单位为毫米

符　号	描　　述	尺　寸
v	电缆宽度	≤16.5
w	电缆厚度	≤5.5
x	电缆左侧面至接触面的距离	1.5～3
y	电缆底面至槽中心线的距离	9.5±0.5
z	槽宽	<2.5

ICS 65.060.80
B 96

GB

中华人民共和国国家标准

GB/T 19387—2012/ISO 6535:2008
代替 GB/T 19387—2008

便携式油锯　锯链制动器性能测试方法

Portable chain-saws—Test methods of chain brake performance

(ISO 6535:2008,Portable chain-saws—Chain brake performance,IDT)

2012-05-11 发布　　2012-10-01 实施

中华人民共和国国家质量监督检验检疫总局
中国国家标准化管理委员会　发布

前　言

本标准按照 GB/T 1.1—2009 给出的规则起草。

本标准代替 GB/T 19387—2008《便携式油锯　锯链制动器性能》,与 GB/T 19387—2008 相比主要技术变化如下:

——修改了标准的中文名称,由"便携式油锯　锯链制动器性能"改为"便携式油锯　锯链制动器性能测试方法",英文名称相应的由"Portable chain-saws—Chain brake performance"改为"Portable chain-saws—Test methods of chain brake performance";

——修改了"范围"的内容,删除了"范围"中"规定推荐的锯链制动器性能指标的内容",同时删除文中对应"性能要求和推荐指标"章条;

——新增"规范性引用文件",引入了对"ISO 6531"的引用(见第 2 章);

——新增"术语和定义",将原标准中 6.1.1 中"制动时间"和"锯链被制动的判断标准"以术语"制动时间"的形式给出(见第 3 章);

——新增"测试对象",将原"性能要求和推荐性指标"章条中对试验油锯的要求变为对"测试对象"的要求(见第 4 章);

——"测量仪器"新增"冲击摆"参数的精度要求(见 5.6);

——删除"试验前准备"中"环境温度"及"不得加注润滑油"等的要求(见第 6 章);

——删除"试验程序"中"方法"的内容(2003 年版 6.1.1);

——在"试验程序 总则"中给出"冲击摆冲击前护手器"时的具体参数要求,并增加图示说明(见 7.1.1);

——"预运转"中新增预运转注意事项的要求及预运转时间间隔的要求(见 7.1.2);

——"首次试验"中新增"试验过程中,若发动机转速超过高速空转的转速,则该次试验无效,并重复该次试验"要求(见 7.1.3);

——"释放力(静态试验)"中新增释放力测量时间的要求(见 7.2);

——将原标准中图 1 标题由"释放力静态试验"改为"释放力的测量方向"(见图 2,2003 年版图 1)。

本标准采用翻译法等同采用国际标准 ISO 6535:2008《便携式油锯　锯链制动器性能》。

与本标准中规范性引用的国际文件有一致性对应关系的我国文件如下:

——GB/T 18960—2012　林业机械　便携式油锯　词汇(ISO 6531:2008,IDT)。

本标准由国家林业局提出。

本标准由全国林业机械标准化技术委员会(SAC/TC 61)归口。

本标准负责起草单位:浙江中马园林机器有限公司。

本标准参加起草单位:浙江三锋实业股份有限公司、国家林业局哈尔滨林业机械研究所、温岭利欧园林机械有限公司。

本标准主要起草人:蒋志、周林、王振东、杨锋、石伟。

本标准于 2003 年 11 月首次发布,2008 年 5 月第一次修订,此次为第二次修订。

便携式油锯 锯链制动器性能测试方法

1 范围

本标准规定了便携式油锯上的手动锯链制动器的制动时间和释放力的测试方法。

2 规范性引用文件

下列文件对于本文件的应用是必不可少的。凡是注日期的引用文件,仅注日期的版本适用于本文件。凡是不注日期的引用文件,其最新版本(包括所有的修改单)适用于本文件。

ISO 6531 林业机械 便携式油锯 词汇(Machinery for forestry—Portable chain-saws—Vocabulary)

3 术语和定义

ISO 6531 中界定的以及下列术语和定义适用于本文件。

3.1

制动时间 braking time

从摆锤撞击前护手器的瞬间到锯链停止运动的瞬间的间隔时间。

注:为了避免由于锯链和链轮的振动而引起误测,当两个连续的链齿通过测点的时间超过 10 ms 时,认为该锯链已被制动。

4 测试对象

各项测试应在同一型号的装有规定导板和锯链的三台标准油锯上进行。

5 测试仪器

5.1 转速表,精度为±2.5%。

5.2 记时器,包括传感器,精度为±5 ms。

5.3 测试制动器启动的传感装置。

5.4 测试锯链运动的传感装置。

5.5 测力计,精度为±1 N。

5.6 冲击摆,摆头端面为直径 50 mm±1 mm 的平面,从回转轴中心到摆头中心线之间的距离,即摆臂长为 700 mm±5 mm,该摆臂应尽量轻,摆头从接近 200 mm 高度差(参见图 1)处落下时,应能产生 1.4 J±0.05 J 的冲击能量。

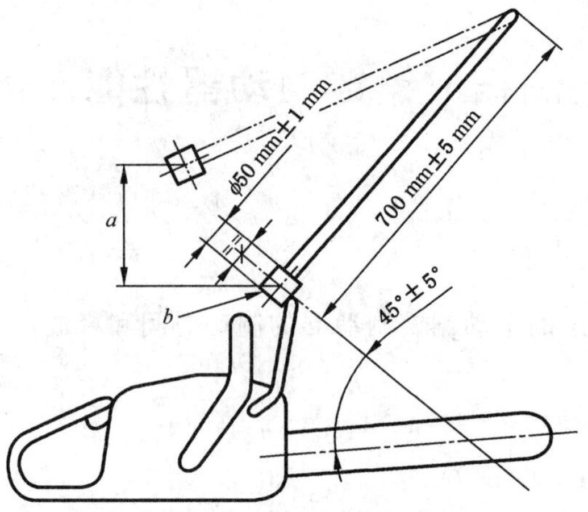

说明：

a——冲击摆下降的高度；

b——应对棱角进行倒角。

图 1　冲击摆和撞击方向

6　试验前准备

试验前应对油锯的发动机进行试运转和预热，并按制造厂家的说明调整化油器和点火装置。

应将油锯及其锯链张紧程度按制造厂家的建议调整到最佳切削性能状态。若无特殊说明，锯链张紧程度通常应调整到如下状态为宜，当将 1 kg 的重物吊挂在锯链的有效切削长度内较低位置的中心处时，连接片与导板之间的间隙不应小于导板有效长度的 0.017 倍。

如果可能，将锯链润滑油注油泵按制造厂家的建议调节到最大流量状态，锯链润滑油的型号应在试验报告中注明。

7　试验程序

7.1　制动时间

7.1.1　总则

在制动状态期间，将节气门(或油门扳机)保持在某一固定位置，且该位置应与制造厂家推荐的高速空转转速相一致，即最大功率点转速的 133%或节气门全开时的转速，取其较低者。当锯链被制动而停止时，节气门应被调到怠速状态，并且将制动器复位。

试验期间不允许调节和清洗制动器。在试验期间记录所有数据。

试验期间，应通过手把将油锯刚性固定。

当冲击摆(5.6)从可产生 1.4 J±0.05 J 冲击能量的高度落下并沿与导板中心线成 45°± 5°夹角(见图 1)撞击前护手器时，制动器随着摆锤的突然撞击而起作用。

按 7.1.2、7.1.3 及 7.1.4 中规定程序进行测量。

7.1.2　预运转

7.1.2.1　以最大功率点转速和高速空转转速之间的转速运转发动机，并用制动器制动锯链 300 次，不记录链制动时间，同时不应产生严重过热。为此应采取以下保证措施：

——在进行 300 次链制动时,相邻两次制动时间间隔不少于 30 s;

——链制动器制动后应立即松开油门扳机。

7.1.2.2 将油箱注足燃油,以接近最大功率点转速来持续锯切软木至耗光整箱燃油,在此过程中制动器不制动。锯切完成后允许不进行锯链清理。

7.1.3 首次试验

7.1.3.1 以高速空转的转速运转发动机。

7.1.3.2 以 30 s 的时间间隔,将锯链制动 5 次,并记录制动时间。试验过程中,若发动机转速超过高速空转的转速,则该次试验无效,并重复该次试验。

7.1.4 再次试验

7.1.4.1 以高速空转的转速运转发动机。

7.1.4.2 以 30 s 的时间间隔将锯链制动 15 次,无需测量制动时间。

7.1.4.3 立即以 30 s 的时间间隔将锯链制动 5 次,并记录制动时间。试验过程中,若发动机转速超过高速空转的转速,则该次试验无效,并重复该次试验。

7.2 释放力(静态试验)

在前护手器顶部的中心处以与导板中心线成 45°角的方向向前下方施力起动制动器,测量该力,见图 2。重复测量 3 次。

每个油锯在测量制动时间试验(见 7.1)前后均应测量释放力,并记录前后两次的测量结果。

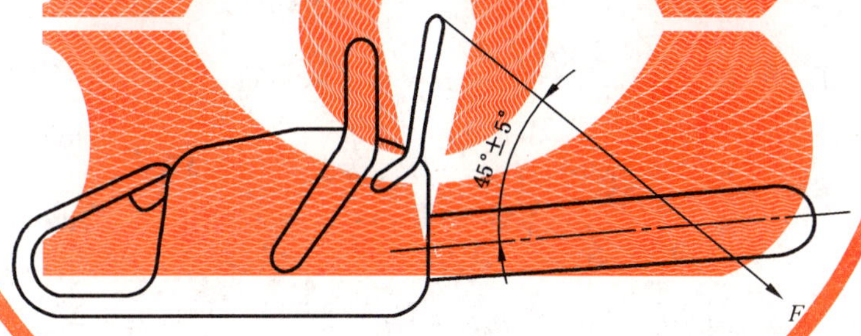

图 2 释放力的测量方向

8 试验报告

8.1 制动时间

按 7.1.3.2 和 7.1.4.3 记录所测得的制动时间。

8.2 释放力

以牛顿(N)为单位记录 6 次释放力。

ICS 77.120.99
H 65

中华人民共和国国家标准

GB/T 19396—2012
代替 GB/T 19396—2003

钺镝铁大磁致伸缩材料

Terbium—Dysprosium—Iron giant magnetostrictive materials

2012-06-29 发布

2013-03-01 实施

中华人民共和国国家质量监督检验检疫总局
中国国家标准化管理委员会 发布

前　言

本标准按照 GB/T 1.1—2009 给出的规则起草。

本标准代替 GB/T 19396—2003《铽镝铁大磁致伸缩材料》。

本标准与 GB/T 19396—2003 相比主要技术变化如下：

——增加了术语和定义的引用标准，GB/T 9637《电工术语　磁性材料与元件》；

——删除了术语和定义中的磁机耦合系数；

——限定了材料磁致伸缩性能为室温 23 ℃±3 ℃条件下的范围值；

——删除了原标准中牌号表示方法的示意图；

——增加了材料的牌号 203003，对原材料牌号的平行磁致伸缩系数范围进行了调整；

——增加了材料机械加工方柱的尺寸偏差值；

——整理原标准附录 A 中的参数为“磁性能”和“热力学性能”两类；

——在原标准的附录 B 中增加了制造工艺和应用等内容；

——删除了原标准附录 C 中的图 C.3“典型平行磁致伸缩系数（$\lambda_{//}$）与压强（p）的关系曲线”和图 C.5“最大磁致伸缩应变率（d_{33}）与压强（p）的关系曲线”。

本标准由全国稀土标准化技术委员会(SAC/TC 229)归口。

本标准起草单位：包头稀土研究院。

本标准主要起草人：江丽萍、赵增祺、张光睿、刘国征、解萍。

本标准所代替标准的历次版本发布情况为：

——GB/T 19396—2003。

铽镝铁大磁致伸缩材料

1 范围

本标准规定了铽镝铁大磁致伸缩材料的要求、试验方法、检验规则和标志、包装、运输、贮存、质量证明书及使用说明书。

本标准适用于晶体取向的铽镝铁大磁致伸缩材料。

2 规范性引用文件

下列文件对于本文件的应用是必不可少的。凡是注日期的引用文件,仅注日期的版本适用于本文件。凡是不注日期的引用文件,其最新版本(包括所有的修改单)适用于本文件。

GB/T 1423 贵金属及其合金密度的测试方法

GB/T 7314 金属材料室温压缩试验方法

GB/T 8170 数值修约规则与极限数值的表示和判定

GB/T 9637 电工术语 磁性材料与元件

GB/T 17803 稀土产品牌号表示方法

3 术语和定义

GB/T 9637 界定的以及下列术语和定义适用于本文件。

3.1

磁致伸缩系数 magnetostrictive strain

λ

铽镝铁大磁致伸缩材料在外加磁场作用下产生的尺寸相对变化量(应变),用 λ 表示。测量方向与外加磁场方向平行时所测得的磁致伸缩系数为平行磁致伸缩系数,用 $\lambda_{/\!/}$ 表示。

3.2

磁致伸缩应变率 piezomagnetic strain constant

d

单位磁场强度变化引起的平行磁致伸缩系数的变化量称为磁致伸缩应变率,用 d 表示,单位为 m/A。其最大值称为最大磁致伸缩应变率,用 d_{33} 表示。

4 要求

4.1 磁致伸缩性能

材料磁致伸缩性能应符合表 1 的规定。材料按磁致伸缩系数(λ)大小分为 4 个牌号,其牌号表示方法符合 GB/T 17803 的规定。材料的磁致伸缩性能在室温 23 ℃±3 ℃条件下测量。

表 1

牌 号	$\lambda_{//}\times10^{-6}$(40 kA/m,5 N/mm^2～10 N/mm^2)	$d_{33}\times10^{-6}$/(m/A)
203000	$500\leqslant\lambda_{//}<750$	≥0.012 5
203001	$750\leqslant\lambda_{//}<1\ 000$	≥0.025
203002	$1\ 000\leqslant\lambda_{//}<1\ 200$	≥0.04
203003	$\lambda_{//}\geqslant1\ 200$	≥0.06

4.2 尺寸偏差

每一牌号的材料可分为定向凝固圆棒和机械加工方柱，定向凝固圆棒材料的尺寸偏差应符合表 2 的规定，机械加工方柱的尺寸偏差应符合表 3 的规定。

表 2

长度 L/mm	长度偏差/mm	直径 ϕ/mm	直径偏差/mm
$1.00\leqslant L<10.00$	±0.03	$5.00\leqslant\phi<10.00$	±0.05
$10.00\leqslant L<50.00$	±0.05	$10.00\leqslant\phi<20.00$	±0.08
$50.00\leqslant L\leqslant200.00$	±0.10	$20.00\leqslant\phi\leqslant30.00$	±0.10

表 3

底面边长范围/mm	偏差值/mm
≤10.00	±0.03
10.00～20.00	±0.05
≥20.00	±0.10

4.3 物理性能

材料物理性能应符合表 4 的规定。

表 4

项 目	指 标
密度/(kg/m^3)	≥9 150
抗压强度(N/mm^2)	≥400
注：材料其他物理性能不作为验收指标，若需方有要求，可参见附录 A。	

4.4 外观质量

4.4.1 材料为定向凝固的圆棒状或方柱状合金。

4.4.2 材料表面色泽均匀、光滑，不应有裂纹、杂质和影响使用的凹坑等缺陷。

4.5 主要成分

材料主要成分不作为验收指标，若需方有要求，可参见附录B，或由供需双方协商确定。

5 试验方法

5.1 磁致伸缩性能试验方法按本标准的附录C规定进行。

5.2 尺寸偏差用精度优于0.02 mm的量具进行测定。

5.3 密度按GB/T 1423规定进行。

5.4 抗压强度按GB/T 7314规定进行。

5.5 外观采用目测。

5.6 数值修约按GB/T 8170的规定进行。

6 检验规则

6.1 检查与验收

6.1.1 铽镝铁材料应由供方质量检验部门进行检验，保证材料质量符合本标准或订货合同的规定，并填写质量证明书及材料合格证。

6.1.2 需方应对收到的材料按本标准的规定进行检验。如检验结果与本标准或订货合同的规定不符时，应在收到材料之日起，1个月内向供方提出，由供需双方协商解决。如需仲裁，可委托双方认可的单位进行，并在需方共同取样。

6.2 组批

每批材料应由同一牌号、同一生产工艺制成的同一规格和尺寸的产品组成。

6.3 检验项目

每批次材料应进行磁致伸缩性能、物理性能、尺寸偏差以及外观的检验。

6.4 取样

材料的磁致伸缩性能、尺寸偏差及外观应逐根检测；材料的物理性能每批次至少取两根试样进行检测。上述各项测定结果均取最差值。

6.5 检验结果判定

6.5.1 磁致伸缩性能、尺寸、外观不合格时，则判定该根材料为不合格。

6.5.2 物理性能不合格，则应从该批材料中取双倍试样对不合格项目进行复检，如仍不合格，则判定该批材料为不合格。

7 标志、包装、运输、贮存、质量证明书及使用说明书

7.1 标志、包装

7.1.1 在材料的包装上应有下列标志：

a）供方名称；

b）材料名称；

c）牌号、批号；

d）净重、毛重；

e）出厂日期；

f）“防震”等标志或字样。

7.1.2 材料包装箱（盒）应采用硬质塑料、纸板或木质材料，内垫高密度海绵或软衬垫等防震材料。如用户要求或合同规定做防腐处理时，可在包装前进行防腐处理，并保证在运输和贮存过程中不损坏。

7.2 运输、贮存

材料在运输过程中应小心轻放，存放于通风良好、干燥、无腐蚀气氛的场所。

7.3 质量证明书

每批材料应附质量证明书，注明：

a）供方名称；

b）材料名称、牌号、规格尺寸；

c）批号；

d）净重、件数；

e）各项检验结果和供方质量技术检验部门印记；

f）本标准编号；

g）检验日期；

h）出厂日期。

7.4 使用说明书

材料使用说明书应有如下内容：

a）材料性能；

b）材料的参考性物理性能；

c）使用过程中的注意事项；

d）用户机加工时应注意的事项；

e）必要的提示。

附 录 A
(资料性附录)
铽镝铁大磁致伸缩材料的参考物理性能

参考物理性能见表 A.1。

表 A.1

类 别	参数名称	指 标
磁性能	磁机耦合系数	0.6～0.75
	相对磁导率	3～15
	居里温度/℃	＞370
热力学性能	抗拉强度/(N/mm^2)	≥20
	杨氏模量/(N/m^2)	$(2.5\sim3.5)\times10^{10}$
	能量密度/(kJ/m^3)	14～25
	热膨胀系数/(1/℃)	$(8\sim12)\times10^{-6}$
	比热容/[kJ/(kg·K)]	0.32～0.38
	声速/(m/s)	1 640～1 940
	电阻率/(Ω·m)	$(55\sim65)\times10^{-8}$
注：上述物理性能为用户设计应用时参考。		

附　录　B
（资料性附录）
铽镝铁大磁致伸缩材料的化学组分、制造工艺及应用

B.1　稀土磁致伸缩材料的化学组分

B.1.1　铽镝铁大磁致伸缩材料是以 $MgCu_2$ 型立方 Laves 相为基体的合金。主要成分为铽(Tb)、镝(Dy)和铁(Fe)，为了获得不同性能可添加部分钬(Ho)等其他稀土金属，铁(Fe)也可被铝(Al)锰(Mn)等金属部分替代。

B.1.2　其典型化学式为(TbDy) Fe_2

B.2　铽镝铁大磁致伸缩材料的制造工艺

晶体取向的铽镝铁大磁致伸缩材料采用的是定向凝固工艺，熔炼铸棒后的合金在惰性气体或真空中定向凝固达到晶体取向。为了提高材料的性能，通常需要进行退火热处理。铽镝铁大磁致伸缩材料的工艺流程如图 B.1 所示。

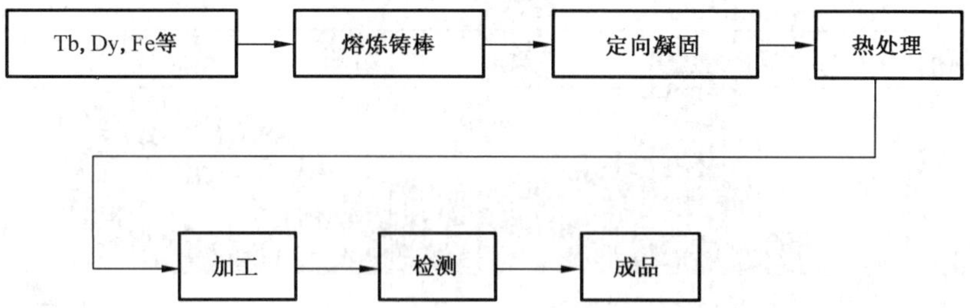

图 B.1　铽镝铁大磁致伸缩材料工艺流程

B.3　铽镝铁大磁致伸缩材料应用

铽镝铁大磁致伸缩材料广泛应用于航空航天、声纳换能器、超声换能器(超声清洗、切割、打孔、破碎等)、主动减震装置、燃油电喷阀、驱动装置、精密致动器、执行器、传感器、机器人等方面。

附 录 C
（规范性附录）
铽镝铁大磁致伸缩材料磁致伸缩性能试验方法

C.1 适用范围

本方法适用于铽镝铁大磁致伸缩材料棒状和方柱状材料的平行磁致伸缩系数($\lambda_{/\!/}$)及磁致伸缩应变率(d)的测定。

C.2 仪器与装置

C.2.1 电磁铁：产生最大磁场≥250 kA/m，极头间距 50 mm 时，在中心 ϕ50 mm 范围内磁场不均匀度≤1%。

C.2.2 静态电阻应变仪：量程≥3 000 με，分辨率≤2 με，测量不确定度为±0.1%，零点漂移为±10 με/4 h。

C.2.3 特斯拉计：量程≥0.3 T，精度优于 0.5%。

C.2.4 加压装置：弹性加压装置、重力加压装置和杠杆加压装置等。

样品端口产生的压强应≥20 N/mm²，在测量过程中，作用于样品的压强变化应≤2%。磁致伸缩性能测量系统见图 C.1。

C.3 试样

圆棒状试样长度 L 为 50 mm～80 mm，直径 ϕ 为 5 mm～8 mm；

方柱状试样长度 L 为 50 mm～80 mm，底面边长 a 为 5 mm～8 mm。

C.4 测量方法

C.4.1 将试样表面磨光，两端切齐，用乙醇或丙酮擦拭干净，将三片应变片平行于样品轴向方向粘贴在样品 1/4、2/4、3/4 处。粘贴时，应在应变片上面盖一张聚乙烯薄膜，用手指均匀的滚压，将多余的粘接剂和气泡挤出，达到胶层均匀无气泡。粘贴后，用手指轻压，室温下放置 24 h 即可。

C.4.2 按图 C.1 所示，设定预应力为 5 N/mm²～10 N/mm²，接通电磁铁、静态电阻应变仪、特斯拉计电源，反复缓慢调节磁场(0 kA/m～240 kA/m)，每次将静态电阻应变仪显示调至零点，并使静态电阻应变仪剩余值为±5 με 时，开始测量。

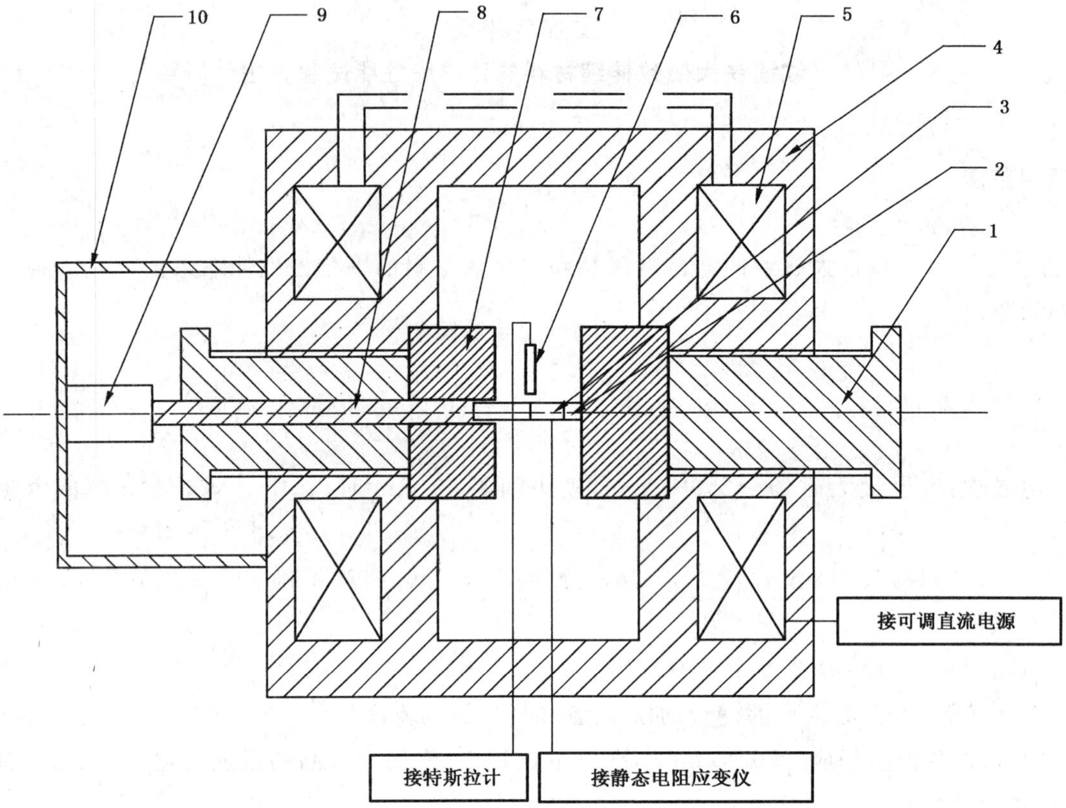

说明：

1——极头调距；

2——被测样品；

3——应变片；

4——电磁铁；

5——磁场线圈；

6——霍尔探头；

7——磁极头；

8——压力传递杆；

9——加压装置；

10——压力定位装置。

图 C.1　磁致伸缩性能测量装置示意图

C.4.3　缓慢连续的改变磁场大小(0 kA/m～240 kA/m)，记录磁场强度(H)和平行磁致伸缩系数($\lambda_{/\!/}$)的变化值。重复上述测量过程3次，取其平均值，绘制出平行磁致伸缩系数与磁场强度的关系曲线($\lambda_{/\!/}-H$)，并记录压强值，典型平行磁致伸缩系数$\lambda_{/\!/}$与磁场强度H的关系曲线($\lambda_{/\!/}-H$)见图C.2；典型平行磁致伸缩应变率(d)：

$$d = d\lambda_{/\!/}/dH \qquad \cdots\cdots (C.1)$$

式中：

$d\lambda_{/\!/}$——平行磁致伸缩系数的微分；

dH——磁场强度的微分，单位为千安每米(kA/m)。

按式(C.1)计算给出磁致伸缩应变率与磁场强度的关系曲线($d-H$),并从曲线中查出最大磁致伸缩应变率(d_{33})。典型磁致伸缩应变率 d 与磁场强度 H 的关系曲线($d-H$)见图 C.3。

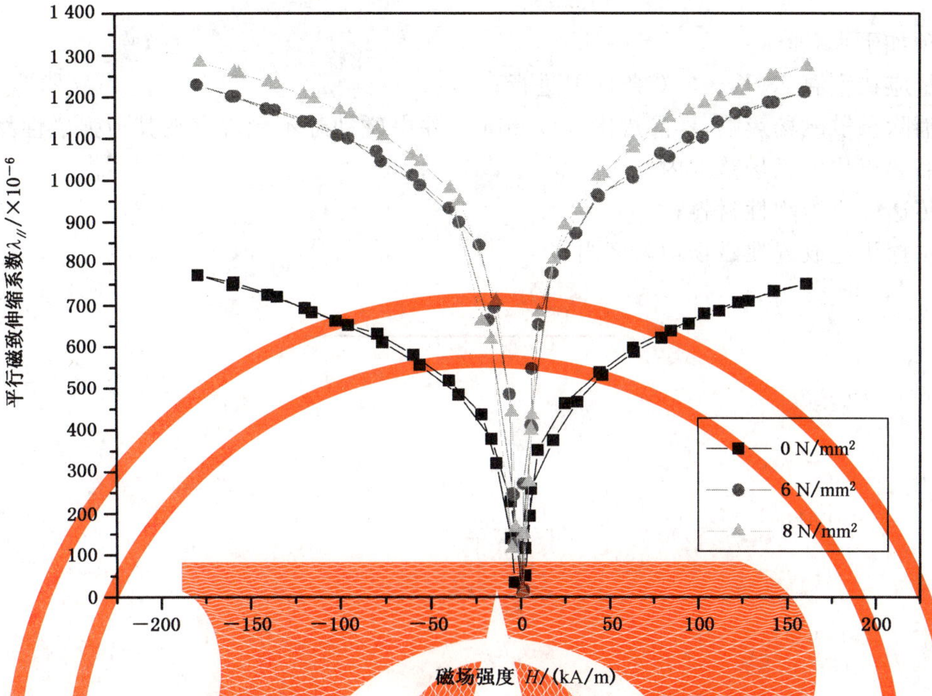

图 C.2 典型平行磁致伸缩系数 $\lambda_{//}$ 与磁场强度 H 的关系曲线($\lambda-H$)

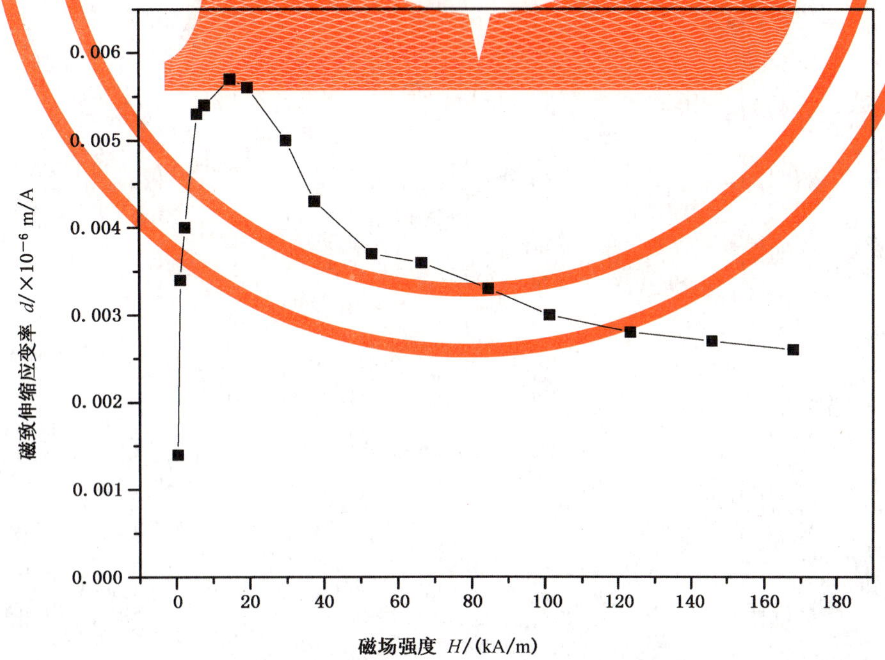

图 C.3 典型磁致伸缩应变率 d 与磁场强度 H 的关系曲线($d-H$)

C.5 注意事项

注意事项如下：

a) 测量应在室温 23 ℃±3 ℃条件下进行；

b) 为消除杂散磁场影响，样品周围 500 mm 内除电磁铁外不允许存在其他强磁性材料；

c) 样品置于均匀磁场范围内；

d) 力传递杆应为刚性材料；

e) 霍尔探头应放置在磁场均匀区内。

ICS 45.100
J 81

中华人民共和国国家标准

GB 19402—2012
代替 GB/T 19402—2003

客运地面缆车安全要求

Safety requirements for passengers funiculars

2012-09-03 发布

2013-07-01 实施

中华人民共和国国家质量监督检验检疫总局
中国国家标准化管理委员会 发布

前　言

本标准的3.1～3.5、3.6.1～3.6.7、3.7、3.8、4.1、4.2、4.3.1、4.3.2、第5章、第6章、7.1、7.2、7.4、7.5、7.6、8.1、8.2、8.5、8.6及附录B为强制性的，其余为推荐性的。

本标准按照GB/T 1.1—2009给出的规则起草。

本标准代替GB/T 19402—2003《客运地面缆车技术规范》。

本标准与GB/T 19402—2003相比主要变化如下：

——名称由《客运地面缆车技术规范》改为《客运地面缆车安全要求》；

——删除了术语和定义(见2003年版的第3章)；

——修改了线路坡度差的允许值，由±18%修改为±20%(见3.1.2,2003年版的4.1.1)；

——增加了对法向加速度的要求(见3.1.5)；

——修改了界限范围的要求(见3.2,2003年版的4.1.7)；

——修改了最大运行速度，由10 m/s修改为12 m/s(见3.4,2003年版的4.2.1)；

——增加了通过站房或进站时最大速度的要求(见3.4.3)；

——修改了车厢有效面积，由$0.6+0.16\times n$修改为$0.6+0.20\times n$(见3.5,2003年版的4.3.1)；

——修改了线路计算和钢丝绳计算时的有效载荷(见3.6.2,2003年版的5.1.1)；

——修改了动载荷系数，由1.2修改为1.3(见3.6.7,2003年版的5.1.5)；

——对风载荷进行了修改，由运行时风压200 Pa修改为0.25 kN/m²，停运时风压1 200 Pa修改为0.8 kN/m²(见3.6.6.1,2003年版的5.1.4.1)；

——增加了对救援的要求(见3.7)；

——增加了对自动运行缆车的要求(见3.8)；

——修改了无极缠绕牵引索编接的要求(见4.1.3,2003年版的5.2.2)

——修改了钢丝绳抗拉安全系数，由6修改为5(见4.2.1,2003年版的5.2.3.1)；

——增加了计算最大工作拉力应计入的力值(见4.2.3)；

——增加了对站口导向轮直径与绳径比的要求(见4.2.5.6)；

——增加了钢丝绳固定和连接的基本要求(见4.3.1)；

——增加了牵引索卷筒上的绳卡的有关规定(见4.3.3)；

——增加了浇注套筒的有关规定(见4.3.4)；

——增加了夹板绳卡的有关规定(见4.3.5)；

——增加了夹板绳卡滑动力计算方法(见附录A)；

——增加了夹紧套筒的有关规定(见4.3.6)；

——修改了对钢丝绳报废的规定(见4.4,2003年版的5.2.3.3)；

——对驱动轮上力的传递增加了验算惯性力的有关要求，修改了校核防滑力的方式(见5.3.4,2003年版的5.4.3)；

——增加了驱动轮许用摩擦系数的有关规定(见3.6.4.1)；

——增加了对制动器要求的有关规定(见5.6)；

——增加了对绳轮计算的有关要求(见5.7.2)；

——修改了不设平衡索的限制要求(见5.11,2003年版的6.6.1)；

——修改了张紧行程计算时钢丝绳永久伸长值，由5‰修改为3‰(见5.11.4,2003年版的6.6.4.1)；

——增加了供电电源稳态电压值、稳态频率值的有关要求(见6.1.3)；

——增加了安装维修开关有关要求(见 6.1.8);
——增加了安装紧急停车按钮有关要求(见 6.1.9);
——增加了主拖动装置启动的要求(见 6.2.2);
——增加了线路安全回路的电源电压的要求(见 6.4.2);
——增加了延迟触发紧急停车的要求(见 6.4.3);
——增加了两站之间信号传递失灵时的要求(见 6.5.3);
——增加了测试的有关规定(见 6.6);
——增加了防雷击的安全要求(见 6.8.7、6.8.8);
——增加了桥梁允许变形的规定(见 7.3.7);
——增加了桥梁及基础设计工作寿命的规定(见 7.1.3);
——增加了桥梁及钢结构进行疲劳计算的方法(见 7.3.1);
——增加了对运载工具进行计算的要求(见 8.2.2、8.2.3);
——修改了对碰撞力计算的要求(见 8.2.1,2003 年版的 9.2.2);
——增加了不装设轨道制动器的有关规定(见 8.6.1);
——增加了不利载荷情况下校核稳定性的计算式(见 8.2.5.1);
——增加了轨道制动器检验的条款(见 8.6.9);
——修改了对轨道制动器自动作用的超速值,由 30%修改为 25%(见 8.6.2,2003 年版的 9.5.2);
——增加了对安装和试车的安全要求(见第 10 章、第 11 章);
——增加了每日检查、每月检查、每年检查内容的安全要求(见 12.1.3、12.2.1、12.2.2);
——增加了无轨道制动器缆车维护的安全要求(见 12.2.3)。

本标准由全国索道与游乐设施标准化技术委员会(SAC/TC 250)提出并归口。

本标准起草单位:北京起重运输机械设计研究院。

本标准主要起草人:张海乔、黄鹏智、樊俊宏、刘旭升、温新婕、里鑫、黄越峰、李刚、云平、秦玲、牛东、王治军、闫登华、李越秀、王旭。

本标准所代替标准的历次版本发布情况为:

——GB/T 19402—2003。

客运地面缆车安全要求

1 范围

本标准规定了客运地面缆车的设计、制造、安装、运行等方面的安全要求。

本标准适用于营业性客运地面缆车。

本标准不适用于非营业性地面缆车以及码头、矿山、井下专业用途的通勤缆车。

2 规范性引用文件

下列文件对于本文件的应用是必不可少的。凡是注日期的引用文件，仅注日期的版本适用于本文件。凡是不注日期的引用文件，其最新版本(包括所有的修改单)适用于本文件。

GB/T 229 金属材料 夏比摆锤冲击试验方法

GB/T 1031 产品几何技术规范(GPS)表面结构轮廓法 表面粗糙度参数及其数值

GB/T 3480 渐开线圆柱齿轮承载能力计算方法

GB 3805—2008 特低电压(ELV)限值

GB 5226.1—2008 机械安全 机械电气设备 第I部分:通用技术条件

GB 8918 重要用途钢丝绳

GB/T 9075 索道用钢丝绳检验和报废规范

GB 12352 客运架空索道安全规范

GB 50007 建筑地基基础设计规范

GB 50009 建筑结构荷载规范

GB 50010 混凝土结构设计规范

GB 50017—2003 钢结构设计规范

GB 50061 66 kV及以下架空电力线路设计规范

GB 50231 机械设备安装工程施工及验收通用规范

DL/T 5161.1～5161.17 电气装置安装工程质量检验及评定规程

JB/T 4730 承压设备无损检测

3 基本要求

3.1 线路的选择

3.1.1 选择线路时，应考虑：

——当地气候、地理条件、缆车经过的交通要道和跨越的建筑设施以及紧急救援的要求；

——避免建在有雪崩、滑坡、塌方、海啸、洪水等危及缆车安全的地区，经过.主管部门的批准，采取预防措施时例外；

——法向加速度对人员的影响(见3.1.5)；

——钢丝绳在托索轮上支承的安全性(见3.1.4)；

——车辆导向的安全性，线路的坡度及其变化(见3.1.2)；

——需要的制动力和轨道制动器作用的安全性。

3.1.2 轨道的地面纵向倾角的变化值β(线路上、下段坡差角)应不超过±20%(±11°19′)。变坡缆车线路示意图见图1。

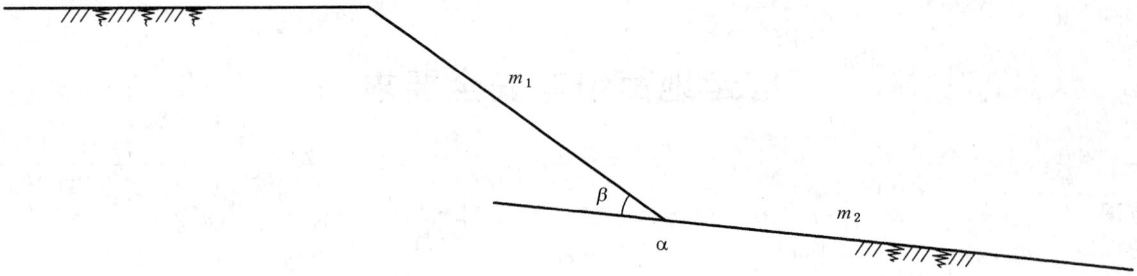

说明：
α ——变坡点；
β ——坡差角；
m_1——上段坡度；
m_2——下段坡度。

图 1　变坡缆车线路示意图

3.1.3　线路的走向应尽量使钢丝绳的走向通顺。从站内应至少能观察到线路上车辆开始减速的位置。

3.1.4　对于凹陷线路，钢丝绳应可靠地支承在托索轮上。当以最大减速度进行制动时，钢丝绳应不从托索轮上浮起。

3.1.5　法向加速度应不超过 0.50 m/s^2，布置线路和选择曲率半径时应不影响车辆的导向和轨道制动器的有效动作。

3.1.6　会车段的长度应考虑下列因素：
——车辆长度；
——牵引索长度的变化；
——轨道制动器在不利的位置制动时所需要的制动距离。

3.1.7　当两辆客车会车时，两辆客车之间的净空应超过 0.4 m。

3.1.8　在会车段内侧不允许乘客通过，外侧应设有维修及乘客疏散的通道。

3.2　界限尺寸

3.2.1　缆车的界限范围取决于车辆本身的形状和几何尺寸。此外还应考虑：
a)　当车辆在轨道上运行至弯道和变坡度时，车辆在水平方向和垂直方向的移动；
b)　车辆横向的浮动；
c)　在所有方向上车辆的悬挂装置可能的移动；
d)　轴相对于钢轨(以正常的轨距)可能的横向移动；
e)　可能的尺寸偏移(例如车辆，钢轨的位置)；
f)　手与障碍物之间的净空要求：
　——对所有窗户可以打开和敞开式车辆为 1.0 m；
　——倾斜的窗户不小于 0.2 m；
　——打开窗户后窗户下边缘距车辆地板平面不小于 1.80 m 时，为 0.20 m；
　——打开窗户后窗户下边缘距车辆地板平面不小于 1.50 m 时，为 0.50 m。

3.2.2　车站站台边缘与车辆之间的间隙应不超过 0.05 m。

3.3　安全距离

3.3.1　缆车车厢每侧及车厢上部与线路上任何固定构件(轨道和站台组成部分除外)之间，距离应不小于 0.1 m。

3.3.2 沿线路人员的通道应位于轨道的外侧，其宽度应不小于 0.6 m，其最小的净高应超过 2.0 m。邻近地面超过 1 m 以上或下坡坡度大于 60%，乘客通道和乘客活动范围的地方应装设刚性的栏杆。

3.3.3 缆车的线路与公路、道路以及滑雪斜坡应不在同一高度上交叉。

3.3.4 当缆车线路与公路平行时，缆车线路上任何设施外侧的边缘与公路边缘之间的距离应不小于 1.5 m。如果公路上的车辆有驶入缆车道的可能性时，应设保护装置。

3.3.5 缆车的线路与电力线平行和交叉时，应符合 GB 50061 的有关规定。

3.3.6 当缆车线路与索道平行时，在下列情况下，缆车上任何设施的外侧与索道设施边缘之间的距离应不小于 1.5 m：

——架空索道：钢丝绳和吊具在最大静挠度的情况下横向偏摆 20%；

——拖牵索道：拖牵索道拖牵器的外缘距其牵引索两边至少 10 m。

3.3.7 缆车线路与架空索道交叉时应保证索道线路在最大静挠度增大 10% 的情况下索道运载工具至缆车车辆、缆车构筑物或缆车架空线之间的垂直净空应不小于 1.5 m。

3.3.8 当缆车线路与其他建筑物(例如水域、煤气管线、自来水管和类似的建筑物)平行或交叉时应满足有关的规定。

3.3.9 当轨道两侧的树木倒塌时将危及缆车的安全运行，应装设倒树的安全停车装置。

3.4 运行速度

3.4.1 最高运行速度应不超过 12 m/s，还应考虑如下因素的影响：

——车辆运行的安全与平稳；

——驱动装置制动器、轨道制动器及缓冲器的性能；

——线路的状况；

——曲率半径。

3.4.2 辅助驱动装置运行速度应小于主驱动装置运行速度的一半。紧急驱动装置的运行速度应不超过 2 m/s。

3.4.3 当车辆通过站房或进站时最大速度应不超过 1.0 m/s。

3.5 车厢有效面积

3.5.1 少于 6 人的站立式车厢，每人按 0.3 m^2 计算；6 人及 6 人以上的车厢，地板有效面积见式(1)：

$$A = 0.6 + 0.20 \times n \qquad (1)$$

式中：

A ——车厢地板的有效面积，单位为平方米(m^2)；

n ——车厢定员。

3.5.2 座位宽：当两个座位并排时，座位净宽应不小于 1 m，当三个座位并排时，座位净宽应不小于 1.4 m。

3.6 线路计算

3.6.1 自重

钢丝绳和运载工具的实际重量应与进行线路计算所取的值相符，重量的偏差应不超过±5%。

3.6.2 有效载荷

定员 15 人以下时平均每人重力应按 740 N 计算；定员 16 人以上时，平均每人重力应按 690 N 计算；对于运送滑雪者的缆车还应每人加上 50 N 装备的重力。

3.6.3 动态作用力(惯性力)

——当以实际值的1.2倍重载上行时,起动加速度最小为0.15 m/s² 时的惯性力;
——当为重载下行时,制动力可自动调节,减速度为0.4 m/s² 的惯性力;
——当为重载下行时,制动力不可自动调节,减速度为0.6 m/s² 的惯性力;
——重载上行,工作制动器的平均制动减速度最高为1.5 m/s² 时的惯性力;
——应验证当轨道制动器制动之后在整个牵引索环线的动态作用力。

3.6.4 摩擦系数

3.6.4.1 驱动轮衬垫的许用摩擦系数 μ_{zul} 见表1。μ_{zul} 取决于实际条件下(例如潮湿的钢丝绳、+40 ℃时涂油的钢丝绳)衬垫的摩擦系数 μ,根据以下条件计算:
——考虑了正常减速度下动态作用力,许用的摩擦系数 μ_{zul} 取 $2/3\mu$;
——考虑了非正常情况下最大减速度的动态作用力,许用的摩擦系数取 μ 值的80%。
其他工程材料实际的摩擦系数通过试验得到。

表1

衬垫材料	匀速运动时的摩擦系数	起动及制动时的摩擦系数
钢绳槽或铸铁绳槽	0.07	0.07
橡胶、塑料衬垫等	0.2	0.22
软铝衬垫(布氏硬度≤500 N/mm²)	0.2	0.2

3.6.4.2 对于钢制夹持器及抱索器内外抱卡的摩擦系数应为0.13。
3.6.4.3 对于卷筒固定绳槽,应采用下列摩擦系数:
——木材或塑料的衬垫:0.11;
——钢板衬垫:0.08。
3.6.4.4 如果轨道制动器的作用力作用在车轮上时,车轮和轨道的摩擦系数应最大按0.08计算。

3.6.5 摩擦阻力

对线路计算以当时的作用力的百分比作为下述的摩擦阻力,其中摩擦阻力包括钢丝绳在所有情况下的弯曲阻力:
——橡胶衬绳轮,轮压的3.0%;
——塑料衬绳轮,轮压的2.0%;
——带滚动轴承的绳轮,支承力的0.3%;
——带滑动轴承绳轮,支承力的1%;
——车辆的钢轮,轮压的1.0%;
——车辆的充气橡胶轮胎,轮压的1.0%。

3.6.6 风载荷

3.6.6.1 基本风压如下:
——运行时:0.25 kN/m²;
——停运时:0.8 kN/m²,风速超过36 m/s的地区,应按当地的风压值。
3.6.6.2 体型系数见表2。

表 2

名称	体型系数	备注
钢丝绳	1.0～1.2	
矩形车厢	1.3	
带圆角的矩形车厢	1.3～2 r/L	r 为车厢倒角半径；L 为车厢长度
托索轮	1.6	
圆管形支架	1.2	
方管及轧制型材支架	2	
注：允许使用风洞实验所取得的数据。		

3.6.7 动载荷

在进行土建结构计算时应考虑轨道和车轮材质的影响，应将车辆的载荷乘以动载系数 $\phi=1.3$。

3.6.8 雪载荷

3.6.8.1 如果高度在海拔 2 000 m 以下，在有雪载荷的地方，应按下列公式确定覆盖面上每平方米的雪载荷见式(2)：

$$S=[1+(h_0/350)^2]\times 0.4\ \mathrm{kN/m^2}\geqslant 0.9\ \mathrm{kN/m^2} \qquad (2)$$

式中：

S——平方米的雪载荷，单位为千牛每平方米($\mathrm{kN/m^2}$)；

h_0——按地勘部门所提供的海拔高度，单位为米(m)。

3.6.8.2 在特殊情况下，例如，该地高度在海拔 2 000 m 以上，或该地区降雪量丰富，则应按当地气象部门提供的数据确定雪载荷。

3.6.8.3 站房内车辆顶部积雪按 0.5 m 深，雪密度按 0.4 $\mathrm{kN/m^3}$ 进行计算。

3.6.9 额外载荷

应根据缆车情况对下述额外载荷的几项或全部进行计算：

——1.3 倍的轨道制动器的制动力作用在车轮上的力；

——1.1 倍雪崩和雪滑坡作用的力；

——1.1 倍在站台缓冲器的冲击力；

——1.1 倍张紧小车或重锤的冲击力；

——1.1 倍建筑施工影响的力；

——1.1 倍电线断落时的力(用于安全保护结构的计算)。

3.7 救援

沿缆车线路的外侧应设有救援通道，通道宽度应不小于 0.6 m。坡度在 15%以上或者离地净高在 1 m 以上时，应沿边缘装设栏杆，如果有台阶，应提供扶手和休息区。

3.8 自动运行的地面缆车

3.8.1 运行监控

在故障的场合下，30 min 内工作人员应到达机房，并采取恰当的措施。在站台区域应设置闭路电视监控器进行监控。

3.8.2 隔开线路的围栏

缆车运行线路人员易于接近的局部范围应用围栏隔开，围栏高度应不小于 1.8 m。在乡村环境围栏高度应不小于 1.2 m。

3.8.3 进出线路

围栏所有的门应装备安全装置，当门被打开，设备将自动的停车。门应不向内(轨道方向)打开。当门也供人员疏散使用时，门应可从里面没有钥匙也能打开。

3.8.4 营救

——中止运行的情况下，人员应从车厢内没有危险的疏散，门和应急出口应可打开。
——应设置乘客通知站房监控器的报警装置。
——当中止运行之后工作人员 15 min 内可能到达车辆，可采取其他的疏散方法。

3.8.5 进出车

站房站台应设置刚性滑动门，其规格应与车辆门相一致。为了避免乘客衣服被滑动门夹住，车辆门和所关闭的滑动门之间的水平净空在地板之上 1.8 m 高的范围内应不超过 0.12 m，在这个范围装备了附加监控装置的除外。车辆门的门槛和滑动门的门槛之间的水平净空应不超过 35 mm。

4 钢丝绳

4.1 钢丝绳的选用原则

4.1.1 钢丝绳应符合 GB 8918 的要求。
4.1.2 牵引索、平衡索应采用线接触(或面接触)同向捻带纤维绳芯的钢丝绳；张紧索应采用挠性好、耐弯曲的钢丝绳。在腐蚀性环境中工作的牵引索、平衡索、张紧索应采用镀锌钢丝绳。
4.1.3 采用平衡索的缆车，其牵引索或平衡索均应为整根钢丝绳，不允许有接头。当用无极缠绕的牵引索时，其编接接头的长度应不小于钢丝绳公称直径的 1 200 倍。插入长度应超过钢丝绳公称直径的 60 倍。相邻两个编接末端之间的钢丝绳长度应不小于钢丝绳公称直径的 3 000 倍。

4.2 钢丝绳安全系数

4.2.1 牵引索和平衡索的安全系数，即最小破断力与钢丝绳最大拉力(包括起制动时的惯性力)之比，应大于 5。当考虑了轨道制动器制动的冲击力后其安全系数应超过 3。对于没有轨道制动器的地面缆车，其牵引索和平衡索的安全系数应不小于 6。
4.2.2 张紧索其安全系数应不小于 5.5。
4.2.3 牵引索最大工作拉力应在最不利载荷情况下计入下列力值：
——张紧装置开始的初张力；
——由高差引起的牵引索重力和重车重力的分力；
——线路托索轮的阻力；
——站内各有关设备的运行阻力；
——液压张紧装置张紧力的增加值(重锤张紧装置张紧力变化范围不超过±3%可忽略不计)；
——起、制动时的惯性力。
4.2.4 当驱动装置制动器以 1.5 m/s^2 的减速度制动时，钢丝绳的最小牵引力应不会引起轨道制动器动作。

4.2.5 钢丝绳与驱动轮、导向轮等的比值如下：

4.2.5.1 绳轮、卷筒直径 D 与钢丝绳公称直径 d 的比值应不小于表 3 中的值。

表 3

钢丝绳种类	绳轮及卷筒类型	钢丝绳直径 d 的倍数	外层钢丝直径的倍数
牵引索	托索轮	8	—
	驱动轮、导向轮、驱动卷筒	80	800
	固定卷筒	22	—
	导向靴	160	—
	救护卷筒	30	
张紧索	有钢丝绳运动的绳轮	40	800
	无钢丝绳运动的绳轮或卷筒	20	—
	套环	7	—
注：软质衬垫的弹性模数最高取 10 kN/mm^2。			

4.2.5.2 不带衬的托索轮、绳轮其轮径与绳径比应按表 3 中的值至少提高 25%。

4.2.5.3 不带衬垫的驱动轮和托索轮的沟槽半径应为钢丝绳直径的 0.51～0.54 倍。

4.2.5.4 带软质衬垫的托索轮上钢丝绳的最大弯折角应小于 5°43′(10%)。

4.2.5.5 不带衬垫的托索轮钢丝绳的最大弯折角应小于 2°52′(5%)。

4.2.5.6 站口转向(导向)轮直径当弯折角小于 17°11′(0.3 弧度)时应不小于牵引索直径的 40 倍；当弯折角超过 17°11′(0.3 弧度)时应不小于牵引索直径的 60 倍。

4.3 钢丝绳的固定和连接

4.3.1 基本要求

4.3.1.1 应避免钢丝绳连接处附近由于钢丝绳的振动而产生的弯曲应力。必要时，应配备带衬的保护套筒。

保护套衬垫应符合下列要求：

a) 衬垫的长度至少为 4 d(d 为钢丝绳公称直径)；

b) 衬垫的厚度 δ 为 0.25 $d \leqslant \delta \leqslant$ 0.5 d，其内径与钢丝绳公称直径相等；

c) 对钢丝绳没有腐蚀，肖氏硬度为 90°～95°的聚氨脂或耐磨的柔性材料。

4.3.1.2 末端固定连接部件允许的破断力应大于钢丝绳最小破断力。

4.3.1.3 在最大工作载荷下不应出现永久变形。

4.3.1.4 牵引索固定装置的强度安全系数应大于匀速运动时钢丝绳最大牵引力的 4.5 倍。

4.3.1.5 应定期检查运行机构上牵引索的固定情况。

4.3.1.6 如果在例外的情况下钢丝绳固定装置无法检查时，则应定期地更换牵引索固定头。

4.3.2 车辆上固定牵引索的卷筒

4.3.2.1 固定牵引索卷筒应承受住钢丝绳实际破断力和出现的最大扭矩。

4.3.2.2 卷筒直径应至少等于牵引索直径的 22 倍和最大钢丝直径的 220 倍。

4.3.2.3 钢丝绳在牵引索卷筒上应至少缠绕 2.25 圈。

4.3.2.4 应避开牵引索在牵引索卷筒上的横向摆动。卷筒偏斜靴(鞍座)的半径以槽底测量不应小于钢丝绳直径的 80 倍。

4.3.2.5 卷筒外壳的外形由沟槽构成时，槽的半径应取 0.52 d～0.54 d。槽的深度应至少取 0.15 d。槽距应至少取 1.05 d。

4.3.3 牵引索卷筒上的绳卡（钢丝绳绳夹）

4.3.3.1 绳卡应考虑钢丝绳的变形，并配有弹簧垫。
4.3.3.2 支撑在传动机构大梁上的钢丝绳末端绳卡应吸收钢丝绳末端剩余的钢丝绳拉力。钢丝绳末端绳卡其最小间距约 10 mm，且是等距的。绳卡的直径应小于钢丝绳直径 5%。
4.3.3.3 每个绳卡的滑动安全系数为 3，计算时摩擦系数取 0.13。
4.3.3.4 对于卷筒安全验证的计算时，取下列摩擦系数：

a） 木材或塑料表层 0.10；
b） 钢材表层 0.08。

4.3.4 浇注头的锥套（浇注套筒）

4.3.4.1 套筒的内表面应精细加工，在抽出套筒时不致损伤钢丝绳。套筒内面的粗糙度应符合 GB/T 1031 的有关规定，轮廓算术平均偏差 Ra 应不大于 1 μm。
4.3.4.2 对于采用钢套筒，浇注时通过加热其特性不应发生不利的变化。
4.3.4.3 套筒的长度 L 应为 5 $d \leqslant L \leqslant 9$ d，圆锥倾角 α 应在 $5° \leqslant \alpha \leqslant 9°$，见图 2。

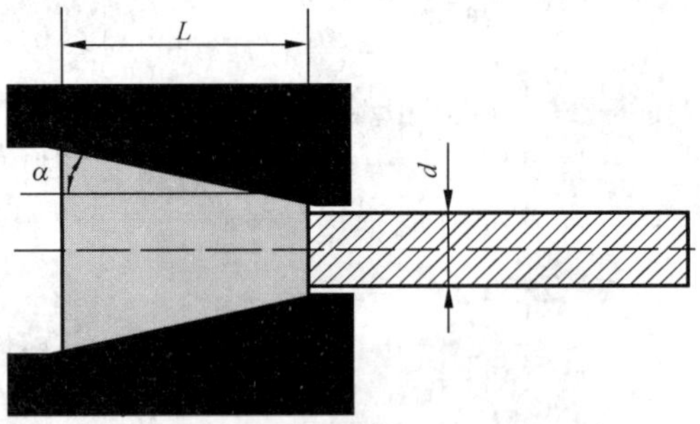

图 2 套筒的长度

4.3.4.4 浇注套筒应能承受钢丝绳运行时产生的最大扭矩。

4.3.5 夹板绳卡

4.3.5.1 应考虑所要求的滑动力（S_F）及钢丝绳直径的预期变化。夹紧后，绳卡的两个部件之间在全长的任一点上都应有至少 2 mm 的可见间隙，且考虑到在夹紧期间和钢丝绳整个寿命期间钢丝绳直径减小后，还留有裕量。
4.3.5.2 槽形截面部分的形状应是圆柱体，槽扇形角的总和 α 应不小于 250°（见附录 A 中图 A.1）。槽形直径应为钢丝绳公称直径的 1.05～1.1 倍。在绳卡的出口处应有适当的圆角，避免这个区域有锋利的边缘。
4.3.5.3 滑动力应根据绳卡和钢丝绳接触的面积、夹紧力和摩擦系数来计算，计算方法见附录 A。
4.3.5.4 最大夹紧应力应不大于 50 N/mm^2。
4.3.5.5 应保护所有绳卡材料不受腐蚀。材料的韧性应满足－20 ℃以下工作环境温度使用，并应作缺口冲击验证，试验应符合 GB/T 229 中的规定。
4.3.5.6 绳卡应进行无损探伤，并符合 JB/T 4730 中的Ⅱ级要求。
4.3.5.7 绳卡的公称直径和螺栓扭矩应有永久标记。

4.3.6 夹紧套筒

4.3.6.1 夹紧套筒由外部锥形套筒、内锥体、柔性铝丝、锥体固定器、弹性套筒和连接叉组成(见图 3)。

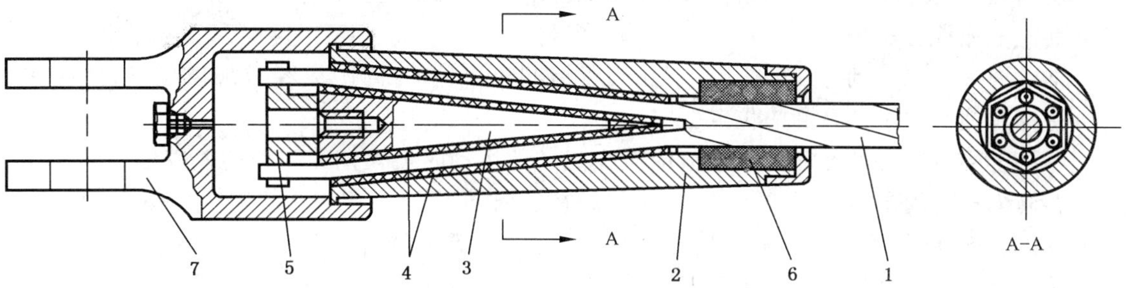

说明:

1——钢丝绳;

2——外部锥形套筒;

3——内锥体;

4——柔性铝丝;

5——锥体固定器;

6——弹性套筒;

7——连接叉。

图 3 夹紧套筒

4.3.6.2 效率应达到 98%。

4.3.6.3 锥体的母线和轴线之间的角度应是 5°,内锥体的公差为 $^{0}_{-0.5}$,套筒锥体的公差为±0.5;锥体长度应大于钢丝绳公称直径的 7 倍;锥体应有一个圆柱部分,长为钢丝绳公称直径的 0.4～0.6 倍。

4.3.6.4 内锥体表面应有可见纹路来固定缠绕铝丝,铝丝应在内锥体的两端固定。内锥体和锥体固定器应为两个独立的件,仅靠绳股来连接。在锥体深入套筒并加载后,在锥体固定器和外部锥形套筒之间不允许有接触。

4.3.6.5 缠绕铝丝应用布氏硬度相当于 500 N/mm^2～700 N/mm^2 的铝合金制成。缠绕丝的直径应是钢丝绳公称直径的 0.1±0.02 倍。

4.3.6.6 用以吸收振动的弹性套筒的材料应采用肖氏 A 硬度等级为 95 的聚亚安酯制作。弹性套筒的直径应在钢丝绳和套筒之间以及套筒和座孔之间不留任何间隙。套筒的长度应至少是钢丝绳公称直径的 2 倍。

4.3.6.7 部件装配前应进行无损探伤检查,并符合 JB/T 4730 中的Ⅱ级要求。

4.4 检验和报废

钢丝绳及固定末端的检验和报废应符合 GB/T 9075 的有关规定。

5 站内机械设备

5.1 主驱动装置

5.1.1 主驱动装置应能在不利的载荷情况下,以最小为 0.15 m/s^2 的平均加速度启动,而且在两个方向都可以运行。

5.1.2 驱动装置应有 0.3 m/s～0.5 m/s 的检修速度。

5.1.3 当采用卷筒式驱动装置时,应符合下列要求:

——卷筒缠绕钢丝绳的层数应不超过三层,钢丝绳卷上卷下应活动自如而没有滑动。钢丝绳与卷筒之间的摩擦系数 μ 值不大于 0.08。

——卷筒边缘应高出最外一层钢丝绳,其高差应不小于钢丝绳直径的 2.5 倍。

——卷筒上应设有衬垫。

——钢丝绳由下层转到上层的临界段(相当于绳圈 1/4 长的部分)应经常加以检查,并应在每季度将钢丝绳串动 1/4 绳圈的位置。

——卷筒上固定装置的强度安全系数应至少为匀速运动时最大钢绳张力的 4.5 倍。

——卷筒内应设固定钢丝绳的装置,不应固定在卷筒轴上。

——卷筒上的绳眼,不应有锋利的边缘和毛刺,折弯处不应形成锐角。

——卷筒上保留的钢丝绳应不小于五圈,用以减轻固定处的张力,还应留几圈作定期试验用的补充绳。这部分钢丝绳可缠绕在卷筒上,也可存在卷筒内。

——卷筒直径以钢丝绳中心计算应至少是钢丝绳直径的 80 倍和外层钢丝直径的 800 倍,对于救护卷筒应为钢丝绳直径的 30 倍。

5.1.4 所有的驱动装置(主驱动、辅助驱动)应配备两套彼此独立的能自动动作的制动器,即工作制动器和安全制动器。其中一套制动器应直接作用在驱动轮上。如果缆车在任何负荷情况下运行都不产生负力,断电后能自然停车,并且停车后不会倒转,允许只配备一套制动器。

5.1.5 主驱动装置在运行时,出现下列任何一种情况时,应自动停车:

——无电压或电压降低到特定最小值以下时;

——功率消耗上升到特定最大值以上时;

——最高运行速度超过额定值 10%;

——其他安全装置起作用。

5.1.6 主驱动装置常用安全装置动作见附录 B 中表 B.1。

5.2 辅助(或紧急)驱动装置

5.2.1 有下列情况之一者应安装辅助或紧急驱动装置:

——每条线路上车辆的有效载荷达 100 人;

——线路高差达 500 m;

——最大坡度达 60%;

——缆车线路长度超过 1 000 m;

——隧道段长度累计超过 500 m 或单个隧道段长度超过 200 m。

5.2.2 辅助驱动装置在不利的载荷情况下,应至少能以 0.10 m/s^2 的平均加速度起动。

5.2.3 辅助驱动装置的安全运行要求与主驱动装置相同。

5.2.4 紧急驱动装置应配备必须的安全装置,在相应的运行速度下将乘客安全地运回到站内。

5.2.5 电气设备应与主驱动装置彼此分离,不同的驱动装置之间应进行联锁。

5.2.6 辅助(或紧急)驱动装置应能在主驱动装置发生故障或遥控失灵的某些情况下,15 min 内投入运行。

5.2.7 计算内燃发动机时应考虑运转时间和海拔高度。内燃发动机上应装有由蓄电池供电的起动器。

5.3 驱动轮上力的传递

5.3.1 应验证最不利位置上,下列载荷情况下钢丝绳的最大张力、最小张力及最大圆周力。

——在匀速运动中,两侧都是空车及两侧都是重车;

——匀速运动,单侧重车上行;

——单侧重车上行，起动加速度见 3.6.3；

——匀速运动，单侧重车下行；

——单侧重车下行，制动减速度见 3.6.3。

5.3.2 当进行这些验证时(见 5.3.1)，应考虑其摩擦阻力(见 3.6.5)，及非匀速运动时下列质量的惯性力：

——牵引索质量；

——车辆质量；

——人员或载荷质量；

——由钢丝绳带动的转动部分质量。

5.3.3 应根据驱动装置安装的海拔高度及环境温度，验证其允许的极限值(例如：尖峰扭矩、尖峰功率、最大电流)。

5.3.4 验证所要求的摩擦系数，摩擦系数不应超过 3.6.4.1 的许用值。按式(3)：

$$\mu_{zul} \geqslant \mu_{erf} = \frac{1}{\alpha} \times \ln \frac{T_{max}}{T_{min}} \quad \cdots\cdots (3)$$

式中：

α ——在驱动轮上钢丝绳的包角(rad)；

T_{max}、T_{min} ——在驱动轮上同一载荷情况下出现的最大与最小张力；

μ_{erf} ——在驱动轮上要求的摩擦系数。

5.3.5 应根据每种载荷情况下时间-圆周力图，计算等效圆周力，根据最大等效圆周力计算持续功率。

5.3.6 验证衬垫单位面积的压力，此压力不应超过衬垫生产厂所规定的数值。按式(4)：

$$P = \frac{3T_m}{dD} \quad \cdots\cdots (4)$$

式中：

P ——衬垫单位面积的压力，单位为千牛每平方米(kN/mm^2)；

T_m ——平均牵引力，$T_m = \frac{T_1 + T_2}{2}$，单位为千牛(kN)；

d ——钢丝绳直径，单位为毫米(mm)；

D ——绳轮直径，单位为毫米(mm)。

5.4 动力传递部件

5.4.1 不允许采用平皮带传递动力。采用链条传递动力时外壳应封闭并有固定的润滑装置。

5.4.2 动力传递装置中的联轴器、万向节等应按照最不利的载荷进行计算。

5.4.3 液压动力传递装置应在两个方向都可以平稳起动。

5.5 制动器

5.5.1 每套制动器应能使缆车在最不利载荷情况下停车，每套制动器应根据最小平均减速度为 0.5 m/s^2 计算相应的停车行程。

5.5.2 当制动器的制动力减少 15%时，应还能使设备停车。

5.5.3 制动系统制动减速度应不超过 2.0 m/s^2。

5.5.4 工作制动器和安全制动器不应同时动作(会直接造成重大事故时除外)。

5.5.5 应采取措施防止制动块及刹车面沾上液压油、润滑油脂和水。

5.5.6 制动器的所有部件的屈服限安全系数应不小于 3.5。

5.5.7 制动器应符合下列要求：

——正向和反向制动动作性能应相同；

——制动力应均匀地分布在制动块上；
——应能补偿制动片的磨损；
——制动行程应留有余量；
——在选择制动弹簧时，弹簧的工作行程应不超过其有效行程的80%；
——闸瓦间隙的分布应均匀并在允许的范围之内；
——制动器的制动力应由重力或弹簧产生，其力的传递应为机械式的。

5.5.8 安全制动器应直接作用在驱动轮上，或作用在具有足够缠绕圈数的卷筒上或作用在一个与驱动轮或卷筒连接的制动盘上。

5.5.9 安全制动器应具备在控制台上或其他控制位上手动控制的功能。

5.6 液压装置

5.6.1 液压装置的系统压力不应超过制造商限定的工作压力，应通过溢流阀得到保护。

5.6.2 高压管或胶管应固定好，以防断裂，液压管路和连接元件的破裂安全系数应不小于3。

5.6.3 液压系统应能以简单的方式排气。

5.6.4 应设置必要的冷却或供暖装置。

5.7 绳轮

5.7.1 应按不利的载荷组合力作用在绳轮上进行计算，绳轮在没有考虑开槽时的集中应力时，其屈服限安全系数应不小于3.5。

5.7.2 多槽驱动轮和从动轮应备有检查轮槽深度的装置；当在不利的载荷组合情况下，驱动轮和从动轮之间的钢丝绳张力应按3.6.4.1静摩擦系数值提高30%进行计算。

5.7.3 采用焊接绳轮时，应消除内应力。

5.7.4 绳轮应镶有橡胶或其他合适的工程材料，其衬垫槽型应与运行的钢丝绳相适应。

5.7.5 绳轮轮缘的形状及深度应防止钢丝绳脱槽；绳槽的深度应不小于1/3的钢丝绳直径，绳槽的半径应不小于钢丝绳半径，绳轮轮缘的高度（绳轮外圆半径与轮衬槽底半径之差）应不小于一倍钢丝绳直径（张紧绳轮的要求见5.11.7）。

5.7.6 当支撑绳轮的心轴或转轴断裂时，应具备防脱索及接住绳轮的装置。

5.7.7 绳轮的直径应符合4.2.5.1的规定。

5.8 减速器

5.8.1 减速器应按各种工况下不利的载荷情况进行计算。

5.8.2 当减速器壳体及其固定装置需承受钢丝绳张力时，应进行相应的计算，其屈服极限的安全系数应不小于3.5。

5.8.3 减速器在任何运转工况都应润滑。

5.8.4 减速器的啮合计算应符合GB/T 3480的有关规定。

5.9 转轴与心轴

5.9.1 应考虑按不利载荷时力的组合进行计算。

5.9.2 应考虑动态工况进行疲劳强度计算，其疲劳强度安全系数应不小于1.5。

5.9.3 在不考虑轴上开槽产生的应力集中的情况下，其屈服限安全系数应至少取3.5。

5.9.4 在环境温度低于−20 ℃时，应采用镇静钢。

5.10 轴承

5.10.1 牵引索的驱动轮和迂回轮，卷筒的传动轴（输入轴例外）所使用的滚动轴承应考虑其受不利的载荷情况下进行寿命计算：

——主驱动装置轴承寿命应不小于25 000工作小时；

——辅助驱动装置轴承寿命应不小于15 000工作小时；

——紧急驱动装置轴承寿命应不小于2 500工作小时。

5.10.2 牵引索的驱动轮和迂回轮以及卷筒应防止因轴承损坏而坠落。当装在支承上绳轮的轴承不起作用包括堵塞时，应通过结构的措施阻止其轴向移动并防止绳轮坠落；张紧绳轮除外。

5.10.3 滑动轴承应使用不会引起轴磨损的材质，应验算表面压力。

5.10.4 所有受气候影响的轴承都应在不拆卸的情况下润滑，润滑油脂应充满轴旁的空腔，以防止水的集聚。

5.11 张紧装置

5.11.1 牵引索一般应有重锤式或液压式张紧装置。也可利用车厢本身重量张紧，但应计算钢丝绳最小牵引力，其最小牵引力运行中应不会引起轨道制动器动作。如果运行中不能保持所要求的牵引力，则应装设平衡索。

5.11.2 牵引索相关的结构元件及液压张紧油缸的结构元件的屈服极限安全系数应不小于3。

5.11.3 当计算钢丝绳时应考虑张紧装置的摩擦阻力。必要时可装设阻尼装置防止牵引索重锤的快速运动。为了防止气候的影响，重锤宜安装在房屋里或至少加顶盖。任何人不应进入重锤下面的空间。

5.11.4 最小的张紧行程应按下面计算：

——空载车辆和满载车辆时钢丝绳牵引力不同而引起的钢丝绳弹性长度变化。牵引索的弹性模数取80 kN/mm^2～120 kN/mm^2，必要时考虑最高值。

——温差60 ℃而引起的长度变化。

——线路长度3‰的永久伸长。

——当张紧重锤的位置或液压张紧装置的位置可以调节(例如张紧绳是缠绕的或用滑轮组，张紧油缸可以移位)时，可按30 ℃的温度差计算张紧行程，不考虑钢丝绳的永久伸长。

5.11.5 重锤张紧装置应符合下列要求：

——在气候条件不好的情况下也能正常运动；

——采用机械限位的方式限制行程，在正常运行的情况下，不应达到终端位置；

——张紧装置运动部分的末端应装设行程限位开关并对其进行监控；

——在张紧小车上设有指针，在相应固定机架上画上刻度表；

——张紧重锤和张紧小车的导向装置即使钢丝绳振动或撞击到缓冲器上时也不会发生脱轨、卡住、倾斜或翻倒现象；

——驱动装置和张紧装置设在同一站时，张紧小车和张紧重锤的运动应不受扭矩影响；

——重锤张紧装置应具备起吊装置以便于进行维修工作；

——张紧重锤的支撑结构、钢绳的附件和端点连接处应便于检查、检修和更换；

——张紧重锤和锚固点的连接处应防止锈蚀。

5.11.6 液压张紧装置应符合下列要求：

——应设置安全阀，安全阀应有单独的卸压回路；

——油压系统应设手动泵，在使用紧急或辅助驱动时，液压张紧系统应能运行；

——应装设行程限位开关并对其进行监控；

——应设油压显示装置；

——在低温地区工作的液压张紧装置应有防冻措施；

——油缸的固定点应采用球铰；

——雨雪天气应能正常工作，还应考虑运行检查和维修的方便；

——应在张紧小车上设有指针，在相应固定机架上画上刻度表，刻度表上的零点应设在相应的固定机架上。

5.11.7 张紧绳轮应符合下列要求：

——张紧绳轮应镶有衬垫，其弹性模数应小于10 kN/mm^2，绳槽的深度至少为钢丝绳直径的1/3，绳槽的半径应不小于钢丝绳半径。

——张紧绳槽的直径，从钢丝绳中心测量应至少为钢丝绳直径的40倍。对运行中不转动的张紧绳轮直径可以减少，至少为钢丝绳直径的20倍。

——张紧绳轮的凸缘装上衬垫后应至少为钢丝绳直径1/2的高度。

——张紧绳轮应装备(由于不好的气候)刮冰清扫器。

——张紧绳轮应装备防止钢丝绳出轨的装置。

5.12 缓冲装置

5.12.1 站内线路运行轨道的末端应装设缓冲器。

5.12.2 缓冲器至紧急停车开关的距离(停车位监控)应不小于在最小的监控速度下安全制动器起作用时的制动行程。

5.12.3 缓冲器应与车辆以最小监控速度的1/3时产生的碰撞能量相适应。在谷站应考虑满载车辆静止时坡度的下滑力所产生的推动力以及碰撞能量。

5.13 位置指示器

5.13.1 不同类型的位置指示器均应由迂回轮、导向轮或缠绕卷筒驱动。

5.13.2 显示的线路图像应以钢丝绳运行轨迹为基础；当车辆到达终端位置时，应能自动校正偏差(零位检查)。

5.13.3 应能自行识别运行方向。

5.13.4 应能显示线路上速度变化，特别是进站范围内速度变化。

5.13.5 应能根据车辆行程监控进站范围的速度。

5.13.6 电网停电时，应保留位置指示器的功能。

5.13.7 应具备行程指示和安全信号传递的功能：

——固定点检查；

——同步监控；

——零位检查。

5.13.8 在进站范围内，其位置显示误差应不超过0.5 m。

6 电气设备

6.1 基本要求

6.1.1 需要设置辅助驱动或紧急驱动装置的客运地面缆车(见5.2.1)应有两套独立的电源供电。可采用双回路电源或柴油发电机作为备用电源，也可用内燃机作备用动力。在没有备用电源的情况下不应运营。

6.1.2 安全电路正常工作时应是闭合回路，而且应通过中断电路的方式来完成其功能。

6.1.3 缆车的供电应符合GB 5226.1—2008中4.3.2、4.3.3的规定。交流供电电源稳态电压值应为0.90～1.10倍额定电压，稳态频率值应为0.98～1.01倍额定频率，在电源周期的任意时间，电源中断或零电压的持续时间应小于3 ms，相继中断间隔时间应大于1 s；直流供电电源中断或零电压的持续时间应小于20 ms，相继中断间隔时间应大于1 s。

6.1.4 所有信号应在其所需的全部条件具备后才可传递。一旦某一保证安全的条件没有具备，则应取消该信号的传递。

6.1.5 缆车运行时，准备就绪或要求运行的指令信号应自动撤销。

6.1.6 采用遥控或自动化控制的缆车，应也能采用手动控制的方式操作。

6.1.7 从一种控制方式切换成另一种方式，应在停车的情况下进行。

6.1.8 以下地方应安装维修开关(安全开关)：

——机房内；

——各站和各中间停车点机械设备的维护区域和工作平台上；

——缆车车厢的控制点；

——控制台上。

6.1.9 在以下地方应安装紧急停车按钮：

——控制台；

——每个工作平台；

——每个中间停车点；

——每个站房；

——如有必要，安装在客车里。

紧急停车按钮应独立于自动编程器(PLC)。

6.1.10 安全功能的旁路应通过钥匙开关或类似的元件进行；旁路安全功能，控制操作应通过控制台进行；应使操作人员能清楚地看到安全功能旁路指示。安全功能旁路结束应容易辨识。

6.1.11 辅助驱动装置、紧急驱动装置的电气设备应与主驱动装置的电气设备彼此分离，不同的驱动之间应进行联锁。

6.2 电气拖动装置

6.2.1 电气拖动装置应能在规定载荷范围内不仅可以立即平稳起动，且能双向运转。它的容量计算见5.3。

6.2.2 主拖动装置应能在不利的载荷情况下，以最小 $0.15\ m/s^2$ 的平均加速度起动。允许的平均加速度为 $0.5\ m/s^2$ 和瞬时加速度(在 0.5 s 内的平均加速度)应不超过 $1.5\ m/s^2$。

6.2.3 为了保持给定的运行速度，电气拖动装置应能在制动和拖动状态之间平稳转换。在这种情况下：

——如果没有充分的理由应是 4 象限的拖动；

——应保证拖动装置的扭矩随载荷变化。

6.2.4 运行速度应不受载荷变化影响，正常情况下运行速度的变化应不大于±5%。

6.2.5 在各种作业工况下所有的调速回路都应保持稳定状态，并留有足够的安全裕量。

6.2.6 当工作制动器或安全制动器引起紧急停车时，主电机电源应立即自动切断；其他停车情况下主电机电源最迟在车停时切断。

6.2.7 双驱动结构的缆车，每台电机在各种作业工况下应都工作。

6.3 控制

6.3.1 缆车采用自动控制时，应同时具备半自动及手动控制功能。当载荷变化时，缆车运行速度的变化应不超过给定速度的±5%。

6.3.2 只有满足所有涉及安全起动的条件，运行指令才能生效。这些条件特别指：

——缆车应处于停车状态；

——给定运行速度应处于零；

——安全制动器不允许松开；

——主电机电源应已经切断。

6.3.3 旁路了一个或多个安全设备时，发出运行指令后不应出现溜车。

6.3.4 改变运行方向指令应在缆车完全停车后才能生效。

6.3.5 确定运行速度给定值时，应保证低速优先。

6.3.6 当运行速度是分级可调时，应：

——运行之前给定运行速度；

——运行过程中能在任何时候限制速度或减速。

6.3.7 在车辆进站时应配置两套以上的减速装置控制车辆减速。

6.3.8 停车指令应优先于其他控制指令。

6.3.9 对于速度大于1.5 m/s的缆车，断电时控制系统应在5 min内仍能保持正常工作。

6.3.10 控制站和控制台

6.3.10.1 驱动站应设控制台，缆车应能由控制台控制停车，必要时还可以遥控。

6.3.10.2 在控制站，应对下列各项信号单独逐一显示：

——缆车运行准备就绪；

——运行方向；

——运行速度；

——驱动装置制动器状态；

——制动力分级控制机构的状态；

——驱动装置安全装置状态；

——车辆驶近站房（声响信号）和车辆达到最低的监测运行速度；

——监控电路中断；

——车辆作业准备就绪；

——远距离监控设备的旁路；

——远距离监控设备单独部分的旁路；

——其他安全装置的旁路；

——驱动装置种类（主驱动、辅助驱动或紧急驱动）当不易辨认时，也应显示；

——液压张紧装置的安全装置的状态。

6.3.10.3 控制台应通过显示装置特别逐项显示：

——停车时制动器闭合的状态；

——张紧装置的安全装置的旁路；

——张紧装置的安全装置的状态。

6.3.10.4 在控制站的位置指示器应满足5.13的要求。

6.3.10.5 控制台、控制室应满足的要求见9.1.4。

6.4 安全电路

6.4.1 缆车的全部安全装置应组成安全保护电路，当线路断电或某一安全装置发生故障时，应能自动停车。未查清故障前不应重新启动。

6.4.2 线路安全回路的电源电压应小于交流有效值25 V或直流60 V。

6.4.3 延迟触发紧急停车应不超过500 ms。

6.4.4 不应将在故障时阻值会减小的电阻、电容或二极管并联在作为安全关键件的断路器触点或元件上。

6.4.5 线路阻抗的改变或发射器和接收器间的相互干扰不应降低线路安全回路的保护功能和可操作性。

6.4.6 出现下列情况之一时，缆车应自动停车，并能在控制室内显示故障部位：

——减速度或减速位置不符合设计要求；

——运行速度超过设计速度10%；

——客车越过停车位置；

——轨道制动器制动；

——牵引索张紧装置到达上、下限位置；

——驱动装置制动系统或润滑系统的油压等异常；

——电气装置的常规保护发出故障信号；

——监控装置或紧急停车开关动作；

——当牵引索脱索接地时。

6.4.7 为了维修人员的安全，缆车安全电路应设置维修开关(安全开关)。在进行设备维修时，维修开关动作。

6.4.8 应装设牵引力控制装置(牵引索松弛开关)，当牵引力下降到设定的最小牵引力数值时，驱动装置停车。

6.5 信号装置

6.5.1 显示设备(如仪器、信号灯、指示器)的设置应便于工作人员了解缆车相关状态、设备功能，以及可能发生的故障及其原因的信息。

6.5.2 故障显示应保持直到下一次起动或手动复位。

6.5.3 当两站之间信号传递失灵时，在对面一个站超过正常停车位置，应能及时停车。

6.5.4 对于操作和显示设备，应尽量选用下面的颜色：

——红色：紧急状态，危险情况，紧急停车等；

——黄色：异常状态，报警，显示异常；

——绿色：安全状态，正常情况，线路接通，运行显示，开启的制动器等；

——蓝色：待令状态，要求动作；

——白色、灰色或黑色：中间状态，没有特殊含义，一般控制设备等。

6.5.5 重要的电压值和电流值以及其他重要的监测信号，都应通过检测设备或其他与之等效的设备加以显示。

6.5.6 应安装运行计时器。

6.6 测试

6.6.1 以下安全保护功能应能进行人工测试：

——超速停车；

——车辆进站的监测系统；

——运行的安全保护功能；

——工作制动器单独动作；

——安全制动器单独动作；

——减速监测系统。

6.6.2 测试设备及其动作不应对正常操作构成损害。

6.6.3 测试过程应不影响和改变被测试元器件的功能。

6.6.4 测试单个制动器时，不应影响其他制动器使用。

6.6.5 测试仪表应：

——刻度长度和划分的选择均应易于读取；

——重要的范围和数值应特别标明。

6.7 通讯

6.7.1 站房之间应有独立的专用电话，并有一套备用通讯系统。

6.7.2 对于客车容量在16人以上的自动控制缆车上，车厢和驱动站之间应有通话联系。

6.7.3 如不要求客车和驱动站之间进行通话联系，则在出故障时应有其他通讯方式将情况及时通知乘客（如装设扬声器）。

6.7.4 应至少有一个站房或在站房附近装设外线电话。

6.7.5 应配备线路上进行钢丝绳检测、设备维修以及救援时所用的无线电对讲机。

6.7.6 当安全功能已经部分或全部被旁路，工作电话系统应始终保持畅通。

6.7.7 电话线路不应妨碍缆车的遥控功能。

6.8 防雷和接地

6.8.1 站房和中间停车处都应设置防雷装置。

6.8.2 应通过相应的接地设备和接地措施防止高压及钢丝绳所产生的感应电压对设备造成影响或损坏。

6.8.3 轨道应至少在站房内接地。

6.8.4 应通过适当的避雷设备保护下列设备：

——远距离监控设备、遥控设备和远距离通讯设备；

——其他作用于监控回路的电气操作设备；

——驱动装置的电气操作设备。

6.8.5 车辆应接地。

6.8.6 站房和站内金属构件的接地电阻应不超过5 Ω，桥梁的接地电阻.应不超过30 Ω。

6.8.7 应采取技术措施防止雷电波形成的高电压从电源入户侧侵入。

6.8.8 在电源引入的总配电箱处，应设过压保护器。

6.9 照明设备

6.9.1 在下列地方应具备人工照明：

——对于缆车保养有必要的地方；

——对于缆车作业有必要的地方；

——站台，候车区域。

6.9.2 夜间运行应设有车内照明及外部聚光灯（探照灯）。

6.9.3 隧道长超过100 m，隧道内应装设独立的标准亮度人工照明。

7 线路设施

7.1 设计

7.1.1 桥梁及基础的设计和施工应符合GB 50007、GB 50009、GB 50010、GB 50017—2003的有关规定。

7.1.2 计算桥梁及基础强度时，应考虑下述载荷：

——永久载荷：如结构自重及非结构组成的自重（如起吊架、附属装置和固定的设备）等；

——可变载荷：如钢丝绳产生的力、车辆产生的力、动载荷、风载荷和冰雪载荷（见3.6.6～3.6.8）等；

——事故载荷：如脱轨、雪崩或车辆碰撞产生的力等。

7.1.3 桥梁及基础的设计使用寿命应为50年。

7.2 轨道

7.2.1 轨道的型式应满足所需压力要求，进行极限轮压的验算：考虑自重、工作负荷、坡度、弯道、运行允许最大风载，轨道制动器的影响等因素。20人以下车厢的缆车采用的钢轨不宜低于24 kg/m。20人以上车厢的缆车采用的钢轨不宜低于30 kg/m。

7.2.2 同一线路应使用同一型号钢轨。道岔的钢轨型号不应低于线路的钢轨型号。

预留轨缝宽度按式(5)计算：

$$\alpha = 0.0118\,L(T_{max} - t) - C \qquad (5)$$

式中：

α ——铺轨时预留轨缝宽度，单位为毫米(mm)；

L ——钢轨长度，单位为米(m)；

T_{max} ——钢轨可能达到的最高温度(℃)，其值采用当地历史最高温度加20 ℃。长度大于300 m的隧道内，最高轨温可采用当地历史最高气温；

t ——铺轨时的温度，单位为摄氏度(℃)；

C ——限制钢轨自由胀缩的长度，取2 mm。

7.2.3 在桥梁上的钢轨接头应尽可能采用焊接，并考虑温度、轨道制动器等的影响。

7.2.4 枕木或钢轨应用压板直接固定在下部基础的预埋螺栓上。

7.2.5 轨道与路基边缘的距离不应小于0.75 m。

7.3 桥梁

7.3.1 应进行疲劳验证，证明在设计使用寿命内结构安全。

7.3.2 相关的应力循环次数由设计使用寿命和每年运转的时间确定：

——设计使用寿命；

——缆车的每年运行时间：城市交通按6 000 h；旅游长期运行按2 000 h；季节性运行按1 500 h。

7.3.3 疲劳计算采用许用应力幅法，应力按弹性状态计算，容许应力幅按构件和连接类别以及应力循环次数确定。在应力循环中不出现拉应力的部位可不计算疲劳。不适用于特殊条件(如构件表面温度大于150 ℃，或海水腐蚀环境，焊后经热处理消除残余应力以及低周高应变疲劳条件等)下的结构构件及其连接的疲劳计算。

7.3.4 对常幅(所有应力循环内的应力幅保持常量)疲劳，应按式(6)进行计算：

$$\Delta\sigma \leqslant [\Delta\sigma] \qquad (6)$$

式中：

$\Delta\sigma$ ——对焊接部位为应力幅，$\Delta\sigma=\sigma_{max}-\sigma_{min}$；对非焊接部位为折算应力 $\Delta\sigma=\sigma_{max}-0.7\,\sigma_{min}$；

σ_{max} ——计算部位每次应力循环中的最大拉应力(取正值)；

σ_{min} ——计算部位每次应力循环中的最小拉应力或压应力(拉应力取正值，压应力取负值)；

$[\Delta\sigma]$ ——常幅疲劳的容许应力幅，单位为牛每平方毫米(N/mm^2)，应按式(7)计算：

$$[\Delta\sigma] = \left(\frac{C}{n}\right)^{\frac{1}{\beta}} \qquad (7)$$

n ——应力循环次数；

C,β ——根据GB 50017—2003中附录E中的构件和连接类别选取，见表4。

表 4

构件和连接类别	1	2	3	4	5	6	7	8
C	$1\,940\times10^{12}$	861×10^{12}	3.26×10^{12}	2.18×10^{12}	1.47×10^{12}	0.96×10^{12}	0.65×10^{12}	0.41×10^{12}
β	4	4	3	3	3	3	3	3

7.3.5 对变幅(应力循环内的应力幅随机变化)疲劳,若能预测结构在使用寿命期间各种荷载的频率分布,应力幅水平以及频次分布综合所构成的设计应力谱,则可将其折算为等效常幅疲劳,应按下式计算:

$$\Delta\sigma_e \leqslant [\Delta\sigma]$$

式中:

$\Delta\sigma_e$ ——变幅疲劳的等效应力幅,按式(8)确定:

$$\Delta\sigma_e = \left[\frac{\sum n_i\ (\Delta\sigma_i)^{\beta}}{\sum n_i}\right]^{1/\beta} \qquad \cdots\cdots(8)$$

$\sum n_i$ ——以应力循环次数表示的结构预期使用寿命;

n ——预期寿命内应力幅水平达到 $\Delta\sigma_i$ 的应力循环次数。

7.3.6 桥梁应采用钢材或钢筋混凝土(包括预应力混凝土)材料制成。

7.3.7 桥梁结构在考虑了可变载荷和永久载荷所产生的垂直位移(变形)相对于水平跨距长 L 之比应小于 1/800。

7.3.8 钢结构的卷板厚度或焊缝高度应超过 4 mm,管壁的厚度应超过 3 mm 管材和闭口型材的外表面上应有防锈层。

7.3.9 环境温度低于－20 ℃时,主要承载构件应采用镇静钢。

7.3.10 桥梁采用螺栓连接时,螺栓应紧固,防松措施得当,主要受力部位连接螺栓的强度等级不应低于 8.8 级,法兰连接应紧密。

7.3.11 采用焊接结构的零部件适用以下原则:

——应根据规范计算出应力幅范围,评估疲劳;

——连接处的应力集中应减少到最少;

——应遵守焊接规范;

——钢结构的装配不应使焊缝的探伤复杂化。

7.3.12 采用碎石道渣的轨道,碎石应放置在防滑槽内。

7.3.13 桥梁的承载力应考虑一辆车辆出轨时的作用力对其主要承载构件没有较大的损害。

7.3.14 桥梁应至少有一边可通行。

7.4 隧道和走廊

7.4.1 隧道和走廊的剖面结构应考虑设施安装的空间要求,应特别考虑:

——有效的排水沟;

——防止水从拱顶上落下;

——隧道出口周围地防冻问题;

——开放的长廊在堆雪或雪崩可出现的位置上,在冬季应有效遮盖。

7.4.2 应至少一边可通行。

7.4.3 洞口的结构应满足地下建筑的要求，设置排水沟。

7.5 基础

7.5.1 基础在最不利载荷情况下抗滑移、抗倾覆、抗抬起的安全系数应不小于1.5。

7.5.2 基础底面压力不应超过最大允许的地基承载力；基础顶面应高出地面300 mm，基础底面应位于正常冰冻深度以下；基础周围应有排水和边坡护坡等设施。

7.5.3 如果坡度小于30%，且行驶速度在5 m/s以下时，路基可采用碎石道渣。碎石道渣的厚度总计应不小于0.4 m。坡度大于30%的轨道基础应建在钢筋混凝土、预应力混凝土上、钢结构、钢结构和混凝土的组合结构上。

7.5.4 基础位于边坡附近时应校验边坡稳定性。

7.5.5 冰冻地区基础底面应低于冻土深度。

7.5.6 轨道基础的宽度主要由以下因素决定：

——轨道基础的类型；

——工作平台，疏散设备和排水系统的布置。

7.5.7 应考虑线路托索轮坑的排水。

7.5.8 当坡度大于30%时，枕木或者轨道应固定在轨道基础上，特别要考虑固定枕木和轨道，即：

——轨道不能直接连接在轨道基础上，要有特别的基础底座；

——枕木和轨道要牢固地固定；

——任何锚固点不能渗水。

7.6 线路托索轮

7.6.1 线路托索轮间距应使钢丝绳在摆动时也不会接地。

7.6.2 为使牵引索平稳运行和保护绳索，所有的托索轮应装有弹性衬垫。

7.6.3 托索轮应容易调整。

7.6.4 在凹曲线段和水平曲线段应设置绳索捕捉装置。

7.6.5 安装的钢丝绳导向支承滑动装置，不应损坏钢丝绳。

7.6.6 应设有钢丝绳脱索安全检测装置，一旦钢丝绳脱索接地，应立即发出停车信号。

8 运载工具

8.1 基本要求

8.1.1 车辆应有防锈措施。

8.1.2 在环境温度低于－20 ℃时，车辆的承载部件应采用镇静钢。

8.1.3 行走机构（制动小车）和车厢之间的连接件应防止自行松脱。

8.1.4 车辆内部的装饰应采用阻燃材料，符合消防的有关规定。

8.2 计算

8.2.1 车辆计算时应考虑下列诸力和力矩：

a) 所有部件的自重(G)。

b) 有效载荷(Q)(见3.6.2)。

c) 风力

1) 运行时风力(W_y)(见3.6.6)；

2） 当车辆在站房内没有防风装置时的最大风力(W_{My})(见 3.6.6)。

d） 乘客的撞击力(A_X)等于有效载荷(Q)的一半，作用在车厢行驶方向一半的高度上。

e） 轨道制动器以最大制动力(Q_F)作用时(见 8.6.5)产生的附加力。

f） 缓冲装置对车厢的作用力(见 5.12)

运行条件下的附加载荷系数 $\gamma=1.2$[自重(G)和有效载荷(Q)在第 3 种载荷情况]视作用具体情况而定。

g） 横向线路作用力(F_Y)

对于横向线路的作用力应考虑下列影响：

1） 横向加速度；

2） 由钢丝绳牵引产生的力；

3） 风载荷。

对于运行中进站、出站或转弯出现的横向加速度，最小值取 0.10 g，允许按实测值。

由钢丝绳牵引产生的横向力(水平偏离绳轮索距和在转弯时)应根据获得其偏离尺寸大小求得。

运行中(起动、制动等)钢丝绳张力动态的变化应考虑其最大允许值。

h） 在行驶方向乘客的撞击力(H_{X1})：在行驶方向车厢壁上由于乘客撞击的动态力。

容量为 40 人的车辆，乘客对车厢壁的撞击力值为 $H_{X1}=5\ 000$ N/m。

容量较小的车辆这个值可以降低，由式(9)确定：

$$H_{X1}=5\ 000-100(40-n)(\text{N/m}) \qquad \cdots\cdots(9)$$

式中：

n ——车厢站立的人数。

这个力对应于底板之上 1.10 m 处。

i） 横向行驶方向乘客的撞击力(H_{Y1})：在横向行驶方向由于乘客撞击的动态力。

容量大于 40 人的车辆，乘客对车厢壁的撞击力值为 $H_{Y1}=2\ 500$ N/m。

容量较小的车辆这个值可以减少，按下式确定：

$$H_{Y1}=2\ 500-30(40-n)(\text{N/m}) \qquad \cdots\cdots(10)$$

式中：

n ——每个车厢站立的人数。

这个力对应于底板之上 1.10 m 处。

8.2.2 进行车厢计算时，应考虑不同载荷状况下的安全系数，见表 5。

表 5

载荷情况	1	2	3	4	5	参见
自重	G	G	G	G	G	3.6.1
有效载荷	Q		Q	Q	Q	3.6.2
工作时风力	F_W					3.6.6
停运时风力		F_W				3.6.6
缓冲器碰撞力				A_X		8.2.1
轨道制动器制动力			Q_F			8.6.4
碰撞力					H_{X1}，H_{Y1}	8.2.1
安全系数	3	3	1.2	1.2	1.2	

8.2.3 进行行走机构计算时，应考虑不同载荷状况下的安全系数，见表 6。

表 6

载荷情况	4	6	7	参见
自重	G	G	G	3.6.1
有效载荷	Q	Q	Q	3.6.2
工作时风力		F_W	F_W	3.6.6
缓冲器碰撞力	A_X			8.2.1
作用在行走道横向力		F_Y	F_Y	8.2.1
轨道制动器制动力			Q_F	8.6.4
安全系数	1.2	3	1	

8.2.4 对于铝合金，当屈服限大于 $0.72\sigma_b$ 时，应考虑降低了的 $0.72\sigma_b$ 屈服点，σ_b 为抗拉强度。

8.2.5 应校核在不同风力情况下运载工具运行稳定性安全系数，包括满载和空载情况下的稳定性安全系数(即所有稳定力矩之和与所有倾覆力矩之和的比值)，见表 7。

表 7

风力情况	稳定性安全系数
工作时的最大风力(见 3.6.6)	2
最大风力(见 3.6.6)，当车辆在站房无防风装置时	1.4

8.2.5.1 应考虑轨道制动器在最不利情况下制动时的稳定性，当一个轨道制动器制动时，在稳定性不利的情况下(运行的最大风力、最大载荷、最大的制动减速度、线路倾角、弯道运行)一个车轮的轮压应不小于式(11)计算值的 20%。

$$1/n \times m \times g \times \cos\alpha \qquad \cdots\cdots (11)$$

式中：

n ——每个车辆的轮数；

m——空车厢的质量；

α ——线路最大倾角。

8.3 车厢

8.3.1 超过 15 人的车厢应设有乘务员操作位，而且

——操作位应设在车厢两端分隔空间内；

——操作位内应不妨碍乘务员观察线路和可以操纵轨道制动器；

——如果乘客可到操作位，应防止乘客滥用保护装置。

8.3.2 车厢内和门的开启部分，特别是在人头的上方部位，应避免有锐利的边缘。

8.3.3 车厢护板数量应至少 2 块，护板最小高度为 0.15 m，护板之间的距离最大取 0.40 m。一块主板应在 1.10 m±0.10 m(中心)以上。这块板承受在 8.2.1 规定的 H_{X1} 和 H_{Y1} 力的 2/3，剩余的 1/3 应由在主板之下的副护板承受(见图 4)。

8.3.4 踢脚板应沿车厢周围布置，踢脚板不应作为梯级使用。单个踢脚板应承受单个载荷不小于 2 000 N/10 cm^2。

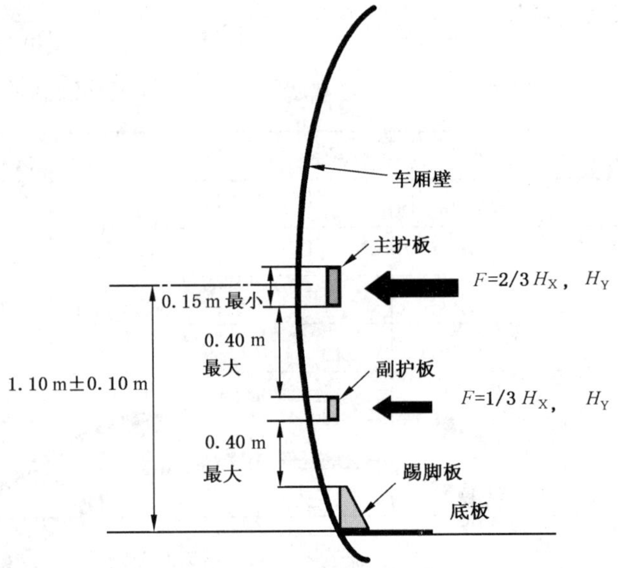

图 4　车厢护板分布示意图

8.3.5　车厢应防止乘客在车辆碰到线路物品弹起时或碰到固定障碍时不被甩出来。

8.3.6　车厢应装备缓冲装置。

8.3.7　车厢应装备当车厢与线路障碍物碰撞时设备能自动停车的装置。

8.3.8　在每个车厢内应贴有允许载客人数，有效载荷以 kg 计，以及禁止吸烟等标志。

8.3.9　在没有乘务员的车厢里应贴有在线路上处理临时停车时乘客须知。

8.3.10　车厢应装设必要的通风设施。

8.3.11　车窗应由不易碎裂的材料制成。应在不会造成乘客危险的情况下开启车窗，车窗距地板的高度应超过 1.1 m，车窗开启的宽度应不超过直径为 0.2 m 的球体可能进入车内。

8.3.12　车厢地板应防滑并设置有排水孔。

8.3.13　运送站立乘客车厢底板载荷应不超过 4.5 kN/m^2 测定时载荷可降低为 3.5 kN/m^2，由运输货物作载荷测定。

8.3.14　运送站立乘客的车厢，护板距地板的高度应超过 1.1 m，乘客坐着运送时，车厢的护板距地板的高度应超过座椅面 0.35 m。

8.3.15　当运送货物时应使用特殊的装载容器。应在装载容器上写明允许有效载荷。

8.3.16　带乘务员的车厢应备有乘务员的操作座位。

8.3.17　带有操作位的车厢应装备外部聚光灯(探照灯)和内部照明。

8.3.18　车厢照明应满足设备照明和救援运行使用。

8.3.19　当带有拖车时拖车的连接应牢固可靠。

8.3.20　车厢应装备支承面和起吊的着力点，且与允许的载荷相适应。

8.4　车厢门

8.4.1　车厢应装有不易误开的门，且能闭锁，闭锁位置明显易见。

8.4.2　自动操作门的要求如下：

——锁紧力应不超过 150 N；

——边框上应装有软边；

——当自动操作机构失灵时，应能手动开启。

8.4.3　车厢门的闭锁结构应在运行期间(从启动至停车)是有效的。只有当设备停车时自动地释放。

8.4.4 在无乘务员车厢内，车厢门不允许乘客自行打开。而在紧急情况下乘客应能利用备有工具将门或窗户打开。

8.4.5 车厢门不应由于撞击或大风的影响而自动开启。

8.5 行走机构

8.5.1 应装有防止脱轨的装置。

8.5.2 车轮在正常运行中轮压应尽可能相同。

8.5.3 两端应装刮雪板和缓冲器挡板。

8.6 轨道制动器

8.6.1 对于输送旅客的车辆一般应装设作用在轨道上的轨道制动器，当车厢每侧只有一个轨道制动器时，应装在上站侧。对于线路比较平坦，平均坡度小于10%，并具有相应的安全措施：所使用的牵引索编成一根连续的环线；牵引索抗拉安全系数不小于6；对牵引索全部长度范围内能用磁感应探伤仪进行定期的检查；采用固定抱索器或脱挂抱索器连接的缆车可不装设轨道制动器。

8.6.2 在下列情况下，轨道制动器应自动作用：

——牵引索断裂；

——当超速达25%；

——当行走机构牵引索只有其最大张力的一半时或牵引索张力在5 kN之下时。

8.6.3 车辆有乘务员时轨道制动器应有手动释放装置。手动释放装置应与显示制动器自动释放装置在相同的位置。

8.6.4 轨道制动器在轨道上起作用时，应按μ_{min}（可取0.08）确定轨道制动器钳口的压力，按μ_{max}（可取0.24）确定车辆结构尺寸，这两种情况都应校核。

8.6.5 轨道制动器的摩擦片按平均摩擦系数计算时，轨道制动器的制动力应不小于以下值：

——客车下行时，作用在上侧牵引索的最大牵引力；

——满载客车最大下滑力的1.5倍；

——当经过制动行程为0.75 V^2（V为客车运行速度，m/s），而使制动片磨损和摩擦系数最小时，制动力应大于满载客车时的最大下滑力。

8.6.6 轨道制动器钳口应耐磨。钳口的高度应适应客车载荷及通过轨道直线段、曲线段及道岔等都不会相干涉。

8.6.7 在−40 ℃低温环境下使用时，应能正常工作。

8.6.8 当取最大摩擦系数时（见8.6.4），轨道制动器和制动小车的所有构件其屈服限安全系数应不小于2。此外，还应考虑特殊的动态闭合力。

8.6.9 轨道制动器安全性能的检验方法

检验以下条件下轨道制动器的制动行程，停车时间和钳口的损耗：

——坡度最大的位置；

——下坡运行；

——满载运行；

——缆车的最高速度。

9 站房

9.1 基本要求

9.1.1 站房及站房内的机械设备、钢丝绳、金属构件应设置防雷设施。

9.1.2 站房应有针对性的照明,还应有备用照明设备。

9.1.3 机房内的噪音不应超过 85 dB(A),必要时应采取消声措施。控制室内噪音不应超过 80 dB(A)。

9.1.4 控制室宜设置在视野广阔且能观察到车辆进出站的位置,并且在控制台处可以监视全线或部分线路运行情况。工作温度低于 5 ℃的控制室应装设采暖设备。通常控制室内环境温度宜保持在 20 ℃左右,相对湿度不超过 85%,并且保持干燥通风不凝露。

9.1.5 站内机械设备、电气设备及钢丝绳等不应危及乘客和工作人员的人身安全。

9.1.6 非公共通行的区域应隔离,非工作人员未经许可不应入内。

9.1.7 人流方向指示及上车区、下车区、等待区等应有显著的标记。

9.1.8 乘客进出站的通道不应互相干扰。通道的坡度不应超过 10%,如果坡度较大应设置踏步。

9.1.9 乘客人行通道的宽度应不小于 1.25 m;工作人员通道应不小于 0.6 m。

9.1.10 乘客通道和乘客活动范围边缘与邻近地面的高差超过 1.0 m 或邻近地面的坡度超过 60%时应装设刚性栏杆,栏杆的间隔和高度应符合有关规定。

9.1.11 应设置维护保养的检修坑,并安设维修开关。检修坑深度应能够让人直立工作。

9.1.12 消防

9.1.12.1 应避免使用易燃建筑材料。

9.1.12.2 变电室、暖气房和堆存易燃性材料的房间,其地板、墙和天棚应选用耐火建筑材料。

9.1.12.3 在火源区应使用非易燃建筑材料并给出足够的安全距离。

9.1.12.4 灭火器材应符合建筑和消防的有关规定。

9.2 站台

9.2.1 站台的通道在没有车辆停靠时宜关闭。

9.2.2 上下车站台的长度应不小于车辆总长,站台的宽度应至少等于车体的宽度,若通道不关闭(见9.2.1)站台的宽度应加 1.0 m。

9.2.3 交通不频繁的中间停车场站台宽度宜为 1.2 m。

9.2.4 站台和楼梯应防滑;当坡度超过 12%时站台应做成台梯式。

9.2.5 站台边与车厢之间的距离应小于 0.05 m。

9.2.6 自动闭锁车门的位置应进行监控。

9.2.7 自动控制的缆车,在通往客车的入口处应设带自动控制的机械式闭锁门(站台门)。

9.2.8 楼梯应防滑,其宽度应不小于 1.2 m,并应设栏杆和扶手。

9.2.9 在有跌落危险的地方应装设至少 1.0 m 高的栏杆,按水平力 800 N/m 确定栏杆尺寸。乘客活动范围的隔离栏杆的间隙不应太大,防止小孩掉出。同样在站台的边缘应装设移动的栅栏。在没有栅栏的站台边缘应采用公用交通标志作出标记。

10 安装

10.1 一般要求

10.1.1 客运缆车的安装应由取得相应资质的安装单位承担。

10.1.2 安装客运缆车时应具备下列技术文件:

——缆车设计说明书、安装图、设备清单等;

——机电产品合格证;

——钢丝绳产品合格证;

——标有各测量桩点实测位置与实测标高的测量资料；

——钢结构产品合格证或现场制作单位的质量证明文件，主要焊缝检查记录和必要的预组装合格证。

10.1.3 安装单位应根据缆车工程设计要求和复杂程度，编制安装施工方案。

10.1.4 安装开始前，应对与缆车安装有关的土建基础工程进行复验。钢结构和设备基础的允许偏差，应符合表8的规定。

表8

序号	项目		允许偏差
1	同一钢架或站房其分离基础顶面之差或不同标高分离基础顶面之间的高差		10 mm
2	倾斜预埋的螺栓、锚杆或框架对设计平面的倾斜度		17/1 000
3	预埋螺栓组中心线对设计中心线的偏移		5 mm
4	预埋地脚螺栓	标高（顶部）	+20 mm
		中心距	无调整穴时±2 mm
			有调整穴时±5 mm
5	地脚螺栓的露头高度（应扣去抹面层的厚度）		+20 mm

10.1.5 运输与保管过程中不能防止灰尘或杂物进入运动部位的机械设备，在安装前应进行解体检查和二次清洗，必要时应重新更换全部润滑剂。

10.1.6 机械设备通用部分的安装应符合GB 50231和设备技术文件的有关规定。

10.1.7 电气设备的检查、保管和安装应符合DL/T 5161.1～5161.17和设备技术文件的有关规定。

10.1.8 钢丝绳的安装应符合下列要求：

——牵引索浇铸连接及牵引索的编接工作，应由考核合格的人员担任；

——浇铸连接的操作记录、牵引索的编接记录、检查结果、操作及检查人员的姓名均应登记在册。

10.2 轨道和线路设备的安装

10.2.1 运行区段轨道安装的允许偏差应符合表9的规定。

表9

序号	项目		允许偏差	备注
1	站内轨道的标高		±5(mm)	在轨道顶部测量
2	轨道中心线与相关设备中心线间的距离		±5(mm)	
3	直线轨道的直线度		1/1 000	在轨道顶部和两侧测量
4	曲线轨道的曲率半径 R	与设备配套使用的	±5(mm)	
		其他曲线段	$0.005R$	
5	水平轨道的水平度		1/1 000	在轨道顶部测量
6	轨道坡度的倾斜度		1.5/1 000	在轨道顶部测量
7	轨道腹板的垂直度		5/1 000	

10.2.2 直线段两条钢轨顶面的高低差，以及曲线段外轨或内轨按设计加高后的偏差，应不大于5 mm。轨距的误差应不超过±2 mm。

10.2.3 站内轨道的接头间隙不应超过2 mm，轨道接头高低和左右错差应不大于2 mm。

10.2.4 轨道工作面应涂油。

10.2.5 轨枕的间距偏差不超过50 mm。轨枕下应捣实，道床无杂物，无积水。

10.2.6 道岔的安装应符合下列要求：

——搭接道岔的标高应与主轨的标高相适应，岔尖应与主轨紧贴，当车辆通过道岔时，岔尖应无翘起和摆动现象；

——平移道岔的轨道中心线对主轨中心线的偏移应不超过0.5 mm，接头间隙应不超过2 mm，接头处轨道的高低差应不超过2 mm。

10.2.7 导向板、护轨和挡轨的安装应符合下列要求：

——导向板、护轨和挡轨的坡度或曲率半径均应与轨道相适应；

——导向板、护轨和挡轨与轨道之间的水平距离的允许偏差应不超过±2 mm；

——导向板、护轨和挡轨的接头应平整，喇叭口应平缓，工作面应涂油。

10.2.8 线路托索轮的安装：

——托索轮组中的每个托索轮均应调整到设计位置；

——对牵引索的靠贴力应逐个测定，其调整应符合设备使用说明书的要求；

——衬垫应镶嵌密实，绳槽应平整光滑，各润滑点油路应畅通；

——线路监控装置应配线整齐、绝缘良好、连接牢固，并进行模拟试验。

10.3 钢丝绳的安装

10.3.1 钢丝绳的展开应符合下列要求：

——钢丝绳应在绳盘架空后转动展开，不应在土壤、岩石、钢结构和钢筋混凝土构筑物上拖牵；

——展开过程中，不应钢丝绳受到磨损、擦伤、弯折、打结、开裂、鼓肚、露芯松散、松捻等损伤和在水中浸泡。

10.3.2 牵引索的编接与就位应符合下列要求：

——被编接的两盘钢丝绳的结构、规格、捻向、生产厂家等均应相同。

——编接过程中拉紧钢丝绳时，应使用不损伤钢丝绳的专用夹具，不应使用普通的U型绳夹。

——编接接头的长度应不小于钢丝绳直径的1 200倍。插入长度应大于钢丝绳直径的60倍。

——环绳相邻两个编接末端之间的钢丝绳长度，不应小于钢丝绳直径的3 000倍。对于一半为牵引索，一半为平衡索的缆车，牵引索和平衡索不应有编接头。在特殊情况下需要编接时，编接末端与锚头距离应大于钢丝绳直径的3 000倍。

——编接接头的外观应浑圆饱满，压头平滑，捻距均匀，松紧一致。

——钢丝绳编接完毕张紧后，编接插入点之间直径增大量不应超过钢丝绳实际直径的5%；绳股插入点钢丝绳直径增大量，不应超过钢丝绳公称直径的10%。

——插入编接接头内部的绳股应与原绳芯互相衔接。

10.3.3 浇铸套筒的装配

——装配时钢丝上的任何润滑剂应用清洁剂除去，不允许混入其他合金和污染物。操作中使用的熔化物应完全清除。清洁钢丝不应使用会导致腐蚀的溶剂。

——“粘合”型金属套筒对所有光亮的钢丝应镀锡；已电镀的钢丝也应镀锡。

——“摩擦”型金属套筒对钢丝的要求：不允许镀锡和酸洗；钢丝应成波浪形，波浪的长度应为钢丝直径的5～10倍之间，钢丝波浪的振幅应不小于钢丝直径的1.5倍。

10.3.4 装配工作应使用树脂或金属介质。金属合金的成分应符合表10的规定。

表 10

合金类型	成分/%							
	Sn	Al	Pb	Cu	Sb	Cd	Zn	As
锡基合金	80			7	13			
铅基合金	10		77	0.5	10	2		0.5
锌基合金							99.95	
						30	70	
		5.6～6		1.2～1.6			余量	
注 1：建议用铅基合金。 注 2：当钢丝强度高于 1 960 N/mm² 时不应使用锌基合金。								

10.3.5 装配树脂应有下列要求：

——抗压强度.应为 115(±15%)N/mm²；

——聚酯树脂的弹性模数应超过 6 000 N/mm²，环氧树脂的弹性模数应超过 6 000 N/mm²。

10.3.6 对于金属浇铸套筒，钢丝绳的所有钢丝(除锚拉索和信号索外)应按下列要求弯成钩状：

——弯曲内径应至少为钢丝直径的 1.5 倍；

——钩子长度应至少为钢丝直径的 8 倍。

应在装配介质完全浇铸并冷却后再使套筒和钢丝绳张紧。

10.4 站内设备的安装

10.4.1 驱动轮和从动轮安装的允许偏差应符合表 11 的规定：

表 11

项目	允许偏差	备注
驱动轮纵、横向中心线对设计中心线的偏移	1.0 mm	
卧式驱动装置驱动轮的中心标高	±1.0 mm	
卧式驱动装置驱动轮的水平度或垂直度	0.15/1 000	在任意方向检测
单槽或双槽驱动轮的绳槽中心线与出侧或入侧牵引索中心线的	偏移 $d/20$	
	偏斜 1/1 000	
从动轮绳槽中心与其对应的双槽驱动轮的绳槽中心的偏移	$d/10$	应用拉线法检测
立式驱动装置从动轮的垂直度	0.3/1 000	
卧式驱动装置从动轮的轴线对驱动轮横向中心线方向的垂直剖面的平行度	0.5 mm	
注：d 为钢丝绳直径。		

10.4.2 电机、减速器、制动器、联轴器、开式齿轮等设备的安装应符合 GB 50231 的有关规定。

10.4.3 张紧装置的安装应符合下列要求：

——张紧小车轨道的实际中心线与设计中心线的偏移不应超过 2 mm；

——轨道工作面标高的偏差不应超过±2 mm；

——轨距的偏差不应超过+5 mm；

——轨道的接头应平整光滑；

——张紧轮或张紧索导向轮钢丝绳的入角不应超过1°30′；

——张紧装置安装后，张紧小车的滚轮应与轨道面接触良好；

——采用液压张紧方式时，液压张紧装置的安装应按GB 50231中的有关规定执行。

10.4.4 重锤的安装应符合下列要求：

——导轨实际中心线对设计中心线的偏差不应超过10 mm；

——导轨垂直度的偏差，在全长范围内不应超过10 mm；

——导轨轨距的偏差不应超过+20 mm；

——导轨的接头应平整光滑；

——整体混凝土重锤应按设计施工，并应取样测定密度和强度；

——重锤或重锤箱上的导向块与导轨之间的间隙，上下、左右应均匀，重锤或重锤箱在导轨中应能自由升降；

——牵引索或运载索重锤质量的偏差不得大于设计值的4/1 000。

10.4.5 导向轮安装的允许偏差应符合表12的规定。

表12

项目		允许偏差
导向轮中心标高	一般	±3.0(mm)
导向轮绳槽中心线与牵引索中心线的	偏移	$d/15$
	偏斜	1/1 000
垂直导向轮的垂直度		1/1 000
水平导向轮的水平度		
倾斜导向轮的倾斜度		
注：d为牵引索直径。		

11 试车

11.1 试车条件

试车应在土建、设备安装工程完成后，经全面检查已具备试车条件时进行。

11.2 无负荷试车

11.2.1 单机调试应从部件至组件，组件至单机逐级调试，且上一步骤未合格，不得进行下一步骤的试车。

11.2.2 驱动装置等主要设备的连续运转时间应不小于4 h，其中额定速度下的运转时间应不小于2.5 h。

11.2.3 驱动装置等主要设备的液压控制和润滑系统应畅通，油压、油位和油温应在规定的范围内。

11.3 空车试车

11.3.1 牵引索安装合格后，应由慢速至额定速度进行空车试车，累计试车时间应不小于4 h。

11.3.2 牵引索在托索轮上应稳定，不得有跳索现象。

11.3.3 线路监控装置应灵敏可靠。

11.3.4 驱动装置启动、制动应平稳、可靠，安全保护设施动作应准确，试车应无异常现象。

11.3.5 分别以慢速、额定速度进行通过性能检查，不应有任何阻碍。

11.3.6 上一步骤未合格前，不应进行下一步骤的试车；全过程累计试车的时间应不小于 40 h。

11.4 重载试车

11.4.1 采用与乘客质量等同的重物进行。

11.4.2 应按设计载荷的半载、偏载(重上空下、空上重下工况)、满载分别进行试车。

11.4.3 控制系统应进行多次检测，并应检查超速、减速、越位、速度同步等监控装置的连锁性能。

11.4.4 轨道制动器应按 8.6.9 要求进行检测。

11.4.5 全过程累计试车的时间应不小于 40 h，其中在额定速度且满载条件下运行的时间应不小于 5 h。

11.5 紧急驱动(或辅助驱动)的试车

在紧急驱动(或辅助驱动)的额定速度且偏载条件下进行试车，运行的时间应不小于 3 h。

12 运行

12.1 一般要求

12.1.1 缆车设备及其附件应保持处于完好状态，不应有碍缆车的安全运行。

12.1.2 每天开始运行之前，应检查全线设备是否处于完好状态，在运送乘客之前应进行一次试车，确认安全无误并经值班站长或授权负责人签字后方可运送乘客。

12.1.3 每日检查应包括下述内容：

——直接触发紧急停车的安全电路、主电路和线路安全电路的工作状态，以及车辆进站和出站的检测设备；

——在接地、短路或连接断开的情况下，监控电路的动作；

——检查并确认所有显示的值全部在许用范围之内；

——在最大运行速度下的电气停车的操作；

——改变运行速度的操作；

——驱动系统机械制动系统的操作；

——内部的通讯系统；

——钢丝绳在托索轮、绳轮上的位置；

——张紧重锤或行走小车的位置和行程余量；

——液压或气动系统、减速器的密封性和工作压力；

——进站区域、出站区域和轨道上冰雪积聚状况；

——上车和下车区域的状况以及乘客进出通道的状况；

——车辆的状况。

12.1.4 缆车运行期间，站长、作业人员及服务人员应各就各位，履行岗位责任制，不得擅离职守。

12.1.5 在各项操作中，应严格遵守操作规程。

12.1.6 缆车需要夜间运行时，在线路、站内或客车上应装设足够的照明设备。

12.1.7 若设备停运期间遇到恶劣天气(风暴、暴雨、冰雹)，应对线路进行彻底的检查证明一切正常后方可运送乘客。如果是事故停车，造成运行中断，只有在排除了故障或采取了有关安全措施，且应经值班站长同意，方可重新运送乘客。

12.1.8 缆车每天停止运营前，操作人员应检查并确认线路上或上车区域是否仍有乘客，并关闭缆车的入口。

12.2 维护

12.2.1 每个缆车站应根据本缆车制造商提供的维护使用说明书制定维护计划和定期检查计划。每月检查应着重检查的项目如下：

——牵引索及平衡索发生断丝或其他外部损伤的区域；
——张紧索发生断丝或其他外部损伤的区域；
——钢丝绳连接处(如编接处)和端部固定处；
——进站、站内运行和出站的监控设备及车辆的运行情况；
——制动器及其衬块；
——空载状态下制动系统的停车距离的测量；
——各种驱动系统的运行；
——车辆上制动器的手动触发；
——超速保护装置的工作情况；
——车辆:门的紧固件和锁,开关门设备；
——蓄电池；
——备品备件的储存；
——电气安全设备(例如:减速监控和制动器的释放)。

12.2.2 每年的检查

每年应对设备至少进行一次全面的检查，检查项目如下：

——对站内和线路结构上的所有基础和钢结构进行目检；
——对各种驱动装置(主驱动、辅助驱动和紧急驱动)进行目检和运行测试；
——对每个制动器在各种载荷条件下进行目检和工作测试，并记录测试的结果；
——检查钢丝绳松弛时轨道制动器的动作；
——对托索轮(在不拆卸的状态下)进行目检；
——对所有站内机械设备和张紧设备进行目检；
——对工作人员保护设备进行目检和操作测试；
——对钢丝绳进行目检和/或电磁检测；
——对钢丝绳端部固定件进行检查；
——对安全、监控和信号设备的检查和运行测试；
——对每个车辆进行目检；
——对门的关闭和锁定设备进行测试；
——对轨道制动器进行制动并测量制动行程和制动时间。

12.2.3 无轨道制动器的缆车特殊的维护要求

12.2.3.1 车辆的夹索器应在200个工作小时或90个工作日之内进行移位。同时，应用目测检查钢丝绳的夹紧部位和编接部位。

12.2.3.2 应每年用探伤仪对牵引索进行全面检查。

12.2.3.3 停止运行3个月以上，在重新投入运行前应用探伤仪检查牵引索。

12.2.3.4 牵引索被雷击或受到机械损伤后应及时用探伤仪进行检查。

12.2.3.5 对牵引索的夹持段进行探伤检查时，如发现牵引索的损伤达到规定指标的一半时，对夹索器的移位和探伤检查的间隔时间还应缩短。

12.2.3.6 夹索器应沿固定方向进行移位，移位的距离不应小于夹索器长度、夹索器两端附加装置的长度和牵引索2倍捻距的长度三者的总和。

12.2.3.7 不应在牵引索编接范围内固定车辆。夹索器与编接部位之间的距离不应小于编接长度的2倍。

12.2.4 应将检查、调整、运行参数、运行持续时间、输送乘客数以及所发生的特殊事件记入作业日记。

附 录 A
（资料性附录）
夹板绳卡滑动力的计算

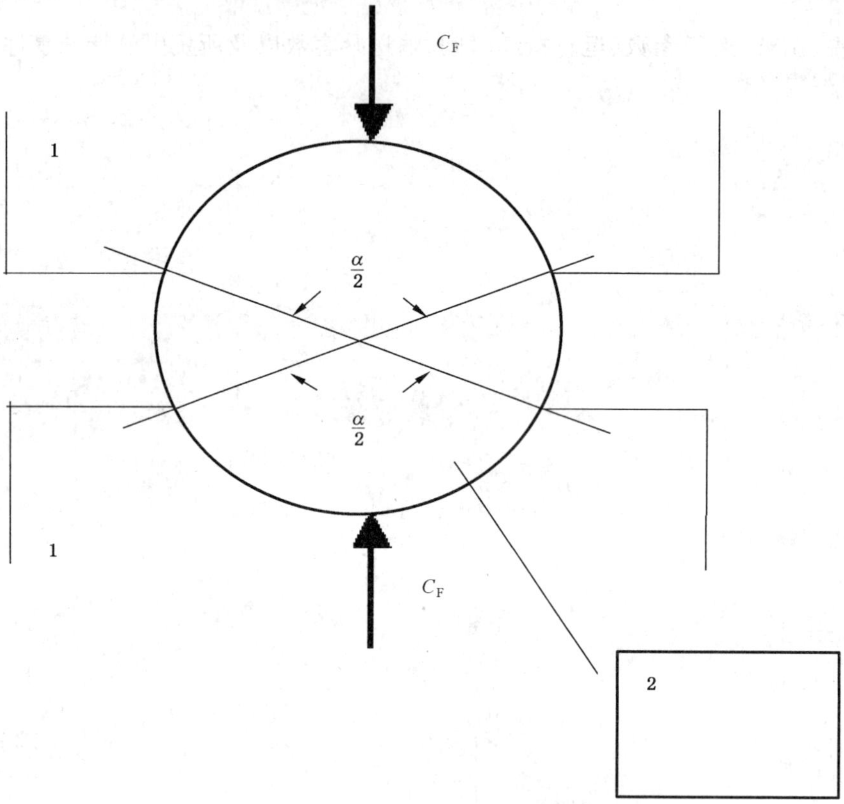

说明：

1 ——绳卡；

2 ——钢绳；

C_F——夹紧力。

图 A.1 绳卡横截面

接触面积计算如下：

$$S=\frac{\alpha}{360}\pi\times d\times l$$

式中：

l 是槽和钢绳之间圆柱接触区域的长度。

夹紧压力 p 是夹紧力 C_F 和设计接触面积 S 的比值：

$$p=\frac{2\times C_F}{\frac{\alpha}{360}\pi\times d\times l}$$

式中：

C_F 是夹紧力，即每个螺栓产生的单位力的总和乘以螺栓的总数再乘 0.8。

滑动力 S_F 计算如下：

$$S_F=2\times C_F\times f$$

附 录 B
（规范性附录）
主驱动装置的安全装置

表 B.1

序号	项目	数号	作用					备注
			Az	AG	EH	NH-BB	NH-SB	
1	驱动							
1.1	实际值检测装置					×		
1.2	实际值—设定值检测					×		
1.3	最小运行速度检测					×		
1.4	运行方向的检测					×		
1.5	停车距离的检测					×		
1.6	超速 10%释放装置					×		
1.7	超速 20%释放装置						×	
1.8	进站检测装置					×		
1.9	固定位置的检查					×		
1.10	同步运行的检查					×		
1.11	零位检查			×				
1.12	电气停车减速度检测					×		
1.13	工作制动器紧急停车减速度检测						×	
1.14	安全制动器紧急停车减速度检测					×		
1.15	操纵离合器终端位置检测						×	
1.16	不同的驱动装置的转换						×	
1.17	多驱动电机：转换位置的检测					×		
1.18	工作制动器松闸位置的检测					×		
1.19	安全制动器松闸位置的检测						×	
1.20	工作制动器制动位置的检测			×				
1.21	运行期间工作制动器的作用					×		
1.22	运行期间安全制动器的作用						×	
1.23	扭矩检测					×		
1.24	力的传递检测（主驱动电机—驱动轮）						×	
1.25	断电或电网不稳定					×		
1.26	磁场电流检测					×		
1.27	主驱动电机耗用电流检测：峰值电流					×		
1.28	主驱动电机耗用电流检测：恒定电流					×		

表 B.1（续）

序号	项目	数号	作用					备注
			Az	AG	EH	NH-BB	NH-SB	
1.29	超过调整的停车点					○	○	
1.30	安全制动器释压阀门的检测			×				
1.31	其他机械装置							
2	站内钢绳导向装置检测					×		
2.1	在主线路上道岔的检测						×	
2.2	车辆门锁和插锁的检测			×				
2.3	张紧行程的检测					○	○	
2.4	张紧压力下降的检测					○	○	
2.5	其他电气设备							
3	电机保护开关					○	○	
3.1	维修开关(安全开关)						×	
3.2	紧急停车按钮				○	○	○	
3.3	超速25%时轨道制动器制动检测						×	

注：表中符号说明如下：
Az ——通知,发送信号
AG ——禁止发车
EH ——电气停车
NH-BB ——工作制动器紧急停车
NH-SB ——安全制动器紧急停车
× ——应具备的功能
○ ——按情况应满足的功能

ICS 11.180.10
C 45

中华人民共和国国家标准

GB/T 19545.1—2012/ISO 11334-1:2007
代替 GB/T 19545.1—2004

单臂操作助行器具　要求和试验方法
第1部分:肘拐杖

Walking aids manipulated by one arm—Requirements and test methods—Part 1: Elbow crutches

(ISO 11334-1:2007, IDT)

2012-12-31 发布　　2013-05-01 实施

中华人民共和国国家质量监督检验检疫总局
中国国家标准化管理委员会　发布

前　言

GB/T 19545《单臂操作助行器具　要求和试验方法》有以下部分：

——第1部分：肘拐杖；

——第2部分：腋拐；

——第4部分：三脚或多脚手杖。

本部分为GB/T 19545的第1部分。

本部分按照GB/T 1.1—2009给出的规则起草。

本部分代替GB/T 19545.1—2004《单臂操作助行器技术要求和试验方法　第1部分：肘拐杖》。

本部分与GB/T 19545.1—2004相比主要变化如下：

——修改和增加了部分术语和定义(见第3章，2004年版第3章)；

——修改了试验方法中的试验顺序(见第5章，2004年版第5章)；

——增加了前臂脱出试验和手柄分离试验(见5.4和5.5)；

——修改了静载试验、疲劳试验几何加载的要求(见5.6，2004年版5.5)；

——修改了制造商提供信息(见第6章，2004年版第6章)；

——修改了检验报告要求(见第7章，2004年版第7章)；

——增加了资料性附录(见附录A，2004年版4.1.2，4.1.3，4.1.5，4.2.2，4.2.4，4.3.1，4.4.3，4.5，4.6，4.7，4.8.5)。

本部分使用翻译法等同采用ISO 11334-1:2007《单臂操作助行器具　要求和试验方法　第1部分：肘拐杖》。

与本标准中规范性引用的国际文件有一致性对应关系的我国文件：

——GB/T 16432—2004　残疾人辅助器具　分类和术语(ISO 9999:2002，IDT)。

请注意本文件的某些内容可能涉及专利。本文件的发布机构不承担识别这些专利的责任。

本部分由中华人民共和国民政部提出。

本部分由全国残疾人康复和专用设备标准化技术委员会(SAC/TC 148)归口。

本部分负责起草单位：国家康复器械质量监督检验中心、上海互邦医疗器械有限公司、佛山东方医疗设备厂有限公司、中国康复研究中心。

本部分主要起草人：于娟娟、贾亚玲、赵一鸣、赵键荣、王保华、丁伯坦、赵次舜、何川。

本部分所代替标准的历次版本发布情况为：

——GB/T 19545.1—2004。

单臂操作助行器具　要求和试验方法
第1部分:肘拐杖

1　范围

GB/T 19545的本部分规定了装有手柄和支脚的肘拐杖的要求和试验方法,规定了肘拐杖的分离、静载、疲劳和低温等试验方法。

GB/T 19545的本部分也给出了安全、人体参数、性能、制造商提供信息(包括标志和标签)的相关要求。

本部分中要求和试验方法基于制造商规定的最大使用者体重下,肘拐杖在日常步行中摆动使用。GB/T 19545的本部分适用于使用者的体重不少于35 kg的肘拐杖。

本部分不涉及支脚相对于行走表面摩擦的要求和试验方法。

注:其他补充说明参见GB/T 19545本部分的附录A。

2　规范性引用文件

下列文件对于本文件的应用是必不可少的。凡是注日期的引用文件,仅注日期的版本适用于本文件。凡是不注日期的引用文件,其最新版本(包括所有的修改单)适用于本文件。

ISO 9999　残疾人辅助器具　分类和术语(Assistive products for persons with disability—Classification and terminology)

EN 1041　医疗器械制造商提供的信息(Information supplied by the manufacturer with medical devices)

3　术语和定义

下列术语和定义适用于本文件。

3.1

肘拐杖　elbow crutch

单腿、带手柄及非水平前臂支撑的助行器具,见图1。

注:根据ISO 9999,分类代码为12 03 06。

3.2

把手　handle

肘拐杖上连接手柄的部分。

3.3

手柄　handgrip

肘拐杖使用中用于手握持的部分,见图1中5。

3.4

手柄长度　handgrip length

h

从手柄上表面最接近前端的最低点,到手柄上表面最接近手柄后端的最低点,沿轴向测得的尺寸,见图1和图2。

注：如后端不存在凹凸变化，最大手柄长度为110 mm。

3.5

手柄前参考点　front handgrip reference point

手柄上表面最接近手柄前端的最低点，见图1中7、图2中6。

3.6

手柄后参考点　rear handgrip reference point

手柄上表面最接近手柄后端的最低点，见图1中8、图2中7。

3.7

手柄支撑线　handgrip support line

通过手柄前参考点和后参考点的直线，见图1中6、图2中4。

3.8

手柄宽度　handgrip width

在水平面上，测得的手柄横断面最宽的尺寸，见图2中5。

3.9

基准点　datum

距手柄后参考点，手柄长度三分之一处上表面的最高点，见图2中3。

3.10

臂部　arm section

肘拐杖上手柄后参考点以上部分。

3.11

腿部　leg section

肘拐杖上手柄后参考点以下部分。

3.12

肘托　cuff

肘拐杖上用于稳定前臂，防止其左右移动的前臂支撑部分。

3.13

肘托支撑线　cuff support line

在臂部处于最大长度下，通过手柄后参考点与肘托后端内表面最高点的直线，见图1中1，图2中1。

3.14

肘托内部宽度　cuff internal width

y

沿左右方向测量的肘托最大内部尺寸，见图3中y。

3.15

肘托内部深度　cuff internal depth

x

沿前后方向测量的肘托最大内部尺寸，见图3中x。

3.16

肘托内部高度　cuff internal height

z

沿近似平行于肘托支撑线方向，测得肘托内部支撑前臂部分的尺寸，见图2中z。

3.17

支脚　tip

肘拐杖与地面接触的部件,见图1中3。

3.18

腿部轴线　leg section axis

在腿部处于最大长度下,通过手柄后参考点和支脚底部中心的直线,见图1中4。

3.19

臂部长度　arm section length

a

肘托支撑线与肘托后端内表面相交的最高点,到手柄后参考点的距离,见图1中a。

3.20

腿部长度　leg section length

l

手柄后参考点到支脚底部中心的距离,见图1中l。

3.21

支撑角　support angle

α

腿部轴线和肘托支撑线之间的夹角,见图1中α。

3.22

手柄夹角　grip angle

β

肘托支撑线和手柄支撑线之间的夹角,见图1中β。

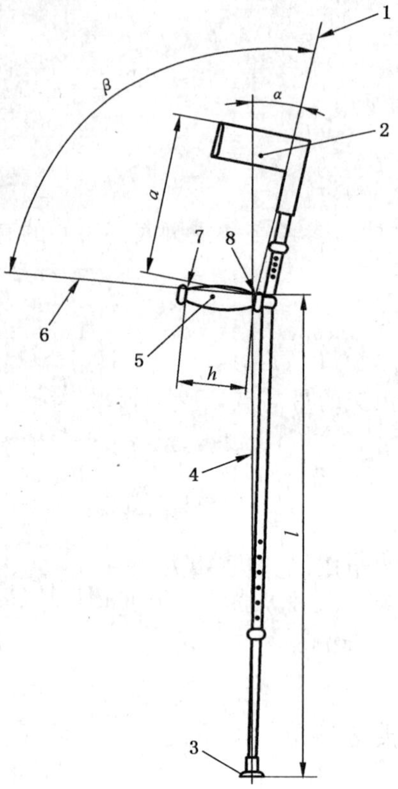

说明：

1——肘托支撑线；

2——肘托；

3——支脚；

4——腿部轴线；

5——手柄；

6——手柄支撑线；

7——手柄前参考点；

8——手柄后参考点；

a——臂部长度；

h——手柄长；

l——腿部长度；

α——支撑角；

β——手柄夹角。

图 1　肘拐杖示例

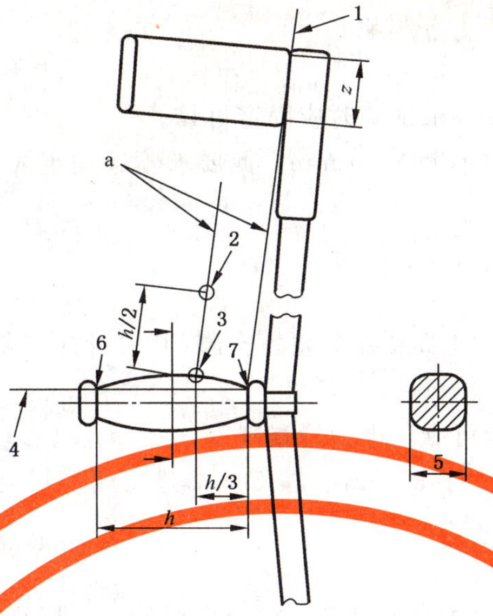

说明：

1——肘托支撑线；

2——腕关节点；

3——基准点；

4——手柄支撑线；

5——手柄宽；

6——手柄前参考点；

7——手柄后参考点；

h——手柄长；

z——肘托内部高度；

a——平行。

图 2　肘拐杖局部示意图

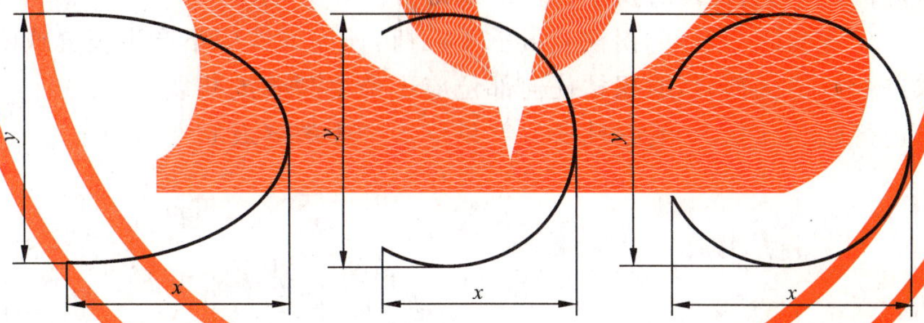

说明：

x——肘托内部深度；

y——肘托内部宽度。

图 3　肘托尺寸

4　要求

4.1　肘托

肘托内部深度应大于内部宽度的一半，按 5.3.2 和图 3 进行测量判定。

为避免手臂意外卡住，肘托前面应有开口。按 5.4 要求试验时，通过最大 120 N 的拉力，开口应可增大至 75 mm，其永久变形不应大于 5 mm。

按 5.5 要求试验时，肘托应固定可靠。

4.2 手柄

手柄可采用可调节式，按5.5要求试验时应固定可靠。

手柄宽度应不小于25 mm和不大于50 mm。此要求不适用于人体工效学手柄。按5.3.2和图2中5进行测量判定。

4.3 腿部和支脚

按5.6和5.7的要求试验时，腿部末端安装的支脚，其设计应能够防止腿部刺穿支脚。进行检查判定。

支脚应可更换，其配合应安全可靠。进行检查判定。

支脚着地表面底部直径应不小于35 mm。按5.3.2进行测量判定。

4.4 调节装置

高度调节装置不应产生松动。按5.6和5.7的要求试验后，进行检查判定。

每个高度调节装置应明确标识其最大允许伸长高度。按5.3.2进行测量判定。

4.5 材料

结构承载部件使用再生塑料成型制造时，应保证部件强度在肘拐杖整个使用寿命中，与使用原生材料的强度相当。

4.6 机械强度

按5.5的要求进行分离试验后，肘拐杖任何连接部件应不分离。

按5.6的要求进行静载试验后，肘拐杖应可承受载荷，任何部位应不产生裂缝或断裂。

按5.7的要求进行疲劳试验后，肘拐杖任何部位应不产生裂缝或断裂。

按5.8的要求进行低温试验后，肘拐杖任何部位应不产生裂缝或断裂。

5 试验方法

5.1 总则

除特别说明外，全部试验应在肘拐杖长度调至最大状态下进行。

5.2 试验环境

除特别规定外，全部试验应在21 ℃±5 ℃的环境温度中进行。

5.3 样品

5.3.1 试验对象

试验使用同一件样品，并遵循以下顺序：

——尺寸测量；

——分离试验；

——静载试验；

——疲劳试验；

——低温试验。

5.3.2 尺寸测量

测量并检查肘拐杖是否符合制造商的说明。测量并记录所有尺寸,检查并记录是否存在任何可见缺陷,以避免被误认为是试验导致的缺陷。

5.4 前臂脱出试验

5.4.1 总则

前臂脱出试验仅适用于肘托前端开口小于 75 mm 的肘拐杖。

5.4.2 试验方法

将外径 75 mm±2 mm 的圆柱体置于肘托内,如图 4 所示,将圆柱体通过肘托开口向外拉。测量并记录将肘托开口扩大至圆柱体可通过时,所需的力,允差±2 N。

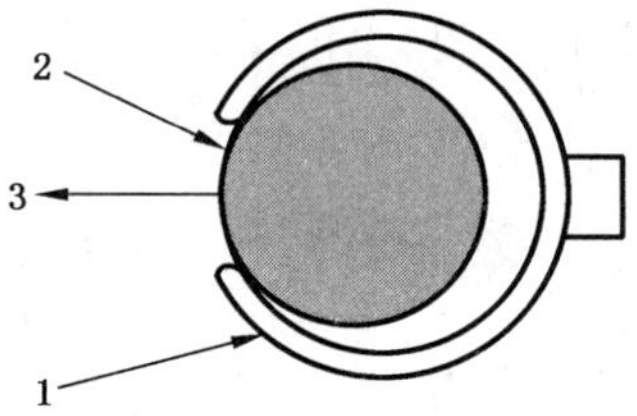

说明:

1——肘托;

2——柱体;

3——拉力。

图 4 前臂抽离试验几何加载图

5.5 分离试验

5.5.1 总则

分离试验适用于由一个以上部分连接组成的肘拐杖。

应检查每个连接处装配的安全可靠性,对过盈配合的连接处应进行分离试验。手柄分离试验的试验方式如下描述,验证手柄是否能安全固定在把手上。其他过盈配合连接处进行试验时,最佳试验方式由试验人员决定,并应考虑肘拐杖的特定结构。对于铆钉连接或类似固定方式,试验人员可通过检查判定连接是安全的,不需进行试验。

分离试验时,施加分离力的原则是,只考虑连接处轴向分离力,而对可能使连接处结合更牢固的径向力或弯曲力忽略不计。不允许使用可造成连接处外侧部分压在内侧部分上的夹具。

5.5.2 几何加载

5.5.2.1 整体分离试验

施加拉力作用于肘拐杖连接处的上部和下部,不使肘拐杖发生弯曲,由上下部连接处承受应力。

5.5.2.2 手柄分离试验

将肘拐杖置于固定装置上,使手柄可不受限制地加载轴向拉力。

如图 5 所示,通过粘结固定的带子,向手柄施加轴向分离力。如在粘结剂凝固前使用装置固定,试验开始前应将此装置拆除。

5.5.3 分离力

5.5.3.1 整体分离试验

施加 500×(1±2%)N 的拉力。力应从零开始逐渐施加,在不小于 2 s 内达到最大值,并至少保持 10 s。

5.5.3.2 手柄分离试验

使用者体重 100 kg 时,分离力同 5.5.3.1 中的规定。如肘拐杖的规定使用者最大体重不是 100 kg,施加的力为每千克体重 5×(1±2%)N,但应不小于 175×(1±2%)N。分离力的施加方式同 5.5.3.1 中的规定。

5.5.4 检查

查看连接处各部分间有无任何相对移动,并记录。

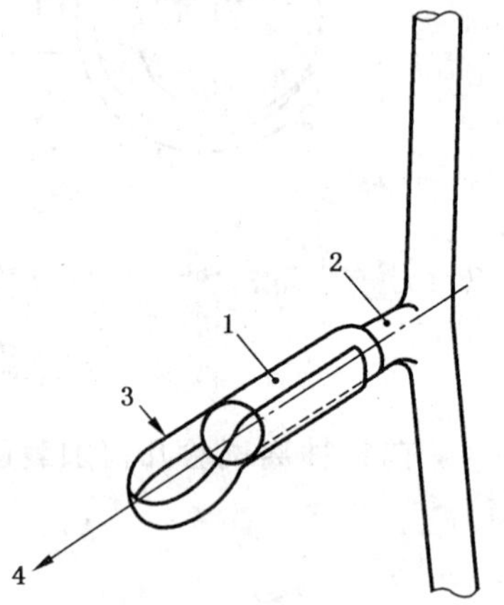

说明:

1——手柄;

2——把手;

3——带子;

4——轴向加载力。

图 5 手柄试验几何加载图

5.6 静载试验

5.6.1 几何加载

将肘拐杖调至最大高度,通过模型臂施加载荷。模型臂由假手和假前臂组成。载荷应沿图 6 所示的加载线施加到假前臂上,旋转连接处中心低于肘托较高边缘。假前臂应尽可能沿肘托支撑线方向靠着肘托(见图 1 中 1),并与假手通过腕关节点(见图 2 中 2)铰接。假手应夹在手柄前参考点处并通过手柄后参考点处支撑。

将模型臂固定在肘拐杖上的方法,不应以任何方式限制、固定或加强手柄或肘拐杖,以免限制肘拐杖相对于使用中前进方向的向前、向后、向侧弯曲,否则将影响试验结果。

载荷和假前臂之间的旋转连接处,应使假前臂在肘拐杖加载变形时也可自由转动。在所有方向上转动范围应至少 15°。

当假手固定在手柄上时，假手和假前臂之间的铰链连接应保证，假前臂可自由前后运动，两侧至少有 4°的活动范围。

应垂直加载，加载线应通过支脚中心点，并通过肘拐杖后方与基准点距离为 X 的一点（见图 6 中 2）。用下面的经验式(1)计算 X 值，其结果为非整数时，向上取整数值，单位为 mm。

$$X=\left\{\frac{h}{3}+\frac{l\times a\times \sin\alpha}{(l+a\times \cos\alpha)0.65}\right\}\sin\alpha \qquad \cdots\cdots(1)$$

式中：

h ——手柄长度，单位为毫米(mm)；

l ——腿部长度，单位为毫米(mm)；

a ——臂部长度，单位为毫米(mm)；

α ——支撑角，单位为度(°)；

0.65 ——经验系数。

不排除其他加载方法，但应保持肘拐杖的加载力和加载特性等效于上述方法。

说明：

1 ——载荷；

2 ——基准点；

X——基准点至加载线距离。

图 6 动静载荷几何加载图

5.6.2 加载力

使用者体重 100 kg 时，施加静载荷 1 000×(1±2%)N。如肘拐杖的规定使用者最大体重不是 100 kg，施加载荷为每千克体重 10×(1±2%)N，但应不小于 350×(1±2%)N。

5.6.3 加载时间

力应从零开始逐渐施加，在不小于 2 s 内达到最大值，并至少保持 10 s。

5.6.4 检查

检查肘拐杖是否产生裂纹、断裂。记录可见裂纹、断裂以及肘拐杖是否无法承受载荷。

5.7 疲劳试验

5.7.1 几何加载

将肘拐杖调至最大高度，施加载荷，加载方式按 5.6.1 的规定。

5.7.2 加载力

使用者体重 100 kg 时，施加循环载荷 550×(1±2%)N，如肘拐杖的规定使用者最大体重不是 100 kg，施加载荷为每千克体重 5.5×(1±2%)N 计算。但此载荷应不小于 192.5×(1±2%)N。

5.7.3 加载频率

循环载荷的频率应不超过 5 Hz。如加载频率高于 1 Hz 的试验失败，使用新的样品以 1 Hz 的频率进行最终试验。

5.7.4 循环次数

循环次数为 1 000 000 次。

检查肘拐杖所有部分是否产生裂纹、断裂。记录可见裂纹、断裂以及肘拐杖是否无法承受载荷。

5.8 低温试验

5.8.1 试验环境

将肘拐杖在−25 ℃±2 ℃的环境中放置 24 h。

5.8.2 试验方法

肘拐杖从低温环境中取出 30 s 内，将肘拐杖支脚着地垂直立在混凝土地面上，用其自身重量立刻向前(手柄方向)倒下。试验进行 5 次且倒向同一侧。

试验应在 5 min 内完成。

检查所有部件是否产生裂纹、断裂。

5.9 最终检查

完成所有试验后，检查肘拐杖所有部分及其机械结构和功能是否满足制造商规定的正常操作。记录任何变化。

6 制造商提供信息

6.1 总则

所提供的任何信息应适用于包括视力损伤者在内的所有使用者。

所提供的适用于肘拐杖的信息应遵循 EN 1041 的相关条款，并满足但不限于下列要求。

信息应包括,可与肘拐杖结合使用的其他装置或装置类型的建议,任何确保使用者安全的预防和限制措施。还应包括产品标签和说明书上的信息(见6.2和6.3)。

注:进一步指导在ISO/IEC Guide 71中给出。

6.2 产品标签

每支肘拐杖应有清晰持久的标签,包括下列信息:

a) 使用者的最大允许体重;

b) 制造商的名称或商标及地址;

c) 制造商的产品名称、型号和/或序列号;

d) 制造日期;

e) 高度最大调节范围,标记在调节部件上。

6.3 说明书

下列信息应包含在使用和/或装配说明书中,或清晰持久地标记在产品上:

a) 最大臂部长度;

b) 最小臂部长度;

c) 最大腿部长度;

d) 最小腿部长度;

e) 支撑角 α;

f) 清洁肘拐杖的说明,包括方法描述和适用的清洁剂,以及避免材料腐蚀和/或老化的任何预防措施;

g) 如适用,关于装配、各种调整、折叠和展开的说明;

h) 如适用,移动和固定部件之间安全距离预防措施的警示和建议(指南见EN 12181:1999第12章和第13章)。

注1:大多数国家需要一种或多种国内官方语言的信息。

注2:撰写这些信息时可参考ISO/IEC Guide 37。

7 检验报告

检验报告应包括但不限于以下信息:

a) 制造商的名称、地址;

b) 所检产品供应商的名称、地址;

c) 检验机构的名称、地址;

d) 依照ISO 9999分类代码和类型;

e) 使用者的最大允许体重;

f) 手柄长 h,臂部长度 a,腿部长度 l 和支撑角 α;

g) 制造商的产品类型、型号、名称及序列号;

h) 供应商的产品类型、型号、名称及序列号;

i) 肘拐杖照片;

j) 检验日期;

k) 按5.3.2描述的检查结果;

l) 支脚着地表面底部直径;

m) 产品是否满足GB/T 19545本部分的要求;

n) 如适用,关于如何获得A.11补充检验报告结果的信息。

附 录 A
（资料性附录）
建 议

A.1 总则

本附录给出了肘拐杖的设计、生产、检测中，应加以考虑的细节的补充信息和指南。但声明符合GB/T 19545本部分时需要遵循的规定，未包括在本附录中。

A.2 肘托

肘托的内部尺寸设计，应便于在穿着衣物时前臂的进出。

肘托内表面应近似平行肘托支撑线，若是铰接式肘托，更宜注意其平行性。

与前臂接触的肘托内部高度应不小于40 mm。

A.3 把手/手柄

手柄应采用防滑的材料和形状，以避免使用时从手中滑脱。

手柄应易于清洁、不吸水、不含有毒成分。

A.4 腿部和支脚

支脚应选用柔软、耐用，表面摩擦系数较高的材料。支脚着地表面宜避免产生吸盘效应。

A.5 调节装置

应能够不使用工具进行高度调节。

A.6 材料

塑料成型制造的承载部件，应选用原始材料加工。

A.7 成品

肘拐杖各处应不存在可能损坏衣服或令使用者感觉不适的毛刺、锐边和突起。

使用过程中，肘拐杖应不产生异响。

正常使用中，材料应不变色。

A.8 角

支撑角 α 应为：$15° \leqslant \alpha \leqslant 30°$

手柄夹角 β 应为：$100^{\circ} \leqslant \beta \leqslant 108^{\circ}$

手柄夹角与支撑角之差应为：$\beta - \alpha \leqslant 90^{\circ}$

A.9 机械强度

按 5.4、5.5、5.6 和 5.7 试验后，应无任何影响肘拐杖或其调节装置使用的永久变形。

A.10 标志和标签

每支肘拐杖应有下列标记：

a） 供应商的名称；

b） 供应商的产品名称、类型、型号和/或序列号；

A.11 补充检验报告

除第 7 章中给出的要求之外，检验报告还应包括下列部分或全部信息：

a） 5.4 所述试验的结果；

b） 5.5 所述试验的结果；

c） 5.6 所述试验的结果；

d） 5.7 所述试验的结果；

e） 5.8 所述试验的结果；

f） 5.9 检查中任何会产生影响的发现；

g） 手柄宽度；

h） 手柄夹角 β；

i） 肘托内部宽度；

j） 肘托内部深度；

k） 肘托内部高度

l） 肘拐杖质量；

m） 任何其他相关信息。

参 考 文 献

[1] ISO 10993-1 医疗器械生物学评价　第1部分:评价与试验(GB/T 16886.1—2001,ISO 10993-1:1997,IDT)

[2] ISO/IEC Guide 37 Instructions for use of products of consumer interest

[3] ISO/IEC Guide 71 标准中特定内容的起草　第2部分:老年人和残疾人的需求(GB/T 20002.2—2008,ISO/IEC Guide 71:2001,IDT)

[4] EN 12182-1999 Technical aids for disabled persons—General requirements and test methods